中江气田含凝析油致密砂岩气藏高效开发实践与认识

刘　言　李华昌　侯晓犇　曾　焱
陈学敏　黎华继　叶泰然　高　伟　等◎著

中国石化出版社
·北京·

图书在版编目(CIP)数据

中江气田含凝析油致密砂岩气藏高效开发实践与认识/刘言等著. —北京：中国石化出版社，2024.4
ISBN 978-7-5114-7546-6

Ⅰ.①中… Ⅱ.①刘… Ⅲ.①致密砂岩-凝析油气田-油气田开发-研究-中江县 Ⅳ.①P618.130.2 ②TE343

中国国家版本馆 CIP 数据核字(2024)第 105197 号

中国石化出版社出版发行
地址：北京市东城区安定门外大街 58 号
邮编：100011　电话：(010)57512446
发行部电话：(010)57512575
http://www.sinopec-press.com
E-mail：press@sinopec.com
北京科信印刷有限公司印刷
全国各地新华书店经销
*
787 毫米×1092 毫米 16 开本 17.5 印张 438 千字
2024 年 4 月第 1 版　2024 年 4 月第 1 次印刷
定价：188.00 元

编委会

前言 PREFACE

自进入21世纪以来，全球对能源的需求日益增加，与此同时人类的环保意识也在不断增强，对天然气、氢能等清洁能源的需求超越煤炭、石油等传统能源已成必然趋势。因此，加大气田的开发建设力度，实现气田安全、高效运行，不仅对改善我国能源结构、保障国家能源安全具有重大意义，还是我国石化工业实现绿色、低碳发展的重要举措。我国陆相致密砂岩气资源丰富，仅四川盆地川西坳陷就已发现中江、新场、洛带、马井等多个致密砂岩气田，探明天然气地质储量超$5000\times10^8m^3$。其中，中江气田以沙溪庙组气藏为主力开发层系，该气藏地质条件极其复杂且含凝析油。中江气田早在1988年就被发现，到2013年探索出多专业融合的勘探开发一体化模式，气田才得以踏入高效建产的快车道。截至2020年底，中江气田已成为中国石化在川西探区的第一大气田，为保障川气东送沿线城市的长期稳定用气、促进成渝经济圈的建设和发展作出积极贡献。

中江气田位于四川省德阳市、绵阳市境内，处于川西坳陷东斜坡区，探矿勘查面积$4679.20km^2$，保有探明天然气地质储量$1155.46\times10^8m^3$，其中中侏罗统沙溪庙组气藏探明储量$1018.14\times10^8m^3$，为气田的主力开发气藏。中江气田沙溪庙组气藏为含凝析油的远源次生河道致密砂岩气藏，是目前世界上最为复杂的致密砂岩气藏之一，该气藏为含凝析油的远源次生河道致密砂岩气藏，平面上分布着100余条三角洲平原–前缘分流河道砂体，以北东向窄条带状展布为主，局部交织；纵向上，多期(近20期)厚度不一的河道砂体交错展布，砂体叠置性差。河道砂体储层厚薄不一(平均厚度<20m)、孔隙度和渗透率超低、非均质性强；储层储集空间类型多样、孔隙结构复杂，高–低阻气层共存，气水关系复杂；储层储集性能受控于沉积、成岩、排烃及构造等因素，同期的不同河道、同一河道不同区域的砂岩储层品质差异大，采用水平井开发才能有效突破效益瓶颈；气井普遍产凝析油，三相渗流对气田的效益开发提出更高的要求。

在中江气田沙溪庙组气藏勘探开发过程中，从发现气藏到认识气藏再到开发评价气藏，依靠地质、地震、测录井、动态分析、工程工艺等多学科的系统化分析，形成了对气藏的整体化评价，有效指导了气藏的勘探开发。同时，在气藏投产运行过程中，由于对气藏开采复杂性的认识水平、对工艺和设备掌握的熟练程度等存在欠缺，相关设备、仪表及系统在运行中出现诸多故障，给气田的正常生产带来一定影响。

《中江气田含凝析油致密砂岩气藏高效开发实践与认识》一书共分为两篇。第一篇为高效开发技术论文，共收集整理了中江沙溪庙组气藏开发投产以来的18篇重点科技论文，内容涵盖气藏地质、开发工程、开发动态、采气工艺、集输工艺等专业，全面反映了中江气田含凝析油致密砂岩气藏的科学研究发展历程，具有较高的学术参考价值。第二篇为典型故障判断与处理，通过对生产运行中出现的典型故障进行分类总结，并以故障描述、原因分析、故障处理、经验教训为撰写主线，形成气田常见故障判断与处理指南，以指导气田现场生产、高效处理同类故障，以及减少故障的发生，实现气田安全、平稳、高效运行，取得良好的社会效益及经济效益。

在本书第一篇相关论文的收集整理过程中，得到了中国石化西南油气分公司有关领导、专家的大力支持，中国石化西南油气分公司勘探开发研究院、工程技术研究院等单位对此提供了大量的研究资料及成果支持，在此一并表示感谢。

为了全面总结典型故障判断与处理经验，科学指导类似气田勘探开发，笔者将典型故障判断与处理部分细化为七章内容。

第一章为气藏地质动态异常故障判断与处理。主要描述了由气藏储层品质差异引起的气井开采故障、原因及处理方法。

第二章为井下常见故障判断与处理。主要描述了由气井井筒系统中各环节涉及设备异常引起的故障、原因及处理方法。

第三章为井口系统常见故障判断与处理。主要描述了由气井井口系统中各环节涉及设备异常引起的故障、原因及处理方法。

第四章为集输工艺系统常见故障判断与处理。主要描述了由集输工艺系统中各环节涉及设备异常引起的故障、原因及处理方法。

第五章为信息系统常见故障判断与处理。主要描述了由信息系统中各环节涉及设备异常引起的故障、原因及处理方法。

第六章为设备故障判断与处理。主要描述了由凝析油处理系统中各环节涉及设备异常引起的故障、原因及处理方法。

第七章为其他故障判断与处理。主要描述了储层、设备、渗流等客观因素引起的故障、原因及处理方法。

本书作者均为气田开发建设、投产及运行管理的参与者和见证者。

其中，第二篇第一章主要由黎华继、李峰、邓双林、曹香妮、朱林、侯阳红等编写，第二章由李华昌、许鑫、胡家瑜、景开俊、曾绍宏等编写，第三章由陈学敏、何丹、杨哲、朱锦文、杨晨曦、黄焕全、黎昌波等编写，第四章由任基文、黄超、杨杰、李宝昌、侯阳红、符帆顺、吴玲等编写，第五章由龚云洋、代朋志、黄禹忠、朱敏、刘彦麟等编写，第六章由何丹、薛洪刚、陆益祥、代朋志等编写，第七章由杨杰、黄超、薛洪刚、张强、陆益祥、潘超华等编写。全书由黎华继、任厚霖、曹廷宽通稿，由李华昌、侯晓犇、陈学敏审核。

参加本书相关内容研究的人员还有中国石油化工股份有限公司西南油气分公司多位领导和专家，因篇幅有限，不能一一列举，深表歉意。由于笔者水平有限，书中不妥之处在所难免，敬请各位读者批评指正。

目录 CONTENTS

第一篇 高效开发技术论文

第二篇　典型故障判断与处理

第一篇　高效开发技术论文

中江气田自1988年被发现，直到2013年才正式步入高效建产快车道，2020年建成年产天然气超$10 \times 10^8 m^3$的大型气田，其后天然气产量持续攀升，其中沙溪庙组含凝析油致密砂岩气藏贡献了超80%的产量。在中江气田漫长的勘探开发过程中，通过将实践与理论有效结合，形成了丰富的科研成果，有效地指导了气田的开发，本篇收录了在地质、地震、气藏工程等多领域取得的典型研究成果。

中江气田致密砂岩气藏“一体化”甜点评价技术

刘　言

（中国石化西南油气分公司）

摘　要：中江气田沙溪庙组(JS)气藏整体呈“三隆夹两凹”的构造格局，构造高部位的“三隆”区已经实现高效开发，但构造低部位的“两凹”区河道甜点评价技术尚不完善。针对现有地质甜点着重评价储层品质，而含气性预测依赖地震解释，以及多解性强的问题，将成藏与地震研究相结合，形成含气性预测精度更高的地质甜点预测技术。在地质甜点评价基础上，对甜点进行分类评价，明确各类甜点的特点与差异，建立与之相适应的工程改造技术，形成针对性的工程甜点评价技术。深化深源浅聚次生气藏的差异化成藏研究，多学科融合，形成地质甜点与工程甜点有机融合的“一体化”甜点评价技术。基于“一体化”甜点评价结果，结合水平井体积压裂新工艺，突破了常规储层下限，大幅提高了单井产能，实现了“两凹”区的有效动用开发。“一体化”甜点评价技术可有效评价压裂新工艺所适宜的低品质河道，推动气藏更低部位、更差储层河道的建产开发。

关键词：致密砂岩气藏；差异化成藏；“地质甜点”；“工程甜点”；“一体化”甜点

近年来，在我国南方海相页岩气开发过程中，地质工程一体化的理念及技术的成功运用，极大提高了深层复杂页岩气的开发效果。页岩气地质工程一体化是以提高单井产能、实现经济高效开发为目标，以地质储层综合研究为基础，统筹地下地面一体化设计，通过特定工作平台和流程将地质和工程有机融合，形成气藏工程和工程技术方案，切实解决页岩气勘探开发中面临的难题[1-6]。页岩气地质工程一体化的成功应用，为复杂油气藏增产提效提供了新的途径，也为致密油气的勘探开发提供了有益指导和借鉴[8-10]。

川西地区致密砂岩气储量丰富，仅中国石化矿区天然气探明地质储量超 $4900\times10^8\mathrm{m}^3$，潜力巨大。但该区地表环境以及地质条件复杂、储层非均质性强、气水分布规律性差、气井产能差异大等现象，为川西地区致密砂气藏的勘探开发带来了诸多挑战，如何评价非均质性强、高含水饱和度储层的开发潜力，提高优质储层钻遇率以及提升增产改造措施效果等问题亟待解决。

以位于川西坳陷东坡的中江气田 JS 气藏为例，通过开展河道砂精细刻画、高产富集规律等地质与地球物理深度融合研究，形成了针对窄河道致密砂岩储层的“地质甜点”评价技术；在此基础上针对不同的地质目标，紧密结合工程工艺技术进步，建立了与之相适应的“工程甜点”评价技术；二者相融合，最终形成了“一体化”甜点评价技术。该技术的推广与应用，有效提高了“两凹”区Ⅰ类、Ⅱ类储层区的经济高效开发。

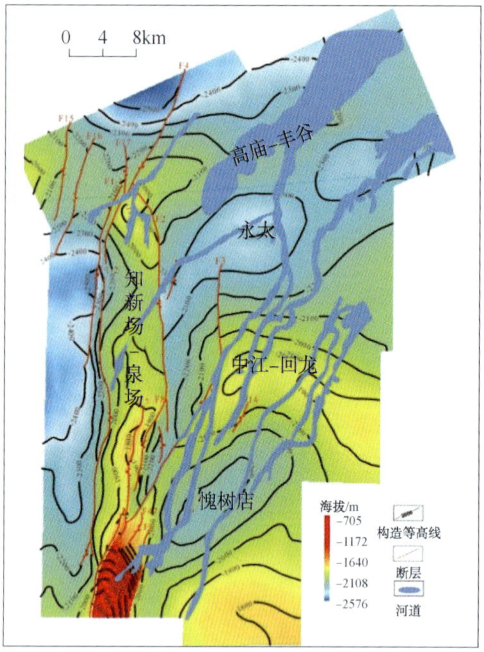

图 1　川西东坡沙溪庙组顶面构造图

1　气藏基本特征

川西坳陷地处四川盆地西缘龙门山前缘，中江气田位于坳陷东斜坡地区，包含高庙子、丰谷、永太、知新场—石泉场、中江—回龙多个勘探区块，整体呈“三隆夹两凹”的构造格局(图 1)，面积达 2350km^2。中江气田以沙溪庙组气藏 10 余套气层为主力开发层系，发育深度为 2000～3000m，为典型的浅水三角洲沉积，具体可分为浅水三角洲平原、浅水三角洲前缘和前三角洲亚相，有利沉积微相为三角洲前缘主分流河道，相比于川西坳陷新场气田，其具有河道砂窄且厚度薄，储层基质致密且非均质性强的特点，砂岩平均孔隙度<10%，平均渗透率<$0.3\times10^{-3}\mu m^2$，总体上储层孔渗低、排驱压力大、含水饱和度高、非均质性强[11-12]。

沙溪庙组气藏气源主要来自下伏深层三叠系须家河组烃源岩，为断砂疏导的深源浅聚次生致密河道砂岩气藏，具有“早期差异充注、中期差异调整、后期差异封堵”的差异化成藏特点。中江气田沙溪庙组气藏自 1995 年被发现以来，随着三维气藏精细描述技术及压裂改造工艺进步，在 2013 年利用水平井突破产能瓶颈，步入高速建产增产阶段[13-15]，但是开发部署有利区以“三隆”区内Ⅰ类河道砂储层区为主，“两凹”区河道砂岩气井产能效益瓶颈一直未能突破。近几年随着地质工程一体化理念应用范围越来越广，压裂改造工艺与气藏储层特征和成藏模式的契合度也越来越高，2021 年部署于“两凹”区的 JS318HF 井在以Ⅱ类储层为主的河道砂中通过采用“少段多簇+大排量+可变黏滑溜水”压裂新工艺，成功实现凹陷区单井产能的突破，单井产能超 $100\times10^4m^3/d$，其后该工艺在 JS318HF 井河道的Ⅲ类储层区获得工业产能，验证了地质甜点和工程甜点一体化评价适应性。

2　“一体化”甜点评价

前人针对致密储层[16-17]和川西侏罗系沙溪庙组砂岩储层的研究多集中于地质甜点，选取沉积微相、储层的孔隙度、渗透率、含气饱和度和产能等作为评价因子，建立气藏分类评价标准，对气藏开发起到了一定指导作用[18-19]。近年来，随着地质工程一体化程度愈发加深，储层改造技术不断成熟，原有的地质甜点评价思路对勘探开发部署指导的局限性也愈发突出，笔者结合最新的储层改造技术重新对地质甜点和工程甜点进行综合研判，对气藏的成藏模式和工艺改造的适应性进行匹配，从而形成“一体化”甜点评价技术。

2.1　差异化成藏

以侏罗系河道砂岩气藏为典型代表的川西致密气，自晚侏罗世燕山中晚幕主成藏期以来，经历了 3～4 次构造运动，地层历经多期的抬升与卸载，造就了该区大型烃源岩断裂及其伴生的深源浅聚次生气藏的发育。油气运移—聚集—富集的过程持续时间长，具有多阶段、多期成藏的特点[20]。天然气运移、构造的变迁、断裂的开合、储层的致密化以及气藏的保存交织在一起，使得气藏的成藏过程更加复杂化，具有早期差异充注、中期差异调整和后期差异封堵的特点，从而形成致密异常高压气藏，为规模压裂提供地质基础(图2)。

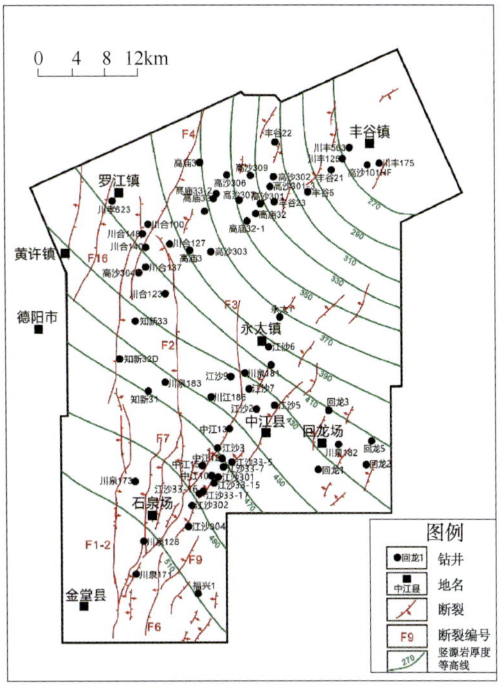

图2　川西东坡须五段烃源岩厚度分布图

2.1.1　早期差异充注

根据前人研究，川西侏罗系复杂致密河道砂岩气藏的气源主要来源于下伏深层三叠系须家河组烃源岩，从川西须五段和下侏罗统富有机质泥页岩厚度分布来看：须五段烃源岩的厚度从西南至东北依次减薄，下侏罗统烃源岩在回龙及南部地区厚度大，向北减薄；东部远离大断裂的地区存在须五段之外的气源，众多证据指向侏罗系内部的下侏罗统气源岩；另外，烃源岩厚度分布表明，下侏罗统烃源岩在回龙及南部地区厚度大，回龙地区存在下侏罗统气源供给的可能性较大。综合来看，高庙子、中江、丰谷等构造带天然气主要来源于须五段气源。

早期气源运移通道以连接各砂体的断层为主，依靠龙泉山断裂带(三级)向浅层运行，在古构造高部位不同连通类型的砂体中差异富集(图3)，所以与生烃高峰期相匹配的燕山中、晚期构造对天然气的早期聚集具有重要作用，大型古隆起及其斜坡区是天然气富集的有利部位。

2.1.2　中期差异调整

川西坳陷经历了多次构造形变，具有构造雏形形成早、最终构造形态定型晚、构造继承性明显的特点，在生烃高峰期的燕山中晚期运动后，发生喜马拉雅构造运动，强烈的挤压使地层变形、错断，形成了众多局部构造，中江、回龙构造进一步抬升，对早期天然气藏进行调整和改造，最终形成目前构造格局。喜山期构造对油气聚集的调整主要表现在以下两个方面：一是局部构造位置控制着天然气的分布，使得单个圈闭既可能高部位含气、低部位含水，也可能低部位含气、高部位含水(图4)；二是形成的裂缝系统与相对优质储层相匹配，形成V型接触，构成天然气富集带；三是断裂的再次开合造成前期充注的天然气沿断层逸散，不利于油气保存[21]。

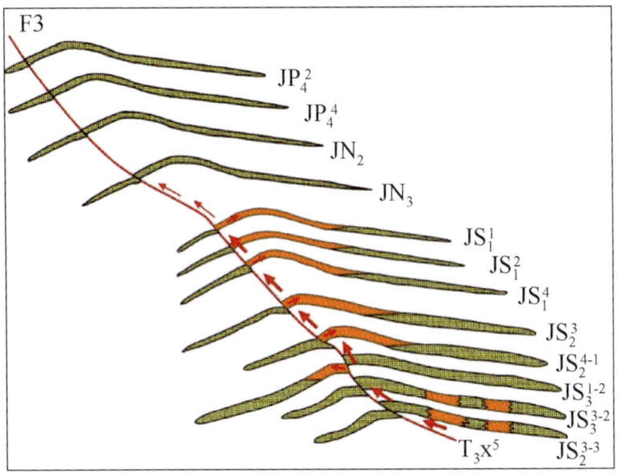

图3　川西坳陷F3断裂南段天然气富集成藏模式

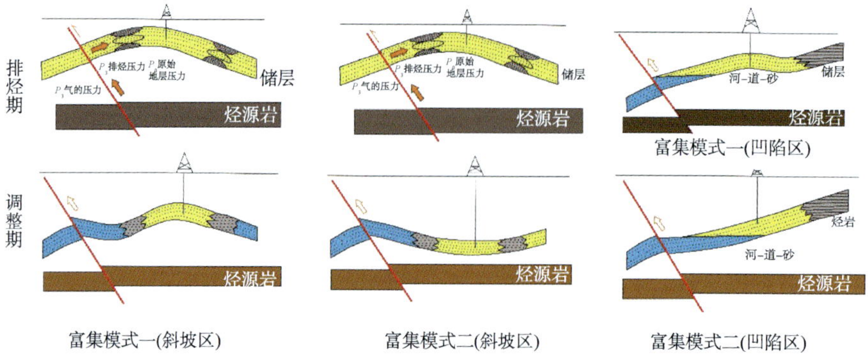

图4 成藏中期调整模式图

2.1.3 后期差异封堵

天然气经过早期差异充注以及中期差异化调整聚集在不同砂体中，在漫长地质历史过程中，流体和岩石相互作用，持续的压实、胶结、交代、溶蚀以及裂缝化等成岩后生作用造成储层强烈的非均质性，在镜下常见粒间溶孔、长石挤压断裂等现象(图5)。

(a)JS302，JS32，2608.07m，溶蚀孔隙较发育，连通性差　　(b)CH123，JS23，2299.82m，长石受到挤压断裂

图5 中江沙溪庙组砂岩成岩作用薄片

地层压力是一种各向同性的张性力，能够抵制压实作用，所以欠压实往往和超压伴生，孔隙度与压力正相关。中江地区在燕山中、晚期须五段气源达到生烃高峰期，油气进入孔隙之后，因烃饱和度不同、油气的差异充注，持续的压实作用、胶结作用和抑制作用程度不同，导致了同一条河道致密化作用差异发展(图6)，这也是储层严重非均质的另一原因。

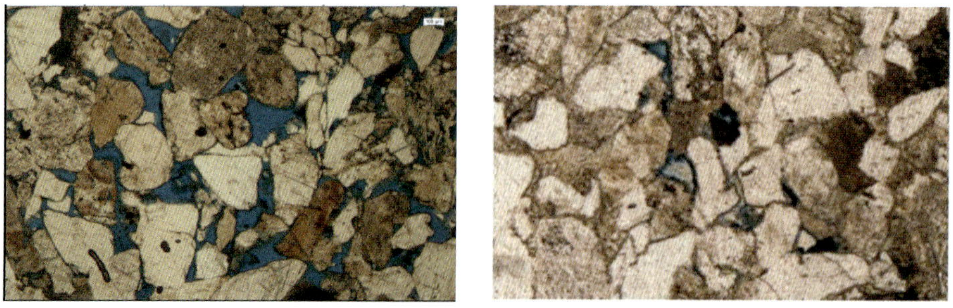

(a)GS303，孔隙较发育，分布较均匀，局部连通性较好　　(b)GS106H，孔隙不发育，少量粒间孔及粒内溶孔

图6 JS_3^{3-2} 气层 GM32 河道不同井位砂岩镜下薄片

差异化的成岩后生作用形成有效的物性封堵，是侏罗系沙溪庙组低凹区天然气富集的核心，物性封堵有效防止砂体内天然气散失，形成"香肠式"差异聚集的成藏模式(图7)，为现今良好的天然气富集类型。

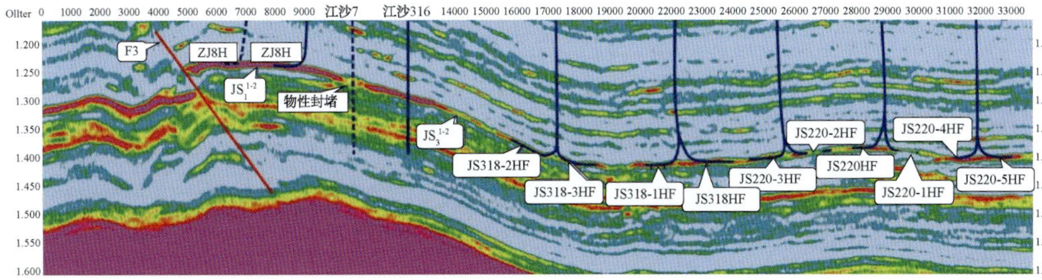

图7　JS318"香肠式"河道波阻抗图

川西侏罗系客观的地质条件决定了其圈闭的异常复杂性、隐蔽性和多样性，以中江沙溪庙组致密河道砂岩气藏为典型代表，其圈闭类型划分为非构造类和复合圈闭2个大类以及岩性圈闭、成岩圈闭、构造-岩性复合圈闭、岩性-构造复合圈闭、构造-成岩复合圈闭5个亚类(表1)。

表1　川西致密砂岩圈闭类型划分表[22]

圈闭类型		圈闭样式	典型实例
大类	亚类		
非构造类圈闭	岩性圈闭	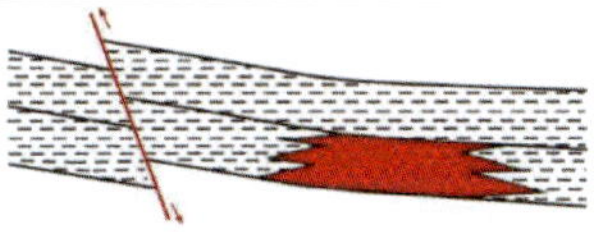	合兴场 J_3P 圈闭、中江 J_2S 气藏
	成岩圈闭	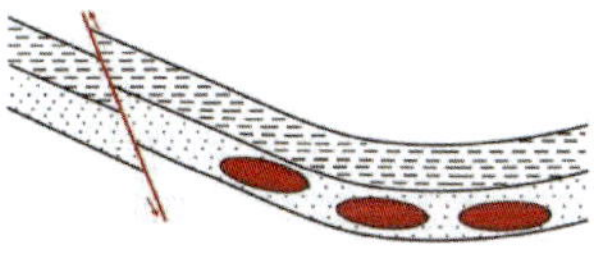	中江 J_2S 气藏
复合圈闭	构造-岩性复合圈闭	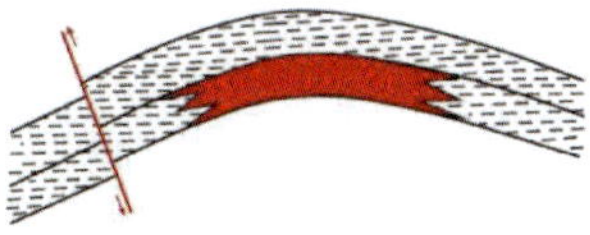	马井 J_3P 气藏、中江 J_2S 气藏
	岩性-构造复合圈闭	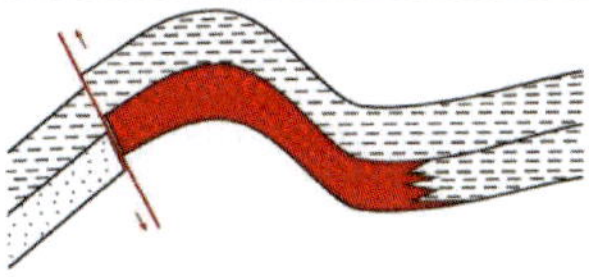	中江 J_2S 气藏
	构造-成岩复合圈闭	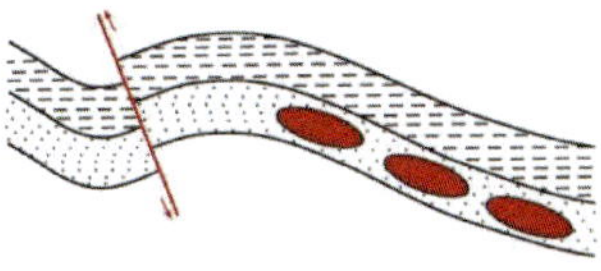	中江 J_2S 气藏

综上所述，川西侏罗系复杂致密河道砂岩气藏的高产富集规律为"深源浅聚、断砂疏导、多期河道、构造活化、调整富集、差异成藏、甜点富气、优储控产"。其中断层的有效性、河道砂的展布、古今构造及储层品质是气藏高产富集的四个关键因素。

2.2 地质甜点评价

地质工程一体化仍需要以地质为基础，只有明确地质条件后工程工艺才能有的放矢，最大限度地适应地质条件，实现一体化开发，所以地质甜点评价仍是重要的基础工作。川西坳陷东斜坡中江气田沙溪庙组地质甜点评价，以气藏高产富集模式为基础，结合沉积微相、储层评价、产能评价和气水分布等因素，对气藏进行综合评价(图8)。

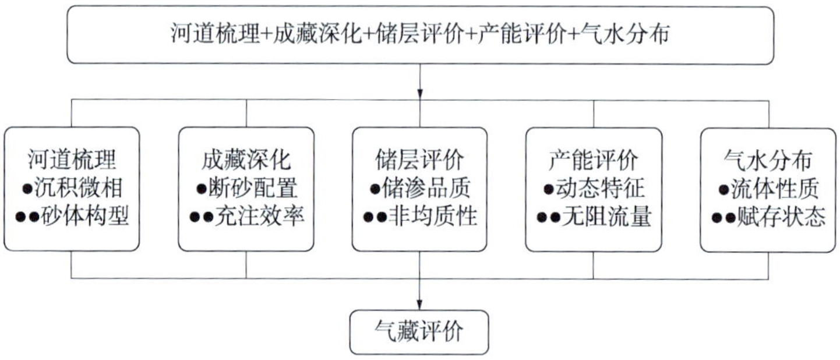

图8 地质甜点评价流程图

川西坳陷中江气田沙溪庙组砂岩储层主要受三角洲平原-前缘分流河道控制，河道砂发育期次多，纵横向展布及砂体叠置关系复杂，单河道沉积模式主要有曲流河道点砂坝与废弃河道、稳定型低弯度分流河道和动荡型低弯度分流河道等多种模式，河道内非均质性强。河道砂以细-中粒岩屑长石砂岩、长石岩屑砂岩、岩屑砂岩和岩屑石英砂岩为主。成分成熟度偏低，呈“一高二低”的特征，即长石含量高(平均含量28.9%)，石英含量低(平均含量48.86%)，岩屑含量低(平均含量21.6%)，$Q/(F+R)$平均为1.08，F/R平均为1.51；结构成熟度中等，主要以细粒、中粒为主；颗粒分选以好为主，中等次之；颗粒磨圆度中等-较差，以次棱角状为主；胶结类型以孔隙式为主，接触式、孔隙-接触式、接触孔隙式次之。砂岩平均孔隙度8.66%，主要分布于7%~13%，占比71.7%；平均渗透率度$0.21\times10^{-3}\mu m^2$，主要分布于$(0.01\sim0.3)\times10^{-3}\mu m^2$，占比71.7%；属于低-特低孔、特低-超低渗致密砂岩储层[12]。根据储层基本特征及其储集性能影响因素可将其分为四类(表2)。

表2 中江气田沙溪庙组储层评价标准表[12]

类别	岩性	成岩相	孔隙度/%	渗透率/$10^{-3}\mu m^2$	排驱压力/MPa	中值压力/MPa	AC/(μs/ft)	评价
Ⅰ类	中-细粒岩屑长石砂岩	绿泥石胶结长石溶蚀相	>11	>0.4	0.45~2.23	2~10.54	>75	好
Ⅱ类	中-细粒长石岩屑砂岩	绿泥石胶结相	9~11	0.14~0.4	0.72~3.2	6.68~13.03	71~75	较好
Ⅲ类	细粒岩屑砂岩	方解石胶结相	7~9	0.04~0.14	1.2~4.59	12.25~29.4	67~71	一般
Ⅳ类	细粒岩屑砂岩、粉砂岩	黏土、方解石胶结相	3~7	0.01~0.04	>4.59	>29.4	<67	差

依据气藏的高产富集规律，选取沉积微相、断砂配置、古今构造、储层品质结合常规工艺下不同井型气井的产能等因素作为评价指标，建立中江气田沙溪庙组气藏地质甜点的评价标准，综合评价可分为 3 类(表 3)。其中，一类区储层物性好、厚度大、含气饱和度，表现为常规测试条件下气井试采产量高、动态储量大、弹性产率高、基本不产水等特征；三类区常规测试条件下气井产量低，产水量较大，处于经济极限产量边缘。

表 3　中江气田沙溪庙组地质甜点评价标准表

类别	沉积微相	砂体构型	断砂配置	构造部位	储层条件				稳定产量/($10^4m^3/d$)	
					储层类别	储层厚度/m	含气饱和度/%	阻抗/Ω·m	直井	水平井
一类区	前缘水下分流主河道	稳定性低弯度河道	早、晚 V//Q；早 V//Q+晚 Λ//Q	成藏期：高部位现今：相对高部位	Ⅰ类、Ⅱ类	≥8	>65	<9500	>2	>2.8
二类区	前缘水下分流主河道、平原分流主河道	动荡性低弯度河道、心滩	早、晚 V//Q；早 V//Q+晚 Λ//Q	成藏期：高部位现今：相对低部位	Ⅰ类、Ⅱ类		55~65	9500~10500	1~2	1.5~2.8
三类区	前缘水下分流次河道、河口坝、平原分流主河道	动荡性低弯度河道、废弃河道	Λ//Q	成藏期：较低部位现今：相对低部位	Ⅰ类、Ⅱ类、Ⅲ类	<8	45~55	10500~12000	<1	<1.5

2.3　工程改造技术适应性分析

中江气田沙溪庙组气藏砂岩孔径主要分布于 40~120μm，渗透率主要分布于$(0.04\sim0.08)\times10^{-3}\mu m^2$(占 20.4%)和$(0.1\sim0.3)\times10^{-3}\mu m^2$，孔喉小、渗流能力弱是造成气藏低产的主要原因，因此在地质甜点评价的基础上，通过工程甜点优选和精细化压裂参数设计实现地质工程一体化技术突破，是提高沙溪庙组致密砂岩气藏单井产量的必经之路[23-28]。

2.3.1　工程地质甜点优选

2013 年以来，中江沙溪庙组气藏主体使用水平井分段压裂工艺，陆续试验了脉冲加砂压裂技术、精细分段压裂技术及一体化建井大排量体积压裂技术，属于单段单簇压裂，缝间距 63~127m，单井平均测试产量由 $3.5\times10^4m^3/d$ 提升至 $9.5\times10^4m^3/d$。JS318HF 井首次试验了桥塞分段多簇大排量体积压裂技术，采用“大排量、密切割、强加砂”的方式，将平均裂缝间距缩短至 15.6m，平均加砂强度提高至 $2.9m^3/m$，增加裂缝与基质的接触面积，实现基质向裂缝的“最短距离”渗流，极大地提高储层有效动用率，从而大幅提升气井产量。

中江沙溪庙组气藏天然裂缝不发育，且水平地应力差异大(水平地应力差异系数 0.27~

0.39)，三轴压裂物模实验表明，压裂裂缝主要为双翼对称缝，形成复杂裂缝的可能性较低，其工程、地质甜点更侧重于孔隙度、岩性、全烃等物性含气性指标，即工程甜点与地质甜点常相互重合。成藏演化过程表明，在生烃高峰期，物性越好的储层，天然气充注程度越高，含气饱和度越高，且物性较好的储层更有利于裂缝起裂及延伸。因此，压裂时优选物性较好、全烃较高的储层段，既沟通了高度充注层系，又有利于压裂造缝，同时避开泥质含量高的储层段，可防止压裂后裂缝无法有效支撑。

2.3.2 精细化压裂参数优化

基于甜点优选结果，按照地质工程一体化理念，针对不同类别储层精细化设计段数、簇间距及加砂规模，实现“对症下药”，提高单井产量[29-33]。采用“孔隙度+全烃+破裂压力+岩性”指标划分压裂段，确保甜点全覆盖，同时段内甜点差异小，避免各簇非均匀改造(图9)；孔隙度按照7%、9%、11%划分为三类，相似孔隙度划分为相同压裂段，降低段内储层的非均质性，孔隙度9%以上的均质储层，可适当提高段内簇数及加砂强度，增大改造体积及裂缝导流能力，孔隙度9%以下且具有一定非均质性的储层，需减少段长、段内簇数及加砂强度，提高改造的针对性，避免压后出砂；全烃含量高的井段是压裂改造的重点，射孔段优先选择箱状砂且破裂压力较低的位置，同一段内破裂压力差值不高于4MPa，最小水平主应力差异不高于6MPa。

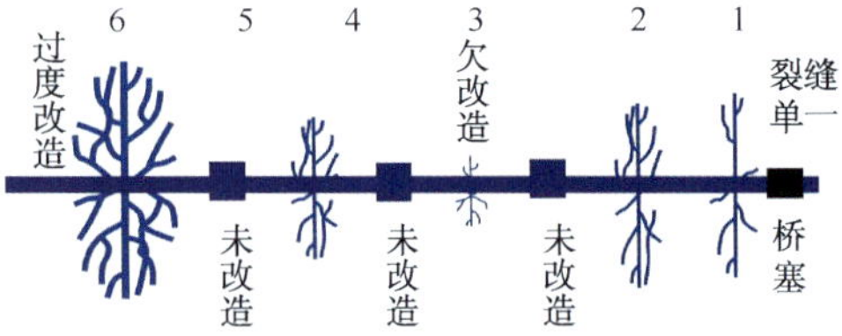

图9 段内各簇非均匀改造

水力裂缝的存在，使得岩石被挤压，从而产生诱导应力，多条裂缝诱导应力场叠加，改变了原始地应力场的分布[34-36]，影响裂缝的起裂与延伸形态，两侧裂缝均会对中间裂缝产生诱导应力，导致中间裂缝的扩展受到一定限制，裂缝间距越小，裂缝条数越多，水平诱导应力越大，干扰越强。单段内簇数增加、簇间距缩短，可以在一定程度上扩大改造范围，但簇数过多将增加裂缝干扰(图10)，对比不同簇数条件下的裂缝扩展均匀系数和改造面积，推荐主体簇间距12~16m。

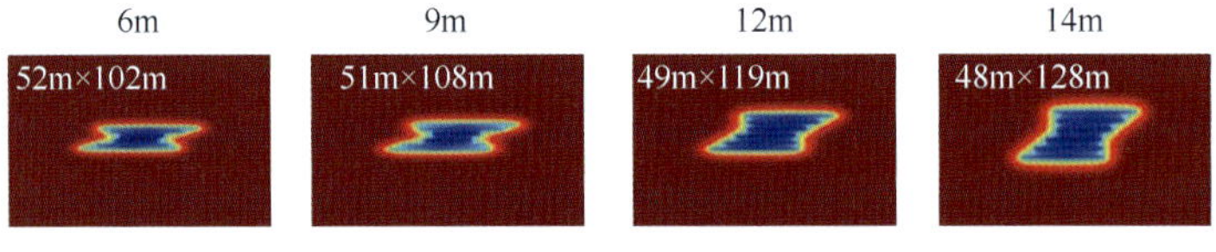

图10 JS220-1HF井不同簇间距下裂缝延伸情况

2.4 “一体化”甜点综合评价

根据前文所述，川西致密气多年的开发实践逐渐证实，以储层品质评价为中心的地质甜点已无法适应致密气向构造低部位、向更深层系开发的需要，而以成藏效能、储层品质“双中心”的地质甜点，与工程评价相结合，形成更为有效的适用于复杂致密气藏开发特点的，以效益开发为中心的地质工程“一体化”甜点评价(图11)。地质甜点，是实现复杂致密气藏气成功开发的基础和前提，能够根据不同地质条件调整工程参数的个性化的工程甜点是实现复杂致密气效益开发的基本支撑，是能否充分挖掘地质甜点开发潜力的助推剂或绊脚石，因此如何在“一体化”甜点综合评价过程中认识地质甜点和工程甜点的辩证关系，对储层改造和油气开发起到至关重要的作用。

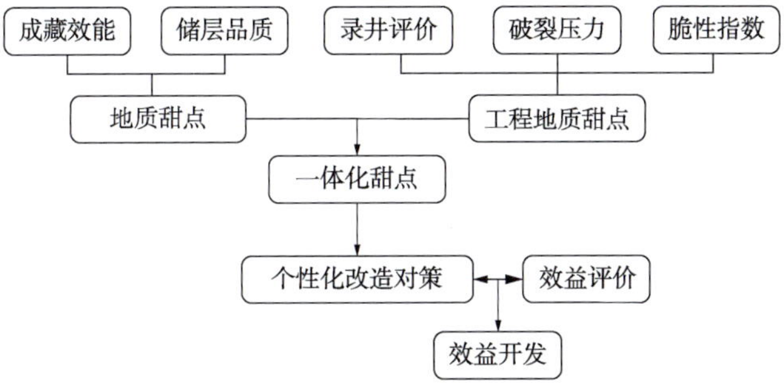

图 11　复杂致密气藏提高产能和实现效益开发“一体化”甜点评价图

中江气田沙溪庙组致密气藏“少段多簇+大排量+可变黏滑溜水”压裂新工艺能够成功应用得益于一体化甜点评价。地质甜点是基础，针对中江气田致密砂岩气藏，成藏模式表明早期的油气充注又是基础中的基础，通过有利的断砂配置，深部气源可以通过砂体、断层有效运移至目的储层形成油气富集区。随后中期差异调整使得气藏构造复杂化，裂缝系统与优质储层配合能够形成天然气富产区，但同时断裂也可以导致早期充填的天然气逸散，整体来看成藏中期的构造运动对天然气调整和改造作用较大，但是对储层工艺改造意义不大。最后的差异封堵是气藏致密和成藏的核心，通过埋深压实作用、水岩交互的胶结作用等，逐渐使气藏致密化、非均质化，形成岩性、构造组合的物性封堵，在砂体内早已聚集的天然气形成异常高压气藏。而正是这种高压异常气藏决定了常规的工艺改造具有不适应性，也为针对性的工程改造提供了先天基础。

虽然砂体内已经聚集有天然气，但是由于储层的致密程度高、非均质性强，即便是通过水平井开发，常规储层改造压裂模式改造规模较小，能够动用的储量规模依然不大。但是，通过大规模体积压裂工艺的应用大幅提升了水平井的产能，测试无阻流量(30.27~103.50)×$10^4m^3/d$，平均达到了 57.07×$10^4m^3/d$。通过采用“多段多簇、大排量、暂堵、可变黏滑溜水”体积压裂新工艺，通过增大液量和砂量、提高压裂规模，在地质特征与储层物性相近条件下，体积压裂水平井产能可达到常规分段压裂水平井 2~10 倍，增产效果显著(表 4)，表明工程甜点的精确识别对地质甜点的开发利用起到至关重要的作用。同时，体积压裂新工艺还有效地实现了中江沙溪庙组气藏Ⅱ类、Ⅲ类储层河道的产能突破，增强了后续建产潜力，为进一步提高了低品质河道储量动用程度以及采出程度奠定了基础，验证了“一体化”甜点综合评价在中江气田致密砂岩气藏应用的可行性。

表 4　体积压裂水平井工程及测试参数表

井　名	水平段长/m	钻遇储层	物性参数			压裂参数			测试情况	
			孔隙度/%	渗透率/$10^{-3}\mu m^2$	含水饱和度/%	分段数	砂量/t	液量/m^3	测产前返排率/%	无阻流量/($10^4m^3/d$)
JS318HF	1038.5	Ⅰ类 40.8m、Ⅱ类 672.8m、Ⅲ类 114.1m	7~11.5	0.23	27~42.9	11 段 61 簇	4204	18073	12.32	103.5

续表

井名	水平段长/m	钻遇储层	物性参数			压裂参数			测试情况	
			孔隙度/%	渗透率/$10^{-3}\mu m^2$	含水饱和度/%	分段数	砂量/t	液量/m^3	测产前返排率/%	无阻流量/($10^4m^3/d$)
JS318-1HF	878.44	Ⅰ类 71.9m、Ⅱ类 514.6m、Ⅲ类 296.6m	7~11.5	0.21	23~40	12段58簇	2262	16169	22.9	46.2
JS220-1HF	781.35	Ⅰ类 0.4m、Ⅱ类 199.4m、Ⅲ类 401.4m	6.5~11.3	0.125	23.9~44.1	9段54簇	2786	15777	27.24	30.27
JS240HF	817.37	导眼段Ⅰ类+Ⅱ类 11.1m (74%)	7~12.8/10.2	0.009	45.1	15段82簇	5052	23858	20.67	74.39
GM111	636	Ⅰ类 10.8m、Ⅱ类 107.1m、Ⅲ类 131.3m	6.7~11.9	0.06	24.9~68	8段40簇	1783	11972	43.85	31

3 “一体化”甜点应用前景

通过借鉴国内其他非常规油气藏最新的改造理念，基于中江气田储层特征和成藏模式，前期压裂改造实验气井均获得高产，一方面表明异常高压致密气藏的优质甜点的可靠性，另一方面也验证了高强度体积压裂能够大幅提高中江气田产量，但是高强度体积压裂成本较高，对井身结构也有相应要求，地质和工艺的契合程度起到至关重要的作用，笔者在地质工程一体化背景下如何实现致密砂岩气藏效益开发提出一些思考。

一是气藏需具有良好的地质基础，即需要满足油气充注度高、致密化程度高和异常高压三个条件，对于常压的常规气藏，体积压裂对产能的提升程度有限，无法获得效益开发。异常高压的致密气藏由于含气性高，但是常规储层改造工艺又无法有效释放气藏产能，高强度体积压裂能够在储层中形成复杂缝网，充分释放地层产能，成为效益开发的关键工艺。二是选择合适管柱，提升固井品质。三是多学科融合，多部门配合。气田的效益开发与地质、工艺和管理密不可分，在地质工程一体化思维模式下，油气田开发已经不再单独是一个学科或者一个组织的问题，建立针对性的管理团队，形成地质-工艺-管理一体化模式，围绕提高气井产量、效益开发这个核心，突破学科和部门壁垒，才能够形成具有活力的一体化评价团队，为油气田增储上产保驾护航。

4 结论与建议

(1) 中江气田沙溪庙组气藏因其早期差异充注、中期差异调整和后期差异封堵的特点，从而形成致密异常高压气藏，为高强度压裂提供地质基础。

(2) “大排量、密切割、强加砂”的体积压裂技术大幅提高了单井产量，而“一体化”甜点优选及精细化压裂参数优化是压裂效果的重要保障。

（3）大规模体积压裂技术的应用，使得传统地质评价的储层分类与实际产能存在偏差，因此，地质工程一体化思路下的中江沙溪庙组气藏新的储层分类评价值得进一步探讨。

（4）地质-工程“一体化”甜点评价技术，以经济效益为核心，能够发挥综合技术优势，有效避开专业风险，形成具有活力和针对性的公关团队，是实现致密气开发跨越式发展的关键途径之一。

参 考 文 献

[1] 李国欣，朱如凯．中国石油非常规油气发展现状、挑战与关注问题[J]．中国石油勘探，2020，25(2)：13.

[2] 邹才能，杨智，朱如凯，等．中国非常规油气勘探开发与理论技术进展[J]．地质学报，2015，89(6)：29.

[3] 胡文瑞．地质工程一体化是实现复杂油气藏效益勘探开发的必由之路[J]．中国石油勘探，2017，22(1)：5.

[4] 吴奇，梁兴，鲜成钢，等．地质-工程一体化高效开发中国南方海相页岩气[J]．中国石油勘探，2015(4)：23.

[5] 邹才能，朱如凯，吴松涛，等．常规与非常规油气聚集类型、特征、机理及展望——以中国致密油和致密气为例[J]．石油学报，2012，33(2)：173-187.

[6] 刘珊珊，蒋宏伟，赵亦朋，等．地质工程一体化油藏模型高效可视化技术[J]．西安石油大学学报(自然科学版)，2021，36(4)：58-67.

[7] 董晓霞，梅廉夫，全永旺．致密砂岩气藏的类型和勘探前景[J]．天然气地球科学，2007(3)：351-355.

[8] 梁兴，徐政语，张介辉，等．浅层页岩气高效勘探开发关键技术——以昭通国家级页岩气示范区太阳背斜区为例[J]．石油学报，2020，41(9)：1033-1048.

[9] 龙胜祥，肖开华，李秀鹏，等．四川盆地陆相层系天然气成藏条件与勘探思路[J]．天然气工业，2012，32(11)：10-17+112-113.

[10] 李剑，魏国齐，谢增业，等．中国致密砂岩大气田成藏机理与主控因素——以鄂尔多斯盆地和四川盆地为例[J]．石油学报，2013，34(S1)：14-28.

[11] 武恒志，叶泰然，赵迪，等．川西坳陷陆相致密气藏河道砂岩储层精细刻画技术及其应用[J]．石油与天然气地质，2015，2：230-239.

[12] 黎华继，严焕榕，詹泽东，等．川西坳陷侏罗系致密砂岩气藏储层精细评价[J]．天然气工业，2019(S01)：7.

[13] 蔡希源．深层致密砂岩气藏天然气富集规律与勘探关键技术——以四川盆地川西坳陷须家河组天然气勘探为例[J]．石油与天然气地质，2010，31(06)：707-714.

[14] 刘成川，曹廷宽，卜淘．薄窄河道致密砂岩气藏高效开发技术对策[J]．大庆石油地质与开发，2020，39(02)：157-165.

[15] 段永明，曾焱，刘成川，等．窄河道致密砂岩气藏高效开发技术——以川西地区中江气田中侏罗统沙溪庙组气藏为例[J]．天然气工业，2020，40(05)：58-65.

[16] 夏宏泉，赖俊，李高仁，等．基于测井资料的页岩油储层甜点预测[J]．西南石油大学学报(自然科学版)，2021，43(04)：199-207.

[17] 吴勇，康毅力，季卫华，等．巴喀地区八道湾组致密砂岩储层“甜点”预测[J]．西南石油大学学报(自然科学版)，2013，35(06)：48-56.

[18] 付菊，操延辉，叶素娟，等．次生致密砂岩气藏甜点综合评价——以四川盆地中江气田侏罗系气藏为例[J]．天然气工业，2019，39(S1)：23-29.
[19] 付宁海，唐海发，刘群明．低渗-致密砂岩气藏开发中后期精细调整技术[J]．西南石油大学学报(自然科学版)，2018，40(3)：136-145.
[20] 曾焱，黎华继，周文雅，等．川西坳陷东坡中江气田沙溪庙组复杂"窄"河道致密砂岩气藏高产富集规律[J]．天然气勘探与开发，2017，40(4)：1-8.
[21] 车国琼，王立恩，汪轰静，等．断层对致密砂岩气藏甜点区的控制作用——以四川盆地中部蓬莱地区须二段气藏为例[J]．天然气工业，2019，39(9)：22-32.
[22] 武恒志，叶泰然，王志章，等．复杂致密河道砂岩气藏开发精细描述技术[M]．北京：中国石化出版社，2018.
[23] 朱斗星，蒋立伟，牛卫涛，等．页岩气地震地质工程一体化技术的应用[J]．石油地球物理勘探，2018，53(S1)：249-255+17.
[24] 朱颜，韩向义，岳欣欣，等．致密砂岩储层脆性测井评价方法研究及应用——以鄂尔多斯盆地渭北油田为例[J]．物探与化探，2021，45(5)：1239-1247.
[25] 梁兴，单长安，蒋佩，等．浅层页岩气井全生命周期地质工程一体化应用[J]．西南石油大学学报(自然科学版)，2021，43(5)：1-18.
[26] 蒋廷学，卞晓冰，左罗，等．非常规油气藏体积压裂全生命周期地质工程一体化技术[J]．油气藏评价与开发，2021，11(3)：297-304+339.
[27] 赵勇，李南颖，杨建，等．深层页岩气地质工程一体化井距优化——以威荣页岩气田为例[J]．油气藏评价与开发，2021，11(03)：340-347.
[28] 梁兴，管彬，李军龙，等．山地浅层页岩气地质工程一体化高效压裂试气技术——以昭通国家级页岩气示范区太阳气田为例[J]．天然气工业，2021，41(S1)：124-132.
[29] 李曙光，徐天吉，吕其彪，等．深层页岩气双"甜点"参数地震预测技术[J]．天然气工业，2019，39(S1)：113-117.
[30] 廖东良，路保平．页岩气工程甜点评价方法——以四川盆地焦石坝页岩气田为例[J]．天然气工业，2018，38(2)：43-50.
[31] 张以明，才博，何春明，等．超高温超深非均质碳酸盐岩储层地质工程一体化体积改造技术[J]．石油学报，2018，39(1)：92-100.
[32] ZHOU Haiting，Li Deyong，Liu Xiantai，et al. Sweet spot prediction in tight sandstone reservoir based on well-bore rock physical simulation[J]. Petroleum Science，2019，16(1)：1285-1300.
[33] 周家雄，马光克，隋波，等．储层参数岩石物理反演在"甜点"储层预测中应用研究——以 W17 油田为例[J]．地球物理学进展，2019，34(3)：1159-1169.
[34] 孙健，李琪，陈明强，等．致密砂岩储层裂缝型"甜点"的随钻识别方法[J]．科学技术与工程，2018，18(15)：88-93.
[35] Zhang Yongchao，Zeng Jianhui，Qiao Juncheng，et al. Experimental study on natural gas migration and accumulation mechanism in sweet spots of tight sandstones[J]. Journal of Natural Gas Science and Engineering，2016，36：669-678.
[36] 乐宏，杨兆中，范宇．宁 209 井区裂缝控藏体积压裂技术研究与应用[J]．西南石油大学学报(自然科学版)，2020，42(5)：86-98.

川西陆相致密气藏河道砂岩储层精细刻画技术及应用

武恒志　叶泰然　赵　迪　马如辉

（中国石化西南油气分公司）

摘　要：川西坳陷侏罗系砂岩储层具有低渗、致密特点，主要为三角洲相分流河道沉积，河道纵向叠置关系复杂，砂岩厚度薄，岩性及物性横向变化明显，但地震资料分辨率有限，河道砂岩储层预测及刻画难度大，制约开发目标评价及井网部署。采用从宏观到微观、从定性到定量、从外形精细刻画至内幕非均质性评价逐步逼近的综合研究思路，重点集成了井震一体化河道沉积层序识别、河道砂体叠加样式正演、相带空间刻画和递进反演相控储层定量描述等关键技术，解决了河道期次划分、叠置样式预测、外形刻画和定量描述等多个难题，实现以单河道为单元的气藏精细开发目标评价，取得明显应用效果，并形成了陆相致密气藏河道砂岩储层精细刻画与描述技术体系。

关键词：河道砂岩储层；河道沉积层序；相带刻画；储层描述；岩性气藏；川西坳陷

川西坳陷侏罗系岩性气藏埋深700~2500m，气藏主要受河道砂岩储层分布控制，“九五”科技攻关首次利用三维地震储层预测技术实现新场JS气田勘探开发重大突破，先后在四川盆地川西坳陷建成多个大中型气田，以成都凹陷周边新场气田、马井气田、洛带气田等为典型代表，这些气田主要位于正向构造带上。自2011年来，伴随“叠覆型致密砂岩气区”成藏地质理论和“相带控砂、河道控储、断砂疏导、网状运移、差异聚集、甜点控产”地质认识的提出[1-5]，川西坳陷侏罗系岩性油气藏迈出了向斜坡区及凹陷区勘探开发的步伐，依托地球物理储层预测技术、水平井分段压裂等关键技术攻关及突破，实现多项勘探发现，落实多个开发建产阵地，产能建设取得了重要进展。在地球物理储层预测技术方面，早期主要采用振幅类、频率类、相位类、相关类、波形聚类、三维可视化等技术进行河道储层预测和刻画，在正向构造带储层厚度大、地球物理特征相对易于识别区域取得了明显效果[6-7]。伴随勘探开发区域拓展、预测目标地质特征复杂性增加及开发对地球物理预测精细化、定量化需求（如对小层开发需要明确各单一河道分布、河道内幕沉积结构、薄储层厚度、储层物性非均质性等），早期技术的局限性越来越明显，预测精度难以满足生产需求。近年来，确立地震地质一体化综合研究思路，通过科技攻关，地球物理预测技术取得重要进展，以河道沉积层序识别、储层叠置样式识别、相带精细刻画、定量描述等为代表的关键方法技术的成功应用，有效支撑了川西侏罗系陆相致密气藏增储上产成果的取得。

1 储层基本特征与预测难点

1.1 储层基本特征

川西坳陷中浅层侏罗系岩性气藏为次生远源气藏，烃源岩主要为下伏三叠系须家河组，优质储集层的分布和发育规模决定了气藏的分布和形成规模，侏罗系蓬莱镇组及沙溪庙组两大主力气藏储层均以河道砂岩为主。沉积物源主要来自坳陷北东部四川盆地北缘米仓山及龙门山北段，同时具有少量龙门山中南段物源。在单井沉积相、典型剖面沉积相分析以及 200 余口钻井砂岩厚度、含砂率统计基础上，落实了各层段沉积相平面分布特征。河流相主要发育在坳陷北部，坳陷内主要属于辫状河、网状河三角洲沉积体系，成都凹陷以东以三角洲平原和前缘为主，南部主要为前三角洲相和湖泊相，河道砂体主要呈北东—南西向展布。河道砂岩岩石类型主要为岩屑砂岩、长石岩屑砂岩和岩屑石英砂岩。砂岩以细粒结构为主，并广泛发育粉砂岩，储层主要分布在中、细粒砂岩中。颗粒分选中等—较好，磨圆度较差，以次棱角状为主。砂岩孔隙度主要分布在 4%～15%，储层孔隙度一版为 8%～10%，一般低于 12%，孔隙度下限 7%左右；渗透率主要分布在(0.05～1)×10^{-3}μm^2，一般低于 0.5×10^{-3}μm^2，储层渗透率下限 0.1×10^{-3}μm^2 左右，储层类型以孔隙型为主，属于典型的低孔低渗致密储层。储层的典型测井响应特征表现为“三低二高”：即低自然伽马、低中子、低密度、高声波、中高电阻率。沉积环境是控制储层分布及物性变化的首要因素，分流河道物性最好，其次是河口坝，决口扇、河漫滩、分流间湾、砂泥坪的物性较差。

1.2 河道砂岩储层预测难点

川西坳陷侏罗系岩性气藏往往具有以单河道为储渗单元的特征，单河道、单砂体构成多个独立的子气藏，气藏开发需要以单河道、单砂体为单元，即使同一层段内的不同河道，与烃源断层配置条件及圈闭条件、沉积微相、储层特征等差异，均会导致其含气丰度、产能特征的明显差异。但伴随勘探开发深入，对叠置河道的精细剖分，河道外形及内幕的精细刻画，河道内部物性非均质性刻画与描述等提出了越来越多的需求，带给地球物理预测的难点主要体现在：

（1）河道沉积层序识别。河道砂体纵向叠置情况复杂，砂体横向变化快，厚度薄，单砂体厚度一般为 5～20m，而地震资料主频 25～35Hz，可分辨储层的厚度 25～30m，可检测储层厚度 15～20m 左右，受地震资料分辨率限制，同一相位内往往发育多条叠置河道，传统以相位为单元的单属性相带刻画技术手段受限，叠后提高分辨率处理亦难以完全适应薄层窄河道识别需求，河道期次识别难度大。

（2）河道砂岩叠置样式预测。河道砂岩纵向往往叠置，不同储层叠置区域开发井网部署及水平井轨迹设计方案不同。而夹层厚度与砂岩储层厚度差异、砂体发育层数不同均会导致地震响应差异，在砂岩频繁叠置情况下，地震子波旁瓣干涉效应对地震反射能量影响会明显增加，常规以能量为核心的预测方法常难以满足不同储层叠置样式区域预测的需要。

（3）单河道相带刻画。以振幅为核心的常规属性提取常用于河道外形的刻画[8]，但常规属性分析往往受反射能量影响大，而反射能量往往与储层厚度、夹层及物性相关，识别精度受限。如何准确刻画河道沉积相带边界亦是面临的主要难点之一。

（4）河道砂岩储层预测与定量描述。河道砂岩内部存在岩性及物性非均质性，储层厚度往往较砂岩厚度薄，物性纵横向变化快，加之储层总体较致密，与围岩波阻抗叠置较为严重，地球物理特征隐蔽，定量识别储层厚度及其分布是开发评价及产能建设的主要难点。

2 河道砂岩储层精细刻画技术

河道砂岩储层精细刻画是一个复杂的系统工程，面临沉积层序、叠加样式预测，以及相带刻画与定量预测描述等难题，不仅需要建立多学科结合的研究思路及技术流程，更需要对单项特色技术的测试优选和多种特色地球物理技术的集成配套。本文针对川西河道砂岩储层精细刻画难点，采用逐级控制的递进式预测思路，首先开展河道沉积层序识别和小层精细对比，基于实际地震地质资料开展河道砂体叠置样式正演，分析河道砂体叠置情况下的地震反射特征，优选出敏感属性参数与属性提取技术手段；其后综合采用属性分析技术、波形分类技术、体分频像素成像技术和三维可视化技术开展有利相带空间刻画，确定河道砂体内部叠加样式和空间展布特征；最后，在相带预测结果的约束下，重点采用地质统计学反演技术，实现河道砂岩储层定量预测。

2.1 井震一体化河道沉积层序识别

川西中浅层气藏不同河道存在成藏配置条件的差异，不同河道天然气产能差异明显，因此，河道单元及河道沉积层序识别是气藏开发方案编制及井网部署的基础。川西坳陷侏罗系蓬莱镇组划分为4个亚段，29套砂组，沙溪庙组划分为2个亚段，9套砂组，砂组划分往往参照地震的可识别性确定，一个砂组对应一个地震相位，厚度一般40~50m，相当于一个中期基准面旋回层序。一个砂组往往由多个米级厚度的单砂体或小层组成，单砂体或小层往往受控于短期基准面旋回沉积的河道。气藏针对河道单元的开发面临几个主要问题：一个地震相位之内如何准确识别多期河道[图1(a)]；钻井砂体对比时如何划分单砂体沉积期次[图1(b)]；如何判断不同钻井砂体是否属于同一河道[图1(b)]。

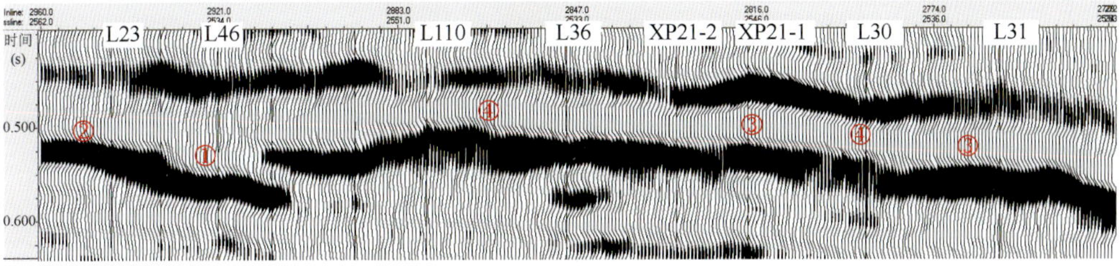

(a)连井地震剖面

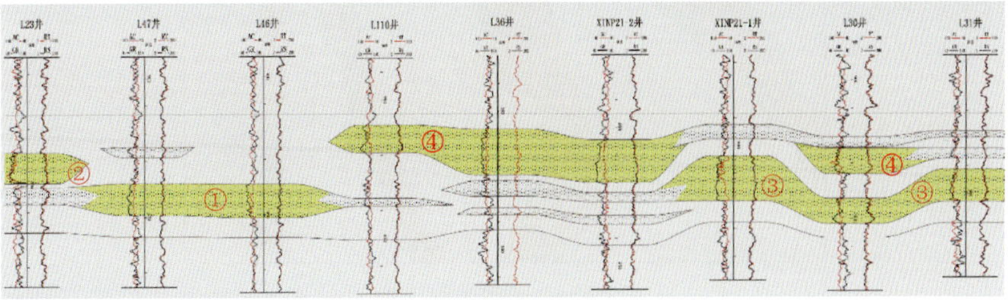

(b)砂体对比剖面

图1 什邡地区JP_3^3砂组连井地震剖面及砂体对比剖面

开展井震一体化研究，精细捕捉河道沉积在地震资料纵横向上的响应，可识别单一地震相位之内多期单河道沉积层序，提高地震资料空间上识别河道砂体能力，具体做法主要包括：砂组划分及小层对比井震一体化，单河道识别及河道沉积演化分析井震一体化。

首先通过井震对比剖面联合识别单一地震相位内砂体沉积期次。小层精细对比是河道砂体预测的基础[9]，连井小层精细对比的准确性可以通过地震的约束得以明显提高，解决地震分辨率不够的问题。如图1(b)所示，图中黄色砂体为主河道含气砂体，川西什邡地区侏罗系蓬莱镇组二段 JP_3^3 砂组内部发育3~4个河道沉积旋回，单井砂体横向变化快，准确对比难度极大。通过地震精细标定、连井对比和后续平面分析则可逐步识别小层对应关系，地震及连井砂体对比剖面上可见：①号砂体相位最靠下，为早期沉积河道砂；④号砂体相位位于最上部，为最晚期沉积河道砂；②号砂体沉积时间较③号砂体略早。因此，通过井震砂体对比划分出4期砂体，沉积序次从早到晚依次为①号砂体、②号砂体、③号砂体、④号砂体。

其次，连井钻井及地震剖面与河道刻画平面图结合落实河道分布及走向。仅仅是连井地震剖面及砂体对比剖面尚难以明确究竟发育几条河道，不同钻井揭示的砂体是否属于同一河道，剖面与平面结合的井震一体化河道识别及沉积演化分析是单河道准确识别的另一个必不可少的手段。JP_3^3 砂组沉积物源来自北东向，图2是针对 JP_3^3 砂组所在相位进行地震均方根振幅属性分析结果，从图中可见，砂组沉积期发育多条北东—南西向河道，但河道叠置严重，单从该振幅属性图上亦很难准确识别各期河道走向，但结合地震剖面及连井砂体对比剖面信息则可以准确判断河道走向及沉积层序。综合识别结果为：①号河道为第一个短期旋回沉积，河道走向北东，L46井钻遇；②号河道为第二个短期旋回沉积，河道走向南北，L23井钻遇；③号河道为第三个短期旋回沉积，河道走向东西—北东，L31井、XP21-1井钻遇；④号河道为最后一个短期旋回沉积，河道走向北北东，L110井、L36井、XP21-2井、L30井4口井钻遇。

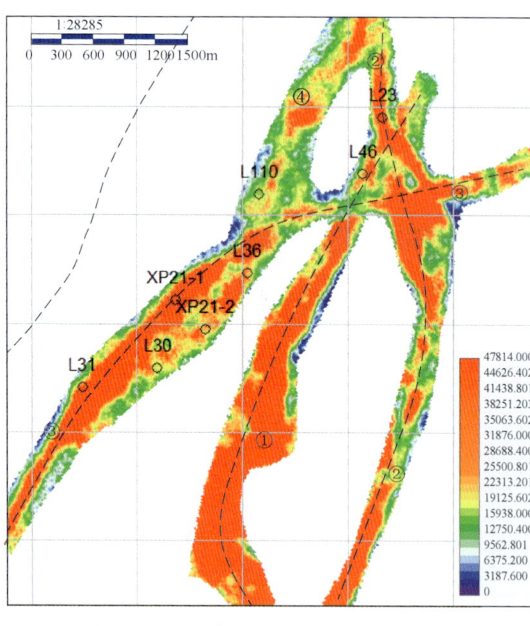

图2 什邡地区 JP_3^3 砂组河道砂岩储层振幅属性图

2.2 河道砂体叠置样式正演

弄清砂岩储层纵向叠加样式是气藏开发的又一重要需求。叠置砂体模型正演模拟是建立储层识别标志、提出预测模式及方法的关键步骤。模型正演主要根据储层与围岩厚度变化、声波及密度测井资料、地震资料主频及相位特征选取子波获得相应的正演记录[10]。河道砂体发育过程往往具有继承性，伴随河流摆动，河道砂沉积往往存在侧向迁移，纵向叠加样式多变，而纵向多个薄层干涉影响非常普遍，不同岩性组合、不同厚度变化组合、不同地震波主频带来不同的叠置砂体的地震响应，因此需要根据实际情况制作多层叠置砂体模型以建立识别标志，提出针对性预测方法。

以新场沙溪庙组 JS_2^2 气藏为例，该砂组对应一个地震波谷相位，部分区域存在 S1、S2 两套单砂体叠置情况，单砂体厚度 5~25m，砂体间泥岩夹层厚度一般 20m 以内，厚薄不均，实际砂体预测方法测试发现，振幅属性与砂体累计厚度关系不明，难以准确刻画单砂体分布区、叠置砂体分布区。

图 3 是 JS_2^2 砂组连井砂体对比剖面、正演记录及实际过井地震剖面，剖面位置如图 4 蓝色线所示，模型参数如表 1 所示。从连井的砂体对比剖面上看，共有 3 个砂体尖灭点，一是 S2 砂体左尖灭点，二是砂体叠置部分 S1 砂体左尖灭点，三是砂体叠置部分 S2 砂体右尖灭点。从连井正演结果看，而砂体叠置部分边界的 S1 和 S2 砂体左侧尖灭位置出现相位突变，单砂体 S2 右侧尖灭点的位置出现相位反转，砂体叠置部分波形变宽、振幅略变弱，但不明显。连井地震剖面的相同位置也出现了相同相位突变地震响应。这就证实了相位突变的地震响应就是叠置砂体边部单砂体尖灭的地震响应，表明河道砂岩纵向叠置样式变化对波形影响较对能量的影响更为明显，这为后续采用基于波形分析的砂体叠置区预测提供了依据。

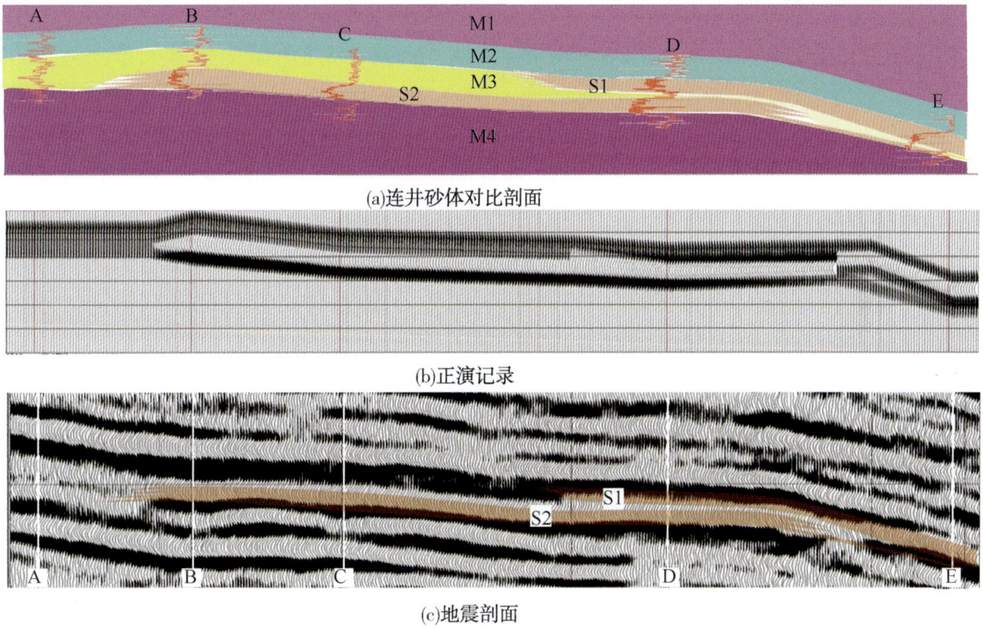

图 3　新场 JS_2^2 砂组连井砂体对比剖面、正演记录、地震剖面

表 1　新场 JS_2^2 砂组叠置砂体模型各岩性体参数表

岩性类别	纵波速度/(m/s)	密度/(g/cm³)	厚度/m
S1 砂岩	3833	2.47	5~25
S2 砂岩	3862	2.48	5~25
M1 泥岩	3800	2.4	—
M2 泥岩	4100	2.5	30
M3 泥岩	4150	2.5	30~40

2.3 相带空间刻画技术

2.3.1 沿层属性提取

在储层精细标定、对比追踪基础上，进行三维沿层切片分析、属性参数提取是河道储层刻画最为普遍采用的技术，提取的参数包括振幅、频率、波阻抗、相干等若干种属性[11-12]。川西侏罗系河道砂体以高孔隙的物性好的低阻抗砂体为主要开发目标，利用振幅变化，尤其是强波谷振幅变化可较好刻画河道相带分布，此外，由于振幅属性容易受到围岩变化及地震波干涉效应影响，利用波阻抗属性，对于刻画有效河道储层效果更加明显。振幅及波阻抗属性分析是目前川西地区最为常用的河道相带预测方法。

2.3.2 波形分类技术

针对上文单砂体及叠置砂体分布区预测，采用波形分类技术。波形分类是一种利用自组织神经网络技术(SOM)对地震道波形进行自动分类的技术。其工作原理是基于对相同地质特征的地质体具有相似的地震波形反射的假设。波形分类首先需要确定样本波形的位置，该波形位置通常选择典型井的位置，并赋予该样本波形一定的地质含义(典型井储层的地质属性)。在一定的时窗范围内计算其他位置的地震波形与样本波形的相似程度。对于与某一样本波形具有高相似性的地震道波形被认为与该样本波形为同类波形，从而认为该地震道波形与样本波形具有相同的地质属性[13]。

利用波形分类结果可以刻画出河道内部非均质性，反映河道储层叠置关系差异。图 4 为新场气田 JS_2^2 砂组波形分类结果，分别选择了图 3 中 A 井、B 井、C 井、D 井、E 井在 JS_2^2 砂组位置的波形作为学习样本，并将样本赋予不同的地质含义，如 A 井代表无储层发育的波形样本，B 井和 C 井波形代表单 S2 储层发育的波形样本，D 井波形代表双砂体发育但具有厚泥岩夹层(10m)的波形样本，E 井子波代表单 S1 储层发育的子波样本，分析其他地震道的波形与这 5 个样本波形的相似性，以达到波形分类的目的。图 4 直观地反映了 JS_2^2 砂组两套砂体的叠置情况和主要的沉积相带的展布特征，河道砂体主要呈北东向展布，横向摆动继承性明显，在河道展布东侧出现叠置情况，图中粉红色区域为 S2 单砂体发育区、青色及绿色区域为 S1 及 S2 两套砂体叠置区，统计区内钻井表明，叠置区泥岩夹层厚度大小可以半定量表征，其中绿色对应泥岩夹层厚度大(>8m)，青色泥岩夹层厚度小(2~8m)，橙色区域为 S1 砂体发育区，所预测的砂体叠置特征、泥岩夹层厚度趋势与连井剖面上的钻井砂泥叠置情况吻合极好(图 3)，后续开发井证实了砂组内单砂体叠置关系预测的准确性，对于后续开发井网针对 S1 号砂体的部署调整发挥了关键作用。

2.3.3 体分频像素成像技术

常规地震振幅和频率属性一直是前期河道砂岩储层识别与刻画预测的主要参数。近年来，新区勘探开发面临的目标储层地球物理特征隐蔽性越来越强，预测难度加大，且随着勘探开发程度的提高，对预测刻画精度要求越来越高，该类常规属性分析手段在川西地区越来越难以满足河道砂岩储层精细刻画的要求，而利用分频技术刻画河道外形可取得明显效果[14-17]。分频解释技术对三维地震资料进行特殊处理，产生具有单一频率的一系列的振幅调谐体和离散频率能量体，采用单频属性进行三原色平面融合，相带识别能力得到提高，但单频信噪比较低，影响刻画效果。

采用的体分频像素成像技术刻画相带边界效果明显，该技术是像素成像去噪处理与体分频融合处理两项技术的联合运用。首先对三维地震数据进行像素去噪，利用三维像素处理功

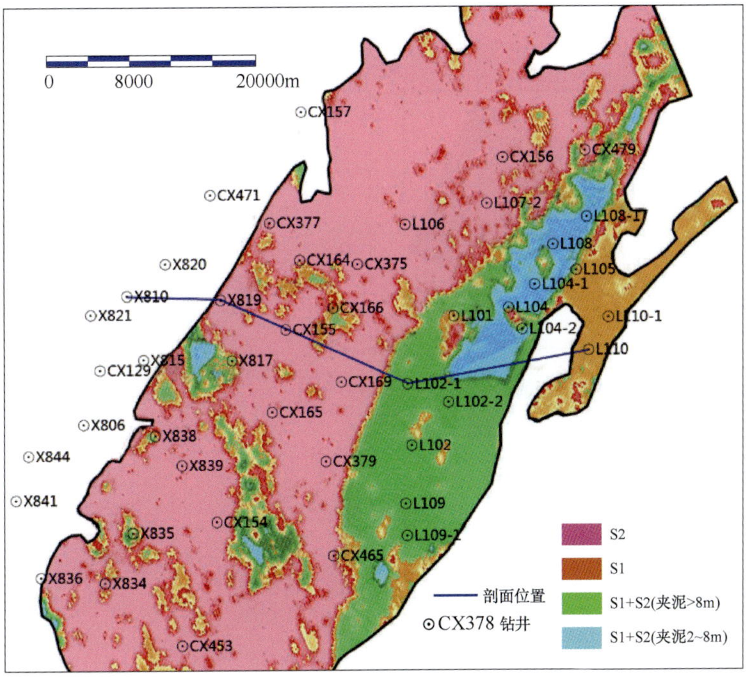

图 4　新场地区 JS_2^2 砂组波形分类图

能，采用各向异性滤波技术，通过反复迭代、无限逼近，消除三维地震数据体内的系统噪声和随机噪声，从而达到提高地震资料信噪比、突出有效地震反射波的目的，使得地质异常体边界反射更加清晰，以便于识别。在此基础上开展体分频处理，利用小波变换把地震反射成分中的各频率对应的调谐能量分解出来而形成对应频率的能量异常体，赋予每一单频体一种颜色(通常是红色、黄色、蓝色中的一种)，单频体内不同采样点处依据能量差异赋予此点同种颜色不同的亮度和饱和度，最后将各单频体同一点处不同颜色的亮度和强度按照 RGB 混合方式得到对应的颜色值，融合形成属性体，这较早期分频技术分别形成单频体，通过平面图融合的方式前进了一大步。这种处理方法与卫星遥感技术采用不同带宽频率对地表地形地物扫描产生的干涉图相解释方法相类似，可实现地质体外形的整体刻画，使相带连续性、相带边界刻画能力较常规属性明显提高。

体分频像素成像技术对成都凹陷东部斜坡高庙—中江地区沙溪庙组 JS14 河道外形及边界刻画较常规振幅技术取得了明显效果(图 5)。该层埋深 1900m 左右，砂体厚度 10~30m。首先对目的层段的地震数据进行全频(0~80Hz)段扫描，确定地震主频范围位于 20~50Hz，选用具有代表性的 25Hz、35Hz、45Hz 对应的调谐振幅体，分别用红、绿、蓝三色叠合，颜色的强弱对应着调谐振幅的高低。从图 5(a)浅白色对应河道砂体刻画结果看，具有典型曲流河道特征，结合区域沉积地质背景分析，该河道物源来自北部米仓山地区，图区内北部高庙地区主要地貌为较平缓的三角洲平原曲流河道沉积，南部中江地区河道变窄、河道弯度降低，体现出逐渐向三角洲前缘过渡的特点。利用振幅属性，亦能刻画河道的大致轮廓，但在相带边界、内幕相带结构刻画、相对弱振幅区细小河道成像方面，体分频像素成像技术优势明显，在河道变宽的边滩沉积部位，明显可以看到多期边滩砂体侧积特征，边滩砂体沉积边界成像较振幅属性明显提高。此外，利用体分频像素成像技术及振幅属性刻画相带内物性非均质特征成效依然是明显的，在河道内，分频成像亮点区、强振幅区域往往发育物性较好的砂体或厚度较大的砂体，开发建产效果明显好于亮度较低、振幅相对较弱的区域。

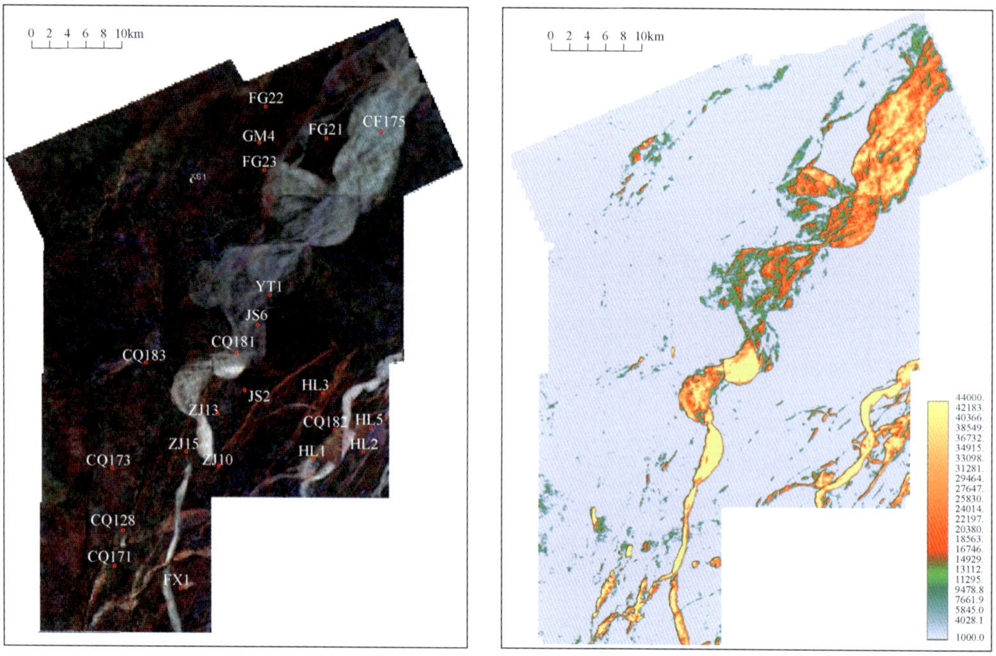

(a)体分频像素成像　　(b)振幅属性

图5　高庙—中江地区沙溪庙组 JS_1^4 砂组体分频像素成像与振幅属性对比

2.3.4　三维可视化技术

三维可视化技术是精细刻画河道三维空间分布的重要工具[6-7]，在小层追踪对比线的控制下或种子点控制下，可自动进行储层的三维空间识别和追踪，并对满足条件的样点进行识别(也称为储层雕刻)，实现储层三维空间展布的刻画。通过该技术的创新应用，重点结合沉积微相研究成果对追踪出的河道砂岩储层的空间分布进行地震沉积学分析，认为该技术尤其是在河道纵、横向叠置的情况下，准确区分河道走向、划分河道期次方面较常规属性分析优势非常明显。

图6为中江地区沙溪庙组纵向叠置和横向频繁迁移的多河道剖面特征及刻画结果，从地震剖面上可见[图6(a)]，河道纵向叠置频繁，常规的剖面河道等相位追踪拾取难度大，大时窗内三维可视化解释工作效率及刻画精度均得以提高。首先针对河道所在剖面位置进行大时窗分频像素成像，确定5条主要河道宏观分布及走向特征[图6(d)]；其次，针对每一条河道实施种子点控制与自动追踪成像，不同期次河道用不同颜色表示[图6(b)]，从而将原本交叉叠置的②号、③号和④号河道在空间上有效分开；在此基础上，不同期次河道地震反射时间表征也有助于进一步认识河道发育期次，时间埋深大的河道沉积时间最早，图6(c)可以看出，①号河道埋深最大，其次为②号和③号河道，④号和⑤号河道埋深相对较浅。通过平面叠置河道外形控制、单河道追踪、纵向时间刻画结合剖面解释，多套河道砂体相互叠置关系以及空间展布形态刻画效果较好，发育时间顺序亦非常清晰，5条河道按编号序次发育。

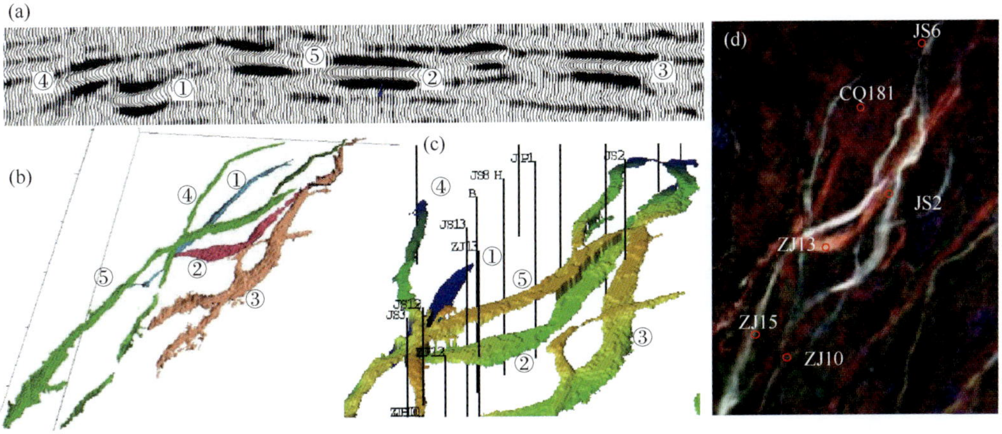

图 6　中江地区沙溪庙组 JS_1^1 砂组地震剖面(a)、三维可视化(b)(c)与体分频像素成像(d)

2.4　递进反演相控储层定量描述技术

川西陆相致密砂岩储层厚度薄、储层物性横向变化快，定量描述储层厚度、物性横向变化是开发产能建设的客观需求。为实现储层定量描述地质目标，将相带约束基础上的高精度反演作为储层定量描述的攻关思路，形成了递进反演相控储层描述技术，采用稀疏脉冲波阻抗反演、地质统计学岩性反演、孔隙度模拟三者递进结合思路，把常规的地震体转换成多个高分辨率的反演属性体，把界面型的地震数据转换成波阻抗、岩性、孔隙度数据，直接反映储层特征，使其能与钻井、测井直接对比，最后根据相带识别成果，实现优势相带内储层厚度及物性的定量预测和描述，研究储层特征的空间变化。在解决川西横向非均质性很强的岩性油气藏描述问题中效果明显。

根据测井分析结果，优质储层主要位于低波阻区域，且储层孔隙度和波阻抗相关性较好，所以开展高精度的叠后反演是可以有效支撑储层厚度和孔隙度预测的。首先开展波阻抗反演，该反演主要采用保真度较高的稀疏脉冲反演(CSSI)方法；然后以波阻抗反演结果为约束，开展地质统计学岩性反演，而该方法在井网密集的情况下有明显的优势；基于地质统计学波阻抗反演结果和岩性反演结果，在砂岩储层内部，进行孔隙度协模拟，最终获得孔隙度反演成果[18-21]。

图 7 为什邡地区蓬莱镇组 JP_2 气藏地质统计学模拟的连井南北向岩性剖面，黄色为砂岩，绿色为泥岩，剖面曲线为 GR 曲线。剖面岩性分辨率高，井点岩性反演结果同参加反演约束的实钻井砂体发育情况吻合，同检验井岩性反演结果吻合，反演结果可靠性较高，克服了常规地震剖面分辨率不足的缺点，这为砂体厚度预测提供了基础。图 8 为连井孔隙度剖面，红色、黄色为高孔隙储层，剖面蓝色曲线为孔隙度曲线、红色为 GR 曲线，曲线与剖面对应好。剖面上，不同厚度储层得以展示，这为储层厚度及物性预测提供了基础，为储层量化预测迈出了关键的一步。

基于稀疏脉冲波阻抗反演与地质统计学反演相结合的递进反演相控储层定量描述技术，以相带预测为约束、有效实现地震资料横向分辨率与钻井资料纵向分辨率结合，分辨率更高，对于薄层识别能力更强，是高精度储层量化预测的有效工具，适宜于开发阶段气藏描述。但地质统计学反演受井网、模型、反演参数等影响，依然具有一定的多解性，需要不断结合开发进展，优化预测模型，不断提升预测精度(图 9、图 10)。

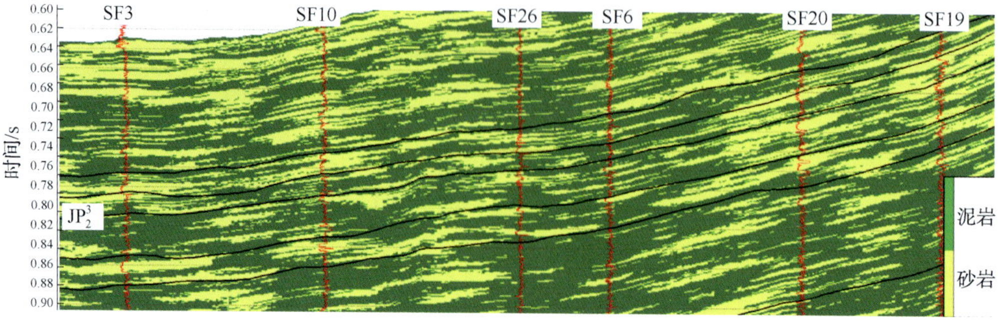

图 7　什邡蓬莱镇组地质统计学反演的连井岩性剖面

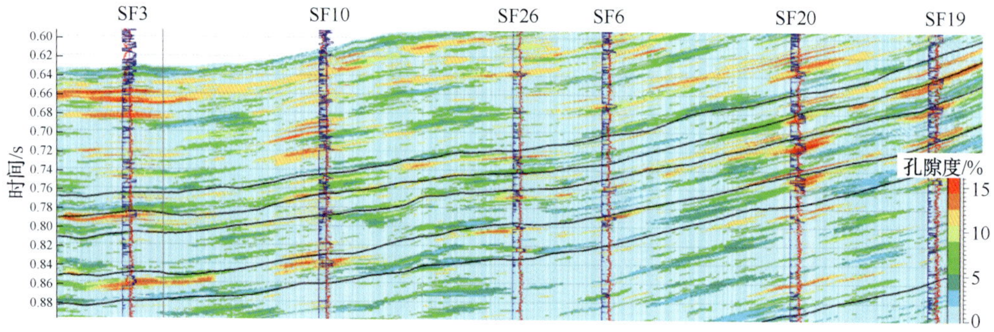

图 8　什邡蓬莱镇组地质统计学模拟的连井孔隙度剖面

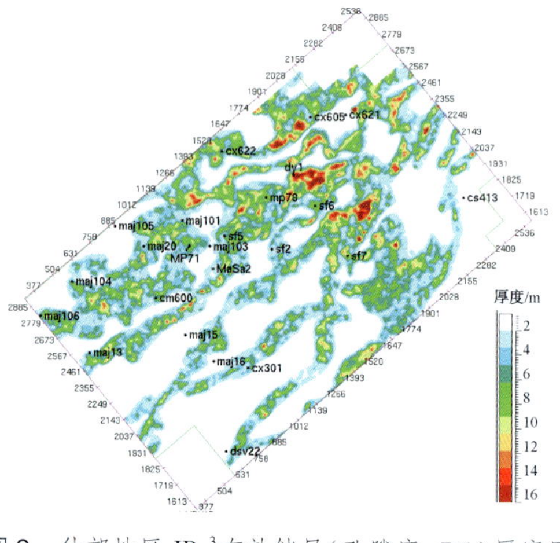

图 9　什邡地区 JP_2^3 有效储层（孔隙度>7%）厚度图

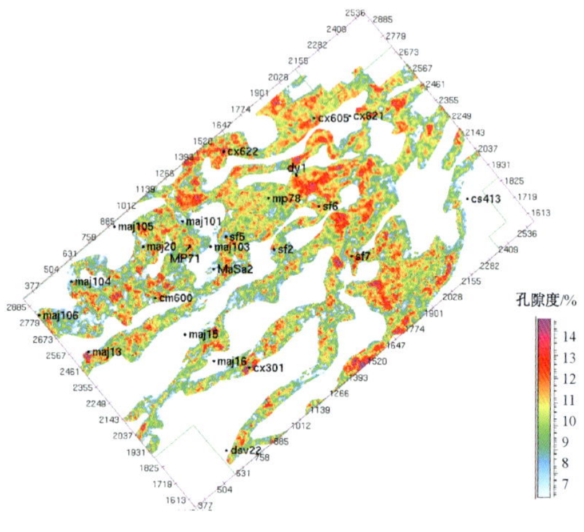

图 10　什邡地区 JP_2^3 储层平均孔隙度图

3　应用效果

近年来，在川西陆相侏罗系致密气藏“相带控砂、河道控储、断砂疏导、网状运移、差异聚集、甜点控产”这一重要成藏地质认识指导下，针对气藏开发，开展了地球物理预测技术攻关，形成了以井震一体化河道沉积层序识别、河道砂体叠加样式正演、相带空间刻画技术、递进反演相控储层定量描述技术等关键技术为核心、以“河道砂岩储层精细识别与刻画”为典型特色的隐蔽岩性气藏储层预测技术体系。受研究区地质特征差异影响，储层地球物理响应特征不同，不同技术在不同区块应用效果存在差异，针对不同区块优选配套关键技术，预测成果在气藏开发评价及产能建设方案编制、针对单河道的井网部署及不同井型井轨迹设计中发挥了关键性支撑作用。一方面，预测符合率及钻井成功率高，主河道砂体预测符合率>95%，Ⅰ类、Ⅱ类优质储层预测符合率>90%，开发井成功率>95%；另一方面，开发及评价建产效果明显，通过川西坳陷侏罗系岩性气藏河道砂岩储层精细刻画，不仅为老区井网调整提供了重要依据，稳产效果明显，还在斜坡及凹陷新区开发建产中取得了重要突破，发现并落实了什邡—广金蓬莱镇组气藏、中江—高庙沙溪庙组气藏两大建产阵地，获产层系主要有蓬莱镇组 $JP_2^{\ 2}$、$JP_2^{\ 3}$、$JP_2^{\ 5}$、$JP_3^{\ 3}$、$JP_3^{\ 7+8}$、$JP_3^{\ 9}$、$JP_3^{\ 10}$，沙溪庙组 $JS_1^{\ 1}$、$JS_1^{\ 4}$、$JS_2^{\ 4}$、$JS_3^{\ 3}$等累计 10 余套砂组，近 20 个小层，2012—2014 年动用储量 $330\times10^8m^3$，新建成天然气产能 $15\times10^8m^3/a$，气藏开发由正向构造带成功拓展到斜坡区及凹陷区，实现川西坳陷侏罗系陆相致密气藏开发新跨越。

4 结论

（1）相控预测思路应贯穿于河道砂岩储层预测与刻画过程始终，采用从河道相带外形及内幕刻画到河道相带内储层厚度及物性递进预测策略，可有效减少储层预测多解性、提高预测精度。

（2）河道砂岩储层纵向叠置与横向迁移频繁，准确识别河道沉积层序、刻画河道外形及叠置样式，开展定量描述是油气藏开发需要解决的重要基础性课题，本次井震一体化河道沉积层序识别、河道砂体叠加样式正演、相带空间刻画技术、递进反演相控储层定量描述等方法技术对于河道砂岩储层气藏开发阶段精细刻画有重要参考作用。

（3）不同区块地质特征不同，储层地球物理响应特征各异，并非每一单项技术适用于各个区块，针对研究目标优选预测方法技术手段是河道砂岩储层预测过程中需要重视的问题之一。

参考文献

[1] 龙胜祥，肖开华，李秀鹏，等．四川盆地陆相层系天然气成藏条件与勘探思路[J]．天然气工业，2012，32(11)：10-17.

[2] 杨克明，朱宏权．川西叠覆型致密砂岩气区地质特征[J]．石油实验地质，2013，35(1)：1-8.

[3] 谢刚平，叶素娟，田苗．川西坳陷致密砂岩气藏勘探开发实践新认识[J]．天然气工业，2014，34(1)：6-15.

[4] 唐宇，吕正祥，叶素娟，等．成都凹陷上侏罗统蓬莱镇组天然气运移特征与富集主控因素[J]．石油与天然气地质，2013，34(3)：281-287.

[5] 蒋裕强，漆麟，邓海波，等．四川盆地侏罗系油气成藏条件及勘探潜力[J]．天然气工业，2010，30(3)：22-26.

[6] 唐建明．川西坳陷致密非均质气藏储层空间展布刻划[J]．天然气工业，2002，22(4)：19-23.

[7] 吴朝容，段文桑．川西坳陷 XS 地区河道砂体预测研究[J]．石油天然气学报，2011，33(11)：81-84.

[8] 伊振林．井震联合窄小河道砂体预测方法研究[J]．西南石油大学学报(自然科学版)，2012，34(1)：19-23.

[9] 朱筱敏，董艳蕾，胡廷惠，等．精细层序地层格架与地震沉积学研究[J]．石油与天然气地质 2008，34(6)：834-840.

[10] 曹卿荣，李飒，仝敏波，等．基于地震正演和属性分析技术预测河道砂体[J]．西南石油大学学报(自然科学版)，2013，35(4)：70-74.
[11] 王世瑞，王树平，狄帮让，等．基于地震属性特征的河道砂体预测方法[J]．石油地球物理勘探，2009，44(3)：304-313.
[12] 金振奎，时晓章，何苗．单河道砂体的识别方法[J]．新疆石油地质，2010，31(6)：572-575.
[13] 陈恭洋，陈玲，朱洁琼，等．地震属性分析在河流相储层预测中的应用[J]．西南石油大学学报(自然科学版)，2012，34(3)：1-8.
[14] 叶泰然，苏锦义，刘兴艳．分频解释技术在川西砂岩储层预测中的应用[J]．石油物探，2008，47(1)：72-76
[15] 姜秀娣，翁斌，刘亚茹，等．分频混色技术在高精度地震解释中的应用[J]．地球物理学进展，2013，28(2)：882-888
[16] 冯斌，赵峰华，王淑华．地震分频解释技术在河道砂预测中的应用[J]．地球科学进展，2012，27(5)：510-514.
[17] 卢秀华．分频技术在曲流河储层预测中的应用[J]．石油天然气学报，2011，33(3)：76-80.
[18] 钱玉贵，叶泰然，张世华．叠前地质统计学反演技术在复杂储层量化预测中的应用[J]．石油与天然气地质，2008，34(6)：834-840.
[19] 孙思敏，彭仕宓．地质统计学反演方法及其在薄层砂体预测中的应用[J]．西安石油大学学报(自然科学版)，2007，22(1)：41-48.
[20] 王香文，刘红，滕彬彬，等．地质统计学反演技术在薄储层预测中的应用[J]．石油与天然气地质，2012，33(5)：730-735.
[21] 刘俊州，周小鹰，王箭波，等．地质统计学反演在非均质薄砂岩气藏开发中的实践[J]．内蒙古石油化工，2009，2009(7)：16-19.

大型高叠置致密砂岩气藏提高采收率技术

李华昌　黎华继　李　峰　许　鑫

（中国石化西南油气分公司）

摘　要：新场气田沙溪庙组气藏储层致密、特低渗、低孔，自然产能极低，主要通过人工压裂开发，通过系统分析影响气藏采收率的主要因素，形成了以气藏精细描述及分类评价为基础，以建模–数模一体化的剩余气分布规律定量评价和利润为约束的剩余储量开发潜力评价为核心，以井网立体开发及差异化对策优化为手段的提高采收率技术。研究结果表明：致密砂岩气藏依靠单一技术提高采收率非常有限，多种技术联合攻关能最大限度地提高采收率，切实提高新场沙溪庙组气藏采收率 31.71%。多轮次的气藏精细描述为提高采收率对策选择奠定了基础，复算储量误差率小于 2%；剩余气定量描述及潜力评价为气藏加密调整及效益开发提供了可靠的保障，明确了气藏剩余气类型及其效益开发界限，提高采收率 8.28%；多层组混合井网立体化开发和差异化开发对策是气藏实现采收率提高的主要手段，采收率提高了 23.43%。

关键词：致密砂岩气藏；剩余气；立体开发；差异化对策；提高采收率

我国经济进入高质量发展阶段，在油气安全与“双碳”战略下[1]，必将大力推进天然气大发展。自“十三五”以来，国内天然气需求量保持中高速增长[2,3]，2030 年天然气需求量在一次能源消费结构中的占比将达到 15%[4]。在此背景下，中国石化提出高速、持续、跨越式发展目标[5]，大力提升天然气开发力度，计划天然气产量在“十四五”末增至 $460\times10^8m^3$，西南油气分公司“十四五”末天然气产量将达到 $130\times10^8m^3$。“十四五”前，西南油气分公司产量主要由致密气和海相气构成，致密气产量占比 40%～95%，长期占据产量构成的主要地位，如图 1 所示。按照发展规划，致密砂岩气藏高质量开发依然是西南油气分公司的重要工作。

致密砂岩气藏因储层物性差、自然产能低，动用程度及采收率双低，经济效益开发难度大。国内外提高气藏采收率的主要手段都是井网加密，对于致密砂岩气藏来说，储层薄、储量丰度低，采收率不仅受储层本身地质条件影响，更受工艺技术水平、经济环境及开发政策等多种因素影响。井网井型选择、水平井优化以及加密界限等都直接影响气藏采收率提高程度。西南油气分公司经过近 30 年地质、工程工艺及开发的一体化技术攻关，实现了部分致密砂岩气藏有效动用及高效开发。如作为致密砂岩气藏开发典范的新场沙溪庙组气藏，15 年来采收率从 24%提高到 56%[6,7]，突破了国内致密砂岩气藏预测采收率 50%的界限。以该气藏为例，详细论述致密砂岩气藏提高采收率的主要思路、具体对策及其取得的实际成果，总结经验，助力川西致密砂岩气藏进一步提高采收率，也为同类型气藏高效开发提供借鉴。

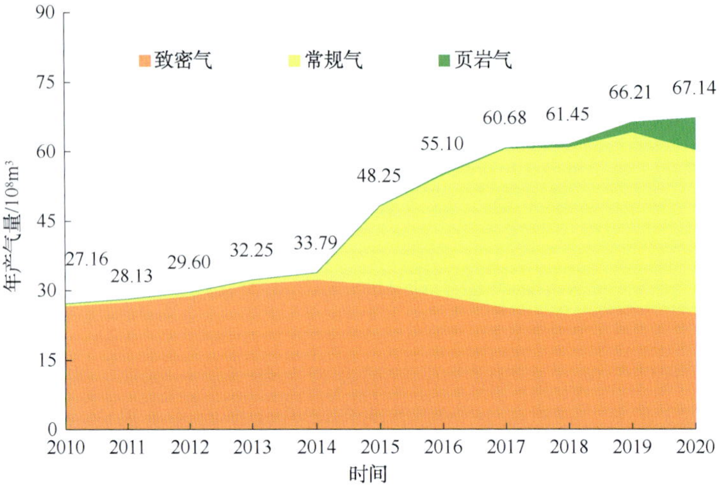

图 1　西南油气分公司产量构成图

1　气藏特征

新场气田侏罗系沙溪庙组气藏是三角洲平原—前缘分流河道沉积下的大型整装致密砂岩气藏。埋深 2120~2800m，纵向上多气层叠置，叠置程度达 58.37%。岩石矿物成分多样，次生孔隙发育；岩石孔喉细小，以小于 0.1μm 的小微孔隙为主；储层物性差，主要含气砂体孔隙度 1.08%~17.07%，平均为 9.89%，渗透率(0.01~3.0)×10^{-3} μm^2，平均为 0.16×10^{-3}μm^2；属于典型的低-特低孔、低渗致密储层。

气藏产出流体主要为天然气，同时产出少量地层水和凝析油。原始地层压力 39~48.33MPa，地层压力系数 1.64~2.09；原始地层温度 60.7~78℃，地温梯度 1.82~2.39℃/100m。整体上，新场沙溪庙组气藏属于异常高压定容封闭干气气藏。

该气藏经历了单层直井试采(1990—1999 年)、单层压裂直井规模建产(2000—2005 年)、多层压裂直井调整稳产(2006—2010 年)、水平井加密调整(2011—2014 年)四个阶段，目前进入递减阶段(2015 至今)。近 30 年的开发动态特征表明，气藏具有自然产能低、改造后单井控制储量低、稳产期短、井口产量压力递减快、低压低产阶段长、后期排水困难的特点，对气藏地质特征的认识随着气井数量的增加更加清楚。

2　提高采收率主体技术

影响致密砂岩气藏采收率的因素主要包括地质和开发两大类。地质因素主要包括储层类型、气水分布、渗流条件和流体性质等，开发因素主要包括井网密度、井型及配产制度等。以此延伸出气藏精细描述、水平井开发、压裂改造、井网加密、增压开采及排水采气等提高采收率对策[8-10]。

对于特定气藏而言，地质因素是气藏本身所固有的，是客观存在的，准确认识气藏的地质特征是提高采收率的基础，对后续提高采收率对策的选择至关重要[11]。致密砂岩气藏储层物性差、渗流能力弱，依靠单一技术对于采收率的提高非常受限，需要多种技术联合攻关才能达到最大限度提高采收率的目的。同时，受构造、沉积和成藏等因素影响，不同类型的致密砂岩气藏提高采收率的技术也存在差别[12]。如苏里格致密砂岩气藏，井网加密是该气藏提高采收率的主体技术，同时配套了生产制度优化、排水采气以及降低废弃产量等辅助技术[8]。新场沙溪庙组致密砂岩气藏则是以气藏精细描述及分类评价作为基础，以建模-数模一体化的剩余气分布规律定量描述和以利润为约束的剩余储量开发潜力评价为核心，以井网立体开发及差异化对策优化为手段，形成提高采收率联合攻关主体技术。

2.1　致密砂岩气藏精细描述及分类评价

气藏描述的精细及准确程度决定了气藏采收率提高的程度，多轮次的气藏精细描述对于后续提高采收率的方式和技术的选择至关重要[13]。

新场沙溪庙组气藏自开发以来，经历了 5 次全气藏精细描述。2000 年以前，为解决储渗体展布问题，开展了以三维地震资料应用为核心的气藏描述；2005 年，为落实储层有效展布，开展了以地质、测井和动态资料为基础的精细描述。2006 年，新场沙溪庙组气藏开发方案实施完毕，单层井网基本成型，面临平面压降不均衡、纵向气层采出程度差异大的问题。开展了以储层非均质性及储量动用研究为主的全气藏精细描述，在气藏构造、沉积、储集岩特征研究和储层参数二次解释基础上，以地震属性和测井资料为约束，首次建立全气藏储层精细地质模型，包括构造、岩相、储层参数模型，实现了储层参数精确表征和储量的精细分类评价。2010 年，为解决纵向气层采出程度差异大的问题，利用新增 200 余口多层合采井资料，开展了以难采储量及含水饱和度精细刻画为主的气藏精细描述，落实了砂体含气面积并复算了地质储量。此次，复算地质储量较原探明储量减少 $77\times10^8\text{m}^3$，此后历次复算储量误差率在 2%以内，确定了新场沙溪庙组气藏储量规模。根据精细三维地质模型建立了以储能系数为核心的储量分类评价标准，平面上Ⅰ类、Ⅱ类储量在当前经济技术条件下可效益开发，为优质储量；Ⅲ类、Ⅳ类储量单独开采无法获得经济效益，为难采储量区。纵向上 $JS_2^{\ 2}$ 和 $JS_2^{\ 4}$ 气层以Ⅰ类、Ⅱ类储量为主，是开发主力气层；$JS_2^{\ 1}$ 气层和 $JS_2^{\ 3}$ 气层以Ⅲ类、Ⅳ类储量为主[14]，是当前开发的难采层，如图 2 所示。后期多层合采井动态特征表明主力气层 $JS_2^{\ 2}$ 东部生产效果未达预期，与地质认识符合度较低。2013 年，开展了以 $JS_2^{\ 2}$ 气层为主的精细描述，气层砂体厚度高达 25～60m，呈东厚西薄展布，东部区域存在砂体厚度 5～10m 局部夹层，原开发井网在原工艺情况下只打开其中一层，东部区域纵向上储量动用不充分，此次描述将 $JS_2^{\ 2}$ 气层细分为 $JS_2^{\ 2-1}$ 和 $JS_2^{\ 2-2}$ 气层。至此，对新场沙溪庙组气藏地质特征基本认识清楚，后期仅对气藏局部扩边区域进行修正完善。

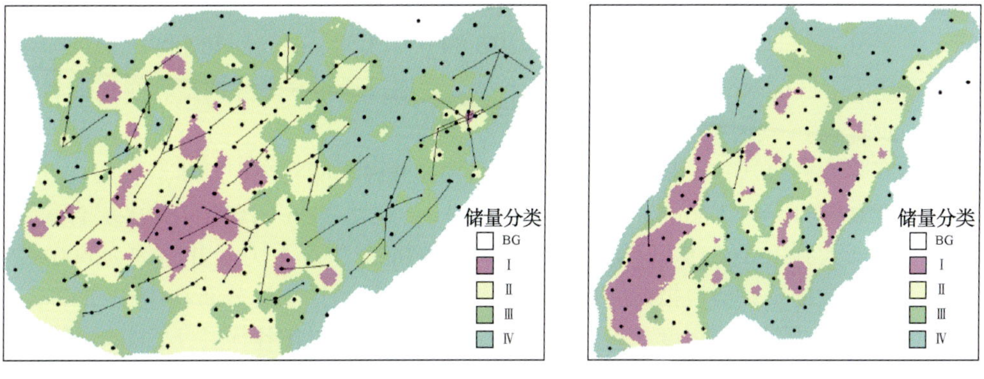

(a)JS_2^1　　(b)JS_2^2

图 2　新场沙溪庙组气藏储量分类评价图

2.2 建模-数模一体化的剩余气定量描述

剩余气分布规律直接影响井网部署及开发对策选择。部分学者认为，致密砂岩气藏剩余气分布与地层压力呈正相关关系；地层压力保持程度高的区域，剩余气相对富集；地层压力保持程度较低的区域，剩余气相对较少[15,18]。前期研究剩余气分布规律主要通过描述地层压力分布，后期逐步增加含气饱和度、有效厚度等储层参数共同描述剩余气分布规律[16]。近年来则主要以地层压力和剩余储量丰度综合描述剩余气分布规律。新场沙溪庙组气藏剩余气分布规律的研究经历了从单一参数定性描述到多参数综合定量描述，形成了建模-数模一体化的剩余气定量描述技术。

在2010年明确储量规模后，首次利用数值模拟技术完成了新场沙溪庙组全气藏300余口井20年的生产历史拟合，得到地层压力和含水饱和度分布图，结合地质认识及动态特征，明确了剩余气分布规律。新场沙溪庙组气藏剩余气主要分为沉积微相控制型、非均质型以及井网不完善型，如图3(a)所示。

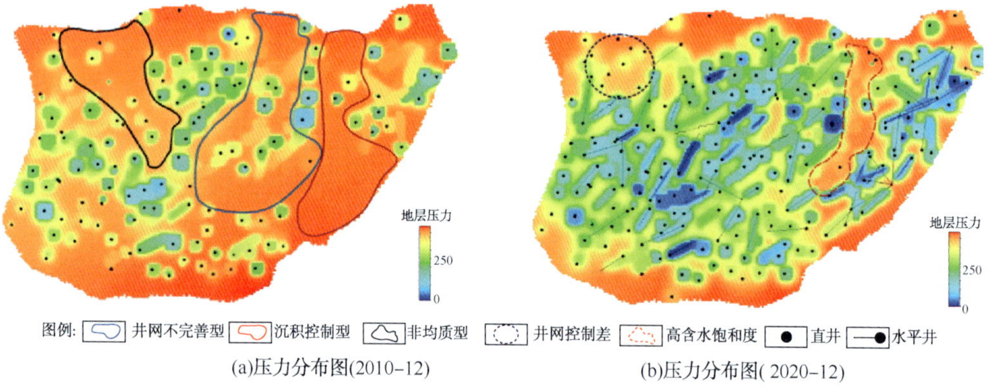

图3 新场沙溪庙组气藏剩余气分布图

沉积微相控制型，因储层物性较差、含水饱和度较高、气相相对渗透率低、气体流动困难，该区域天然气长期得不到有效开发而形成剩余气，主要分布在各气层边部及Ⅲ类、Ⅳ类储量区，依靠工程工艺技术的进步可有效动用。

非均质型剩余气又分层间非均质型及层内非均质型，因储层层间、层内物性差异大，主力气层或合采井物性较好层采出程度高，非主力气层及合采井物性较差层采出程度低而形成剩余气。主要分布于非均质变异系数高达0.945和0.714的JS_2^1气层和JS_2^3气层的多层合采区，以及新场JS_2^2气层东部，为主要剩余气类型。后期可通过水平井调整、侧钻或者转层挖潜进行进一步挖掘。

井网不完善型剩余气主要是目前开发井距偏大，井网未能完全控制所造成的。气藏前期开发井网密度0.6~1.34口/km^2，井距1000~1400m；经过2006—2010年的多层合采调整井网，井网密度增大到1.6~2.5口/km^2，井距700~900m，生产主力区井距约为600~700m；但地层压力监测数据及数值模拟研究表明，气藏单井泄气半径主要分布在180~260m，远小于实际井网密度，井网控制程度差。该类型剩余储量主要分布在各气层开发主体部位。可通过加密调整，完善井网，有效开发。

2019年，在前期研究基础上，首次建立了建模-数模一体化的数值模型。通过定量描述地层压力和剩余储量丰度分布规律，落实了剩余气分布、规模及成因。目前，剩余气主要为高含水饱和度型和井网控制差型两大类，如图 3(b)所示。高含水饱和度型剩余气即前期沉积微相控制型剩余气中因含水饱和度过高、砂体薄、物性差，目前技术条件难以在剩余气中建产，主要分布在各气层边部以及 JS_2^1气层东部条带等区域，储量丰度低但地层压力保持程度高，占此次剩余储量的 68%。对于高含水饱和度型剩余气目前依靠传统技术难以实现经济效益开发，依靠工程改造和排水采气工艺的进步才能实现效益开发。

井网控制差型剩余气主要是非均质型及井网不完善型剩余气进一步开发后的剩余气，因储量规模较小，合并为一类表述。2011—2017 年，通过细分层系、水平井多段压裂、老井挖潜等对策调整，前期非均质型剩余气及井网不完善型剩余气约 67%的储量被动用，该类剩余气包含了水平井靶前 300m 左右未射孔区域中难以有效动用的剩余气；井距偏大造成井区储量动用不充分的剩余气；直井穿过多套气层，未全部射开或低渗低压层生产受到抑制的剩余气。储量丰度较高但地层压力保持程度较低，约占此次剩余储量的 32%。该类剩余气通过明确经济开发界限，在确保提高采收率的同时也能获得效益的前提下可有效开发。

2.3　利润为约束的剩余储量开发潜力评价

剩余气开发潜力评价多考虑地层压力下降程度、储层物性及含气性等，只要技术可行，初期预测日产气量能达到经济极限日产气量即评价为潜力区。此种方法对于采出程度较高且低储量丰度气藏适应性较差，经济可行性论证不够全面。新场沙溪庙组气藏经过多层直井合采及水平井调整后，68%以上的剩余气都是高含水饱和度型，直井难以有效建产，水平井又面临水淹风险。提高采收率的重点在于该类剩余气能否有效动用并效益开发。新场沙溪庙组气藏剩余储量潜力的评价须从定性转为定量[17]，并以获得经济利益作为评价标准，形成了以利润为约束的剩余储量潜力评价技术。

2016 年，川西致密砂岩气藏首次进行了不同气藏不同储层水平井开发经济极限研究，利用现金流法建立了不同气价下经济极限宽度、经济极限孔隙度、经济极限有效厚度、经济极限含水饱和度及经济极限水平段长度图版[18](图 4)。

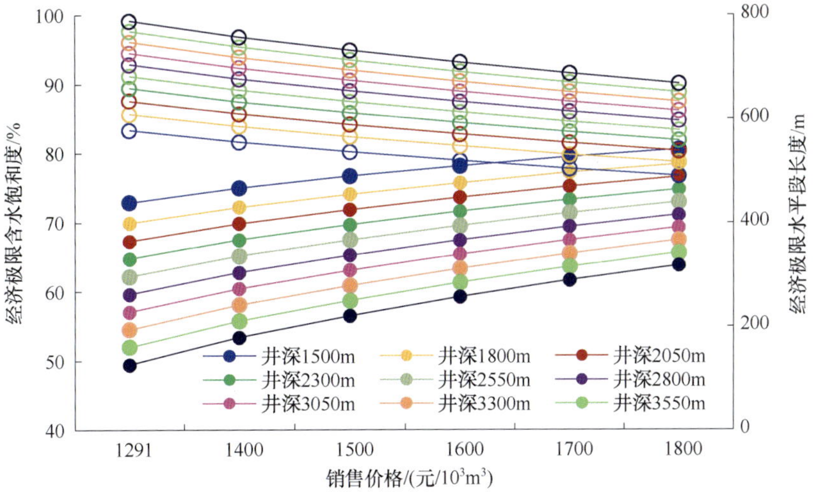

图 4　Ⅱ类储量区不同井深水平井经济极限含水饱和度及水平段长度

经济极限图版明确了剩余气效益开发的储层参数下限，达到下限值的储层剩余气储量即效益开发剩余储量。如气藏在气价 1291 元/10^3m^3条件下，Ⅱ类储量区经济极限含水饱和度

59.65%，经济极限水平段长度700m，远大于该类储量区含水饱和度上限55%，该类储量区剩余气均为效益开发剩余气，具有开发潜力，但水平段长度需达到700m以上。当气价上涨到1400元/10^3m^3，经济极限含水饱和度增加到62.81%，水平段仅需大于676m即可。气价上涨有利于更高含水饱和度储量区的经济有效动用及利用短半径水平井提高采收率。利用短半径水平井调整后，沉积微相型剩余气中的部分高含水饱和度剩余储量被有效采出。

随着开发的进行，新场沙溪庙组气藏经过细分层系及水平井加密调整，井网高度完善，2018年底开发井网密度2.26~2.99口/km^2，井距650~750m，主力区井距缩小到200~350m。剩余储量出现保持原始地层压力的区域剩余气储量丰度低，储量丰度高的区域地层压力偏低。若坚持保持原始地层压力才能加密调整，气藏提高采收率空间极小。在实际生产中发现，部署在地层压力下降区的部分井可采储量依然能达到经济极限，同时多方法也证实致密砂岩气藏获得最高采收率时井间干扰约为30%。在经济评价许可的情况下，接受一定程度的井间干扰，利用密井网(这里确实是密井网，指井网的形态)来实现采收率的提高。为保证经济效益加密调整，气藏剩余储量潜力评价从前期的单一物性参数转变为剩余气储量丰度这一综合参数，经济约束条件从经济可采储量转变为净利润。将典型井区数值模拟方法与现金流法相结合，得到不同井型部署在不同地层压力、不同储量丰度下所获的净利润，建立了剩余储量效益开发地层压力与丰度界限图版。如在气价1404元/km^3、内部收益率8%条件下，Ⅰ类储量区剩余储量满足地层压力大于原始地层压力的47%及储量丰度大于$4.07\times10^8m^3/km^2$，Ⅱ类储量区剩余储量满足地层压力大于原始地层压力的51%及剩余储量丰度大于$2.03\times10^8m^3/km^2$，Ⅲ类储量区剩余储量满足地层压力大于原始地层压力的88%且储量丰度大于$1.30\times10^8m^3/km^2$，可评价为具有效益开发的潜力区，如表1所示。采用该方法，落实可效益开发剩余储量$21.30\times10^8m^3$，提高气藏采收率4.30%。

表1　潜力评价及对策表

储层类别	地层压力	储量丰度/($10^8m^3/km^2$)	井　型
Ⅰ类储量区	$p_i\geq59\%p_f$	≥4.07	直井、水平井
		≥4.96	水平井更优
	$59\%p_f\geq p_i\geq47\%p_f$	≥4.07	直井
Ⅱ类储量区	$p_i\geq67\%p_f$	≥2.20	直井、水平井
		<2.20	直井
	$67\%\ p_f>p_i\geq51\%p_f$	≥2.34	水平井更优
		≥2.20	直井
Ⅲ类储量区	$p_i\geq88\%p_f$	≥1.6	水平井

2.4　井网立体优化及差异化开发对策

随着对气藏地质的深入认识，致密气藏开发方式与井网优化研究不断深化。通过气藏精细描述与分类评价明确不同储层、储量空间叠置关系，采用气藏工程及数值模拟方法优化不同开发方式下井网、井距、合理配产(这里是合理配产，因为跟前面的优化)、采气速度等[19,20]，建立了"多层组混合井网立体化开发"模式，形成了以"多层压裂合采技术+水平井优化设计技术"为特色的开发关键技术[21]。部署多层合采直井130余口，采收率提高15.96%，水平井100余口，采收率提高7.47%。

2.4.1 多层组混合井网立体化开发

2006 年前，新场沙溪庙组气藏利用单层直井均匀面积布井开采，仅 JS_2^2 气层和 JS_2^4 气层为开发气层，平均井距 800~1500m，主力产区平均井距 700~900m。2006 年后，为解决气藏稳产困难及井控程度低的问题，气藏开发模式发生了巨大转变。从单层直井开采变为多层直井合采，从单层纵向接替变为多层多类的平面接替。多层合采解决了 JS_2^2 和 JS_2^4 主产层Ⅰ类和Ⅱ类储量区动用程度不高的问题，并兼顾动用 JS_2^1 和 JS_2^3 难采气层的储量，实现了主产层井网完善及难采层的储量动用。调整后气藏井网密度从 2005 年底的 0.6~1.34 口/km^2 增加到 2010 年底的 1.6~2.5 口/km^2，主力产区平均井距 600~700m，井距缩小了近一倍。但相对于利用单井动态储量控制面积计算的井网密度 3.53~5.07 口/km^2，井网控制程度依然较低。

2010 年底，气藏平面及纵向储量动用不均衡，非主产层产量贡献低。生产测井显示 80%以上的多层合采井在难采层的产量贡献率小于 20%，泄气半径小于 100m，难采层储量动用程度仅 10%左右。2011—2014 年，利用水平井生产压差小、流动阻力小、泄流面积大等特点解决难采层的储量动用问题[22]。考虑水平井井轨迹以及分段压裂工艺对其方位的特殊要求，新场沙溪庙组气藏采用了北东—南西向的平行水平井网，局部辅以“一台多井”及“丛式井网”进行开发，在气层叠置程度较高的区域采用多层合采直井和水平井组成的不规则混合型井网进行加密调整开发，如图 5 所示。多层组混合井网解决了难采层的Ⅱ类、Ⅲ类储量区及主力层边部Ⅲ类、Ⅳ类储量区的动用问题，实现难采层整体开发。调整后气藏井网密度 2.3~3.3 口/km^2，主力产区平均井距 500~600m，井网控制程度高，仅气层边部及高含水饱和度区域井网控制程度较低。

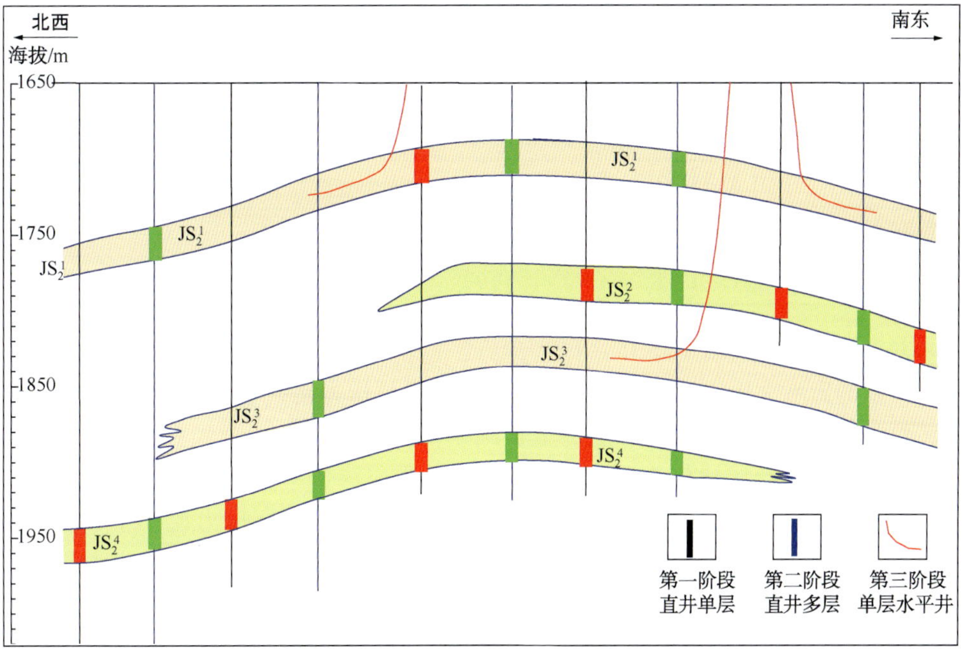

图 5 新场沙溪庙组气藏开发模式示意图

2.4.2 多层合采井对策优化

新场沙溪庙组气藏非均质性严重，多层合采时产层物性差异大将导致物性较差气层产能受到限制，影响气井正常生产[23]。特别是当上产层产量贡献不足 50%且地层压力偏低，可能导致下产层采出气倒灌进入上产层。为保证多层合采井生产效果，利用典型井区建立不同渗透率比值模型。根据不同渗透率比值模型，得到不同地层压力上产层的产量贡献率变化趋势图，明确多层合采技术界限，如图 6 及表 2 所示。

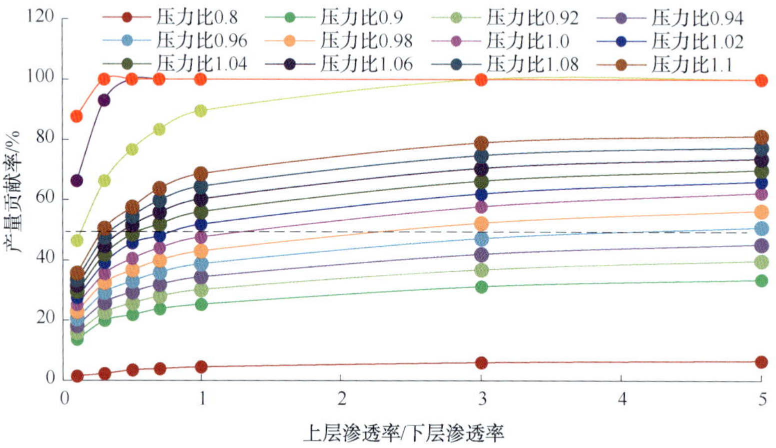

图 6 合采井在不同渗透率比及地层压力比下上层产量贡献图

表 2 多层合采界限及经济极限井距

气 层	渗透率比	地层压力比	是否干扰	经济极限井距/m
$JS_2^1+JS_2^2$	0.35~2.77	0.96	是	385
$JS_2^1+JS_2^3$	0.46~3.27	0.94	是	449
$JS_2^1+JS_2^4$	0.15~1.47	0.93	是	439
$JS_2^2+JS_2^3$	0.47~3.27	0.98	否	373
$JS_2^2+JS_2^4$	0.16~1.47	0.97	是	360
$JS_2^3+JS_2^4$	0.13~1.32	0.99	否	423

合采井上产层产量贡献率随上、下产层渗透率比及地层压力比的增大而增大，地层压力差对产量贡献的影响大于渗透率差。当上、下产层地层压力比大于 1.2 时，即使上产层渗透率极低，仅为下产层的 10%，上产层产量贡献率依然大于 50%，合采井不受影响。上产层地层压力降低，与下产层比值为 0.96~1.2 时，上产层渗透率为下产层渗透率的 2.1 倍以上，上产层依然不受干扰。当上产层压力继续降低，上、下产层压力比小于 0.96，即使上产层渗透率为下产层渗透率的 5 倍以上，产量贡献率依然低于 50%。新场沙溪庙组气藏上、下气层渗透率比为 0.13~3.3，原始地层压力比为 0.93~0.99，确定 JS_2^2气层和 JS_2^3气层合采以及 JS_2^3气层和 JS_2^4气层合采不产生干扰，上产层产量贡献率较高。

利用现金流法计算多层合采时的单层经济极限井距，结果显示，两层合采时的单层经济极限井距比单层开采所需经济极限井距小约 20%。如 JS_2^1气层的单层开采所需经济极限井距约580m，与JS_2^2气层合采经济极限井距为385m，与JS_2^3气层合采经济极限井距为449m，与JS_2^4气层合采经济极限井距为439m，井距缩短20%～35%。若JS_2^1气层与JS_2^2气层和JS_2^3气层进行三层合采，单层井距可缩短到320m；JS_2^1气层与JS_2^2气层、JS_2^3气层和JS_2^4气层进行四层合采，则单层井距仅为280m。多层合采技术界限的确定为部署合采井提供了依据，在此基础上，进一步完善了井网，提高了气藏采收率。

2.4.3　水平井优化设计

水平井对策优化不仅要考虑气藏地质特征、剩余储量分布特征及水平井压裂施工等工艺要求，还要考虑经济效益。前期常使用的综合优化法侧重于技术最优化，即采用气藏工程方法及经济评价分别进行水平井井距、合理产量、合理采速和水平段参数优化设计研究[24,25]，综合各方法限定合理范围，从而确定满足最低经济极限的最优参数。随着气藏开发要求从前期要产能、要规模到如今高质量开发的转变，新场沙溪庙组气藏水平井优化也转为利润最优的对策优化，结果如表3所示。

表3　新场沙溪庙组气藏对策优化表

参数 / 储量类型	综合优化		经济技术一体优化		
	Ⅰ类储量区	Ⅱ类储量区	Ⅰ类储量区	Ⅱ类储量区	Ⅲ类储量区
水平段长度/m	600～800	800～1000	400～600	700～800	1000～1100
合理产量/(10^4m^3/d)	3～4	1.5～2.5	4～5	3～4	1.5～2
排距/m	580～610	600～750	550～650	300～400	200～300
采气速度/%	3%		3～4	2～3	1.5～2

1. 水平井井距研究

水平井井距优化常采用单井控制储量法、经济极限合理井网密度法和单井经济极限控制储量法，分别确定各方法的合理井距，综合各方法确定的合理井距范围确定开发井距。如新场沙溪庙组气藏Ⅰ类、Ⅱ类储量区利用单井控制法计算的合理井距为600m和700m，经济极限合理井网密度法计算的合理井距为680m和870m，单井经济极限控制储量法计算的合理井距为450m和550m，综合确定Ⅰ类、Ⅱ类储量区合理井距为600和700m。经济-技术一体化的对策优化，就是利用数值模拟选取典型井区，预测不同井距下水平井可采储量，利用现金流法计算其利润，建立井距与利润的直接关系，选取拐点值前后范围作为水平井最优井距，得到Ⅰ类、Ⅱ类和Ⅲ类储量区合理井距分别为550～650m、400～500m及300～400m。两种优化方法对于Ⅰ类储量区最优井距的确定差异较小；对于Ⅱ类、Ⅲ类储量区，经济-技术一体化确定的最优井距比综合法确定的最优井距降低约30%～50%，这与实际情况中Ⅱ类、Ⅲ类储量区150～200m的泄气半径更为匹配，充分考虑了井网的完善及经济效益的最优化。

2. 合理产量研究

致密砂岩气藏合理产量确定需满足三个条件：生产需要、经济需要及携液量需要。综合优化法采用节点分析法、试采动态法、临界携液流量确定新场沙溪庙组气藏Ⅰ类、Ⅱ类和Ⅲ类储量区水平井合理产量分别为$(3～4)\times10^4m^3/d$、$(1.5～2.5)\times10^4m^3/d$和$(0.8～1.5)\times10^4m^3/d$。对于确定气藏，经济极限合理产量不会根据储量品质的降低而降低，只会根据井深的增大而增大，所以Ⅰ类、Ⅱ类和Ⅲ类储量区水平井经济极限合理产量均为$(1.8 \sim 2.2) \times 10^4 m^3/d$。利用综合法确定的Ⅱ类和Ⅲ类储量区合理产量达不到经济极限产量。与水平井合理井距优化方法相同，依然利用经济-技术一体化建立井距与利润的关系，得到新场沙溪庙组气藏Ⅰ类、Ⅱ类和Ⅲ类储量区合理产量分别为$(4 \sim 5) \times 10^4 m^3/d$、$(3 \sim 4) \times 10^4 m^3/d$及$(1.5 \sim 2.5) \times 10^4 m^3/d$。

3. 合理采速研究

新场沙溪庙组气藏储层致密，应力敏感性强，异常高压，生产动态表明气井初期产量下降快。其原因主要是投产初期，主要供气通道为微裂缝，随着生产进行，地层压力下降导致部分裂缝闭合，被裂缝沟通的部分孔隙形成死气区，供气能力不足。投产初期应尽量降低气井的采气速度，前期类比同类型气藏后确定合理采气速度约为3%。综合考虑储层应力敏感性、合理产量、合理井网井距研究成果，得到Ⅰ类、Ⅱ类和Ⅲ类储量区水平井合理采气速度分别为3%~4%、2%~3%和1.5%~2%。

4. 水平段长度

水平段长度直接影响气井产量及可采储量，合理水平井长度对提升气藏采收率及开发效果至关重要。水平段长度的选择需要充分考虑储层物性、井网井距、气井产能等地质及气藏工程指标，还需要考虑钻井施工、完井工程等现场因素。通过理论公式法、经验法及经济法确定的新场沙溪庙组气藏Ⅰ类、Ⅱ类储量区水平井合理水平段长度分别为600~800m和800~1000m。经济-技术一体化优化后，Ⅰ类、Ⅱ类和Ⅲ类储量区水平井合理水平段长度分别为400~600m、700~800m及1000~1100m。相比综合优化，Ⅰ类储量区水平井长度缩短了约30%，主要是气藏Ⅰ类储量区砂体厚、物性好，在压裂规模偏小的情况下，长水平段改造不充分，更适宜短水平段开发。

3 结论及未来展望

（1）新场沙溪庙组气藏形成的以气藏精细描述及分类评价为基础，以建模-数模一体化的剩余气分布规律定量评价和利润为约束的剩余储量开发潜力评价为核心，以井网立体开发及差异化对策优化为手段的提高采收率主体技术，提高气藏采收率高达32%，实现了新场沙溪庙组致密砂岩气藏的效益开发。

（2）提高采收率的主体技术在川西致密砂岩气藏中均有推广试用，助力了川西致密砂岩气藏提高采收率。如建模-数模一体化的剩余气定量描述及差异化开发对策已在中江沙溪庙组气藏成熟使用，气藏采收率提高12.98%；以利润为核心的剩余储量开发潜力评价技术目前在新场蓬莱镇组气藏试用，提高气藏采收率3.86%。

（3）对于在目前技术条件下不能实现效益开发的低剩余储量丰度区，可进行体积压裂技术适应性评价[26,27]，利用其密切割、大排量、强加砂的特点来扩大裂缝体展布、沟通天然裂缝和增加泄气面积，进一步提高气藏采收率。

（4）致密砂岩气藏开发从早期的建产能、要产量转变为效益为开发，提高采收率技术也应该从早期的单一技术叠加向地质-工程一体化转变。利用地震-地质-开发一体化优选部署井位，地质-工程一体化优化储层改造参数，技术-经济一体化制定最优经济开发方案，实现少井高产的高质量开发。

参考文献

[1] 习近平．共抗疫情，共促复苏，共谋和平——在第三届巴黎和平论坛的致辞[J]．中华人民共和国国务院公报，2020，(33)：8-9.

[2] 李鹭光．中国天然气工业发展回顾与前景展望[J]．天然气工业，2021，41(8)：1-11.

[3] 张道伟．四川盆地未来十年天然气工业发展展望[J]．天然气工业，2021，41(8)：34-45.

[4] 戴金星，倪云燕，董大忠，等．“十四五”是中国天然气工业大发展期——对中国“十四五”天然气勘探开发的一些建议[J]．天然气地球科学，2021，32(1)：1-16.

[5] 郭旭升，蔡勋育，刘金连，等．中国石化“十三五”天然气勘探进展与前景展望[J]．天然气工业，2021，41(8)：12-22.

[6] 王勇飞，刘成川，刘露．川西坳陷致密砂岩气藏差异性开发实践与认识——以新场 J2s2 气藏为例[J]．天然气工业，2019，39(S1)：174-178.

[7] 刘露，王勇飞，詹国卫．川西地区致密砂岩气藏开采规律——以新场气田沙溪庙组 J2s2 气藏为例[J]．天然气工业，2019，39(S1)：179-183.

[8] 胡勇，梅青燕，王继平，等．致密砂岩气藏井网加密优化[J]．天然气地球科学，2020，31(9)：1326-1333.

[9] 刘露，刘成川，卜淘，等．含水饱和度对川西致密气藏水平井开发效果和经济效益的影响[J]．油田化学，2019，36(1)：116-120.

[10] 冀光，贾爱林，孟德伟，等．大型致密砂岩气田有效开发与提高采收率技术对策——以鄂尔多斯盆地苏里格气田为例[J]．石油勘探与开发，2019，46(3)：602-612.

[11] 付宁海，唐海发，刘群明．低渗-致密砂岩气藏开发中后期精细调整技术[J]．西南石油大学学报(自然科学版)，2018，40(3)：136-145. Technology Edition)，2018，40(3)：136-145.

[12] 付斌，李进步，张晨，等．强非均质致密砂岩气藏已开发区井网完善方法[J]．天然气地球科学，2020，31(1)：143-149.

[13] 胡勇，李熙喆，李跃刚，等．低渗致密砂岩气藏提高采收率实验研究[J]．天然气地球科学，2015，26(11)：2142-2148.

[14] 程立华，郭智，孟德伟，等．鄂尔多斯盆地低渗透—致密气藏储量分类及开发对策[J]．天然气工业，2020，40(3)：65-73.

[15] 王华，崔越华，刘雪玲，等．致密砂岩气藏多层系水平井立体开发技术——以鄂尔多斯盆地致密气示范区为例[J]．天然气地球科学，2021，32(4)：472-480.

[16] 刘正中，刘露，王勇飞．致密砂岩气藏渗流模式及其影响效果分析[J]．科学技术与工程，2020，20(33)：13635-13640.

[17] 郭平，景莎莎，彭彩珍．气藏提高采收率技术及其对策[J]．天然气工业，2014，34(2)：48-55.

[18] 祝金利．强非均质致密砂岩气藏剩余气分布定量描述与挖潜对策——以苏里格气田苏 11 区块北部老区为例[J]．天然气工业，2020，40(11)：89-95.

[19] 李跃刚，徐文，肖峰，等．基于动态特征的开发井网优化——以苏里格致密强非均质砂岩气田为例[J]．天然气工业，2014，34(11)：56-61.

[20] 王继平，张城玮，李建阳，等．苏里格气田致密砂岩气藏开发认识与稳产建议[J]．天然气工业，2021，41(2)：100-110.

[21] 严谨，史云清．中国致密气开发技术进展及展望[J]．矿山工程，2021，9：36-45.

[22] 吕志凯，唐海发，刘群明，等．苏里格大型致密砂岩气田储层结构与水平井提高采收率对策[J]．现代地质，2018，32(4)：832-841.

[23] 顾岱鸿，丁道权，刘军，等．层间非均质性致密气藏多层合采产量变化规律研究[J]．科学技术与工

程，2015，15(8)：53-59.
[24] 刘成川，杨建，卜淘，等．川西窄河道致密砂岩气藏井型井网设计[J]．特种油气藏，2020，27(1)：82-88.
[25] 刘成川，曹廷宽，卜淘．薄窄河道致密砂岩气藏高效开发技术对策[J]．大庆石油地质与开发，2020，39(2)：157-165.
[26] 郑有成，韩旭，曾冀，等．川中地区秋林区块沙溪庙组致密砂岩气藏储层高强度体积压裂之路[J]．天然气工业，2021，41(2)：92-99.
[27] 向洪，隋阳，王静，等．胜北深层致密砂岩气藏水平井细分切割体积压裂技术[J]．石油钻采工艺，2021，43(3)：368-373.

川西坳陷东坡中江气田沙溪庙组复杂“窄”河道致密砂岩气藏高产富集规律

曾 焱 黎华继 周文雅 陈 俊 吴东胜

（中国石化西南油气分公司）

摘 要：川西坳陷中段中江沙溪庙组气藏为以三角洲平原—前缘河道砂沉积为主的致密砂岩气藏，气藏具有河道窄、砂体薄、储层致密、非均质性强以及气水分布异常复杂等特点，近年的开发实践不断地揭示气藏富集模式复杂多样，高产富集规律隐蔽性极强。为此，本文通过对中江气田不同产能井及其所在河道和层系逐一由点到面地解剖，分析其构造、断层及其演化、断砂配置关系、储层等特征，以及各因素对单井产能的影响，建立不同产能河道的天然气富集模式，从而提炼出气“有效断砂配置+优势古构造+物性封堵+优质储层”的高产富集模式。

关键词：中江气田；高产富集规律；复杂“窄”河道；致密砂岩气藏；沙溪庙组

1 引言

川西坳陷中江沙溪庙组气藏的勘探始于1995年，但由于气藏具有构造复杂、河道窄、厚度薄、储层及含气性均具强烈非均质性等特征（表1），勘探开发难度比一般的致密砂岩气藏更大，以致气藏开发进展缓慢。直至2012年气藏精细刻画技术、水平井部署及分段压裂改造技术才在该气藏成功实施，突破了产能瓶颈，拉开了气藏高效开发的序幕，截至2015年底，该气藏已建产$8\times10^8m^3$，成为继新场沙溪庙组气藏之后川西第二大中浅层气藏。

表1 国内致密砂岩气藏特征对比表

气 藏	中江沙溪庙组	新场沙溪庙组	大牛地气田 下石盒子组	苏里格气田 石盒子组、山西组
构造特征	斜坡背景下低幅构造， 断裂发育	新场鼻状背斜构造， 断裂不发育	构造平缓，断裂 不发育	构造平缓，断裂 不发育
埋深/m	1300～3000	2100～2500	2500～2900	3000～3500
沉积特征	三角洲前缘–平原分流河道， 河道宽度0.3～0.8km	毯状砂坝为主， 砂体宽度5～15km	辫状河流相辫状河道 和泛滥平原亚相， 砂体宽度5～20km	盒8辫状河三角洲沉积， 山1曲流河三角洲沉积， 砂体宽度10～20km
砂体厚度/m	5～30	10～40	10～40	10～50
储层岩性	细–中粒岩屑长石砂岩、 长石岩屑砂岩	中–细粒岩屑长 石砂岩为主	岩屑石英砂岩、 岩屑砂岩	岩屑砂岩、 岩屑石英砂岩

续表

气　藏	中江沙溪庙组	新场沙溪庙组	大牛地气田 下石盒子组	苏里格气田 石盒子组、山西组
储层物性	JS_1：平均孔隙度 9.88%；平均渗透率 $0.17\times10^{-3}\mu m^2$	上沙：平均孔隙度 9.71%；平均渗透率 $0.184\times10^{-3}\mu m^2$	盒 1：平均孔隙度 7.36%；平均渗透率 $0.4\times10^{-3}\mu m^2$	盒 8：平均孔隙度 10.3%；平均渗透率 $0.57\times10^{-3}\mu m^2$
	JS_2：平均孔隙度 7.65%；平均渗透率 $0.16\times10^{-3}\mu m^2$		盒 2：平均孔隙度 8.6%；平均渗透率 $0.81\times10^{-3}\mu m^2$	山 1：平均孔隙度 9.6%；平均渗透率 $0.474\times10^{-3}\mu m^2$
	JS_3：平均孔隙度 9%；平均渗透率 $0.32\times10^{-3}\mu m^2$	下沙：平均孔隙度 10.7%；平均渗透率 $0.146\times10^{-3}\mu m^2$	盒 3：平均孔隙度 10.27%；平均渗透率 $1.36\times10^{-3}\mu m^2$	—
压力状况	高压—异常高压：压力 21.9~63.2MPa，压力系数 1.6~2.12	异常高压：压力 41~45MPa，压力系数 1.71~2.05	异常低压—常压：压力系数 0.76~1.02	低压：压力系数 0.8~0.95
产能	产能低且产水，直井：$(0.1\sim0.5)\times10^4m^3/d$	直井：$1.2\times10^4m^3/d$；水平井：$2.5\times10^4m^3/d$	直井：$1.0\times10^4m^3/d$；水平井：$3.0\times10^4m^3/d$	直井：$1.0\times10^4m^3/d$；水平井：$5\times10^4m^3/d$

2012 年以来的勘探开发实践仍不断地揭示该气藏潜在的复杂性，其中气藏的不同层、不同河道的天然气富集规律差异性大，从已获产的河道砂解剖发现，即使是同层的不同河道砂，既有明显的不受今构造控制的岩性气藏，又有明显的构造气藏，同时还存在构造-岩性气藏，由此可见，河道砂的天然气富集规律复杂，给气藏的开发评价及建产选区带来极大难度。为此本文通过对中江已勘探、开发层系的不同河道、不同产能井逐一解剖，分析其构造及演化特征、断砂配置关系以及储层物性等因素对单井产能的影响，明确了中江复杂"窄"河道致密砂岩气藏高产富集的四个主要控制因素：断层、构造、河道砂及其储层物性，综合各控制因素建立不同河道砂的天然气动态富集模式，从中提炼出其高产富集动态模式，并在此基础上建立气藏综合分类评价标准，结合储层评价及地震预测，明确气藏的开发及评价潜力区，为气藏的高效开发奠定了基础。

2　高产富集控制因素的特征

2.1　构造及断层特征

川西坳陷东部斜坡整体呈"三隆夹一凹"的构造格局，主要形成于燕山中晚期，改造定型于喜山期。西部为龙门山推覆作用而成的知新场—石泉场南北向断裂带，北部为区域性剪切构造力改造而成的高庙—丰谷东西向鼻状构造带，南部为龙泉山断裂作用影响而局部发育小断距断层的中江—回龙构造[1-2]。中江气田区域内主要发育 F1-1 断层、F1-2 断层、F2 断层、F3 断层、F4 断层、F6 断层和 F9 断层。其中，烃源断层主要为 F2 断层、F3 断层（图 1）。F2 断层为高庙区块烃源断层，走向近南北向，区内长度达 21.26km，断距较大，最大断距达 300m，向下断至马鞍塘组，向上断至近地表；F3 断层为中江区块烃源断层，走向为北北东向，上部被 F2 断层切割，区内延伸长度 18.32km，断距较小，最大断距仅 50m，断穿 TJ_3p 至 T_3X_5 等地层。

构造演化研究表明，F2 断层形成时间最早，形成于燕山中期；其次为 F1-1 断层和 F1-2 断层，形成于燕山晚期；F3 断层形成时间最晚，为喜山中晚期[4-5]。

中江沙溪庙组气藏为深源浅聚的次生河道砂岩气藏，来自深部须家河组的天然气需要沿着断裂或裂缝破碎带向上运移，在向上运移过程中如遇较好储层，天然气便可选择性地进入其中而成藏。

2.2 河道砂展布特征

中江沙溪庙组埋深1300~3200m，地层平均厚度800m左右。自下而上划分为2个长期旋回、3个中期旋回、12个短期旋回、18个超短期旋回，分别对应2段、3亚段、12套砂层组、18套小层砂体。

沙溪庙组以浅水三角洲平原—前缘沉积体系为主，发育多期分流河道，总体上河道宽度较窄，一般为0.3~0.8km；厚度较薄，一般为5~30m。区内砂体整体从北东向南西延伸，以河道砂沉积为主，多期河道纵横向交错叠置(图2)。平面上，河道主要呈细条带状；纵向上，垂直河道呈透镜状展布。

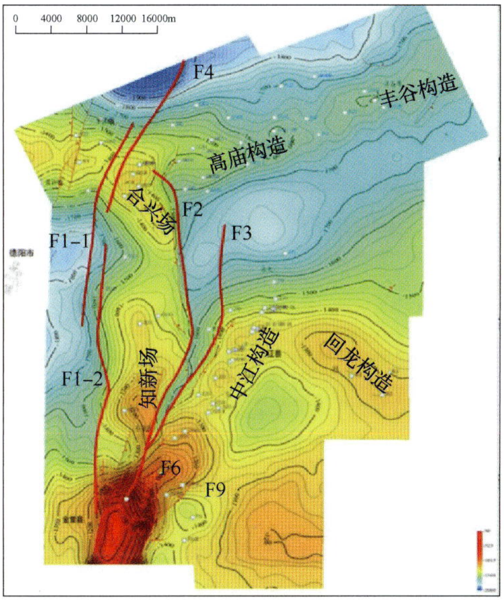

图1 中江气田沙溪庙组气藏构造图

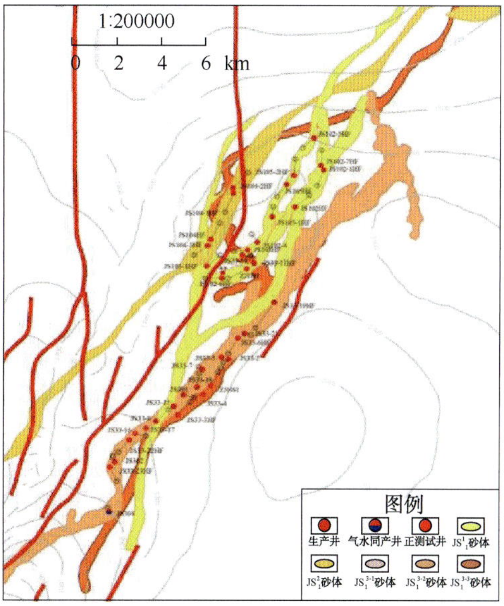

图2 中江地区主力层系河道叠合图

2.3 断砂配置

中江沙溪庙组气藏的勘探开发实践证实，断砂的有效配置是油气富集的基础。通过分析燕山期断面古形态和砂体古构造以及二者间的空间组合关系，断砂空间组合模式可分为四类：①类模式，砂体位于断层上升盘一侧，砂体倾向与断层倾向相反；②类模式，砂体位于断层上升盘一侧，砂体倾向与断层倾向相同；③类模式，砂体位于断层下降盘一侧，砂体倾向与断层倾向相同；④类模式，砂体位于断层下降盘一侧，砂体倾向与断层倾向相反。其中，①类和③类共同表现为砂体下倾方向与断层相接，呈现“V”型；而②类和④类则表现为砂体上倾方向与断层相接，呈现“∧”型。统计表明，“V”型组合即①类和③类断砂组合占该区产工业气流河道砂的近90%，有利于砂体俘获天然气并成藏。

2.4 储层物性

中江沙溪庙组砂岩孔隙度在0.9%~15.33%，主峰位分布在7%~13%，平均为8.66%；渗透率为$(0.0008\sim1910)\times10^{-3}\mu m^2$，平均为$2.15\times10^{-3}\mu m^2$；剔除裂缝影响，砂岩基质渗透

率为(0.0008~1.75)×10^{-3}μm^2(表2)，呈双峰分布，主峰位分别为(0.04~0.08)×10^{-3}μm^2(占20.4%)和(0.1~0.3)×10^{-3}μm^2(占34.4%)，平均为0.21×10^{-3}μm^2。储层物性的统计分析表明砂岩储层非均质性强，其中沙一段平均孔隙度9.88%，平均渗透率1.76×10^{-3}μm^2，平均基质渗透率0.17×10^{-3}μm^2；沙二段平均孔隙度7.65%，平均渗透率0.44×10^{-3}μm^2，平均基质渗透率0.16×10^{-3}μm^2；沙三段平均孔隙度9%，平均渗透率4.86×10^{-3}μm^2，平均基质渗透率0.33×10^{-3}μm^2。

表2　中江沙溪庙组气藏砂岩物性统计表

砂　组	井　数	孔隙度/%				渗透率/10^{-3}μm^2				基质渗透率/10^{-3}μm^2			
		样品数	最小	最大	平均	样品数	最小	最大	平均	样品数	最小	最大	平均
JS_1	11	718	1.22	14.57	9.88	694	0.008	734.26	1.76	675	0.008	1.479	0.17
JS_2	18	1138	0.9	15.33	7.65	1061	0.0008	38.344	0.44	975	0.0008	1.453	0.16
JS_3	17	793	1.93	15.03	9.00	775	0.009	1910	4.86	695	0.009	1.75	0.33
合计	46	2649	0.9	15.33	8.66	2530	0.0008	1910	2.15	2345	0.0008	1.75	0.21

3　高产富集规律

3.1　断层既是成藏的基础，又是散失的通道

中江气田沙溪庙组气藏勘探开发实践及研究证实，富集层系的河道砂与断层必须相接才可能成藏。同时，断砂的配置方式必须是有效的，即在成藏期为“V”型的①类或③类组合方式。断层在成藏有利期是油气有效运移的通道，而在其后的调整期又是油气散失的通道，喜山期的构造调整运动，使得西部断裂多呈现出导水断裂的特征，河道砂近断层处(平均小于5km)基本都产水(图3)。

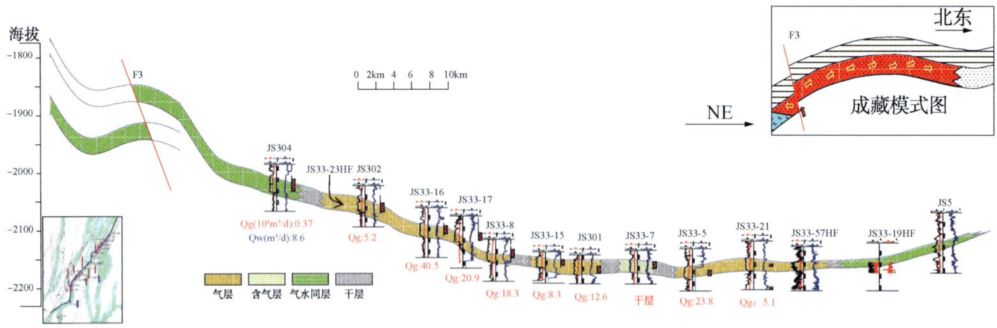

图3　中江 JS_3^{3-2}砂层组气藏剖面图

3.2　构造对油气富集起控制作用，古构造是油气富集的前提

中江沙溪庙组气藏为深源浅聚、断砂疏导的次生气藏，对气藏河道砂进行解剖及古构造恢复发现，在生烃高峰期10~100Ma(中白垩世，燕山晚幕—喜山期)，富集成藏的河道砂均为典型的构造气藏，即天然气在成藏期经断层向河道砂高部位富集，低部位产水(图3)；而

富集河道现今既有典型的岩性-构造气藏，又有典型的岩性气藏(图 3)，故成藏期古构造为该气藏油气富集的前提。

3.3　物性封堵是油气富集的核心

中江沙溪庙组气藏河道砂成藏后，其后期持续的差异压实和成岩作用造成河道内储层具有强烈的非均质性，在部分河道砂内形成多段有效的岩性封堵，气水在河道砂内呈现“香肠式”的分布模式(图 3)。

喜山期的构造调整及改造作用，使得西部断裂带整体抬升，近断层处裂缝发育，对于无有效岩性封堵的河道砂，其古今构造均处于构造高部位，天然气散失，河道砂含水(图 4)。

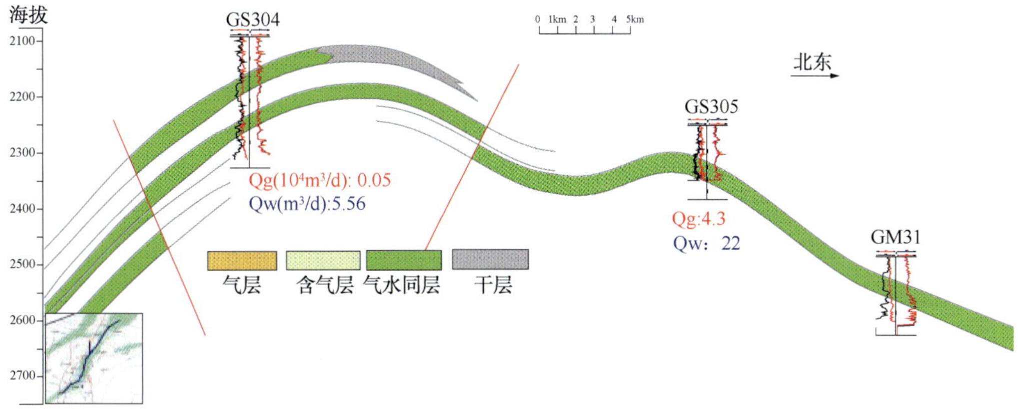

图 4　高庙子 JS_3^{3-3} 砂层组河道砂剖面图

3.4　储层物性好坏及厚度大小是气井能否高产、稳产的关键

气藏整体属致密气藏，储层非均质性极强，统计分析表明，气井产能与储层物性关系密切(图 5)，测试产能与砂岩孔隙度、渗透率呈明显正相关，气层孔隙度一般大于 7%，渗透率大于 $0.1\times10^{-3}\mu m^2$，测试产能大于 $1\times10^4 m^3/d$ 的层段平均渗透率大于 $0.4\times10^{-3}\mu m^2$，平均孔隙度大于 11%，即储层物性越好，产能越高。

气藏储层非均质性极强，有效厚度变化大，统计分析表明，单井产能与储层的优质储层厚度呈明显正相关，优质储层越发育，气井的产能越高，稳产能力越好(图 6)。

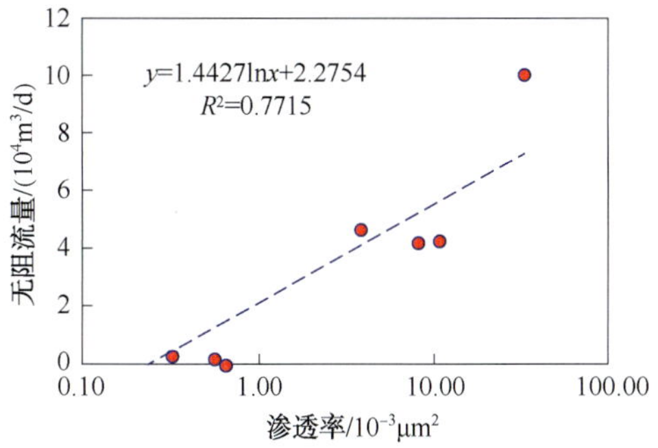

图 5　JS_3^{3-2} 砂组渗透率与无阻流量的关系

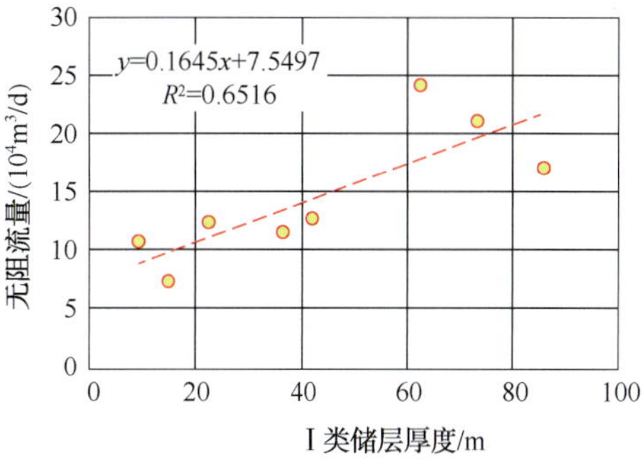

图 6　JS_1^{1} 水平段 Ⅰ 类储层厚度与无阻流量的关系

由此可见，在满足其他成藏的条件下：储层物性越好，气井产能越高；优质储层越发育，气井产能高，稳产效果越好。

3.5 高产富集模式

通过研究气藏古今构造、有效断砂配置、河道砂优质储层展布等要素与产能的相关性，进一步明确中江气田复杂“窄”河道致密砂岩气藏有效烃源岩断层和分流河道砂的有效配置是获得高产的基础，优势的古构造是获得高产的前提；而优质储层（孔隙度≥9%、渗透率≥$0.14\times10^{-3}\mu m^2$）的发育是气井高产的基础，储层的有效连通性是稳产的关键，即“断、砂、构、储”是高产富集的四控因素，形成了8种“断、构、砂、储”配置模式（图7），其中高产富集模式有两种。

（1）构造主控模式——“有效断砂配置+优势古构造+优质储层”：烃源岩断层与河道砂有效搭配，距断裂5~25km，古今构造位置均高，储层物性好（图8）。

（2）岩性主控模式——“有效断砂配置+优势古构造+物性封堵+优质储层”：烃源岩断层与河道砂有效搭配，距断裂5~25km，古构造高，今构造低，河道内有效的物性封堵与优质储层相互间隔（图8）。

	烃源断层	河道砂体	古今构造				储层物性		岩性封堵		成藏模式			备注
			古构造		今构造							模式示意图		
			高	低	高	低	好	差	有	无	组合模式	成藏期	调整期	
模式一		√									烃源断层与砂体不搭配			
模式二	√	√									烃源断层+砂体无效搭配（∧型）			如JS_2^3层高庙101河道
模式三	√	√		√							烃源断层+砂体+古构造低			
模式四	√	√	√		√		√				烃源断层+砂体+古高+今高+物性好			如JS_3^{3-2}层高庙32河道、JS_1^1层江沙103HF河道、JS_3^{3-1}层高庙309HF河道等
模式五	√	√	√		√			√			烃源断层+砂体+古高+今高+物性差			如JS_3^{3-3}层高沙305HF河道
模式六	√	√	√			√		√			烃源断层+砂体+古高+今低+物性差			
模式七	√	√	√			√	√		√		烃源断层+砂体+古高+今低+物性好+岩性封堵			如JS_3^{3-2}层江沙302河道、JS_3^{3-3}层江沙33-3HF河道等
模式八	√	√	√			√	√			√	烃源断层+砂体+古高+今低+物性好+无岩性封堵			

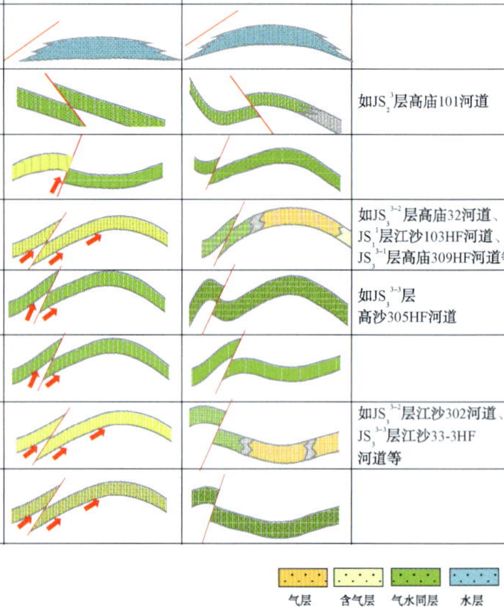

图7 成藏模式

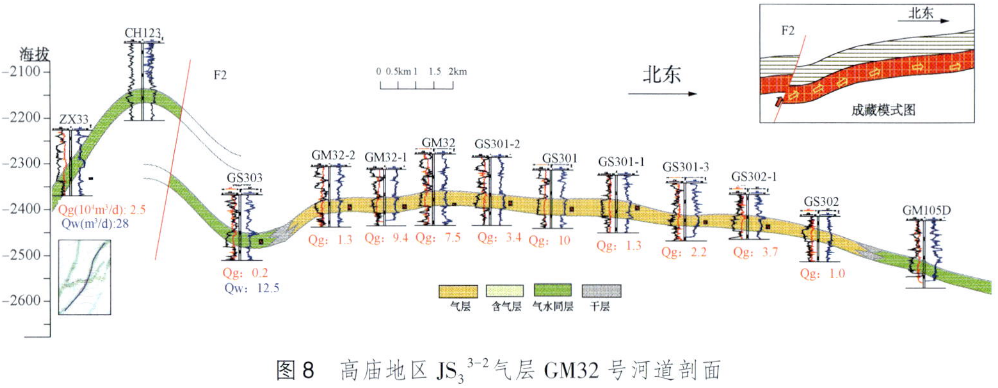

图8 高庙地区JS_3^{3-2}气层GM32号河道剖面

4　结论

中江气田复杂“窄”河道致密砂岩气藏的高产富集规律：

（1）有效烃源岩断层和分流河道砂的有效配置是获得高产的前提。

（2）构造对油气富集起控制作用，其中古构造是油气富集的关键控制因素。

（3）河道砂有效的物性封堵是油气富集的核心。

（4）储层物性好坏及厚度大小是气井能否高产、稳产的关键。

参考文献

[1] 李智武，刘树根，林杰，等．川西坳陷构造格局及其成因机制[J]．成都理工大学学报(自然科学版)，2009，36(6)：645-653.

[2] 李智武，刘树根，陈洪德，等．川西坳陷复合-联合构造及其对油气的控制[J]．石油勘探与开发，2011，38(5)：538-551.

[3] 吴世祥，江泽成，张林．川西侏罗系成藏主控因素及分类[J]．天然气工业，2001，21(4)：20-23.

[4] 郑荣才，彭军，高红灿，等．川西坳陷断裂活动期次、热流体性质和油气成藏过程分析[J]．成都理工大学学报(自然科学版)，2003，30(6)：551-558.

[5] 罗啸泉，郭东晓. 川西断裂分布特征与油气的关系[J]．西南石油学院学报，2004，26(6)：17-20.

[6] 邹云. 川西坳陷合兴场、东泰、罗江地区构造演化及断裂活动期次[D]．北京：中国地质大学(北京)，2010.

[7] 邓康龄，余福林. 川西坳陷的复合构造与油气关系[J]．石油与天然气地质，2005，26(2)：214-219.

[8] 罗胜元，何生，王浩. 断层内部结构及其对封闭性的影响[J]．地球科学进展，2012，27(2)：154-164.

[9] 刘景东，蒋有录，马国梁. 断面优势运移通道的有效性及其对油气的控制作用[J]．特种油气藏，2011，18(3)：47-50.

川西侏罗系复杂河道精细刻画及沉积相带识别

叶泰然　刘兴艳

（中国石化西南油气分公司）

摘　要：精细刻画河流沉积相带是陆相油气藏勘探开发的重要研究内容，其中针对性的地球物理预测技术及准确的沉积相解释是关键。川西侏罗系砂岩储层致密，主要发育于多期薄窄河道中，地球物理特征隐蔽，识别及刻画难度大，制约以单河道为单元的开发建产。优选并确立河道刻画关键技术，并开展刻画结果与现今地表典型地貌对比研究，可准确识别沉积相带，提高储层预测精度。创立了地震波形分类技术、体分频像素成像技术、多河道分期剥离及三维空间刻画等关键技术，形成三维单河道或河道组系解释方法，川西侏罗系纵横交织复杂窄河道识别和表征能力明显提升；采用将今论古的研究思路，类比现今相似地貌，明确了地下河道沉积古地貌背景，准确识别和划分了沉积相带类型，成果应用表明有利沉积相带预测精度明显提升。

关键词：河流沉积；精细刻画技术；相似地貌；沉积相；川西

利用以地震技术为主的地球物理勘探技术实现地下地层成像是目前石油天然气勘探开发重要技术手段。一方面，可实现地下构造、断层等成像；另一方面，可实现不同岩层三维空间形态成像，目前已衍生了地震地层学、地震沉积学等多个分支科学[1]。就陆相地层中岩性油气藏勘探开发而言，河流及三角洲相带所沉积的砂岩是最为主要的储集层，识别和精细刻画地下埋深数千米的古河道砂岩储层一直是石油天然气勘探开发的重要研究内容。

川西坳陷侏罗系岩性气藏埋深1000~3000m，主力层系蓬莱镇组(JP)、沙溪庙组(JS)砂岩储层主要受三角洲平原-前缘分流河道控制，三维地震储层预测技术在该区的应用始于20世纪90年代，是前期气藏勘探开发关键技术[2-3]。2010年以前，主要在成都凹陷周边正向构造上建成新场、马井、洛带等气田。2011年来，勘探开发主要目标逐渐转向斜坡区及凹陷区河道砂岩气藏[4-5]，气藏具有“深源浅聚、断砂输导、相带控砂、河道控储、物性控产”的总体特征，复杂致密薄窄河道砂岩储层成为主要开发建产目标，储层主要特征为：储层致密，沙溪庙组及蓬莱镇组孔隙度平均值分别为8.6%、9.3%，渗透率平均值分别为$0.21\times10^{-3}\mu m^2$、$0.55\times10^{-3}\mu m^2$；河道宽度一般小于1000m，多为200~500m，较早期新场气田沙溪庙组毯状河道砂宽度明显变窄[2]；河道纵向多期次发育，横向多河道交织，其中，蓬莱镇组纵向划分出29套砂组，沙溪庙组纵向划分出11套砂组，各砂组由1~3层小层砂体组成，砂体厚度薄，一般低于20m，多为5~15m。河道相带精细刻画是困扰川西侏罗系气藏勘探开发主要技术瓶颈之一，岩石物理分析表明，受储层致密影响，储层波阻抗升高，与围岩波阻抗差异小，储层与围岩波阻抗叠置较为严重，隐蔽性增强，前期常用的常规振幅、相干、分频解释等河道相带刻画结果难以满足生产需要[5-10]；岩性反演方法河道相带识别功能不理想，例如：在已钻井较少的情况下，目前普遍应用的地质统计学反演方法精度受限[11]。此外，沉积相带准确识别亦是困扰复杂河道砂岩气藏地质认识与评价的难题，尤其是钻井分布密度小的斜坡及凹陷区，地质认识程度低，地质-地球物理结合不够，对沉积相带划分不准确，制约储层精细预测精度。

针对复杂致密河道砂岩储层预测难点，形成了“相控找砂、砂中选优”的研究思路和“宏观-微观、定性-定量、逐级约束、逐步逼近”的技术策略，以地震相带及储层刻画与描述为技术创新，以研发为重点，通过持续攻关与勘探开发实践，形成了波形分类技术、体分频像素成像技术、多河道分期剥离及三维空间刻画等关键技术，较为系统地解决了河道边界及内幕准确刻画、多河道分期、三维空间多河道描述等难题，河道边界及内幕刻画效果较传统单一属性明显提升，同一地震相位内多条河道分期次剥离，为复杂河道砂岩气藏单河道评价、多河道立体开发发挥了极为重要的支撑作用。在此基础上，采用将今论古的研究思路，开展地震成像结果与现今地表典型地貌对比研究，结合沉积相划分原则及沉积学规律，结合少数钻井即可准确识别和划分地下河道沉积相带特征，有效限定受优势河道相带控制的优质储层分布，提升有利沉积相带预测精度。方法技术应用评价效果及开发井河道砂岩储层钻遇率明显提高，应用效果较好。

1　河道相带刻画关键技术

1.1　波形分类技术

陆相沉积地层地震反射波形信息(振幅、频率、相位及连续性等)与砂泥岩组合样式、岩性、厚度、物性及含油气性等多因素相关。地震模型正演及统计分析表明，储层沉积微相、岩性组合的变化是引起地震反射波形变化的重要原因之一，这为地震波形变化信息预测沉积相带、刻画相带内的非均质性提供了理论依据。三维地震波形分类技术是沉积相带预测普遍采用的技术，尤其对于地层厚度变化较小，地震反射结构以平行-亚平行为主的地层应用效果较好。该技术采用神经网络方法，对地震波形进行分类处理，将不同的波形以相类形式反映出来，结合地质、钻井、测井分析，把代表同一类沉积相的地震反射波分为一类，以此来代表同一沉积相带或微相，针对叠置河道发育区，该技术还可描述河道相带内砂体叠置关系[12-13]。

图 1 是成都凹陷什邡气田侏罗系蓬三气藏 JP_3^{10}砂组波形分类图。采用自组织波形分类方法，识别出北东—南西走向的条带状地震波形带，在该条带状波形带中部分布有垂直于走向的扇状或舌状地震异常。根据地震相带外形、该波形条带内外钻井河道砂岩储层钻遇情况，结合河道相带发育特点，识别出北东—南西向主河道。根据区域沉积背景分析，主物源方向为北东—南西向，中部的河道外缘可能存在天然堤或决口扇，在河道南部远离物源的区域可能存在河口坝。同一条河道内部亦存在地震波形特征差异，表明河道内部砂岩储层特征亦有差异，这为河道内部开发单元的划分和分类部署提供了重要依据。

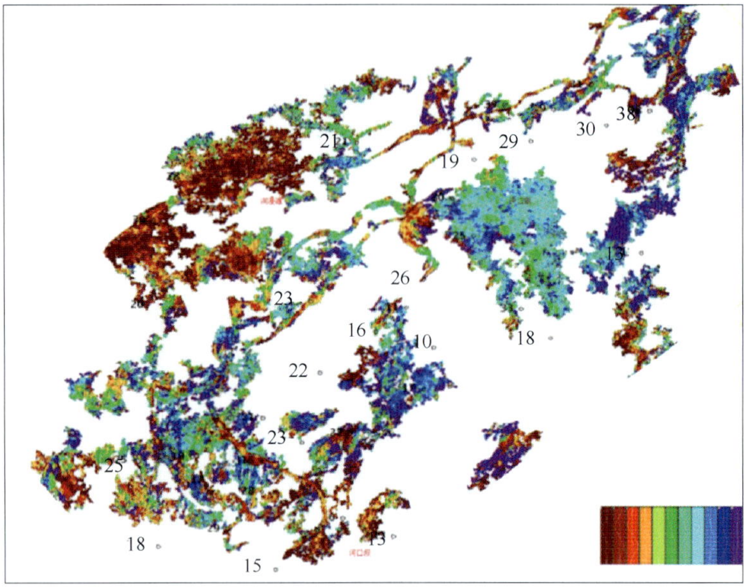

图1 成都凹陷什邡气田侏罗系蓬三气藏 JP_3^{10} 砂组波形分类图

1.2 体分频像素成像技术

以蓝马软件为代表的分频属性融合技术对于沉积相带及储层刻画效果较常规单一属性分析得到较明显的改善，该分频解释技术对三维地震资料进行了特殊处理，产生具有单一频率的一系列振幅调谐体和离散频率能量体，人工筛选低、中、高单频振幅属性进行三原色平面融合[9]，刻画结果差异性较大，影响预测精度，且操作不太方便。近年来发展的体分频像素成像技术是频变能量融合处理与体分频处理两项技术的联合运用[12]，针对河道砂岩厚度多变、陆相沉积围岩多变、砂岩与泥岩组合方式多变、物性多变等非均质性特点，在高保真去噪目标处理基础上，利用小时窗内不同频段对不同厚度地质异常体边界识别的敏感性，以及高低频融合实现相带的清晰成像。该方法是在像素去噪处理后的地震数据体上，开展基于小波变换的体分频处理，即采用一系列不同的频率和带宽 Gabor 子波，对地震道进行分频处理，得到各个不同频率带的振幅能量体和相位体，赋予每一单频振幅能量体一种颜色(通常是红、绿、蓝中的一种)，单频振幅能量体内不同采样点处依据能量差异赋予同种颜色不同的亮度和强度，最后将各单频地震振幅能量体同一点处不同颜色的亮度和强度按照 RGB 混合方式融合形成一个频率能量体。通过地震数据进行全频段扫描，用不同频率的调谐振幅变化来研究河道砂体的横向变化特征，调谐振幅的强弱与亮度对应，可观察到厚度不同的同期沉积地质体的分布范围，实现地质体外形的整体刻画，使相带连续性、相带边界刻画能力得到提升，并以此来识别地质体边界、叠置关系及发育期次，较常规地震振幅属性纵横向分辨率和清晰度得到明显提升。

川西侏罗系三维地震资料主频 25~30Hz，频宽 5~80Hz，相带刻画一般选取 25Hz、35Hz、45Hz 频段对应的调谐振幅分别用红、绿、蓝三色叠合成像。图 2 是成都凹陷什邡气田侏罗系蓬二气藏 JP_2^3 砂组振幅属性图[图 2(a)]与体分频像素成像图[图 2(b)]对比，振幅属性图上 75 井—105 井钻遇的北东向河道表征效果不理想，强振幅的黄色区域隐约可见河道特征，但河道边缘不清晰，连续性差，而体分频像素成像图则非常好地实现了河道边界刻画，河道连续性亦得到明显改善。该技术对中江气田沙溪庙组河道外形及边界刻画较常规振幅亦取得了更为明显的效果，图3是沙一气藏 JS_1^4 砂组河道砂体刻画结果，在河道边界轮廓、内幕结构等方面该技术刻画能力得到明显提升，北部可见多个新月形边滩砂坝连接而成的相对较宽的主河道，在新月形边滩内部明显可以看到3~4期侧积砂体。此外，就河道外部形态而言，南部河道宽度明显窄、河道弯度也明显降低，与北部存在明显差异，对后续沉积相带准确识别及划分具有极为重要的支撑作用。

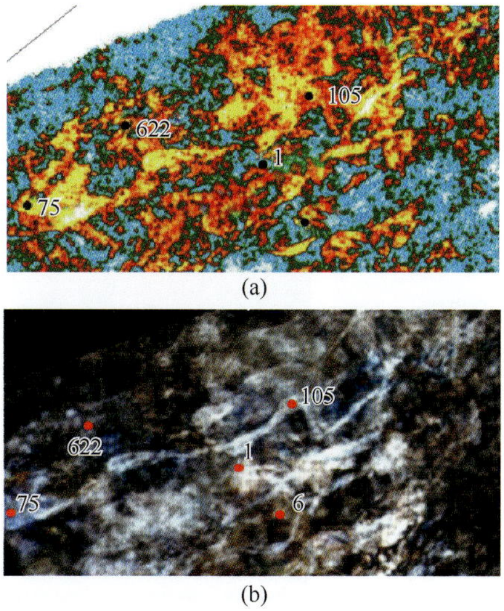

图2　成都凹陷什邡气田蓬莱镇组 JP_2^3 砂组振幅属性图

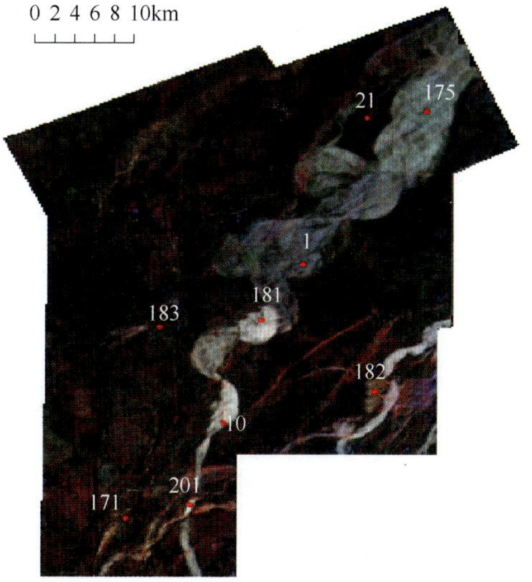

图3　中江气田沙溪庙组 JS_1^4 砂组河道砂体刻画结果

1.3　多河道分期剥离及三维空间刻画技术

多河道交织是河流三角洲相的普遍特征之一，而复合相位或单相位内叠置河道分期次刻画是气藏开发必须要解决的技术难点。在借鉴前人单河道识别方法的基础上[14]，基于不同埋深、走向、厚度、物性等河道地质特征差异对于地震反射时间、能量及频率的影响，采用地震剖面河道沉积位置比较、三维可视化子体追踪技术、体分频像素成像技术联合，井震一体化综合分析，可实现同一相位内叠置河道期次识别与划分，在中江气田沙溪庙组气藏地震同一复合相位内，实现了3~4期河道分期剥离。

三维可视化技术、体分频像素成像技术是河流三角洲沉积的多河道分期剥离与三维空间展布刻画最为关键的地球物理技术。在地震剖面小层追踪对比线的控制下，首先利用三维可视化子体追踪技术自动进行河道砂岩的三维空间识别和追踪，给不同河道赋予不同颜色；基于沉积时限差异，还可实现不同埋深河道三维地震体中时间域差异识别。由于不同河道地质特征的差异，可利用体分频像素成像技术，并利用颜色与亮度表征出各条河道的差异。两种技术相互补充、相互印证，在多期多河道纵横交织的情况下，结合横切多河道的地震剖面上的发育位置差异，可以有效区分河道走向，从而划分出河道期次，实现河道三维空间刻画，这是常规单一属性分析难以实现的。

图4为川西中江气田沙一气藏 JS_1^1 砂组多河道剖面特征及刻画结果，图中可见在1~2个

相位内多条河道纵向叠置、横向频繁迁移的现象。在图 4(a)所示的地震剖面上，河道所对应的透镜状强反射纵向跳跃性分布，常规的地震层位追踪难度大，闭合困难。针对该河道地震反射时窗，采用三维可视化联合体分频像素成像技术，解决河道分期次刻画和剥离这一难题。在体分频像素成像处理基础上，根据不同颜色、宽度、走向等，锁定不同河道的宏观分布及走向特征[图 4(d)]；利用三维可视化解释软件，针对各单河道实施种子点控制与自动追踪，对不同河道用不同颜色表征[图 4(b)]，从而将原本交叉叠置的多期河道在空间上有效分开。在此基础上，开展沉积期次识别，由于不同河道在地震剖面上反射时间各不相同，从沉积序次上来说，时间大的河道沉积时间最早。由图 4(c)可以看出，①号河道埋深最大，其次为②号、③号河道，④号、⑤号河道埋深相对较浅。结合平面河道走向识别、三维单河道子体追踪，各条河道间的叠置关系及发育时间得以明晰：河道发育时间按编号序次发育，①号河道沉积最早，⑤号河道沉积最晚。

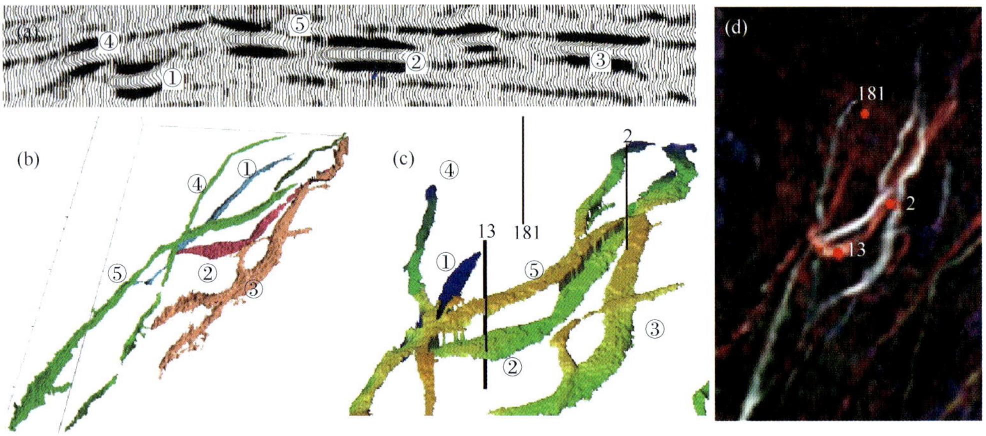

图 4　中江气田沙溪庙组 JS_1^1 砂组地震剖面(a)、三维可视化(b)(c)与体分频像素成像图(d)

1.4　复杂河道三维解释方法

常规三维地震解释常常是在地震层位拾取基础上，沿层位开时窗或制作沿层切片，提取振幅、相干等属性，识别并刻画河道。对于纵横交织的复杂河道而言，受层位拾取精度、地震属性横向变化及河道纵向下切深度差异等多因素影响，河道边界清晰度差异大，连续性往往不高，相带刻画精度受限。通过多年探索，创立了三维单河道或河道组系三维地震解释方法，该方法不再针对三维数据开展全三维区层位拾取，而是依托三维可视化及体分频像素成像技术，以单河道或河道沉积体系三维空间精细刻画为切入点，沿河道逐一开展层位拾取，最终将一个地震相位所对应的同一时期或相近时期沉积的河道在三维空间立体成像，该方法不仅使复杂河道层位解释精度得到大幅提升，还可明显提高三维地震解释效率，这在大区域三维地震河道识别及刻画工作效率的提升上效果尤为明显。采用单河道或河道组系三维地震解释方法，对中江气田沙溪庙组气藏、什邡气田蓬莱镇组气藏各砂组进行了全三维空间精细刻画，以中江气田沙三气藏 JS_3^1 砂组为例，该砂组沉积时期发育 9 个河道沉积体系，每一个沉积体系发育 1~4 条单河道(图 5)。

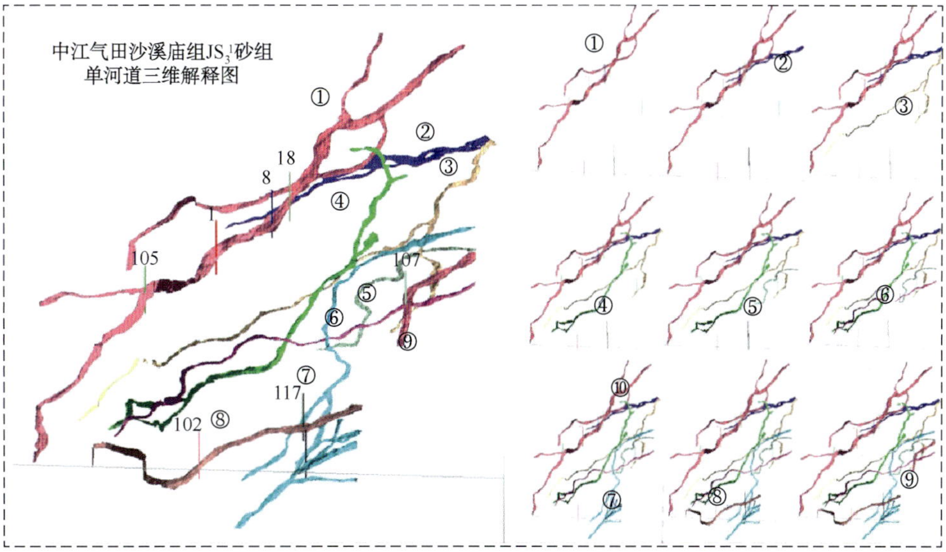

图 5　中江气田沙溪庙组 JS_3^1 砂组河道三维刻画图

2　基于相似地貌的沉积相准确识别

河道砂岩气藏优质储层往往发育于河道、河口坝等沉积相带，将今论古是地质研究的核心思路，地表地貌及露头剖面结构研究已成为识别沉积相特征极为重要的研究方法。但钻井资料较少的区域，沉积相带划分精度是有限的，因此，基于地球物理河道相带刻画结果的沉积相解释显得尤为重要[15]。

根据区域沉积背景、钻井沉积微相的划分及河道刻画结果，结合对国内外河流地貌的系统调研，找到与地下河道特征极为相似的现今河流，可以准确识别沉积相特征，编制沉积相图，从而准确圈定出有利于富集天然气的河道砂岩储层的分布。

利用体分频像素成像技术河道刻画及单河道或河道组系三维地震解释结果，结合露头和少量钻井岩心、测井等资料可更为直观和准确地进行古地貌分析和沉积相划分。根据陆相河流三角洲沉积亚相划分原则，河道分叉或多河道的出现往往作为河流相演变为三角洲相的标志，在三角洲相中，三角洲平原与前缘亚相的划分依据主要就是古地貌及不同类型河道特有的相带外形差异，即曲流河是三角洲平原的典型标志，其前端的顺直河是三角洲前缘的标志。

根据区域沉积相带沉积规律研究成果，中江气田沙溪庙组河道物源来自北部米仓山地区[3]，以远距离搬运的长轴物源为典型特征，图 6(a) 中可见沙一气藏 JS_1^1 砂组沉积时期北部主要为曲流河道沉积，河道变宽处发育边滩沉积，南部河道变窄、河道弯度降低，演变为三角洲前缘。图 6(b) 是在国内外河流地貌的系统调研基础上，针对中江气田 JS_1^1 河道特征优选出的相似地貌——加拿大中南部河流萨斯喀彻温河，萨斯喀彻温河源出落基山东麓，向东南在马尼托巴省注入温尼伯湖。对比萨斯喀彻温河地貌，可非常明确地判断出中江气田沙一气藏 JS_1^1 砂组北部曲流河发育部位上以三角洲平原亚相为主[图 7(a)]，而中南部地区基本处于三角洲前缘内侧环境中，三角洲前缘入湖部位尚位于中江气田南部。

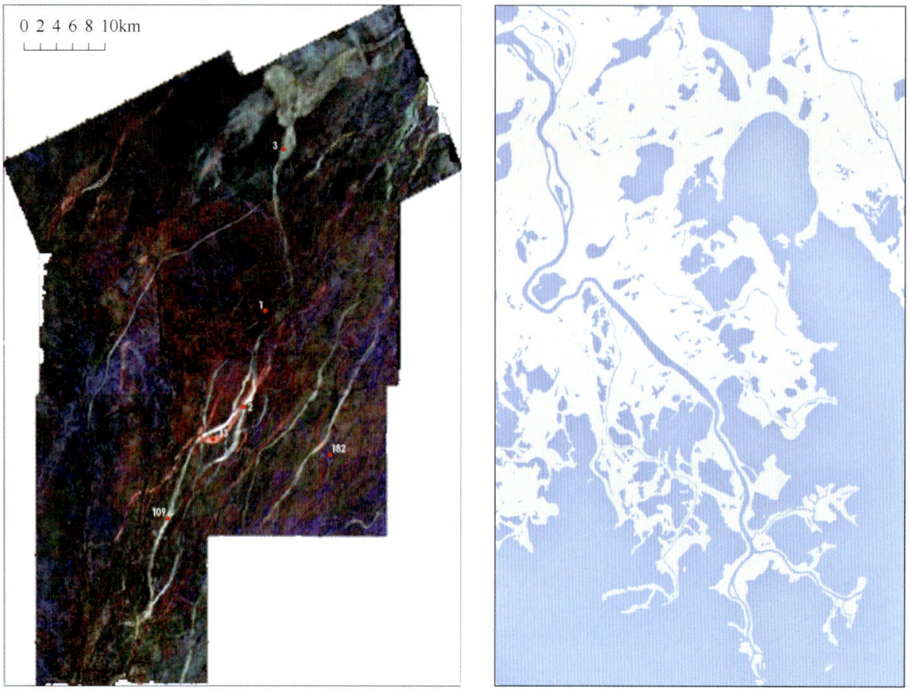

(a)$JS_1^{\ 1}$砂组体分频像素成像图　　(b)加拿大萨斯喀彻温河航拍图

图 6　中江气田沙溪庙组 $JS_1^{\ 1}$ 砂组体分频像素成像图与加拿大萨斯喀彻温河航拍图

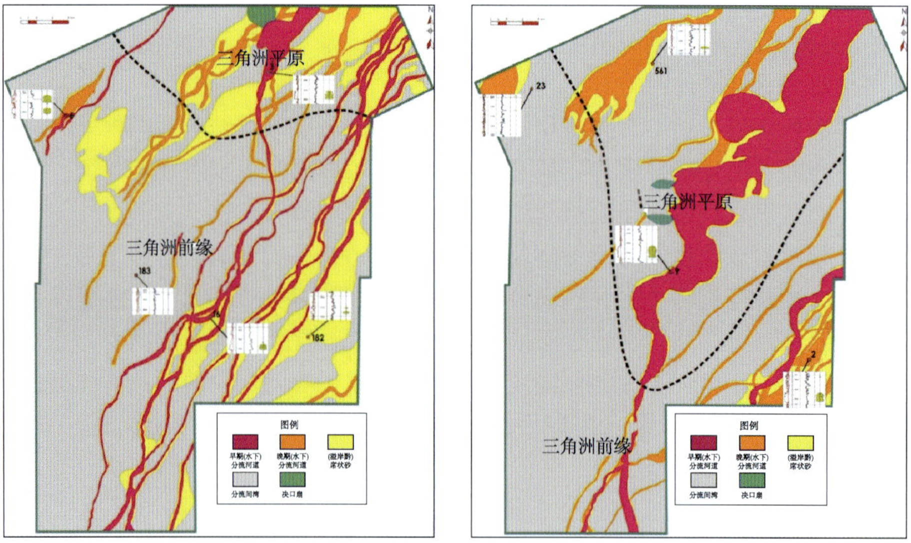

(a)$JS_1^{\ 1}$砂组沉积相图　　(b)$JS_1^{\ 4}$砂组沉积相图

图 7　中江气田沙溪庙组 $JS_1^{\ 1}$ 砂组沉积相图与 $JS_1^{\ 4}$ 砂组沉积相图

中江气田沙一气藏 $JS_1^{\ 4}$ 砂组沉积时期，研究区中部发育一条北东—南西走向的复合河道，为多期曲流河河道及边滩沉积叠加而成，三角洲平原沉积范围较 $JS_1^{\ 1}$ 砂组明显扩大，三角洲平原与三角洲前缘分界线南移到区块中部，向南部迁移约 20km，预测三角洲入湖部位距离研究区更远[图 7(b)]。

针对中江气田沙溪庙组气藏开发，在沉积相特征识别基础上，后续针对不同沉积相带开展砂体构型、储层特征研究及精细描述，评价落实天然气储量，编制开发评价及产能建设方案，并实施钻井部署，所部署的评价井及开发井河道砂岩钻遇率达到98%以上，成功率较早期明显提高。2012年以来，先后在成都凹陷什邡气田蓬莱镇组气藏及川西东坡中江气田沙溪庙组气藏新建天然气产能 $13\times10^8m^3/a$，技术应用效果显著。

3　结束语

（1）以三维地震资料为基础，通过波形分析技术、体分频像素成像技术、多河道分期剥离及三维空间刻画技术等的综合应用，在刻画不同期次单河道外形及内幕等方面的预测效果均优于常规属性，刻画效果获得明显提升。

（2）针对多期叠置复杂河道，以单河道或河道沉积体系为目标的三维地震解释方法较传统三维层位拾取与属性提取方法更为适用，效果更明显，并可明显提高三维地震资料解释效率。

（3）地震成像结果与现今地表相似地貌对比研究，是预测和分析沉积相带的有效方法，可准确识别和划分沉积相单元，大幅提升油气勘探开发所需有利沉积相带预测精度。

参　考　文　献

[1] 曾洪流．地震沉积学在中国：回顾和展望[J]．沉积学报，2011，29(3)：417-426.

[2] 吴朝容，段文燊．川西坳陷XS地区河道砂体预测研究[J]．石油天然气学报，2011，33(11)：81-84.

[3] 唐建明．川西坳陷致密非均质气藏储层空间展布刻划[J]．天然气工业，2002，22(4)：19-23.

[4] 杨克明，朱宏权．川西叠覆型致密砂岩气区地质特征[J]．石油实验地质，2013，35(1)：1-8.

[5] 谢刚平，叶素娟，田苗．川西坳陷致密砂岩气藏勘探开发实践新认识[J]．天然气工业，2014，34(1)：6-15.

[6] 刘伟，尹成，王敏，等．河流相砂泥岩薄互层基本地震属性特征研究[J]．石油物探，2014，53(4)：468-476

[7] 陈恭洋，陈玲，朱洁琼，等．地震属性分析在河流相储层预测中的应用[J]．西南石油大学学报(自然科学版)，2012，34(3)：1-8.

[8] 王世瑞，王树平，狄帮让，等．基于地震属性特征的河道砂体预测方法[J]．石油地球物理勘探，2009，44(3)：304-313.

[9] 叶泰然，苏锦义，刘兴艳．分频解释技术在川西砂岩储层预测中的应用[J]．石油物探，2008，47(1)：72-76.

[10] 毕俊凤，顾汉明，刘书会，等．河道砂体地震响应特征及影响因素分析——以垦东1地区馆陶组上段河道砂为例[J]．石油物探，2013，52(1)：97-103.

[11] 刘俊州，周小鹰，王箭波，等．地质统计学反演在非均质薄砂岩气藏开发中的实践[J]．内蒙古石油化工，2009，2009(7)：16-19.

[12] 武恒志，叶泰然，赵迪，等．川西坳陷陆相致密气藏河道砂岩储层精细刻画技术及其应用[J]．石油与天然气地质，2015. 36(2)：230-239.

[13] 徐海，都小芳，高君，等．基于波形聚类的沉积微相定量解释技术研究——以中东地区X油田为例[J]．石油物探，2018，57(5)：744-755.

[14] 金振奎，时晓章，何苗．单河道砂体的识别方法[J]．新疆石油地质，2010，31(6)：572-575.

[15] 夏竹，李中超，贾瑞忠，等．井震联合薄储层沉积微相表征实例研究[J]．石油地球物理勘探，2016，51(5)：1002-1011.

薄窄河道致密砂岩气藏高效开发技术对策

刘成川　曹廷宽　卜　淘

（中国石化西南油气分公司）

摘　要： ZJ 气田沙溪庙组气藏河道砂体薄窄、发育分散、储层物性差、非均质性强，气水分布复杂，开发难度大。根据静动态特征建立了 6 类河道的分类标准，通过综合评价优选出现有条件下Ⅰ-A 类、Ⅰ-B 类及Ⅱ-A 类河道可实现有效开发。针对 3 类可开发河道，对开发井网、水平井地质参数及合理产量等影响开发效果的关键参数进行了优化。结果表明：Ⅰ-A 类河道主要采用水平井开发，合理水平段长度 900~1000m、井距 600~700m、排距 500m、合理配产 $(3\sim7)\times10^4m^3/d$；厚度>15m 的Ⅰ-B 类河道可采用水平井开发，水平段长度 1000~1100m、井距 500~600m、产量 $(3\sim4)\times10^4m^3/d$；砂体厚度>15m、有效渗透率 $>0.05\times10^{-3}\mu m^2$、含水饱和度<50%的Ⅱ-A 类河道采用水平井开发经济有效，最优水平段长度 1100~1200m、井距 400~500m、合理产量 $(2\sim3)\times10^4m^3/d$。通过建立针对薄窄分散河道储层的差异化开发技术对策，可有效提高储层控制动用程度，延长稳产期，有效提高气藏的开发效果。

关键词： 窄河道；致密砂岩；开发技术对策；井网井距；水平井；合理配产

致密砂岩气藏储层致密、自然产能低，通常需要采用水平井结合水力压裂技术才能有效开发[1-6]。国内典型致密砂岩气藏有鄂尔多斯盆地的苏里格气田[7-9]、大牛地气田[10-12]以及川西地区的新场气田[13-15]等，这些气田沉积条件复杂，储层非均质性强、含气性差异大，但主力气层砂体叠置连片发育，可采用不规则的面积井网进行开发。与上述致密砂岩气藏相比，ZJ 气田沙溪庙组气藏属于窄河道致密砂岩气藏，地质条件更为特殊，开发难度也更大[16-19]：①该气藏河道众多、地质条件差异大，优选评价难度大；②储层发育分散、纵向叠置程度低，储量有效动用难度大；③砂体薄窄、储层物性差、非均质性强，井网优化部署难度大；④单井控制储量小、差异大，压力产量递减快，稳产能力差。针对该类窄河道致密砂岩气藏的地质特点及开发难点，有必要开展河道优选评价、开发井网优化以及合理配产等研究，形成差异化开发技术对策，以提高窄河道砂岩气藏的开发效果和经济效益。

1　气藏概况

ZJ 气田位于川西坳陷中段东部斜坡与川中古隆起的过渡带上，整体呈“三隆夹一凹”的低幅构造格局，区内断裂发育。主力层位为侏罗系沙溪庙组地层，气藏埋深 1900~3200m，纵向上划分为沙一、沙二和沙三 3 个分气藏。

1.1 砂体特征

ZJ 气田沙溪庙组气藏属于断砂疏导的远源次生气藏，有利沉积微相以三角洲平原—前缘分流河道沉积为主，河道多达 100 余条，平面上呈条带状发育，延伸方向以北东—南西向为主，延伸范围数十千米，单条河道砂体狭窄，宽度主要集中在 300~1000m，砂体厚度 5~40m；纵向上砂层钻遇率小于 35%，主力含气砂体叠置程度低于 10%，反映出砂体叠置程度低、优质储层发育分散的特点(图 1)。层间沉积特征差异较大，JS_1^4砂层、JS_2^4砂层以高弯度平原曲流河道砂沉积为主，河道宽 800~1000m，砂体平均厚度 15m，JS_1^1、JS_1^2、JS_2^1等砂层发育平原—内前缘过渡带的低弯度条带状水上—水下分流河道砂沉积，河道窄，多在 300~800m，平均砂体厚度 20m；JS_3^{3-1}砂层、JS_3^{3-2}砂层发育三角洲内前缘水下分流河道沉积，河道宽度 200~900m，平均砂体厚度 23m。

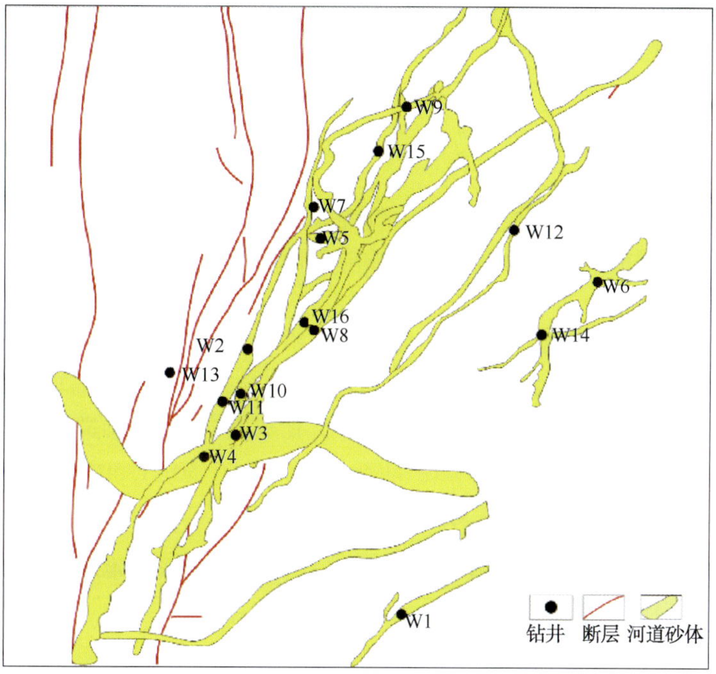

图 1 ZJ 气田河道砂体分布图

1.2 储层特征

储层以中细粒岩屑长石砂岩、长石岩屑砂岩和岩屑石英砂岩为主，颗粒分选性中等，胶结物发育。岩石孔隙半径主要分布在 20~180μm，连通喉道多小于 0.5μm，储集空间以次生溶蚀孔隙及原生粒间孔为主，小孔—微细喉、细孔—微喉的孔喉组合较为常见。岩石孔隙度 0.90%~15.33%，平均 8.66%；渗透率在(0.01~1.75)×10^{-3} μm^2，平均渗透率 0.21×10^{-3}μm^2，多在 0.30×10^{-3}μm^2以下，占 77.30%，储层具有低—特低孔、低渗—致密的特征。不同气层岩样物性差异大，层间渗透率级差>10，突进系数>4，同一河道内部储层物性也同样具有较强的非均质性，渗透率变异系数>0.5。主力河道含水饱和度在 40%~55%，单条河道具有独立的气水系统，气水分布主要受断层及岩性综合控制。

1.3 气藏类型

气藏原始地层压力 32.03~52.97MPa，压力系数 1.74~1.91，不同气藏压力系统基本一致。地层温度 55.94~86.89℃，地温梯度 2.50℃/100m。产出流体以天然气为主，含少量地层水及凝析油，平均甲烷含量 92.19%，相对密度 0.61，不含硫化氢；流体 PVT 分析表明，初始气油比 28000m^3/m^3左右、凝析油含量 27g/m^3，凝析油呈无色—浅黄色、透明状液体，平均密度 0.77g/cm^3。整体上沙溪庙组气藏属于受构造—岩性控制的高压—超高压微含凝析油致密砂岩气藏。

1.4 动态特征

沙溪庙组气藏 100 余口气井的实测无阻流量在(0.50~40)×$10^4m^3/d$，平均 10×$10^4m^3/d$ 左右，初期日产气(3~10)×10^4m^3。由于非均质性强烈，不同层系、不同河道以及同一河道不同位置气井产能差异大。而储层供给能力受河道宽度影响显著，单井动态控制储量主要分布(0.1~0.7)×10^8m^3，平均仅有 0.43×10^8m^3。气井多采用定产降压方式投产，稳产期短，压力、产量递减快，主力河道气井稳产期只有 1~2.5 年，递减阶段产量的平均月递减率 4%~12%。气井产量及动态控制差异大，压力产量递减迅速，制约了气藏的高产及稳产。

2 河道分类及优选

受沉积条件、局部构造、储层物性、含气性等影响，该区河道类型多样，气井静动态特征差异大。综合沉积特征、河道参数、测井响应及储层岩性、物性等，建立相应的窄河道类型划分标准，结果见表 1。

(1) Ⅰ-A 类河道以Ⅰ类储层为主，属于水下分流河道沉积，沉积环境水体能量充足，河道砂体宽，沉积厚度稳定，连通性好，GR 曲线表现为较为平滑的箱形曲线。储层岩石以中粒石英砂岩为主，孔隙分布均匀，连通性较好，孔隙度>11%、渗透率>0.2×$10^{-3}\mu m^2$。该河道中水平井产能高，平均 19×$10^4m^3/d$、动态控制储量(0.50~1.50)×10^8m^3、基本不产水，气井稳产期可达 2 年左右，开发效果好。

表 1 ZJ 气田沙溪庙组气藏窄河道分类评价标准表

河道分类	河道宽度/m	储层厚度/m	物性指标			动态指标		经济极限可采储量/10^8m^3	综合评价
			孔隙度/%	渗透率/$10^{-3}\mu m^2$	含水饱和度/%	气井产能/($10^4m^3/d$)	动态储量/10^8m^3		
Ⅰ-A	400~1000	>25	>11	>0.2	<45	8~30	0.5~1.5	0.22~0.35	可建产
Ⅰ-B	300~500	10~25	9.5~11	0.1~0.5	45~50	5~22	0.5~0.7	0.19~0.23	可建产
Ⅰ-C	200~300	<15	9.5~11	0.1~0.5	45~50	4~20	0.1~0.2	0.19~0.21	无效益
Ⅱ-A	300~500	15~30	8~9.5	0.02~0.3	50~55	3~14	0.3~0.5	0.18~0.29	可建产
Ⅲ-A	200~1000	<15	<8	<0.1	55~60	1~4	<0.15	0.20~0.23	无效益
Ⅲ-B	200~1000	10~30	8~12	0.01~1	>60	—	<0.10	—	难建产

(2) 与Ⅰ-A 类河道相比，Ⅰ-B 类河道砂体更薄，GR 测井曲线齿状特征明显，非均质性稍强。该类河道储层岩石以粒间溶孔为主，连通性较差，孔隙度多在 9.5%~11%，渗透

率(0.1~0.5)×$10^{-3}\mu m^2$。水平井动态控制储量平均仅 0.47×10^8m^3，但气井具有一定的稳产期(17 个月)，单井累计产气平均 0.30×10^8m^3左右。

(3) Ⅰ-C 类河道与Ⅰ-B 类河道储层物性相近，尽管气井可获得较高产能，但由于河道宽度<300m、平均厚度在 15m 以下，气井动态控制储量(0.21×10^8m^3)及累计产气(0.21×10^8m^3)均不及Ⅰ-B 类河道，开发无经济效益。

(4) Ⅱ-A 类河道以Ⅱ储层为主，沉积环境水动力较弱、水体动荡，垂向上呈多期次沉积叠置，夹层发育，GR 曲线呈齿状箱形或漏斗形。由于储层更致密，并且河道含水较高(50%~55%)，气井产水，影响水平井的产能和稳产。

(5) Ⅲ-A 类河道以宽带状、片状曲流河沉积为主，水动力较弱、河道垂向沉积速率较小，形成河道宽度大、厚度薄，夹层发育，黏土矿物含量较高，孔隙连通性差，孔隙度、渗透率偏低。测井响应上，GR 曲线呈锯齿状箱形或钟形，电阻率 18~27Ω·m，储层高含水，气井产水量高，开发效果差。

(6) Ⅲ-B 类河道部分由于物性差，气井无工业产能；另一部分河道尽管砂体发育、储层物性较好，但距离断层近或断砂配置差，储层含水饱和度>60%，无法建产。

结合经济性评价，ZJ 气田沙溪庙组气藏单井经济极限可采储量在(0.22~0.35)×10^8m^3，即现有开采条件下只有Ⅰ-A 类、Ⅰ-B 类、Ⅱ-A 类河道可能实现效益化开发。

3　开发技术政策优化

沙溪庙组气藏实测气样凝析油含量平均为 $3m^3/10^4m^3$，反凝析对渗流影响小，可采用衰竭式开发。主力层砂体叠置程度低，层间储层物性、地层压力差异大，需分层开采。对于此类窄河道致密砂岩气藏，开发的难点在于如何针对低叠置、强非均质性河道砂储层及气井不同的生产动态确定合理的开发井网和配产策略。

3.1　井网优化

ZJ 气田沙溪庙组气藏储层以条带状河道砂体为主，常规面积井网难以适用，如何优选井型并确定适宜的开发井网是提高该类气藏储量控制动用及开发效果的关键。

3.1.1　井型优选

从测试及生产资料来看，ZJ 气田 $JS_1^{\ 1}$、$JS_1^{\ 2}$、$JS_1^{\ 4}$、$JS_3^{\ 3-1}$、$JS_3^{\ 3-3}$等气层中水平井产能及动态控制储量均高于直井，增产优势显著。但 $JS_3^{\ 3-2}$气层局部河道砂体发育、物性较好，直井也能获得较好的开发效果。因此，井型优选必须考虑不同井型开发的经济效益。基于河道地质特，采用数值模拟预测Ⅰ-A 类、Ⅰ-B 类及Ⅱ-A 类河道中不同井型气井的生产情况，结合经济评价确定所适宜的井型及经济技术界限(表 2~表 4)。

表 2　Ⅰ-A 类河道直井-水平井经济效益对比表　　万元

渗透率/$10^{-3}\mu m^2$	直井					水平井				
	储层厚度/m					储层厚度/m				
	15	20	25	30	35	15	20	25	30	35
0.2	2230	4452	7047	9788	12256	2771	5084	7555	10086	12390
0.4	2685	5406	8248	11342	14178	3005	5668	8311	11038	13484

续表

渗透率/$10^{-3}\mu m^2$	直井					水平井				
	储层厚度/m					储层厚度/m				
	15	20	25	30	35	15	20	25	30	35
0.6	3023	5910	9092	12397	15460	3182	5842	8672	11486	14022
0.8	3336	6415	9758	13296	16469	3324	6053	8927	11795	14385
1.0	3624	6842	10332	13976	17274	3445	6246	9132	12040	14670
1.2	3884	7323	10817	14590	17992	3563	6468	9306	12247	14908
1.4	4195	7741	11328	15152	18569	3672	6593	9490	12430	15117

表 3　Ⅰ-B 类河道直井-水平井经济效益对比表　　万元

渗透率/$10^{-3}\mu m^2$	直井			水平井		
	储层厚度/m			储层厚度/m		
	15	20	25	15	20	25
0.1	-752	-539	-222	833	1539	2545
0.3	-462	-179	227	1340	2201	3447
0.5	-278	38	532	1519	2394	3669
0.7	14	324	927	1648	2536	3826
0.9	140	582	1269	1723	2622	3922
1.1	235	706	1435	1755	2718	4002

表 4　Ⅱ-A 类河道直井-水平井经济效益对比表　　万元

渗透率/$10^{-3}\mu m^2$	直井					水平井				
	储层厚度/m					储层厚度/m				
	10	15	20	25	30	10	15	20	25	30
0.05	-1342	-450	298	1030	1719	-394	259	875	1636	2498
0.15	-1183	-186	763	1632	2442	-52	635	1489	2401	3414
0.25	-1072	-13	1027	1956	2842	-28	846	1803	2798	3895

Ⅰ-A 类河道采用直井、水平井开发均经济有效，并且渗透率<$0.5\times10^{-3}\mu m^2$的河道水平井开发更有效，而少数渗透率>$0.5\times10^{-3}\mu m^2$的河道也可采用直井开发；砂体厚度>15m 时，Ⅰ-B 类河道采用水平井经济有效；对于Ⅱ-A 类河道，当储层厚度>15m、有效渗透率>$0.05\times10^{-3}\mu m^2$、含水饱和度<50%时，采用水平井开发在经济上才是可行的。

3.1.2　井网优化

储层条件决定了目标区沙溪庙组气藏可采用沿河道中部部署单排线性井网或是针对宽度

较大河道的双排水平井井网(图2)。

少数Ⅰ-A类河道宽度可以达到1000m左右，该类河道中水平井排距及井距对采收率的影响如图3所示。水平井排距在500~600m左右时，河道采收率最高，而当井距超过700m后采收率降幅明显增大[图3(a)]。同时，从排距与采收率的关系还可以看出，水平井横向泄气半径在250m左右，说明只有河道宽度接近1000m左右才适合用双排水平井进行开发。Ⅰ-A类河道平均宽度600m左右，井距对单排线性井网开发效果的影响如图3(b)所示。井距越大、单井累计产气更高、单井间储量动用不充分、采收率偏低，井距在600~700m时采收率及单井累计产气均可达较高水平。如图3(c)、图3(d)所示，为Ⅰ-B类、Ⅱ-A类河道中水平井井距对平均单井累计产气及采收率的影响情况。这两类河道中水平井的合理井距分别为500~600m、400~500m。

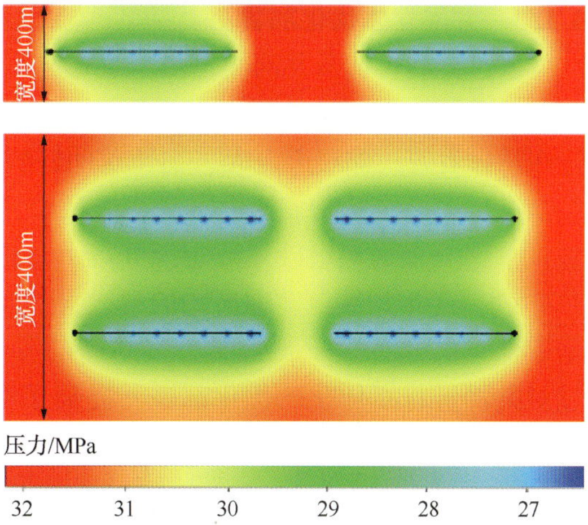

图2　不同宽度河道井网形式优化示意图

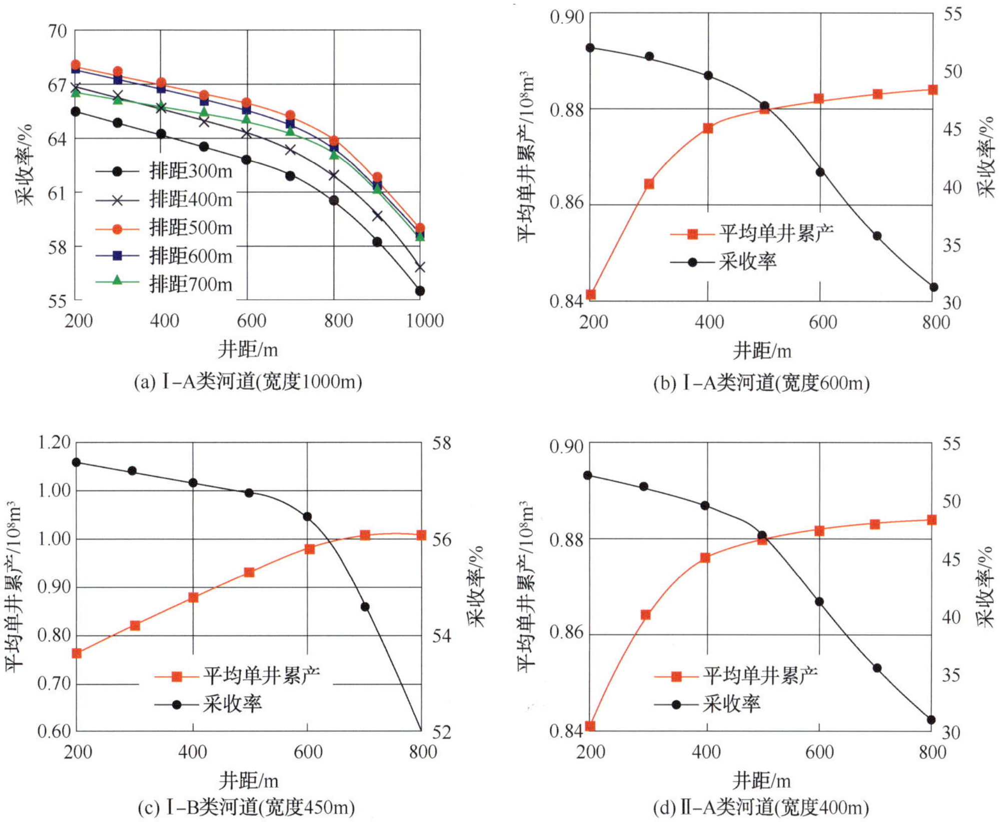

图3　井网井距与开发效果关系曲线

3.1.3 井网立体优化部署

通过井型优选及井网优化，初步确定了各类河道所适宜的井型及合理井距范围。但实际部署时需进一步结合河道砂体形态、储层非均质性以及地面条件等对井网进行优化调整。通过在砂体发育、储层厚度大、物性条件好的河道中部布井，并根据地面条件对局部井网井型组合进行调整，形成了针对多层、分散窄河道储层的多井型、不规则开发井网优化设计方法。平面上根据河道砂体形态及井场、地面设施的限制，优化了水平井井组、水平井+直井井组、直井井组等多种形式的开发井型组合，实现了一台多井的目的(图4)。纵向上根据砂体垂向分布，开展多层、多井型的井组优化设计，尽可能兼顾多层、多条河道。通过对井网进行立体化的优化部署，提高了分散储量的动用程度，节省了征地及地面建设费用(图5)。

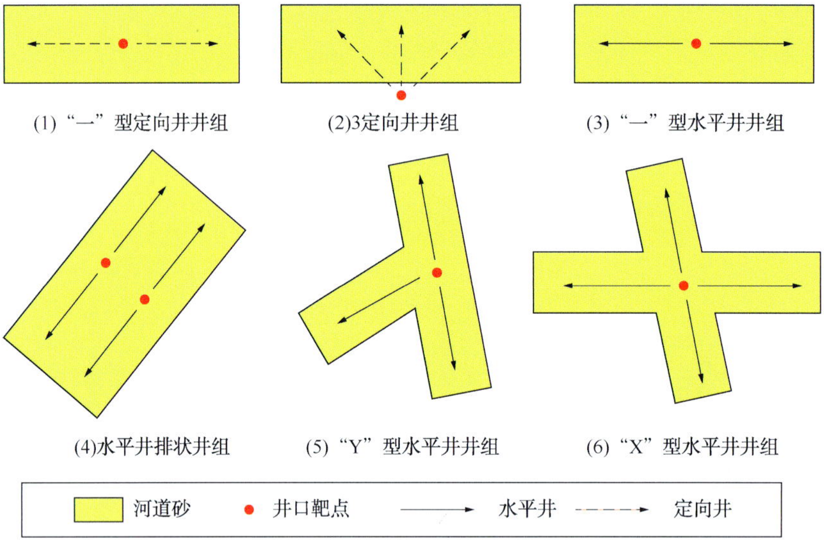

图4　形态河道砂体与井组优化示意图

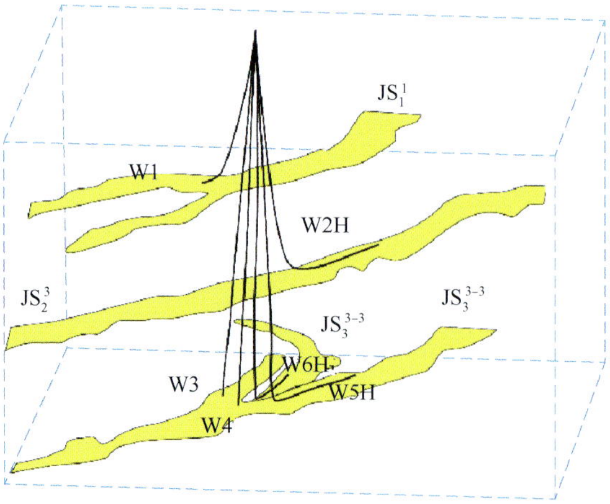

图5　立体井网优化示意图

3.2 水平井部署优化设计

与层状储层相比，薄窄河道中水平井的位置、延伸方位及长度等参数对开发效果的影响更显著。为此，在河道砂体刻画优选基础上，结合区域地应力特征，开展单井数值模拟，对水平井的合理位置、水平段方位及长度进行优化，以增大水平井产能、提高经济效益。

3.2.1 平面位置

沙溪庙组气藏储层主要以低弯度河道沉积为主，河道中部水动力最强，沉积颗粒最粗，物性最好，靠近河道边部，水动力逐渐减弱，泥质含量增加，物性随之变差。结合数值模拟结果，水平段离河道主轴越远，单井累计产气越少，特别是当距离超过 100m 后，泄气面积受河道边界影响更加明显，生产能力显著降低(图 6)。因此，水平井应当部署于河道中部，以进一步提升开发效果，当受地面条件限制时，水平井也应当尽量部署在距河道中轴 100m 以内。

3.2.2 垂向位置

低弯度河道底部沉积颗粒最粗，物性更好，往上物性逐渐变差。并且，该区主力河道隔夹层不发育、无明显的边底水。水平段可布置在纵向上砂体稳定、储层物性最好的层段。利用数值模拟对比分析了不同垂向位置水平井的生产动态，结果表明位于储层中下部的水平井产能最高、稳产期更长，越往上产能越低、稳产能力减弱(图 7)。

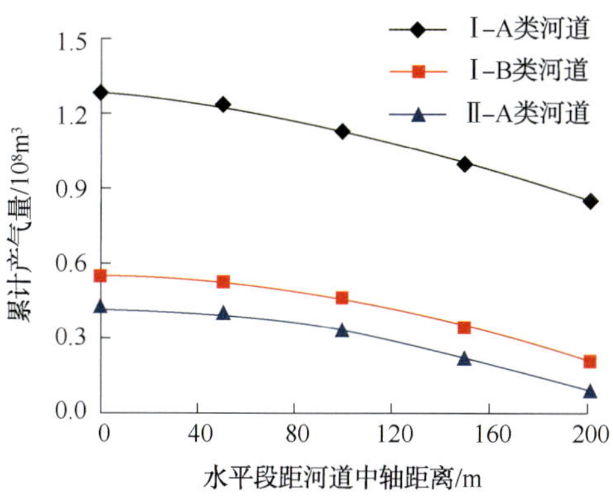

图 6 不同平面位置水平井累计产气预测

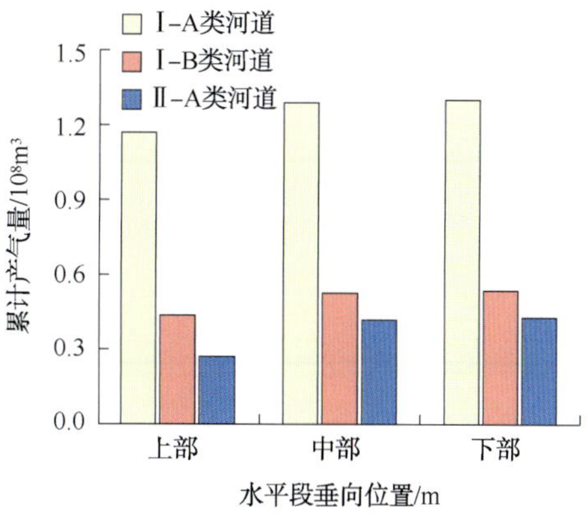

图 7 不同垂向位置水平井累计产气预测

3.2.3 水平井延伸方位

水平井方位优化需要考虑两个方面的因素：一是提高优质储层钻遇率；二是尽量增大水平段与最大主应力夹角，以便形成正交水力压裂裂缝，提高河道中储量动用程度。考虑河道砂体、地应力的影响，利用数值模拟技术评价了不同方位水平井的生产情况，结果如图 8 所示。水平井沿河道中轴线方向部署，气井累计产气最高，而随着水平段与河道中轴线夹角的增大，累计产气降低。该区河道砂体延伸方向主要集中在北东 20°~60°，与区域最大主应力(北东 75°~125°)基本垂直。因此，水平井可尽量沿河道中部部署，既便于钻井过程井轨迹的控制，又可提高储层钻遇率，更有利于增产改造形成正交人工裂缝。

3.2.4 水平段长度

采用数值模拟技术预测不同长度水平井的累计产气，并结合单井开发成本计算不同长度水平井开发的经济效益，结果如图9所示。Ⅰ-A类、Ⅰ-B类、Ⅱ-A类河道水平段最优长度分别为900~1000m、1000~1100m、1100~1200m。河道砂体宽、物性好，最优水平段长度越短，而砂体窄、物性差的河道则需要通过增加水平井长度来提高单井产能、增大动态控制储量。

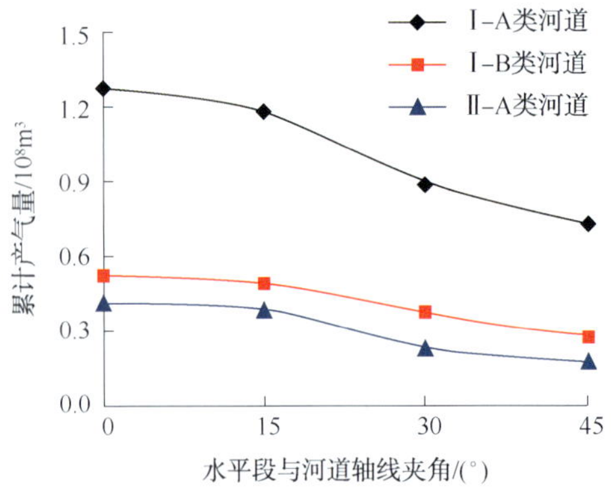

图8　不同方位水平井累计产气预测

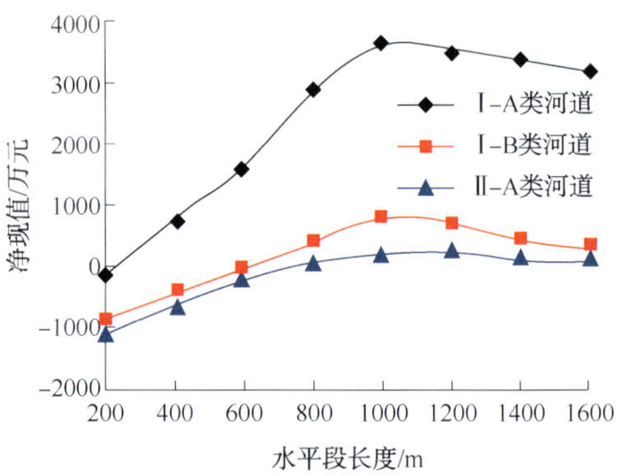

图9　不同水平段长度净现值预测结果

3.3　单井合理配产

针对3类河道，从合理利用能量、提高采收率等角度出发，综合试采、数值模拟、经济极限产能量等方法开展气井优化配产研究，结果见表5。Ⅰ-A类河道主要分布在JS_3^{3-2}、JS_3^{3-3}气层，河道砂体最为发育，直井及水平井的合理产量$(3\sim7)\times10^4m^3/d$；Ⅰ-B类河道水平井合理产量$(3\sim4)\times10^4m^3/d$；Ⅱ-B类河道主要采用水平井开发，测试无阻流量$<10\times10^4m^3/d$，合理产量$(2\sim3)\times10^4m^3/d$。通过优化单井稳产期平均达到2年左右，满足了产能建产的要求。

表5　不同类型河道气井合理产量推荐表

河道类型	井　型	平均无阻流量/($10^4m^3/d$)	试采法/($10^4m^3/d$)	数值模拟法/($10^4m^3/d$)	经济极限产量法/($10^4m^3/d$)	合理产量/($10^4m^3/d$)
Ⅰ-A	水平井	24.00	4.00~9.00	4.20~6.70	>2.05	4.00~7.00
	直井	17.00	2.60~5.50	2.90~3.80	>1.23	3.00~4.00
Ⅰ-B	水平井	12.00	3.00~5.00	2.90~3.80	>1.60	3.00~4.00
Ⅱ-A	水平井	8.00	3.00~3.50	1.30~3.20	>2.05	2.00~3.00

4　应用效果评价

Ⅰ-A类、Ⅰ-B类、Ⅱ-A类典型河道优化前后开发参数以及预测结果见表6。通过优化井网井距、合理配产，3类河道稳产期可延长0.6~1.2年，平均单井产量增加$(417\sim1100)\times10^4m^3/d$。窄河道致密砂岩气藏差异化开发技术对策可有效改善气藏的开发效果。

表 6 3 类河道优化前后开发效果对比参数表

河道类型	井网井型	优化前		稳产期/年	15 年累计产气/(10^8m^3)	优化后		稳产期/年	15 年累计产气/(10^8m^3)
		参数				参数			
Ⅰ-A	5 口水平井线性井网	水平井长度/m	700~1000	1.10	5.47	水平井长度/m	900~1000	2.30	6.02
		井距/m	400~600			井距/m	600~700		
		单井配产/($10^4m^3/d$)	4~15			单井配产/($10^4m^3/d$)	3~7		
Ⅰ-B	9 口水平井线性井网	水平井长度/m	600~1000	1.40	5.59	水平井长度/m	1000~1100	2.50	6.01
		井距/m	300~700			井距/m	500~600		
		单井配产/($10^4m^3/d$)	3~9			单井配产/($10^4m^3/d$)	3~4		
Ⅱ-A	6 口水平井线性井网	水平井长度/m	550~900	1.50	3.87	水平井长度/m	1100~1200	2.10	4.12
		井距/m	400~600			井距/m	400~500		
		单井配产/($10^4m^3/d$)	3~5			单井配产/($10^4m^3/d$)	2~3		

5 结论

(1) ZJ 气田沙溪庙组气藏河道发育分散、地质条件复杂，不同河道静动态特征差异显著。综合储层类型、河道砂体、物性参数以及开采动态指标等，建立了复杂河道分类评价标准，将河道划分为 6 种类型。现有经济技术条件下Ⅰ-A 类、Ⅰ-B 类和Ⅱ-A 类河道可实现经济有效开发。

(2) 针对 3 类可经济有效开发的河道，分别对适宜井型、合理井网井距、水平井地质参数以及合理产量等关键参数进行了优化，形成了窄河道致密砂岩气藏差异化开发技术政策，可有效提高气藏开发效果。

参考文献

[1] Hold I tch S. T I ght gas sands[J]. Journal of Petroleum Technology, 2006, 58(6): 85-90.

[2] 马新华，贾爱林，谭健，等．中国致密砂岩气开发工程技术与实践[J]. 石油勘探与开发，2012，39(5)：572-579.

[3] 王修朝．致密砂岩气藏井型优化方法[J]. 大庆石油地质与开发，2018，37(4)：166-170.

[4] 李奇，高树生，叶礼友．致密砂岩气藏渗流机理及开发技术[J]. 科学技术与工程，2014，14(34)：79-87.

[5] 黄亮，宁正福，石军太，等．低渗致密气藏压裂水平井产能预测新方法[J]. 大庆石油地质与开发，2017，36(2)：160-166.

[6] 曾凡辉，郭建春，刘恒，等．致密砂岩气藏水平井分段压裂优化设计与应用[J]. 石油学报，2013，34

(5)：959-968.
[7] 费世祥，王东旭，林刚，等．致密砂岩气藏水平井整体开发关键地质技术——以苏里格气田苏东南区为例[J]．天然气地球科学，2014，25(10)：1620-1629.
[8] 卢涛，刘艳侠，武力超，等．鄂尔多斯盆地苏里格气田致密砂岩气藏稳产难点与对策[J]．天然气工业，2015，35(06)：43-52.
[9] 支鑫，熊伟，高树生，等．苏里格致密砂岩气藏可动水饱和度分布[J]．大庆石油地质与开发，2015，34(2)：86-89.
[10] 刘忠群．鄂尔多斯盆地大牛地致密砂岩气田水平井开发气藏工程优化技术[J]．石油与天然气地质，2016，37(2)：261-266.
[11] 万旸璐，李仲东，彭超，等．鄂尔多斯盆地大牛地气田山二段致密砂岩储层特征及评价[J]．矿物岩石，2016，36(3)：106-114.
[12] 罗东明，陈舒薇，张广权．大牛地气田上古生界沉积相与天然气富集规律的再认识[J]．石油与天然气地质，2011，32(3)：368-374.
[13] 卜淘，段永明，曹波，等．大型多层致密砂岩气藏中后期稳产技术对策——以新场气田上沙溪庙组气藏为例[J]．石油天然气学报，2007，29(5)：133-136.
[14] 叶素娟，吕正祥．川西新场气田下沙溪庙组致密储层特征及储集性影响因素[J]．矿物岩石，2010，30(3)：96-104.
[15] 叶军，陈昭国．川西新场大型气田地质特征与预测关键技术[J]．石油与天然气地质，2006(3)：384-391.
[16] 李忠平，冉令波，黎华继，等．窄河道远源致密砂岩气藏断层特征及天然气富集规律——以四川盆地ZJ气田侏罗系沙溪庙组气藏为例．天然气工业，2016，36(7)：1-7.
[17] 谭理亚，邓强，李兴文，等．中江气田高庙区块JS33-2气层产能主控因素分析[J]．中外能源，2017，22(05)：32-38.
[18] 卜淘．川西坳陷东坡侏罗系沙溪庙组三角洲河道砂体构型[J]．断块油气田，2018，25(5)：564-567，578.
[19] 张小菊，邓虎成，余瀚泽，等．川西坳陷高庙子地区沙溪庙组气藏动态特征[J]．科学技术与工程，2018，18(12)：45-51.

川西侏罗系致密砂岩储层精细评价

黎华继　严焕榕　詹泽东　冯　英　向　宇

（中国石化西南油气分公司勘探开发研究院）

摘　要： 针对川西侏罗系致密砂岩气藏沉积微相变化快、砂体展布复杂、储层类型多样以及品质差异大、非均质性强的特征造成简单的物性分析难以准确表征不同砂体储集能力的问题；在深入剖析其沉积相及砂体特征复杂性的基础上，采用砂体精细划分、沉积微相精细描述、砂体构型精细刻画、成岩相精确描述与储层微观参数定量分类评价的综合研究方法；提出了一套以砂体、沉积微相、砂体构型、成岩相为定性评价标准、以储层物性以及微观参数为定量评价标准的储层精细评价方法，进而建立了相应的储层精细评价标准，实现了川西侏罗系致密砂岩气藏的横向分区、纵向分层精细分类，明确了优质储层分布，同时结合该区域高产富集规律落实了致密砂岩气藏勘探开发潜力；该区致密砂岩气藏的高效开发及水平井钻遇率的大幅提高证实了该方法的可行性和有效性，对实现同类气藏高效评价与开发具有重要的借鉴意义。

关键词： 四川盆地；侏罗系；致密砂岩；储层评价；砂体构型

近10年，非常规油气资源在全球能源格局中的地位越发重要，致密气、煤层气等已成为勘探开发重点领域。中国致密气、页岩气、致密油、煤层气等非常规油气资源勘探开发取得重要突破[1]，资源占有率快速增长，步入快速发展期[2-3]，已成为天然气产量增长的新主力[4]。作为非常规气藏的重要区域——四川盆地，是中国大型富含天然气盆地之一，也是世界上最早开发和利用天然气的地区，该盆地含油气层位广泛，气藏类型复杂多样。近30余年的开发实践表明，位于盆地西部川西坳陷，侏罗系低渗致密砂岩气藏资源丰富、分布范围广，勘探开发前景广阔[5]，同时也呈现出沉积微相变化快，砂体展布复杂，储层类型多样等强非均质特征，因此充分利用气藏勘探开发海量数据，探索储层精细评价新方法，明确优质储层特征具有重要意义。

本文以川西坳陷侏罗系致密砂岩气藏——新场蓬莱镇气藏、新场沙溪庙、中江沙溪庙为典型代表，通过沉积微相、砂体展布以及构型特征的精细描述与研究，开展不同沉积亚相、微相以及单河道砂体的分类及其展布特征研究。同时，利用薄片鉴定、扫描电镜、恒速压汞、高压压汞以及纳米CT扫描微观分析等手段开展储层微观特征研究，结合储集性能分析，优选评价因子，建立储层宏观即定性-半定量与微观定量的精细分类评价标准，在标准的指导下，分区、分层、分河道评价落实不同类型储层分布范围及展布特征，进而结合川西坳陷侏罗系致密砂岩气藏高产富集规律[6-8]评价气藏潜力，为高效开发川西侏罗系致密砂岩气资源提供了有效手段。

1 沉积相及砂体特征

川西坳陷侏罗系以陆相湖盆沉积为主，由于碎屑来源复杂具“长短轴物源共存，近源远源汇砂”的特征，沉积相多样，同时经历复杂的成岩及后生作用，储层储集性能平面差异较大，类型多样。川西坳陷侏罗系地层总厚度可达2000~4400m，平面变化较大，盆地边缘多出现砾岩，颗粒由盆地向内部逐渐变细，显示了河流相、浅湖相的沉积特点。

侏罗系砂岩储层发育层段主要为上侏罗统的蓬莱镇组和中侏罗统的沙溪庙组，沙溪庙组地层整体厚度变化较大，以层位稳定、分布范围广的“叶肢介页岩”为界划分为上、下沙溪庙组。下沙溪庙组由2~4套厚层砂岩与泥岩、粉砂岩不等厚韵律互层组合叠加而成，一般厚100~300m，局部可达400~500m；上沙溪庙组岩性与厚度变化均较大，厚度400~2000m，具有自西向东和由南向北连续加厚的特点，主体由10余套砂岩与泥岩的韵律互层组合叠加而成。蓬莱镇组地层厚度较为稳定，厚度700~1000m，具西厚东薄的特点。自下而上可划分为4个岩性段（J_3p^1—J_3p^4），每个岩性段的底部皆有一套厚层块状中细粒长石石英砂岩。

通过大量的剖面及岩心观察，根据岩性、沉积构造、岩相类型及组合规律，结合现代沉积理论对中上侏罗系沉积期进行综合分析，共识别出冲积扇相、河流相、三角洲相、湖泊相4种沉积相，并划分出5种亚相、13种微相类型。其中，沙溪庙组和蓬莱镇组沉积时期为干旱-半干旱环境浅水沉积的三角洲-湖泊相，砂体由毯状、条带状甚至鞋带状的河道砂叠置沉积组成。

川西侏罗系主产气区主要分布在中部新场气田的沙溪庙组气藏、蓬莱镇组气藏以及中东部中江气田的沙溪庙组气藏。主力砂组以三角洲前缘亚相水下分流河道微相以及三角洲平原分流河道微相沉积为主，纵向上多种沉积微相叠置（图1）。

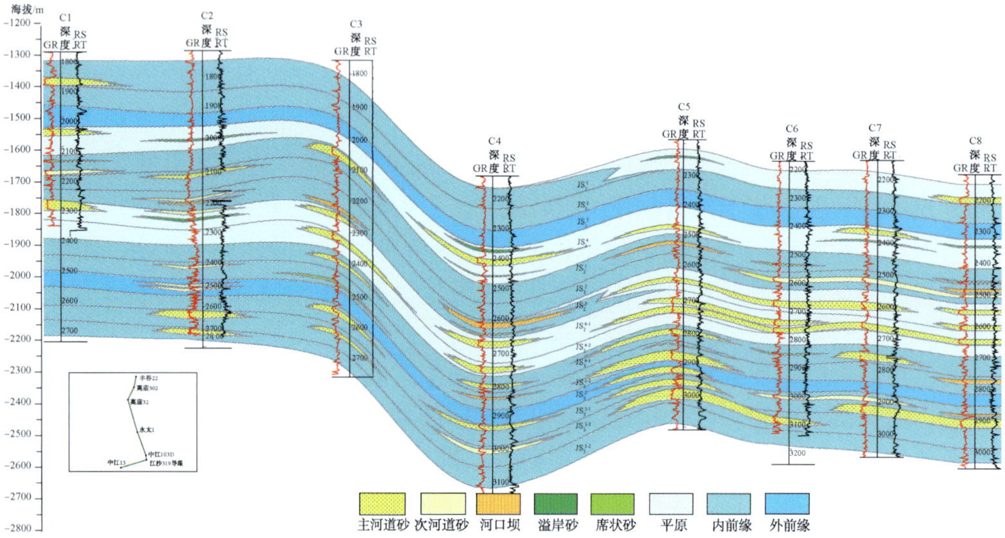

图1 中江气田沙溪庙组沉积微相剖面图

沙溪庙组岩性组合以厚层箱型河道砂岩与滨浅湖相泥岩互层为特点，单砂体平均厚度在侏罗系中是最大的，为10~30m。主力产气砂组以薄层“窄”条带状即鞋带状的三角洲内前缘水下分流河道微相(如中江 JS_2^{1}砂组，长宽比 65∶1，宽厚比 34∶1)、厚度较大的宽带状[9]（如中江 JS_3^{3-1}长宽比 14∶1，宽厚比 42∶1)或近毯状(如新场 JS_2^{2}，长宽比近 1∶1，宽厚比>1000)三角洲平原分流河道微相沉积两类微相为主(图 2、图 3)。

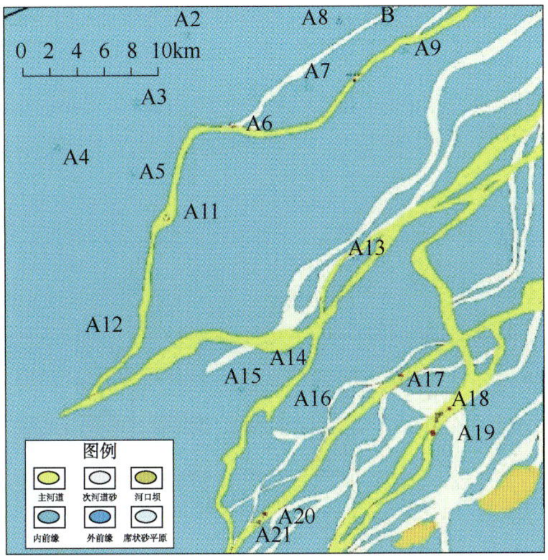

图 2　中江—回龙地区 JS_2^{1}沉积微相平面展布图

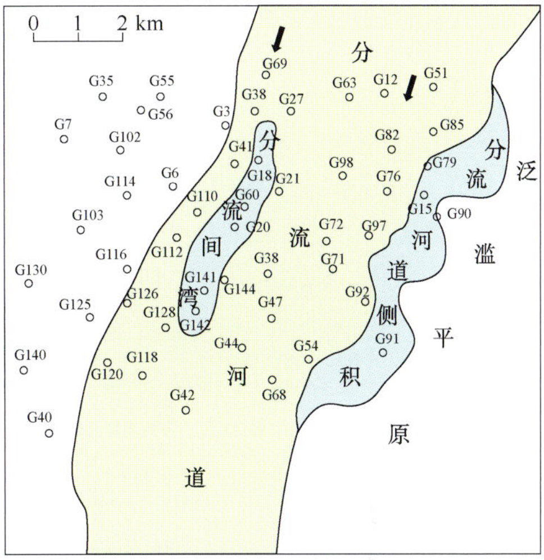

图 3　新场地区 JS_2^{2}沉积微相平面图

蓬莱镇组储层为常规-致密储层，平均孔隙度大多小于 15%，平均渗透率 $0.39\times10^{-3}\mu m^2$；沙溪庙组储层整体致密，平均孔隙度大多<10%，渗透率平均 $0.098\times10^{-3}\mu m^2$。川西坳陷侏罗系致密砂岩气藏由于沉积环境的不同，物源、水动力条件的差异，复杂成岩后生作用的差异性，导致河道砂体的类型、规模以及储层品质都存在较大差异，简单的物性分析难以准确表征不同砂体的储集能力，也难以指导后续的工程工艺设计，因此需要开展储层精细评价。

2　储层精细评价

致密砂岩储层多属低孔低渗、特低渗的储层，储层非均质性强，很难通过常规的测试方法获得工业气流。只有通过精细描述、精细分类，才能更有效地找到有利的开发层系和目标[10]，为此，需要建立致密储层的宏观与微观、定性和定量相结合的多因素多层级精细分类评价标准，在标准的指导下，精细评价储层实现气藏的高效开发。

2.1　砂体精细划分

以高分辨率层序地层学理论为指导，以区内丰富的露头、钻井资料和地震资料为基础，通过各级别层序界面、最大洪泛面识别，建立川西坳陷侏罗系地层砂组的划分原则，进行全区长期、中期和短期基准面旋回层序划分，对重点区域侏罗系砂组在层序格架和长中短期基准面旋回层序中的相对位置进行标定，通过跨工区储层井震精细标定、连井地震剖面对比解释，对全区侏罗系进行统一砂组划分对比，并在此基础上建立了全区统一的地层、砂组划分对比方案。

主力气藏蓬莱镇组自下而上划分为 4 个中期旋回、29 个短期旋回，分别对应 4 个亚段、29 套砂层组，从上到下依次命名为 JP_1^{1}—JP_1^{6}、JP_2^{1}—JP_2^{5}、JP_3^{1}—JP_3^{10}、JP_4^{1}—JP_4^{8}；沙溪庙组自下而上划分为 2 个长期旋回、3 个中期旋回、11 个短期旋回、18 个超短期旋回，分别对应 2 个段、3 个亚段、11 套砂层组、18 套小层砂体，其中上沙溪庙组划分为 8 个砂层组，从上到下依次命名为 $JS_1^{\ 1}$—$JS_1^{\ 4}$、$JS_2^{\ 1}$—$JS_2^{\ 4}$；下沙溪庙组划分为 3 个砂层组，从上到下依次命名为 $JS_3^{\ 1}$—$JS_3^{\ 3}$。

2.2 沉积微相精细描述

通过对岩心的观察和描述挖掘岩心中所蕴含的微相标志信息，划分河道砂岩石微相类型；利用测井曲线形态可有效地反馈岩性、粒度、分选性、泥质含量、垂向序列、砂体的形态及分布等重要的成因标志，建立河道砂测井微相类型；同时分析不同微相的地震反射特征，根据岩石微相、测井微相、地震相在纵、横方向上的变化，三者结合建立沉积微相岩电划分标志系统(图 4)，确定垂向旋回特征和沉积微相类型。

亚相带		测井相	沉积特征描述	沉积构造	层序	曲线及地震响应特征	典型井	地震相
三角洲前缘	三角洲内前缘	水下主分流河道	厚层—中厚层中细砂岩向上逐渐过渡为细砂岩与粉砂岩与下伏岩层成突变接触，底部常发育冲刷面，砂岩厚多在15m以上，沉积延伸远	大型交错层理、平行层理和波状层理等	正韵律或复合韵律	钟形、箱形、叠置的钟形、齿化的箱形 河道砂呈低频、强波谷振幅、亮点反射特征	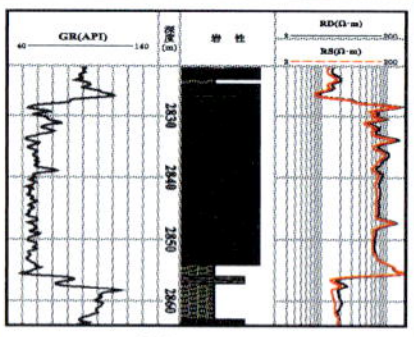 JS_3^{3-1}层D1井	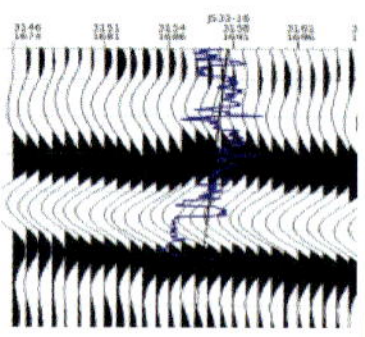
		水下次分流河道	总体类似主河道，但属于主河道的次级分支，砂岩厚度多在5~15m	交错层理、平行层理和波状层理等	正韵律或复合韵律	钟形、箱形、叠置的钟形、齿化的箱形 河道砂呈低频、中等波谷振幅反射特征	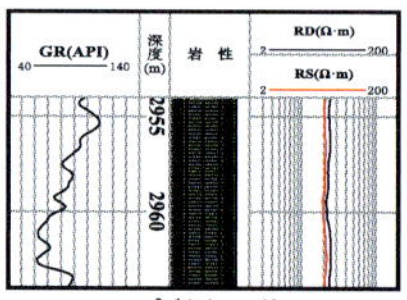 JS_3^{3-1}层D2井	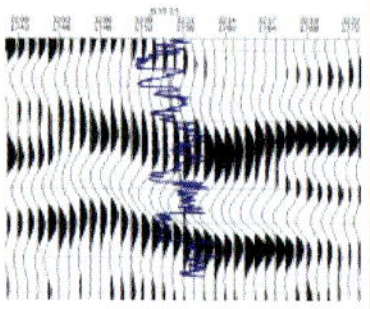
		河状砂	中厚层的细砂岩、薄层粉砂岩、泥质粉砂岩，分选性好	交错层理	反粒序为主	漏斗状，齿化的漏斗状 与围岩叠置，呈较弱不规律反射特征	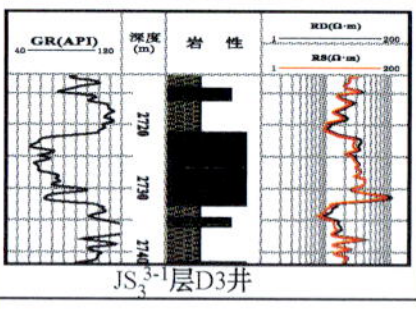 JS_3^{3-1}层D3井	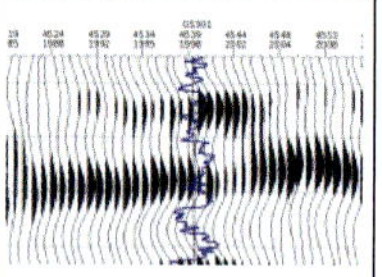
		席状砂	薄层细砂岩、粉砂岩、泥质粉砂岩，分选好	砂纹交错层理	反粒序	呈指状、齿状 弱反射特征、局部双波峰或双波谷复波相位	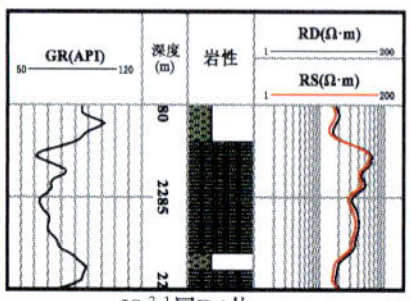 JS_3^{3-1}层D4井	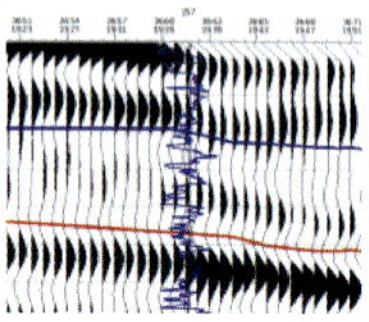
		水下分流间湾	泥质粉砂岩、泥岩	水平层理	复合韵律	较平缓，有时呈锯齿状，低平的指状	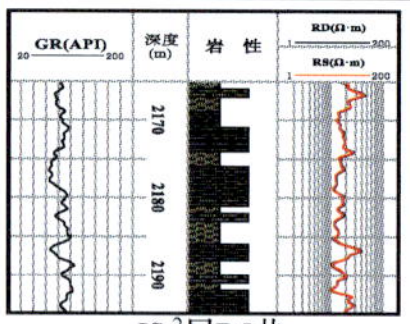 $JS_1^{\ 2}$层D5井	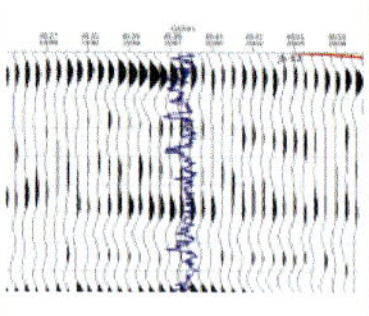

图 4　川西坳陷中上侏罗统砂体沉积微相岩电模式图

选取岩性和电性特征明显、具有代表性的井进行单井沉积相和取心段沉积微相综合分析研究，以此为基础，应用测井相分析对非取心井沉积微相类型进行划分，结合地震相分析编制覆盖研究区的纵横沉积微相剖面对比图，将单井相、剖面相微相分析与砂层组或小层砂体地震预测相结合，精细描述研究区各级别砂体沉积微相的平面展布特征。精细描述研究表明，川西侏罗系主产气区以北部长轴物源分布的新场、中江等区域为主，产气层以三角洲平原-前缘亚相分流河道砂体发育的沙溪庙组、蓬莱镇组砂体为主。

沉积微相展布特征与气井产能评价相结合，明确川西侏罗系致密河道砂岩优势微相为三角洲内前缘低弯度主分流河道，其次为三角洲平原分流河道。低弯度主分流河道水动力较强、河道窄、以垂向加积为主，主要由中厚层-块状中-细粒长石岩屑砂岩、岩屑石英砂岩等组成，具有砂体厚度大、泥质含量低、物性好的特点，纵向上一套厚层砂体往往由多期分流河道砂体的正韵律旋回叠加组成，一般厚度大于15m。

2.3　砂体构型精细刻画

低弯度主分流河道是河流-三角洲沉积体系末端的河道类型，河道多呈窄长条状，河床位置相对固定，弯度较小，垂向为多期河道叠加形成。鉴于川西侏罗系河道砂体具有多类型、多级次的特征，按照层次分析的思想，主要研究河道沉积的复合河道级次、单砂体级次、内部夹层级次的砂体构型模式及特征。利用单砂体刻画及砂体构型分析方法，识别单砂体的垂向期次和侧向边界，分析单砂体垂向以及平面上的组合关系，了解砂体内部夹层分布模式。

根据低弯度主河道砂体内夹层的数量，可分为夹层发育动荡型和夹层不发育稳定型两种(图5)。稳定型低弯度主分流河道内部水平井砂体钻遇率高，钻遇夹层较少，为最有利的河道砂。动荡型分流河道发育较厚的水平夹层，水平井钻遇较厚泥质夹层的概率变大。

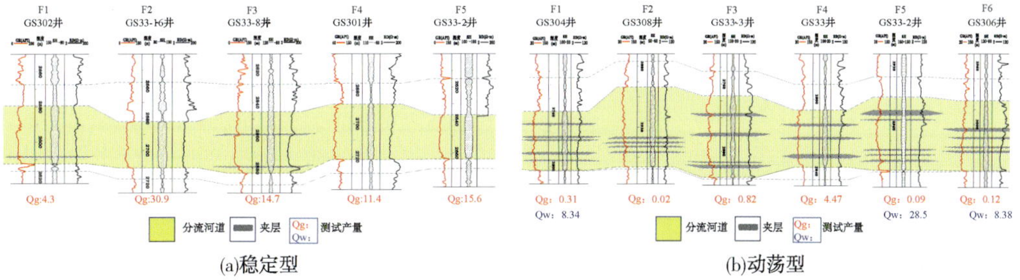

图5　沙溪庙组JS_3^{3-2}层低弯度分流河道内部结构分析

2.4　成岩相精确描述

川西坳陷侏罗系储层基本为致密河道砂储层，成岩作用对储集体的展布与储层特征的影响举足轻重。而成岩相为成岩环境与成岩作用产物的综合，决定了储集层性能和油气的富集。所以，成岩相的划分对于优质储层的预测具有重要意义。

为表征储集体性质、类型和优劣的成因，以指导后续优质储层的预测。同时，考虑不同胶结作用的储层孔渗性具有明显差异。因此，针对侏罗系致密河道砂储层，划分为以绿泥石胶结长石溶蚀相为主的建设性、以绿泥石胶结相为主的保存性和以方解石胶结相为主的破坏性三类成岩相。

不同成岩相中由一种及两种以上的成岩作用组合而成，需要依据优势成岩作用进行分类定名。为定量描述不同成岩作用对储集层的储集性能的综合影响，引入成岩系数C_d(李小青，2001；张一伟，1997)，有效地定量表征不同成岩相。建立成岩系数与储集层物性的良好关系，总结不同类型成岩相定量划分标准(表1)。在河道内部构型界面控制下，进行成岩相的对比解剖，实钻证实，绿泥石胶结相和长石溶蚀相的分布控制了高产区分布。

表 1 不同成岩相定量特征

成岩相	成岩系数	孔隙度/%	渗透率/$10^{-3}\mu m^2$	面孔率/%	孔隙直径/μm
方解石胶结相	<0.004	3.69~8.63	0.034~0.666	0.2~1	0~80
绿泥石胶结相	0.001~0.063	5.6~10.98	0.047~1.33	0.35~8	20~120
绿泥石胶结长石溶蚀相	>0.02	9.5~13.41	0.104~14.8	4~11.31	40~200

2.5 储层精细分类标准

致密储层由于其强烈的非均质性，其内部精细分类仍仅限于常规孔渗特征上，已无法有效区分储层的优劣，更无法满足气藏高效勘探开发的需要，必须从其内部的微观特征入手分析[11-16]。

采用传统的常规薄片、铸体薄片鉴定、压汞等实验方法与先进的扫描电镜、微(纳)米CT扫描等技术相结合，在实验鉴定的基础上，开展分区、分层统计分析，同时根据行业标准对河道砂岩储层进行评价。实验证实，川西坳陷常规储层与致密储层的分界标准为孔隙度12%，渗透率 $1\times10^{-3}\mu m^2$，对应的孔喉半径为0.25~0.45μm；根据微观特征研究，致密储层内部还可分为2两大类，即致密储层Ⅱ类和Ⅲ类，其对应物性分界为孔隙度10%，渗透率 $0.3\times10^{-3}\mu m^2$，其对应的孔喉半径为0.1~0.25μm(图6、表2)。而致密储层的下限为孔隙度7%，渗透率 $0.1\times10^{-3}\mu m^2$，对应孔喉半径小于0.1μm，其中Ⅰ类常规储层与Ⅱ类致密储层为相对优质储层。该分类标准与侏罗系河道砂含气性也有良好的一致性(图7)。

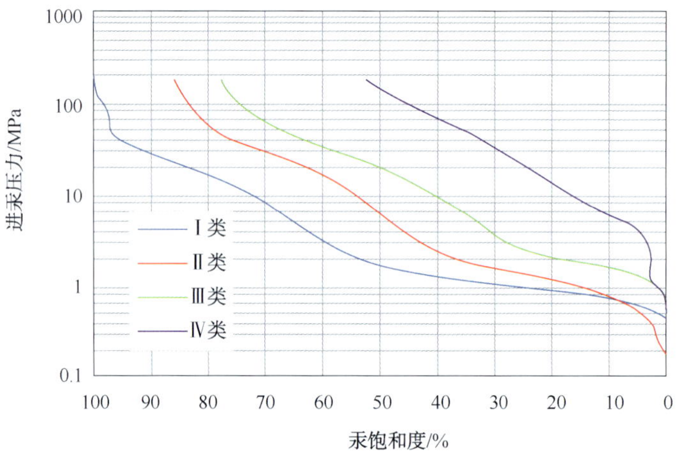

图6 川西侏罗系储层毛管压力曲线分类

表 2 川西侏罗系储层分类孔隙结构参数评价表

压汞曲线类型	Ⅰ类	Ⅱ类	Ⅲ类
平均孔隙度/%	>12	10~12	7~10
平均渗透率/$10^{-3}\mu m^2$	>1	0.3~1	0.1~0.3
排驱压力/MPa	<0.5	0.5~2	2~5
中值半径/μm	>0.5	0.1~0.5	0.01~0.1
最大进汞饱和度/%	>95	85~95	60~85
孔隙结构	低孔微细喉	低—特低孔微细喉	超低孔微细喉

(a)A13井，孔隙度12%，渗透率$1.77\times10^{-3}\mu m^2$，
Ⅰ类储层，粒间溶孔发育

(b)D1井，孔隙度6.8%，渗透率$0.17\times10^{-3}\mu m^2$，
Ⅲ类储层，孔隙不发育

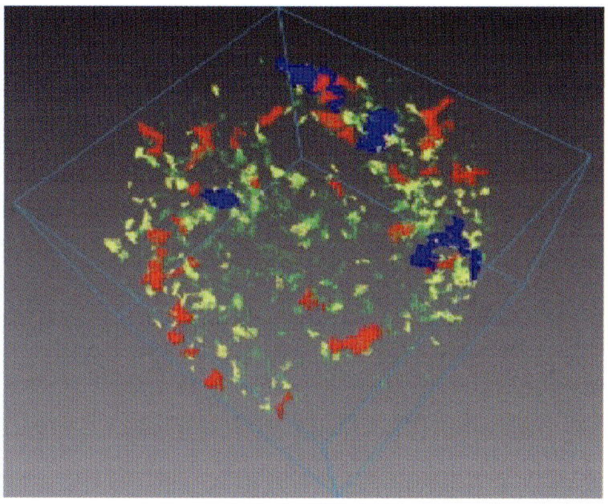

(c)A24井，Ⅱ类储层，绿孔占比18.06%，
黄孔占比19.49%，红孔占比35.56%，蓝孔占比26.89%

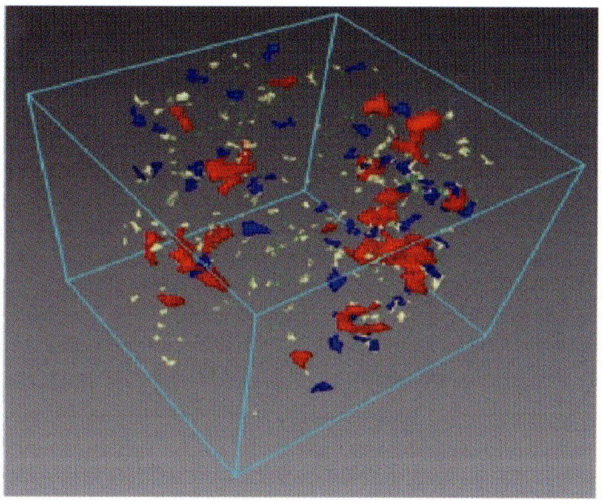

(d)D1井，Ⅲ类储层，绿孔占比2.68%，
黄孔占比10.45%，红孔占比18.77%，蓝孔占比68.1%

图7　东坡 JS 气藏储层孔隙结构特征

2.6　致密河道砂储层精细评价方法

结合气源、断裂、断砂配置以及气水分布情况的综合分析，可以明确川西地区侏罗系天然气富集区为新场鼻状构造和中江东部斜坡带。通过沉积微相精细描述明确了三角洲内前缘低弯度主分流河道展布，同时利用砂体构型刻画出夹层不发育的稳定型低弯度主分流河道，结合成岩相分析落实绿泥石胶结保护相和长石溶蚀建设相分布区，在此基础上，结合储层物性及其微观特征的研究，建立川西地区侏罗系储层精细分类评价标准（表3），采用层层递进的方式，通过平面上细分区、纵向上细分层的精细评价，在川西区侏罗系大于2000m的厚大地层中准确判断出新场蓬莱镇JP_2^3、JP_2^5、JP_3^6，沙溪庙组JS_2^2、JS_2^4，中江JS_1^1、JS_2^1、JS_3^1、JS_3^3等砂层组为Ⅰ类+Ⅱ类优质储层发育层段，目前也已成为川西勘探开发主力气藏。

川西侏罗系致密河道砂通过储层精细评价，大幅提高了水平井的钻遇成功率，储层钻遇率近100%，气层钻遇率达85%以上，同时结合后期的精细分段压裂实现了气藏的高效开发。

表 3　中江地区沙溪庙组储层分类评价标准

分类	沉积微相	砂体构型	成岩相	岩性	孔隙度/%	渗透率/$10^{-3}\mu m^2$	排驱压力/MPa	中值压力/MPa	中值半径/μm	声波时差/(μs/ft)	评价
Ⅰ类	前缘水下分流主河道	稳定性低弯度河道	绿泥石胶结长石溶蚀相	中–细粒岩屑长石砂岩	>11	>0.4	0.45~2.23	2.0~10.54	0.1~0.42	>75	好
Ⅱ类	前缘水下分流主河道、平原分流主河道	动荡性低弯度河道、心滩	绿泥石胶结相	中–细粒长石岩屑砂岩	9~11	0.14~0.4	0.72~3.2	6.68~13.03	0.06~0.1	71~75	中等
Ⅲ类	前缘水下分流次河道、河口坝、平原分流主河道	动荡性低弯度河道、废弃河道	方解石胶结相	细粒岩屑砂岩	7~9	0.04~0.14	1.2~4.59	12.25~29.4	0.04~0.06	67~71	差
Ⅳ类	溢岸砂、席状砂等		黏土、方解石胶结相	细粒岩屑砂岩、粉砂岩	<7	<0.04	>4.59	>29.4	<0.04	<67	非储层

3　结论

（1）川西坳陷侏罗系致密砂岩储层主要发育三角洲平原分流河道、三角洲内前缘主河道及次河道等3类储集砂体类型，前两者是最为有利的储层类型。三角洲内前缘稳定型低弯度主分流河道内部水平井砂体钻遇率高，钻遇夹层较少，为最有利的河道砂。以绿泥石胶结长石溶蚀相为主的建设性、以绿泥石胶结相为主的保存性成岩相的分布控制了高产区分布。

（2）川西坳陷侏罗系致密砂岩储层可划分为Ⅰ类、Ⅱ类和Ⅲ类3类储层，分别以孔隙度12%、10%和7%，渗透率$1\times10^{-3}\mu m^2$、$0.3\times10^{-3}\mu m^2$和$0.1\times10^{-3}\mu m^2$作为标准，对应的孔喉半径为0.45μm、0.25μm和0.1μm。其中，Ⅰ类+Ⅱ类储层为相对优质储层。该分类标准与侏罗系河道砂含气性也有良好的一致性。

（3）储层精细评价与气藏富集规律分析相结合，通过纵横向精细分类评价，明确川西地区侏罗系天然气富集区——新场鼻状构造、中江东部斜坡带；新场蓬莱镇JP_2^3、JP_2^5、JP_3^6，沙溪庙组JS_2^1、JS_2^2、JS_2^3、JS_2^4，中江JS_1^1、JS_2^1、JS_3^1、JS_3^3等砂层组为Ⅰ+Ⅱ类优质储层发育层段，为高效开发潜力区。

参　考　文　献

[1] 赵政璋，杜金虎，邹才能，等．致密油气[M]．北京：石油工业出版社，2012.

[2] 谷江锐，等．国外致密砂岩气藏储层研究现状和发展趋势[J]．石油石化节能，2009，25(7)：1-5.

[3] 王伟东，彭军，等．致密砂岩气藏储层研究的进展及趋势[J]．油气地球物理，2012，10(4)：33-38.

[4] 邹才能，陶士振，侯连华，等．非常规油气地质2版[M]．北京：地质出版社，2013.

[5] 段永明，等．川西致密砂岩气藏开发实践与认识[J]．天然气地球科学，2016，27(7)：1352-1360.

[6] 曾焱，黎华继，周文雅，等．川西坳陷东坡中江气田沙溪庙组复杂"窄"河道致密砂岩气藏高产富集规

律[J]. 天然气勘探与开发，2017，40(4)：1-8.
[7] 黎华继，周文雅，代平，等. 川西拗陷致密河道砂岩气藏类型及其高产富集模式[J]. 天然气勘探与开发，2018，41(2)：7-13.
[8] 裘怿南，陈子琪. 油藏描述[M]. 北京：石油工业出版社，1996.
[9] 于兴河. 碎屑岩系油气储层沉积学(第二版)[M]. 石油工业出版社，2008.
[10] 林铁锋，康德江. 松辽盆地三肇凹陷扶余油层致密储层分类精细评价[J]. 石油地质实验，2017，39(5)：686-692.
[11] 喻建，马捷，路俊刚，等. 压汞—恒速压汞在致密储层微观孔喉结构定量表征中的应用：以鄂尔多斯盆地华池—合水地区长 7 储层为例[J]. 石油实验地质，2015，37(6)：789-795.
[12] 刘君龙，纪友亮，等. 川西地区中侏罗世前陆盆地河流层序结构及控制因素[J]. 天然气地质科学，2017，28(1)：14-24.
[13] 高辉，解伟，杨建鹏，等. 基于恒速压汞技术的特低-超低渗砂岩储层微观孔喉特征[J]. 石油实验地质，2011，33(2)：206-211.
[14] 何更生. 油层物理[M]. 北京：石油工业出版社，1994.
[15] Sun W，Qu Z L，Tang G Q. Characterization of water injection in low-permeability rock using sandstone micromodels[J]. Joumal of Petroleum Technology，2004，56(5)：71-72.
[16] Sun W，Taig G Q. Visual study of water injection in low permeable sandstone[J]. Journal of Canadian Petroleum Technology，2006，45(11)：21-26.

川西坳陷致密河道砂岩气藏类型及其高产富集模式
——以川西坳陷东斜坡区沙溪庙组气藏为例

黎华继 周文雅 代 平 詹泽东

（中国石化西南油气分公司）

摘　要：川西坳陷多发育断砂疏导、深源浅聚的致密河道砂岩气藏，以坳陷东部斜坡区沙溪庙组气藏为典型代表，该区河道砂多呈窄条状带展布且纵向交错叠置；断层期次多且差异大，断砂配置样式复杂多样；河道砂储层非均质性强，含气丰度不均一，气水关系复杂；不同层系、同一层系不同河道砂或同一河道也呈现产能差异大的特征。本文以描述目前东坡沙溪庙组气藏已高效开发河道的动静态特征为出发点，归纳总结各高效开发河道砂主要存在构造-岩性气藏、岩性-构造气藏、岩性气藏三种气藏，其中以构造-岩性气藏为主，在此基础上，明确气藏主要受断层、河道砂、构造、储层物性四大因素的控制，综合各主控因素，总结气藏高产富集规律，提炼出气藏存在构造主控及岩性主控两种高产富集模式。在该模式的指导下，建立气藏综合分类评价标准，为气藏潜力河道的开发评价选区、气藏稳产、挖潜选井提供有力支撑。

关键词：川西坳陷东斜坡区；沙溪庙组气藏；致密河道砂岩；高产富集模式；气藏类型

川西坳陷多发育断砂疏导、深源浅聚的致密河道砂岩气藏，以坳陷东部斜坡区沙溪庙组气藏为典型代表，该区河道砂多呈窄条状带展布且纵向交错叠置；断层期次多且差异大，断砂配置样式复杂多样；河道砂储层非均质性强，含气丰度不均一，气水关系复杂；不同层系、同一层系不同河道砂或同一河道也呈现产能差异大的特征。前人针对川西坳陷东斜坡区沙溪庙组气藏地质特征及富集规律研究已形成较丰富的地质成果，但随着气田开发进程的不断推进，沙溪庙组气藏强烈的非均质性不断凸显，已有的富集规律无法有效地指导气藏开发评价选区，然而如何寻找潜力河道至关重要。本文以描述目前东坡沙溪庙组气藏已高效开发河道的动静态特征为出发点，详细解剖河道砂的古今构造、断砂配置、储层品质等特征对产能的影响，结合气水分布、地层压力、产出流体等特征确定各高效开发河道砂气藏类型，在此基础上，提炼河道砂气藏的高产富集模式，在该模式的指导下，建立河道砂气藏综合分类评价标准，为气藏潜力河道的开发评价选区、气藏稳产、挖潜选井提供有力支撑。

1　概况

川西坳陷东斜坡区沙溪庙组气藏位于川西坳陷中段东部，并处于川中古隆起的过渡带上，北与梓潼凹陷相接，西邻孝泉—新场构造带、成都凹陷，南接中兴场向斜，东与川中古隆起金华场构造毗邻，总体呈现出“三隆夹一凹”的构造格局，受西部断裂带的影响，发育多个低幅局部构造[1-4]。纵向上沙溪庙组气藏分为三个气藏，分别为JS_1气藏、JS_2气藏、JS_3气藏，发育12套砂组，18套小层砂体，厚度为5~40m。沙溪庙组气藏属于曲流河三角洲体系，有利沉积微相为三角洲平原-前缘分流河道沉积微相[5-6]，平面上，分流河道发育众多(113条)，呈北东南西向延伸，延伸长(10~35km)，但单河道宽度偏窄(300~1000m)。储层岩性以褐灰色、浅绿灰色中、细粒岩屑长石砂岩，长石岩屑砂岩为主，平均孔隙度8.66%，平均渗透率$0.21\times10^{-3}\mu m^2$，孔隙类型主要为剩余粒间孔和粒间溶孔，孔渗关系较好，属于低孔-特低孔低渗-超低渗孔隙型储层[7]，平面上，河道砂多呈窄条带状展布，优质储层多位于河道砂中心部位(图1)。

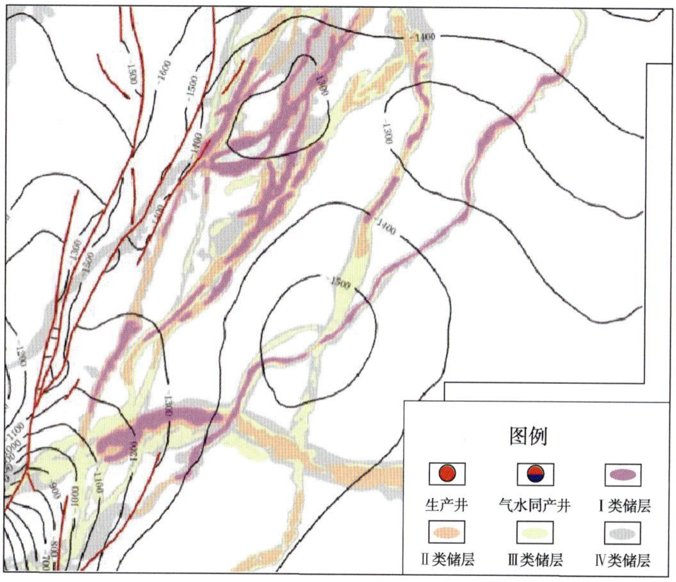

图1 东坡中江区块储层评价叠合图

2 已开发河道分类

2.1 气井分类

将地质因素和开发因素，以及储层改造因素结合起来，以气井具有的经济效益为依据，根据气井的测试与试采情况，可将东坡沙溪庙组气井划分为四类(表1)，不同类型气井具有不同的试采动态特征。

表1 川西坳陷东坡JS气藏气井分类标准表

气井类别	储层类别	测试	试采		动态指标	
		无阻流量/($10^4m^3/d$)	稳定产量/($10^4m^3/d$)	日产水量/m^3	动态储量/10^8m^3	弹性产率/($10^4m^3/MPa$)
Ⅰ类	Ⅰ类	直井>8; 水平井>10	直井>2.5; 水平井>4.5	直井<1.5; 水平井<2	直井>0.5; 水平井>1	直井>100; 水平井>200

续表

气井类别	储层类别	测试	试采		动态指标	
		无阻流量/($10^4m^3/d$)	稳定产量/($10^4m^3/d$)	日产水量/m^3	动态储量/10^8m^3	弹性产率/($10^4m^3/MPa$)
Ⅱ类	Ⅰ类、Ⅱ类	直井：4~8； 水平井：6~10	直井：1.2~2.5； 水平井：2.2~4.5		直井>0.15； 水平井>0.3	直井>70； 水平井>120
Ⅲ类	Ⅰ类、Ⅱ类	直井：1~4； 水平井：2~6	直井：0.5~1.2； 水平井：1~2.2		直井<0.15； 水平井<0.3	直井<70； 水平井<120
Ⅳ类	Ⅰ类、Ⅱ类、Ⅲ类	直井<1； 水平井<2	直井<0.5； 水平井<1			

Ⅰ类气井：单井稳定产量大于2倍极限产量，储层物性好(平均孔隙度>11%)、厚度大(平均厚度>15m)、含气饱和度高，表现为试采产量高、动态储量大(单井动态储量>$1\times10^8m^3$)、弹性产率高、基本不产水等特征。

Ⅱ类气井：单井稳定产量为1~2倍极限产量，储层物性较好(平均孔隙度>9%)、厚度较大(平均厚度>10m)，表现为试采初期产量高、递减较快，动态储量、弹性产率中等。

Ⅲ类气井：单井稳定产量为0.5~1倍极限产量，气井的产能与储层物性、含气性、储层的改造工艺有关，试采产量低、产水量较大，动态储量、弹性产率小。

Ⅳ类气井：单井稳定产量小于0.5倍极限产量，储层物性较好(平均孔隙度>7%)、厚度较大(平均厚度>10m)，表现为试采初期产量高、递减较快。

2.2 已开发河道分类标准

截至2016年底，东坡沙溪庙组气藏已开发河道14条，据不同类别气井的分布情况，结合河道平均测试产量、平均单井生产水平、稳产能力、地压系数等，可将其划分高产、中产及低产三类(表2)[8]。

表2 川西坳陷东坡JS气藏建产河道分类标准表

河道类型	河道数/条	地压系数/(MPa/m)	平均无阻流量/($10^4m^3/d$)	投产初期		单井平均日产气量/(10^4m^3)	拟弹性产率/($10^4m^3/MPa$)
				平均油压/MPa	平均套压/MPa		
高产河道	7	1.65~2.00	12.37	27.41	26.76	4.17	>185
中产河道	3	1.55~1.97	8.47	26.87	25.27	2.66	>79.23
低产河道	4	1.41~1.88	5.54	21.28	21.25	1.21	>52.4

高产河道：平均单井无阻流量$12.37\times10^4m^3/d$，地压系数1.65~2.00MPa/m，投产初期平均油压27.41MPa，平均套压26.76MPa，单井平均日产气量$4.17\times10^4m^3$，拟弹性产率>$185\times10^4m^3/MPa$。建产河道中有7条河道为高产河道。

中产河道：平均单井无阻流量$8.47\times10^4m^3/d$，地压系数1.55~1.97MPa/m，投产初期平均油压26.87MPa，平均套压25.27MPa，单井平均日产气量$2.66\times10^4m^3$，拟弹性产率>

$79.23\times10^4m^3/MPa$。建产河道中有3条河道为中产河道。

低产河道：平均单井无阻流量 $5.54\times10^4m^3/d$，地压系数1.41~1.88MPa/m，投产初期平均油压21.28MPa，平均套压21.25MPa，单井平均日产气量 $1.21\times10^4m^3$，拟弹性产率> $52.4\times10^4m^3/MPa$。建产河道中有4条河道为低产河道。

3 高产河道开发地质特征剖析

截至2016年底，占建产河道半数的高产河道分别位于高庙子、中江两个区块的沙一气藏 $JS_1{}^1$、$JS_1{}^2$ 两套砂组和沙三气藏 $JS_3{}^{3-1}$、$JS_3{}^{3-2}$、$JS_3{}^{3-3}$ 三套砂组中。生产实践及综合研究表明，不同高产河道的现今构造、不同产能井在河道中的分布、河道砂的储层品质、产出流体等动静态特征有较大的差异，给气藏的综合评价及潜力分析带来极大困难。为此，选取不同区块三套砂组中较为典型的三条高河道进行开发地质特征剖析，为建立致密砂岩河道高产富集模式奠定基础。

3.1 高庙子地区 $JS_3{}^{3-2}$ 层G1井河道

高庙子地区 $JS_3{}^{3-2}$ 层发育3条高产河道，其中G1井河道建产效果显著。截至2016年底，该河道投产12口，累计产气 $3.12\times10^8m^3$，累计产油5508.9t，平均单井日产气量 $1.95\times10^4m^3$。

G1井河道呈北东—南西向展布，延伸长(58km)，宽度窄(0.03~1km)。河道砂为三角洲平原分流河道微相沉积，砂体厚大(平均砂厚31.1m)，储层物性较好(平均孔隙度10.43%，平均基质渗透率为 $0.51\times10^{-3}\mu m^2$)，以孔隙型储层为主，部分发育裂缝-孔隙型储层。优质储层(孔隙度>9%，渗透率为 $>1.16\times10^{-3}\mu m^2$)发育且厚度大(平均26.1m)，横向展布稳定。

该河道投产井Ⅰ类、Ⅱ类气井6口，主要位于现今构造高部位，生产情况稳定，以位于构造高部位的G2井为例，该井测试无阻流量 $17.01\times10^4m^3/d$，截至2016年底，平均日产气量 $6.33\times10^4m^3$，基本不产水，仅产少量低矿化度凝析水，累计产气 $0.89\times10^8m^3$，累计产油1170.7t。Ⅲ类、Ⅳ类气井位于构造较低部位，试采产量低、递减快，以G3井为例，该井测试无阻流量 $1.29\times10^4m^3/d$，投产初期不产地层水，随着试采的进行，气井逐渐产出高矿化度地层水，截至2016年底，平均日产气量 $0.01\times10^4m^3$，累计产水 $271.7m^3$，不产凝析油。

采用上覆岩层厚度印模法进行成藏期古构造恢复[9]，结果显示，成藏期该河道砂与烃源断层为"V"型相接，位于古构造高部位，其后持续的构造作用使得河道砂中部隆起，近断层及远断层端发生沉降(图2)，现今呈现出构造高部位以产量稳定、产少量低矿化度凝析水(平均总矿化度1.953g/L)的Ⅰ类、Ⅱ类气井为主，构造低部位则为产量低、产高矿化度(总矿化度>50g/L) $CaCl_2$ 型地层水为特征，河道砂气水分异明显(图2)。

3.2 中江 $JS_3{}^{3-2}$ 层河道

中江地区 $JS_3{}^{3-2}$ 层发育1条高产河道，截至2016年底，该河道已测试专层井15口，平均无阻流量 $13.84\times10^4m^3/d$，试采11口，累计产气 $3.2\times10^8m^3$，累计产油2648.9t，平均单井日产气量 $3.43\times10^4m^3$。

该河道呈北东—南西向展布，延伸长32km，宽0.04~0.07km。河道砂为三角洲前缘水下分流河道沉积，砂体厚度大(平均24.1m)，储层物性较好(平均孔隙度9.57%；平均基质渗透率为 $0.53\times10^{-3}\mu m^2$)，以孔隙型储层为主。优质储层厚度较大(平均18.8m)，与同层高庙子①号河道相比，储层非均质性增强。

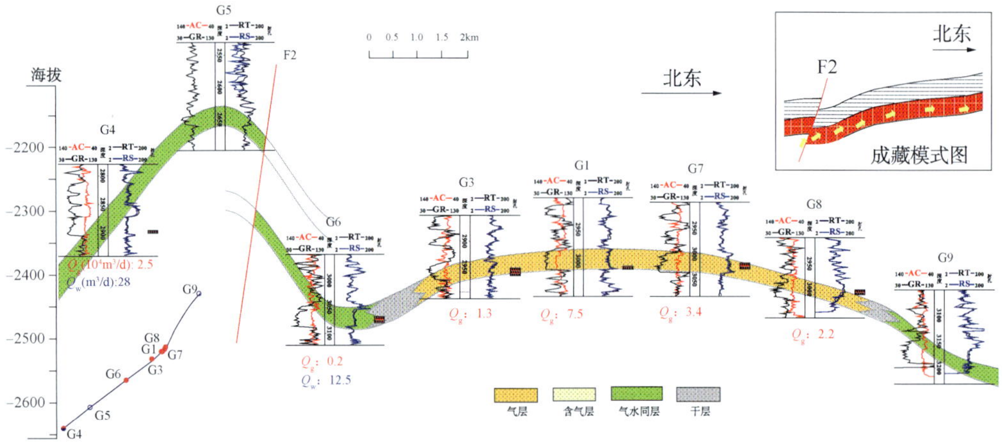

图 2　东坡高庙子区块 JS_3^{3-2} 砂组 G1 河道气藏剖面图

该河道投产井Ⅰ类、Ⅱ类气井 9 口，主要分布于现今构造低部位，明显不受构造控制，生产情况较稳定，以位于河道最低部位的 J1 井为例，测试无阻流量 $23.8\times10^4m^3/d$，截至 2016 年底，平均日产气量 $6.65\times10^4m^3$，累计产气 $0.69\times10^8m^3$，累计产液 $722.5m^3$，累计产油 $539.2m^3$。该河道Ⅲ类、Ⅳ类气井主要位于近断层高部位以及远断层河道抬升处的差储层发育带，如近断层高部位的 J2 井测试无阻流量 $3.35\times10^4m^3/d$，截至 2016 年底，平均日产气量 $1.36\times10^4m^3$，累计产气 $0.07\times10^8m^3$，累计产液 $1364m^3$，累计产油 11.3t。

采用上覆岩层厚度印模法进行成藏期古构造恢复，成藏期该河道砂与烃源断层以“V”型相接，位于古构造高部位，其后持续的构造作用使得河道砂构造反转，中部沉降，近断层及远断层端抬升(图 3)，现今呈现出构造低部位以产量稳定的Ⅰ类、Ⅱ类气井为主，构造相对高部位则为产量低的Ⅲ类、Ⅳ类气井为主，该河道砂各类气井均产高矿化度 $CaCl_2$ 型地层水(平均总矿化度 51.151g/L)，流体性质单一，矿化度值高，为各建产河道之首，为典型的高度封闭地层水化学特征，表明气藏成藏后一直处于高度封闭状态(图 3)。

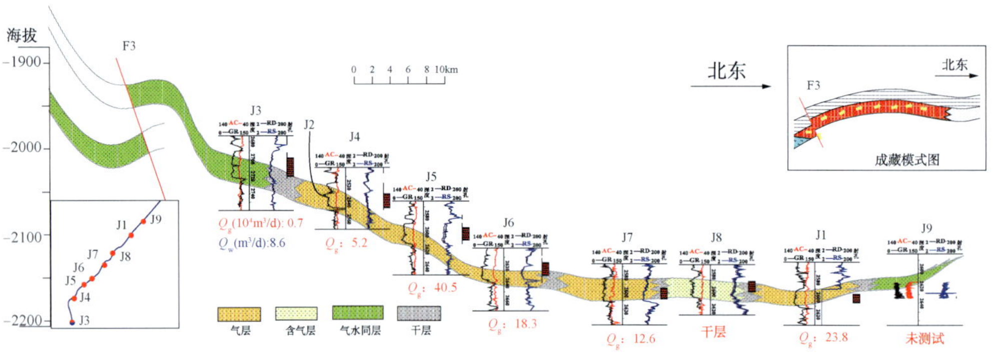

图 3　中江 JS_3^{3-2} 气藏河道剖面图

3.3　中江 JS_1^1 层河道

中江地区 JS_1^1 层发育 3 条高产河道，其中 J10 井河道建产效果显著。截至 2016 年底，该河道已测试专层井 9 口，平均无阻流量 $15.5\times10^4m^3/d$，试采 9 口，累计产气 $1.75\times10^8m^3$，累计产油 2230t，平均单井日产气量 $3.4\times10^4m^3$。

该河道呈北东—南西向展布，延伸长 19.1km，河道宽度窄 0.02~0.06km。河道砂为三角洲前缘水下分流河道沉积，砂体厚度较其余主河道薄（平均 17.05m），储层物性较好（平均孔隙度 10.3%；平均基质渗透率为 $0.29\times10^{-3}\mu m^2$），以孔隙型储层为主。优质储层发育，平均厚度 17m，横向展布稳定。

该河道投产井Ⅰ类、Ⅱ类气井 7 口，位于现今构造高部位，生产情况较稳定，以 J11 井为例，测试无阻流量 $15.01\times10^4m^3/d$，截至 2016 年底，平均日产气量 $5.2\times10^4m^3$，累计产气 $0.54\times10^8m^3$，累计产油 $683.3m^3$。Ⅲ类气井零星分布于构造高部位，以 J12 井为例，测试无阻流量 $5.25\times10^4m^3/d$，截至 2016 年底，平均日产气量 $1.9\times10^4m^3$，累计产气 $0.17\times10^8m^3$，累计产油 301.06t。

采用上覆岩层厚度印模法进行成藏期古构造恢复，成藏期该河道砂与烃源断层以“V”型相接，位于古构造高部位，其后持续的构造作用使得河道砂中部抬升不均一，发育两个局部高点，近断层处及远断层端发生沉降（图 4），现今呈现出构造高部位以产量稳定、产少量封闭性良好的高矿化度凝析水（平均总矿化度 18.197g/L）的Ⅰ类、Ⅱ类气井为主的特征，受储层非均质性的影响，局部零星分布Ⅲ类气井（图 4）。

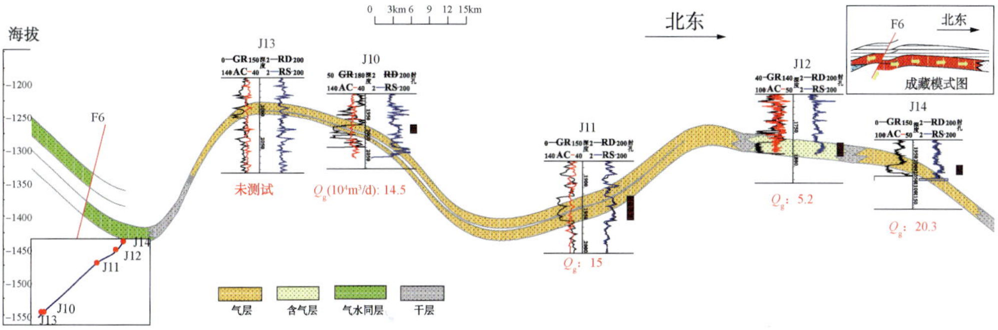

图 4　中江 $JS_1^{\ 1}$ 气藏 J10 河道剖面图

4　高产富集模式

4.1　气藏类型剖析

东坡沙溪庙组气藏整体为河道控藏的岩性气藏[10]，不同的河道成藏后各自受后续构造作用影响的差异较大，造成河道砂储层品质、气水分布、地层压力、产出流体等特征差异大，由此不同河道砂可进一步细分为构造-岩性气藏、岩性气藏和岩性-构造气藏 3 类（表 3）。目前，10 条高产河道中，7 条河道为构造-岩性气藏，2 条河道为岩性气藏，1 条河道为岩性-构造气藏（表 4）。

构造-岩性气藏：以岩性控制为主，成藏期通过高压气充填驱水的方式聚集，早期成藏受后期构造运动的影响，气水分布重新调整。

岩性-构造气藏：以现今构造控制为主，构造的褶曲、隆升对储层的渗透性起到明显的改善作用。

岩性气藏：具早成藏早封闭的特征，后期构造运动对气藏的改造作用不明显，地层水矿化度整体偏高，原始地层压力略高。

表 3　高产河道地质特征汇总表

层　位	烃源断层	断砂配置	古构造	今构造	断砂距离/km	储层品质	流体分析	压力系数	气藏类型
高庙 JS_3^{3-2}	F2			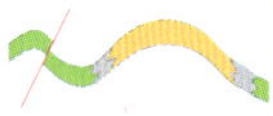	6.9（获产 12.1~19.4）	孔隙度：10.2%，渗透率：$0.49\times10^{-3}\mu m^2$，相关性：0.56，以Ⅰ类储层为主	以氯化钙为主，主构造平均总矿化度 1953g/L	1.81（压恢）	岩性-构造气藏
中江 JS_3^{3-2}	F3	"V"型	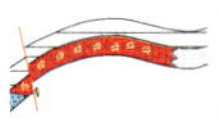	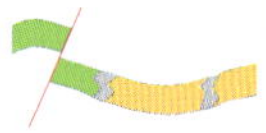	4.39（获产 5.4~15.6）	孔隙度：9.48%，渗透率：$0.53\times10^{-3}\mu m^2$，相关性：0.69，Ⅰ类、Ⅱ类储层为主	以氯化钙为主，平均总矿化度 51151g/L	1.8~1.99，平均 1.87（泥浆密度折算）	岩性气藏
中江 JS_1^{1}	F6		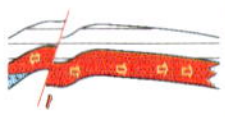		9.36（获产 9.3~29.4）	孔隙度：10.27%，渗透率：$0.29\times10^{-3}\mu m^2$，相关性：0.85，以Ⅰ类储层为主	以氯化钙、硫酸钙为主，平均总矿化度 19859g/L	1.82（压恢）	构造-岩性气藏

表 4　东坡沙溪庙组高产河道气藏类型统计表

砂　组	区　块	河道条数/条	气藏类型
JS_1^{1}	中江	3	构造-岩性气藏
JS_1^{2}	中江	1	
JS_3^{3-1}	高庙子	1	
JS_3^{3-2}	高庙子	3	岩性-构造气藏
			构造-岩性气藏
	中江	1	
JS_3^{3-3}	中江	1	岩性气藏

4.2　高产富集规律及模式建立

中江沙溪庙组气藏河道砂储层呈窄条带状展布，具有河道窄、砂体薄、储层致密、非均质性强以及气水分布异常复杂等特点，气藏高产富集控制地质因素复杂，总体表现为有"深源浅聚、断砂疏导、多期河道、差异成藏、构造活化、调整富集、甜点富气、物性控产"的成藏地质特征[11]。

基于气藏动、静态特征分析，逐一解剖高产河道古今构造、断砂配置关系、储层品质等对产能的影响，不难发现气藏主要受控于断层、河道砂、构造、储层物性四大因素，并遵循如下规律：①断层既是成藏的基础，又是散失的通道。成藏期断砂配置必须是呈有效的"V"型组合方式，而成藏后期经喜山期构造调整，工区西部多发育导水断裂，勘探开发实践证实，近断层处河道砂普遍产水[12-16]。②构造对油气富集起控制作用，古构造是油气富集的前提。古构造恢复揭示在生烃高峰期，富集成藏的河道砂均为典型的构造气藏，而现今气藏类型复杂多样，既发育构造-岩性气藏，又发育岩性气藏。③物性封堵是油气富集的核心。河道砂成藏后，后期持续的差异压实和成岩作用导致河道内形成多段有效的岩性封堵，喜山期构造调整，工区西部构造整体抬升，近断层处裂缝发育，对于无有效岩性封堵的河道砂天然气散失，含水特征明显。④储层物性的高低及厚度的大小是气井高产、稳产的关键。储层物性越好，产能越高(图5、图6)。优质储层越发育，气井稳产能力越好(图7、图8)[7,17]。

在高产富集规律归纳的基础上，高产河道具有以下两种富集模式：

构造主控模式：烃源岩断层与河道砂有效搭配，距断裂5~30km，古今构造位置均高，储层物性好。

岩性主控模式：烃源岩断层与河道砂有效搭配，古构造高，今构造低，河道内存在有效的物性封堵。

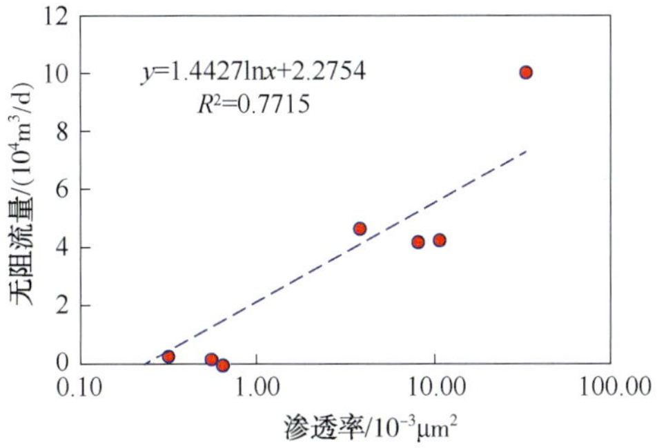

图5 JS_3^{3-2}砂组渗透率与无阻流量关系图

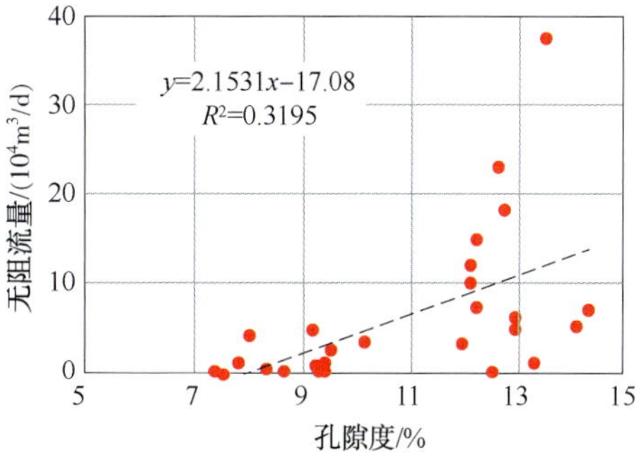

图6 JS_3^{3-2}砂组孔隙度与无阻流量关系图

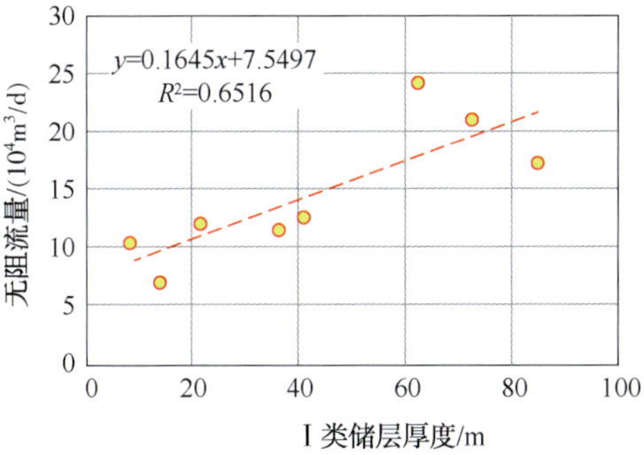

图7 JS_1^{1}水平段Ⅰ类储层厚度与无阻流量关系

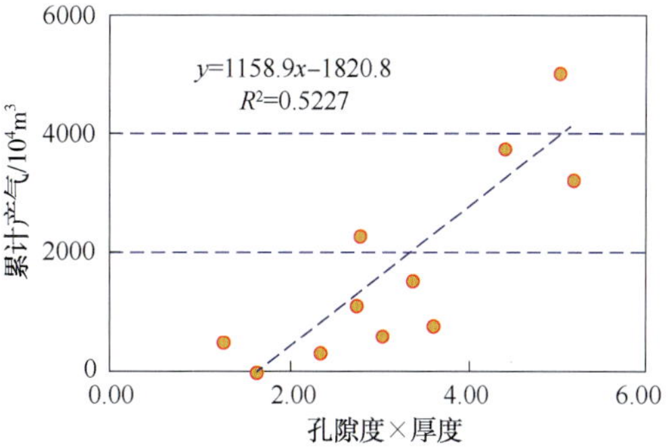

图8 JS_3^{3-2}孔隙度×厚度与累计产气线性相关性图

4.3 气藏综合分类评价标准

依据气藏“有效的断砂配置是基础，有利的古今构造位置是前提，优质储层的发育程度是关键”的高产富集规律，遵循此规律，选用有利沉积微相分析、产能评价、储层分类评价、地震储层预测与含气性检测几者结合，选取沉积微相、断砂配置、古今构造、储层品质、地震预测阻抗属性以及产能等因素作为评价指标，建立东斜坡沙溪庙组气藏储层综合分类评价标准(表5)。

表 5　中江气田沙溪庙组储层综合评价标准表

类别	沉积微相	断砂配置	构造部位	储层条件			稳定产量/($10^4m^3/d$)	
				储层类别	含气饱和度/%	阻抗/Ω	直井	水平井
一类区	主分流主河道	早、晚 V//Q；早 V//Q+晚 Λ//Q	成藏期：高部位，现今：相对高部位	Ⅰ类、Ⅱ类	>55	8122~9120	>2	>2.8
二类区	次分流河道	早、晚 V//Q；早 V//Q+晚 Λ//Q	成藏期：高部位，现今：相对低部位	Ⅰ类、Ⅱ类	50~55	9121~10420	1~2	1.5~2.8
三类区	三角洲平原复杂叠置宽带状、片状分流河道	Λ//Q	成藏期：较低部位，现今：相对低部位	Ⅰ类、Ⅱ类、Ⅲ类	45~50	10421~11230	<1	<1.5

一类区：主要位于三角洲平原-内前缘孤立条带状主分流河道沉积微相带；成藏有利期砂体的下倾方向与烃源断层相接，后期改造之后砂体上倾方向或下倾方向与断层相接，早、晚均呈 V 型或者早 V、晚 Λ 型；距离断层 5~25km，成藏期位于构造高部位，现今位于相对高部位；Ⅰ类、Ⅱ类储层发育，孔隙度>11%，渗透率>$0.4\times10^{-3}\mu m^2$，含气饱和度>55%，地震阻抗值 8122~9120Ω；直井稳定产量>$2\times10^4m^3/d$，水平井>$2.8\times10^4m^3/d$。

二类区：三角洲平原-外前缘窄条带状次分流河道沉积微相带；成藏有利期砂体的下倾方向与烃源断层相接，后期改造之后砂体上倾方向或下倾方向与断层相接，呈早、晚均 V 型或者早 V、晚 Λ 型；成藏期位于构造高部位，现今位于相对低部位；Ⅰ类、Ⅲ类储层发育，孔隙度 9%~11%，渗透率$(0.14\sim0.4)\times10^{-3}\mu m^2$，含气饱和度 50%~55%，地震阻抗值 9121~10420Ω；直井稳定产量$(1\sim2)\times10^4m^3/d$，水平井$(1.5\sim2.8)\times10^4m^3/d$。

三类区：三角洲平原复杂叠置宽带状、片状分流河道等沉积微相带；成藏有利期砂体的上倾方向与烃源断层相接，呈早、晚均 Λ 型；成藏期位于构造较低部位，现今也位于相对低部位；Ⅰ类、Ⅱ类、Ⅲ类储层发育，孔隙度 7%~9%，渗透率$(0.04\sim0.14)\times10^{-3}\mu m^2$，含气饱和度 45%~50%，地震阻抗值 10421~11230Ω；直井稳定产量<$1\times10^4m^3/d$，水平井<$1.5\times10^4m^3/d$。

5　结论

(1) 东坡沙溪庙组气藏整体为河道控藏的岩性气藏，不同的河道砂气藏类型复杂，目前高效开发河道存在三种气藏类型：构造-岩性气藏、岩性-构造气藏、岩性气藏。

(2) 明确东坡沙溪庙组气藏主控因素为断层、河道砂、构造、储层物性。

(3) 东坡沙溪庙组气藏高产河道具有两种高产富集模式：构造主控模式、岩性主动模式。

参 考 文 献

[1] 陈冬霞，王雷，庞雄奇，等．断裂对川西坳陷致密砂岩气藏天然气运聚的控制作用[J]．现代地质，

2013，27(5)：1137-1146.
[2] 李智武，刘树根，林杰，等．川西坳陷构造格局及其成因机制[J]．成都理工大学学报(自然科学版)，2009，36(6)：645-653.
[3] 李智武，刘树根，陈洪德，等．川西坳陷复合-联合构造及其对油气的控制[J]．石油勘探与开发，2011，38(5)：538-551.
[4] 罗啸泉，郭东晓．川西断裂分布特征与油气的关系[J]．西南石油学院学报，2004，26(6)：17-20.
[5] 何政权．四川盆地中西部侏罗统沉积相带展布及天然气勘探选区[J]．四川地质学报，2009，29(2)：86-89.
[6] 唐大海，陈洪斌，谢继荣，等．四川盆地西部侏罗系沙溪庙组气藏成藏条件[J]．天然气勘探与开发，2005，3(5)：14-19.
[7] 王丽英，王琳，张渝鸿，等．川西地区侏罗系沙溪庙组储层特征[J]．天然气勘探与开发，2014，37(1)：1-4.
[8] 蒋天昊，王月萍，彭建，等．致密油藏单井产能分类评价方法研究[J]．甘肃科技纵横，2015，44(9)：148-152.
[9] 付晓燕，杨勇，黄有根，等．苏里格南区奥陶系岩溶古地貌恢复对气藏分布的控制作用[J]．天然气勘探与开发，2014，37(3)：98-101.
[10] 蔡开平，杨跃明，王应蓉，等．川西地区侏罗系气藏类型与勘探[J]．天然气工业，2001，21(2)：46-49.
[11] 李忠平，冉令波，黎华继，等．窄河道远源致密砂岩气藏断层特征及天然气富集规律——以四川盆地中江气田侏罗系沙溪庙组气藏为例[J]．天然气工业，2016，36(7)：1-5.
[12] 郑荣才，彭军，高红灿，等．川西坳陷断裂活动期次、热流体性质和油气成藏过程分析[J]．成都理工大学学报(自然科学版)，2003，30(6)：551-558.
[13] 邹云．川西坳陷合兴场、东泰、罗江地区构造演化及断裂活动期次[D]．北京：中国地质大学(北京)，2010.
[14] 邓康龄，余福林．川西坳陷的复合构造与油气关系[J]．石油与天然气地质，2005，26(2)：214-219.
[15] 罗胜元，何生，王浩．断层内部结构及其对封闭性的影响[J]．地球科学进展，2012，27(2)：154-164.
[16] 刘景东，蒋有录，马国梁．断面优势运移通道的有效性及其对油气的控制作用[J]．特种油气藏，2011，18(3)：47-50.
[17] 吴世祥，江泽成，张林．川西侏罗系成藏主控因素及分类[J]．天然气工业，2001，21(4)：20-23.

ZJ 气田沙溪庙组储层微观孔隙结构及渗流特征研究

卜 淘 曹廷宽

(中国石化西南油气分公司)

摘 要： 针对 ZJ 气田沙溪庙组气藏 36 口取心井 478 块岩样，基于 450 样次的孔渗分析以及 160 样次的薄片观测结果，结合 CT 扫描(37 块)、高压压汞(110 块)、恒速压汞(28 块)、核磁共振(30 块)、应力敏感性分析(8 块)以及气水两相渗流(41 块)实验，对储层岩石孔隙结构及渗流特征进行了综合研究。根据岩性、物性及孔隙结构建立了储层岩石分类标准，将其划分为 3 类型。Ⅰ类储层以中细粒岩屑长石砂岩为主，孔隙度>11%、渗透率>$0.5\times10^{-3}\mu m^2$，最大连通喉道半径>1μm，束缚水饱和度 46.53%，有效应力升-降过程中渗透率损失比 25.16%。该类储层物性好，孔喉发育，连通性好，束缚水饱和度低、应力敏感性弱，气相渗流能力较强，属优质储层，约占气藏的 12%，开发效果好。Ⅱ类储层孔隙度 9%~11%、渗透率$(0.14\sim0.50)\times10^{-3}\mu m^2$，最大连通喉道半径 0.4~1μm，平均核磁共振束缚水饱和度 55.05%，平均渗透率损失比 40.79%，主渗喉道较为狭窄、连通性变差、微观非均质性增强，束缚水饱和度占据孔隙空间更大，气相渗流能力减弱，属中等储层，占气藏的 14%左右，开发效果一般。Ⅲ类储层孔隙度 7%~9%、渗透率$(0.04\sim0.14)\times10^{-3}\mu m^2$，最大连通喉道半径 0.02~0.4μm，孔喉更加狭小，气相流动受高束缚水饱和度(62.87%)和储层应力敏感性(渗透率损失比 49.92%)影响显著，造成流动困难，属差储层，占已评价河道的 74%左右，难以建产。

关键词： 致密砂岩；孔隙结构；束缚水饱和度；应力敏感性；气-水两相渗流

低渗致密砂岩气藏储层岩石的微观孔隙结构及储集渗流特征是评价该类气藏储层特征和开采能力的基础，为此国内外学者开展了大量相关研究。李爱芬等[1]利用核磁共振和压汞实验对鄂尔多斯盆地延长组低渗致密砂岩进行了分析，认为孔隙空间内的可动流体主要受纳米—亚微米级孔喉控制，仅半径大于 0.013μm 的孔喉中的流体才是可动用的。窦文超等[2]、解伟等[3]通过恒速压汞实验发现岩样最大喉道半径是影响致密砂岩渗流能力的主要因素。苏娜等[4]、白斌等[5]通过 CT 扫描实现了低渗致密砂岩微观孔隙的三维可视化表征，明确了不同物性岩石孔喉分布以及连通性差异显著是决定岩石渗透率的重要因素。扫描电子显微镜(SEM)具有超高的分辨率，是分析岩石纳米孔喉特征的重要技术手段，实验表明致密砂岩中的纳米孔喉发育，是重要的储集空间[6,7]。万旸璐等[8]研究表明岩相、岩性、物性及孔隙结构的差异是造成大牛地气田山二段储层开采特征不同的内在因素，据此将储层划分为 3 种类型，其中Ⅰ类孔渗相对较好，最具开发潜力。魏钦廉等[9]根据岩心薄片及物性实验，对鄂尔多斯盆地长 6 段储层储集性能进行了研究，认为该区粒间孔、溶蚀孔隙发育，细喉道对渗流起着控制作用。以鄂尔多斯盆地马岭长 8 储层为例，任晓霞等[10]深入分析了岩石孔隙结构对渗流的影响，发现纳米尺度喉道是连通孔隙空间、决定油气渗流的主要通道。司马立强等[11]通过开展微观气水驱替模拟，明确了气水同产、水锁严重是造成致密砂岩储层开发难度大、采收率低的重要原因。从现有研究来看，低渗致密砂岩储层岩石孔喉狭小、结构复杂，决定了储层流体分布运移的特殊性，进而影响该类储层的开采。为此，如何综合评价孔隙结构以及流体赋存运移规律对于研究储层储集性能、气井生产能力至关重要。

前期，赵爽等[12]、李忠平等[13]通过对气藏的富集规律和成藏模式等进行分析，认为沙溪庙组气藏具有差异成藏、甜点富气的富集特征，并且“香肠式”的成藏模式最为有利，是后续开发部署的重点。为系统研究储层岩石微观孔隙结构和渗流规律，从涵盖 ZJ 气田沙溪庙组气藏主力层位、主力河道的 36 口取心井中选取 478 块岩样（表 1 和图 1），通过开展 CT 扫描、高压压汞及恒速压汞等实验，对岩石孔隙结构特征进行的综合评价；结合核磁共振、应力敏感性分析及气-水相渗实验结果，建立微观孔隙参数与宏观渗流规律的相关性。通过评价不同类型储层岩石中流体分布特征及流动能力，明确了不同类型储层的开采潜力，从而为后续开发部署提供依据。

表 1 实验分析取心参数表

分析项目	取心井	取心层位	样品数量/块
孔隙度、渗透率	W1-W36	JS_1^{1}、JS_1^{2}、JS_2^{1}、JS_3^{1-2}、JS_3^{3-1}、JS_3^{3-2}、JS_3^{3-3}	450
薄片分析	W1-W36	JS_1^{1}、JS_1^{2}、JS_2^{1}、JS_3^{1-2}、JS_3^{3-1}、JS_3^{3-2}、JS_3^{3-3}	160
微 CT 扫描	W10、W11、W20-W27	JS_1^{1}、JS_2^{1}、JS_3^{3-2}、JS_3^{3-3}	37
高压压汞	W1-W36	JS_1^{1}、JS_1^{2}、JS_2^{1}、JS_3^{1-2}、JS_3^{3-1}、JS_3^{3-2}、JS_3^{3-3}	110
核磁共振	W21-W27	JS_1^{1}、JS_2^{1}、JS_3^{3-1}、JS_3^{3-2}、JS_3^{3-3}	30
恒速压汞	W21-W27	JS_1^{1}、JS_2^{1}、JS_3^{3-1}、JS_3^{3-2}、JS_3^{3-3}	28
应力敏感	W6、W20	JS_1^{1}、JS_2^{1}、JS_3^{3-1}、JS_3^{3-2}、JS_3^{3-3}	8
相对渗透率测试	W6、W10、W20、W27、W28	JS_1^{1}、JS_2^{1}、JS_3^{3-1}、JS_3^{3-2}、JS_3^{3-3}	41

1 气藏地质概况

ZJ 气田地处四川省德阳市，位于川西坳陷中段东部斜坡与川中古隆起的过渡带上。该构造西为石泉场构造、东为金华镇鼻状构造，北为黄鹿向斜、南为中兴场向斜。由于受多期次、不同主应力方向的构造运动影响，该区发育不同规模、不同期次、不同级别的断裂，共 90 余条。

ZJ 气田主力产层为沙溪庙组，该气藏发现于 1995 年，先后经历了勘探评价、开发前期评价阶段、快速建产 3 个阶段，目前共有生产井 100 余口，已经建成年产 $7\times10^8m^3$天然气的生产能力，正处于稳产阶段，具有良好的开发效果和开采潜力。沙溪庙组属于典型浅水三角

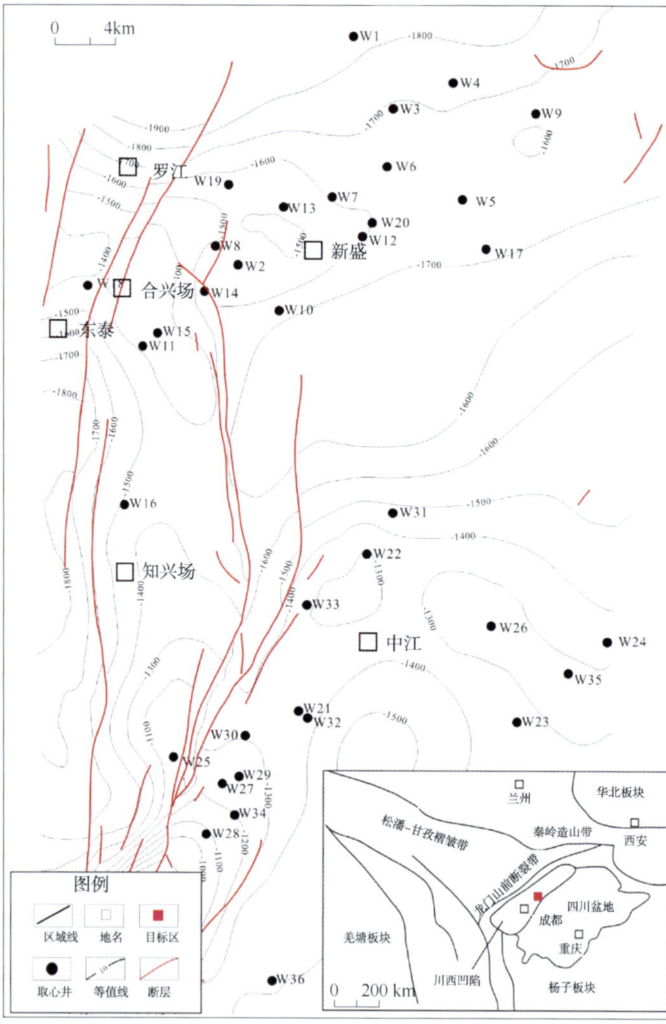

图1 ZJ 气田区域位置及构造背景图

洲沉积，砂体以分流河道砂体为主，河口坝砂少见。沙溪庙组纵向发育 3 个长期水进水退旋回，据此将其划分为沙一(JS_1)、沙二(JS_2)、沙三(JS_3)3 个气藏。JS_1以前缘水下分流河道沉积为主，其次为远砂坝、席状砂等沉积；JS_2南部以平原分流河道沉积为主，往北砂体发育变弱，以前缘相为主；JS_3以平原分流河道、分支河道沉积为主，其次为河口坝、堤(溢)岸砂。

该区河道砂体窄，多在 200~800m，河道可延伸 5~30km。河道砂体平面上呈条带状分布，整体上由北东向南西方向延伸，纵向上发育有个多期次，具有河道分散、叠置程度低、砂体薄窄、厚度变化大的特征(图 2)。从已建产河道来看，各河道构造特征差异大、非均质性强，气-水分布受到局部构造、河道岩性及断层发育等综合影响分布复杂。该气田实测地层温度 55.94~86.89℃，地温梯度 2.50℃/100m，属于常温气藏。原始地层压力在 32.03~52.97MPa，地层压力系数为 1.74~1.91，不同气藏及各气层间压力系数略有差异，但压力系统基本一致，整体属于异常高压气藏。

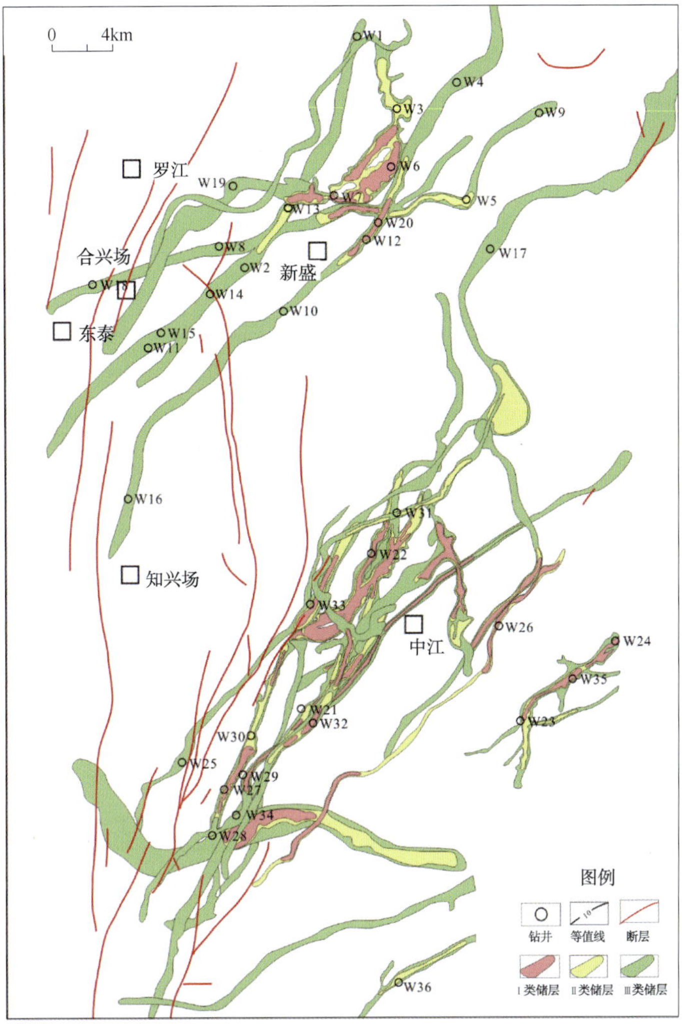

图2　ZJ 气田沙溪庙组气藏河道砂体分布图

2　储层岩石特征

2.1　岩石学特征

根据 160 样次的薄片分析（表 1），ZJ 气田沙溪庙组储层主要以浅灰色、灰色、浅绿灰色的细-中粒岩屑长石砂岩、长石岩屑砂岩、岩屑砂岩和岩屑石英砂岩为主，少量长石砂岩。砂岩碎屑组分呈“一高二低”的特征，即石英含量低（平均 48.86%），长石含量高（平均 28.94%），岩屑含量低（平均 21.61%），$Q/(F+R)$ 平均为 1.08，F/R 平均为 1.51，成分成熟度低。该区孔隙填隙物平均含量 8.78%，主要为碳酸盐胶结物（4.17%），其次为黏土矿物（3.99%）以及少量硅质胶结物等。成岩颗粒以细粒、中粒为主；颗粒分选以好为主，中等分选次之；磨圆度中等—较差，以次棱角状为主。胶结类型以孔隙式为主，接触式、孔隙接触式、接触孔隙式次之，含少量薄膜式、压结式等。

2.2　物性特征

针对主力河道所取得岩心（表 1），分别采用酒精法、氦气法对 450 块岩样的孔隙度及渗透率进行了测量，统计分析结果如图 3、图 4 所示。岩样实测孔隙度 0.9%~15.33%，平均孔隙度 8.66%；基质渗透率主要分布在(0.01~1.75)×$10^{-3}\mu m^2$，平均为 0.21×$10^{-3}\mu m^2$。从孔渗分布来看，孔隙度低于 10.00%的岩样所占比例最高，接近 80.00%，渗透率多在 0.30×$10^{-3}\mu m^2$以下，占总岩样的 77.30%，说明该区储层整体上属于低渗致密砂岩范畴。分气藏来看，JS_1气藏平均孔隙度 9.81%，渗透率 0.17×$10^{-3}\mu m^2$，JS_2气藏平均孔隙度 7.65%，渗透率 0.16×$10^{-3}\mu m^2$，JS_3气藏平均孔隙度 8.59%，渗透率 0.21×$10^{-3}\mu m^2$，气藏层间物性差异较大、纵向非均质性强。

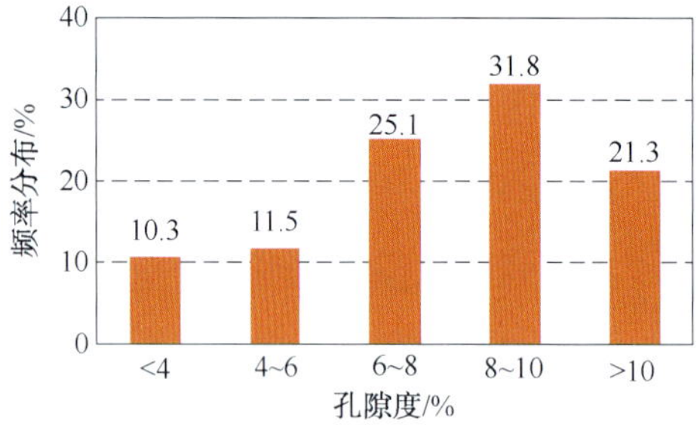

图 3　孔隙度分布直方图

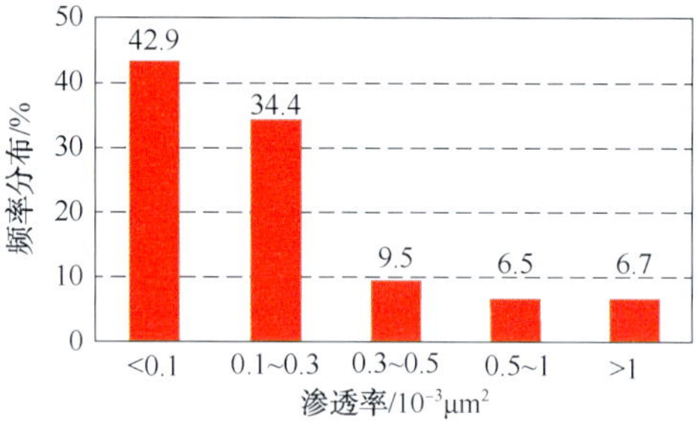

图 4　渗透率分布直方图

2.3　微观孔隙结构

气藏储层孔隙结构是岩石内部孔喉大小、空间分布、几何形状及其连通性的总称，是表征储层岩石的重要参数，对孔隙空间内流体的分布运移具有重要影响。

2.3.1　孔喉空间分布

CT 扫描是一种无损的多孔材料内部结构探测分析方法，具有不损伤样品、结果三维可视等优势，已在岩石微观结构及渗流机理研究中获得广泛应用。利用西南石油大学引进的 Micro-XCT400 扫描系统，根据测试流程，对 W10、W11 以及 W20-W27 共 10 口取心井的 37 块岩样进行了扫描，得到岩样三维结构图像。通过对图像处理、孔隙识别提取等，建立岩样的球棍模型以及喉道分布模型。典型岩样 CT 扫描结果如图 5~图 7 所示。在三维球棍模型中，分别用圆球表示岩样中的孔隙，而圆棍代表连接孔隙的喉道，因此该模型可直观表现孔隙的分布发育以及空间连通状况。而喉道模型则侧重于展现岩样内喉道分布规律及相互连通关系。岩样 S1 孔喉发育，连通性较好，岩石物性最好；与 S1 相比，S2 中大孔喉所占比例减小，孔隙连通性一般，具有一定的渗流能力；岩样 S3 中孔隙发育程度、连通性较差，物性也较差。对比 3 类岩样的实测孔渗参数来看，岩石孔喉发育程度及其空间连通性是影响储层储渗能力的重要因素。

(a)孔隙分布　　(b)三维球棍模型　　(c)三维喉道模型

图 5　S1 CT 扫描结果(W27 井 1867m，ϕ=11.72%，K=1.29×$10^{-3}\mu m^2$，分辨率 15.9μm)

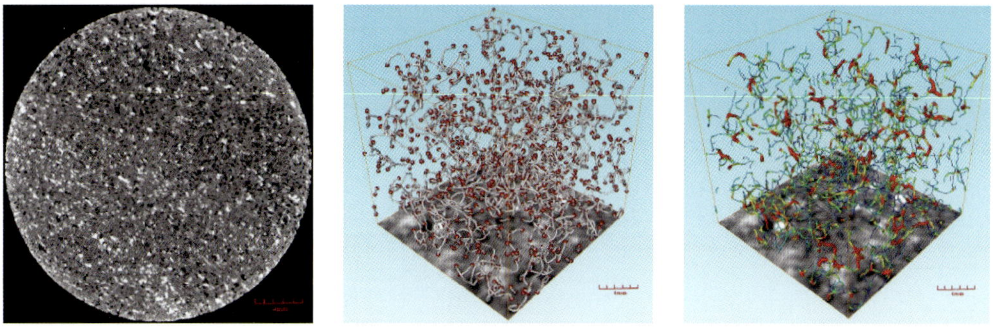

(a)孔隙分布　　(b)三维球棍模型　　(c)三维喉道模型

图 6　S2 CT 扫描结果(W22 井 2004m, $\phi=10.05\%$, $K=0.36\times10^{-3}\mu m^2$, 分辨率 15.5μm)

(a)孔隙分布　　(b)三维球棍模型　　(c)三维喉道模型

图 7　S3 CT 扫描结果(W21 井 2652m, $\phi=8.50\%$, $K=0.11\times10^{-3}\mu m^2$, 分辨率 16.5μm)

本次研究选用 CT 系统分辨率(>10μm)较低，其优点在于可观测数十毫米尺寸岩样中的孔喉分布发育，但难以识别半径小于 10μm 的狭小喉道分布特征，需结合其他实验做进一步分析。

2.3.2　孔喉结构特征

根据主力气层 36 口取心井 110 块岩样(表 1)的高压压汞实验结果，该区储层岩石毛管压力曲线具有 3 种典型形态(图 8)。A 型毛管压力曲线具有一定的中间平缓段，孔喉分选好，平均排驱压力 0.55MPa，中值压力 2.94MPa，中值喉道半径 0.16～0.45μm，平均 0.30μm，孔喉相对发育，可采性较好。B 型毛管压力曲线平缓段较短，分选性变差，孔喉分布更分散，中值喉道半径 0.07～0.23μm，相应储层可采性中等。具有 C 型毛管压力曲线的岩石中值喉道半径在 0.01～0.07μm，平均仅 0.04μm，储层物性差，渗流阻力大，可采性较差。

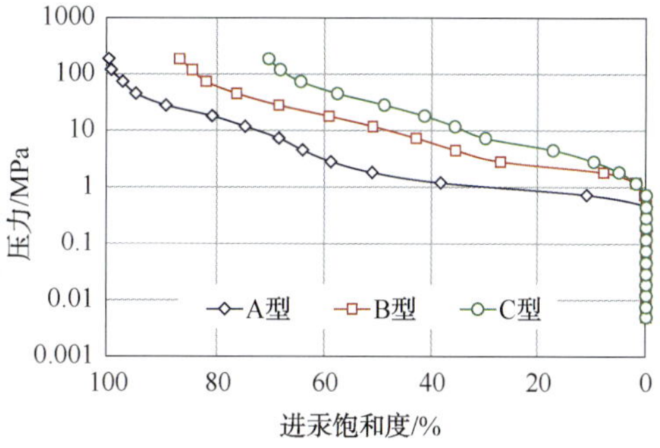

图 8　不同类型储层岩石毛管压力曲线

恒速压汞实验可根据压汞过程中压力的涨落将孔隙和喉道区分开来，并可获取更加丰富的岩石微观孔隙结构参数。根据 W21-W27 共 7 口取心井 28 块岩样的恒速压汞实验结果，建立具有 A—C 型毛管压力曲线岩样的孔喉分布曲线(图 9、

图 10)。不同岩样孔隙半径主要分布在 100~240μm，平均孔隙半径 130~160μm，而平均喉道半径分别为 1.47μm、0.46μm 及 0.26μm，孔隙分布相对集中，而连通喉道分布差异明显，说明连通喉道是控制岩石渗流能力的主要因素。

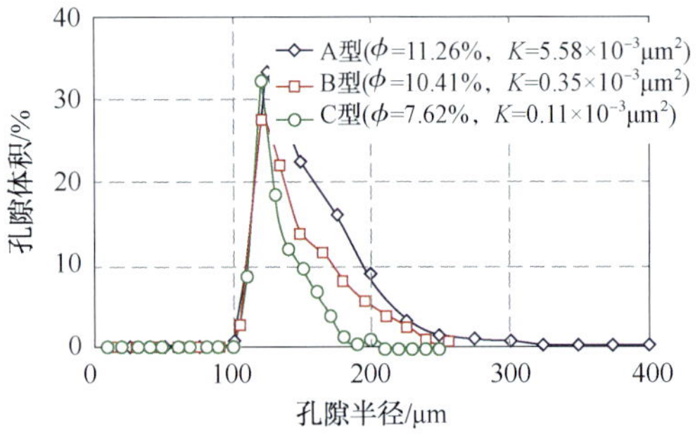

图 9 不同类型储层孔隙分布曲线

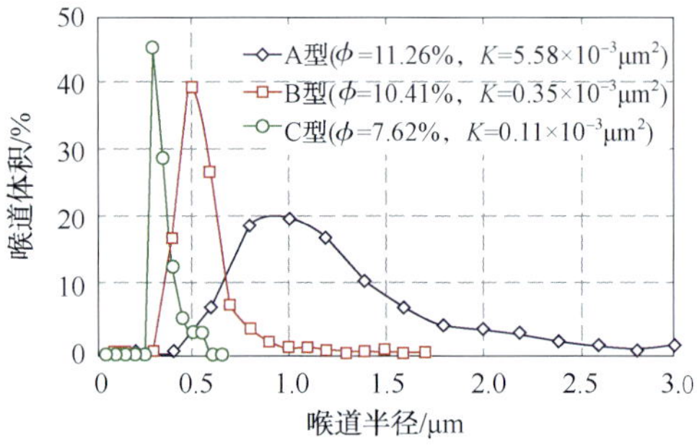

图 10 不同类型储层喉道分布曲线

2.4 储层岩石分类

以储层岩石孔隙结构特征为基础，综合考虑储层岩性、岩石物性等参数，建立 ZJ 气田沙溪庙组储层岩石分类标准，结果见表 2。

表 2 ZJ 气田沙溪庙组储层岩石分类标准表

岩石类型	岩 性	孔隙度/%	渗透率/$10^{-3}\mu m^2$	平均孔隙半径/μm	平均喉道半径/μm	最大连通喉道半径/μm	孔喉比	迂曲度	连通性	渗流能力
Ⅰ类	中—细粒岩屑长石砂岩	>11	>0.50	>150	>0.90	>1	<200	3~7	好	好
Ⅱ类	细粒岩屑长石砂岩	9~11	0.14~0.50	135~150	0.4~0.9	0.4~1	200~350	7~10	一般	中等
Ⅲ类	细—粉砂岩	7~9	0.04~0.14	120~135	0.02~0.4	0.1~0.4	>350	>10	较差	差

Ⅰ类储层岩石以中—细粒度岩屑长石砂岩为主，孔隙度大于 11%，气测渗透率在 $0.5\times10^{-3}\mu m^2$ 以上。这类储层孔隙分布均匀，喉道发育，具有较好的分选性及连通性，渗流能力好，是该区的优质储层岩石，开发效果最好，对生产贡献最大。Ⅱ类储层岩石多属于细粒度岩屑长石砂岩，孔隙度 9%~11%，渗透率$(0.14\sim0.50)\times10^{-3}\mu m^2$，孔喉较为发育，孔隙连通性一般，岩石储层物性中等，具有一定的储集渗流能力，属于中等储层，开发效果一般。Ⅲ类储层岩石主要以细—粉砂岩为主，孔隙度 7%~9%，渗透率$(0.04\sim0.14)\times10^{-3}\mu m^2$，岩样具有排驱压力高、喉道狭小、孔隙连通性差的特点，属于该区的差储层，建产难度高，开采潜力小。

从储层分布来看(图 2)，Ⅰ类储层占已评河道的 12%左右，主要分布在 $JS_1^{\ 1}$、$JS_1^{\ 2}$、$JS_2^{\ 1}$、$JS_3^{\ 1-2}$、$JS_3^{\ 3-1}$、$JS_3^{\ 3-2}$、$JS_3^{\ 3-3}$气层主力河道已建区域。Ⅱ类储层约占 14%，集中分布在 $JS_2^{\ 1}$、$JS_3^{\ 3-1}$、$JS_3^{\ 3-2}$气层。Ⅲ类储层分布最为广泛(占 74%左右)，非主力河道多是以该类储层为主，整体建产效果较差。

3　孔喉结构对物性参数的影响

3.1　对孔渗参数的影响

结合高压压汞及恒速压汞实验结果，建立岩石孔喉结构与储层物性的相关性曲线（图 11），评价影响岩石储集能力的孔喉结构特征参数。岩样孔渗等宏观物性受岩石孔隙结构特征参数影响显著。

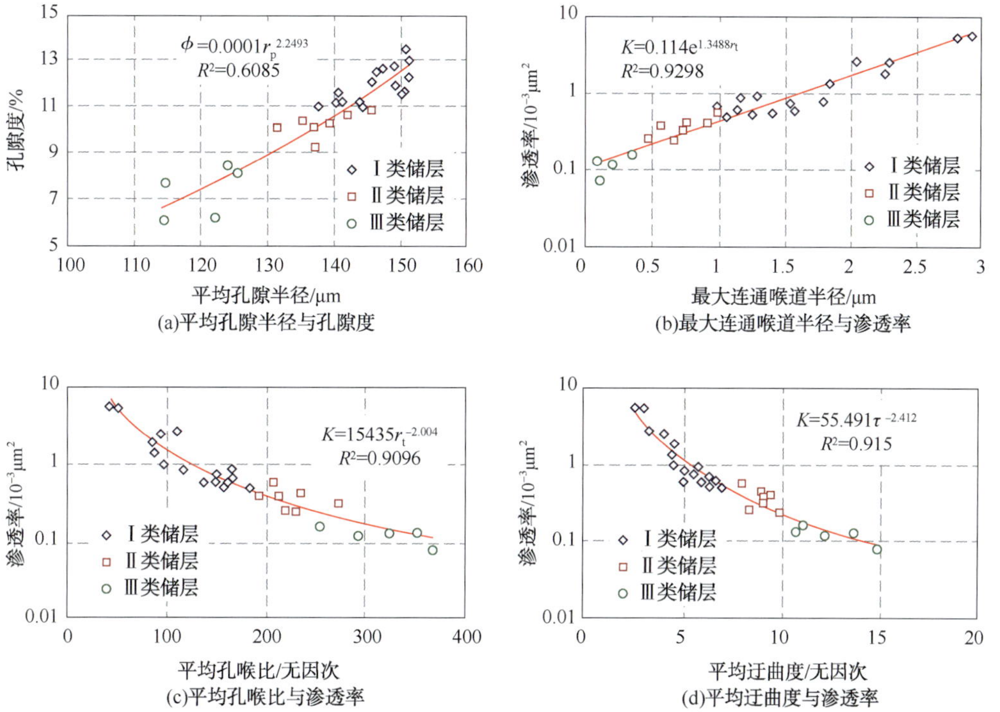

图 11　孔喉结构特征与岩石物性相关关系

孔隙半径是影响岩石孔隙度的重要因素，孔隙越发育，孔隙半径越大，岩石孔隙度越高[图 11(a)]。储层岩石渗流能力受喉道分布、连通性、微观孔喉结构等综合影响显著。最大连通喉道与岩样气层渗透率呈正比，是控制岩石渗透率的主要因素[图 11(b)]。岩样孔喉比及迂曲度越大，即孔喉差异越大、渗流通道越弯曲，孔隙微观非均质性越强，相应岩样的渗流阻力越大，流体流动更困难，储层岩石渗透率越小[图 11(c)、图 11(d)]。

3.2　对束缚流体的影响

开展核磁共振实验，共分析了 W21—W27 共 7 口取心井 30 块岩样孔隙空间中流体分布特征。岩样实测束缚水饱和度在 35.10%～75.08%，平均为 56.13%，表明沙溪庙组气藏储层含水饱和度较高。根据实验结果，建立岩样渗透率与束缚水饱和度的相关曲线，如图 12 所示。储层岩石渗透率与束缚水饱和度呈负相关，表明孔喉欠发育、连通性越差的岩石中束缚水饱和度更高。统计 3 类储层的束缚水饱和度，如图 13 所示，Ⅰ～Ⅲ类储层实测平均束缚水饱和度分别为 46.53%、55.05%和 62.87%。结合实际开发效果，储层物性越差，孔喉越狭小，水相占据的孔隙空间更大，对生产的影响也越大，气井建产越困难。

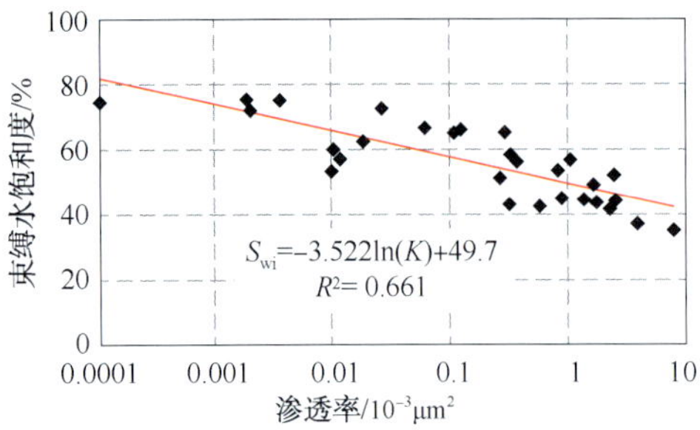

图 12　渗透率与束缚水饱和度相关性曲线

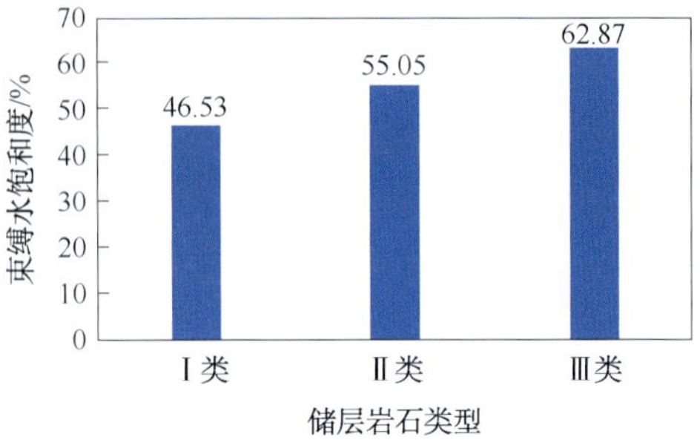

图 13　3 类储层束缚水饱和度分布直方图

4　储层类型对渗流能力的影响

4.1　对气相渗流的影响

根据 W6、W20 井共 8 块岩样的应力敏感性实验结果，分类建立 3 类储层岩石不同有效应力下的渗透率变化情况(图 14)。

整体上，岩样渗透率随有效应力的增大而减小，初期渗透率下降幅度大，而中后期渗透率的下降幅度趋于平缓。3 类储层岩石的渗透率均不能恢复到初始应力状态下的渗透率值，表明在有效应力作用下岩石发生的变形是弹塑性变形，应力敏感性效应造成的伤害是一种永久性、不可逆的伤害。在有效应力升-降过程中，3 类储层岩石的平均渗透率损失比例分别为 25.16%、40.79%及 49.92%，孔渗低、孔喉狭小、连通性越差的岩石，应力敏感性更强，对渗流的影响更大。

4.2　对气-水两相渗流的影响

选取 W6、W10、W20、W27、W28 共 5 口取心井 41 块不同物性的储层岩心样品，开展非稳态气-水两相相对渗透率实验，并按岩石类型对实验结果进行归一化处理(图 15)。3 类岩样的相渗曲线两相共渗区窄、等渗点低，具有典型低渗致密砂岩气水渗流的特征。随岩样物性变差，端点饱和度均逐渐增大。Ⅰ类储层岩石孔喉发育、连通性良好，初始液相饱和度占据的孔隙空间小，并且驱替结束后残存的气相饱和度更低，这类储层中天然气渗流能力更强，采出程度更高。而孔喉欠发育、分布不均、喉道狭小的Ⅱ类储层、Ⅲ类储层岩样渗流能力更差，可动流体饱和度更小，相应储层采收率也会更低。

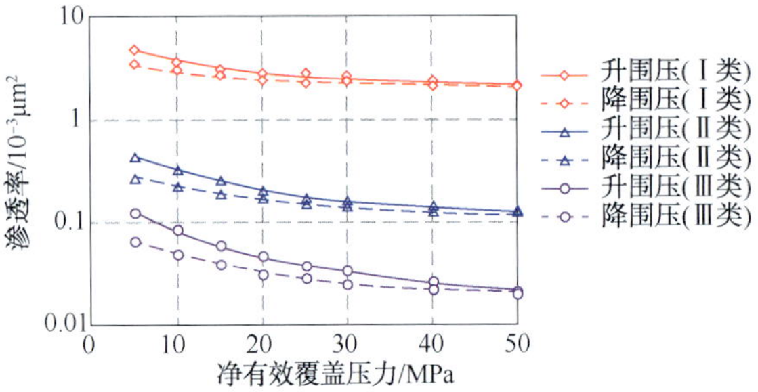

图 14　岩石有效应力与渗透率关系曲线

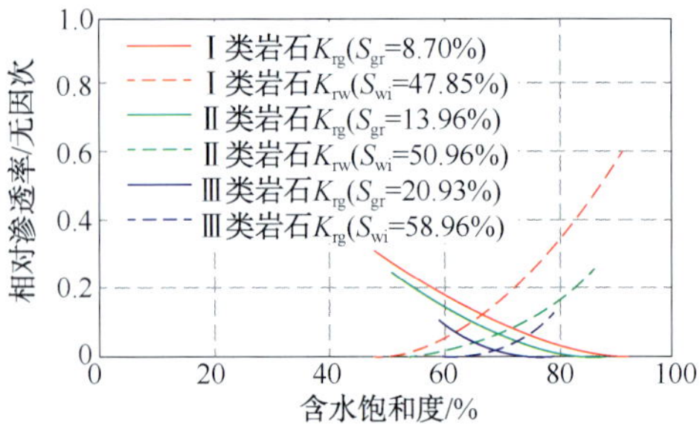

图 15　气-水相对渗透率曲线归一化结果

5 结论

（1）ZJ 气田沙溪庙组储层岩石物性差异大、结构复杂，根据岩样在物性及微观结构等方面的差异，将该区储层岩石划分为 3 种类型。不同储层岩石孔隙半径分布较集中，岩石渗流能力主要受喉道大小、孔隙连通性以及孔喉比、迂曲度等微观结构特征参数控制。

（2）岩石孔隙特征对储集渗流影响显著，Ⅰ类储层孔喉发育、连通性良好，应力敏感性弱，束缚水及残余气饱和度低，束缚流体对气相渗流影响最小，开发效果最好；Ⅱ类储层孔隙较发育、连通性中等，控制流动的喉道半径多在 1μm 以下，应力敏感性强，岩样束缚水饱和度增加、渗流阻力增大、两相共渗区变窄，实际开发效果一般；Ⅲ类储层喉道欠发育，连通性差，应力敏感性强，并且被束缚水占据的孔隙空间进一步增大，气相流动困难，储层难以建产。

参 考 文 献

[1] 李爱芬，任晓霞，王桂娟，等．核磁共振研究致密砂岩孔隙结构的方法及应用[J]．中国石油大学学报（自然科学版），2015，36(6)：92-98.

[2] 窦文超，刘洛夫，吴康军，等．基于压汞实验研究低渗储层孔隙结构及其对渗透率的影响——以鄂尔多斯盆地西南部三叠系延长组长 7 储层为例[J]．地质论评，2016，62(2)：502-512.

[3] 解伟，张创，孙卫，等．恒速压汞技术在长 2 储层孔隙结构研究中的应用[J]．断块油气田，2011，18(5)：549-551.

[4] 苏娜，段永刚，于春生．微 CT 扫描重建低渗气藏微观孔隙结构——以新场气田上沙溪庙组储层为例[J]．石油与天然气地质，2011，32(5)：792-796.

[5] 白斌，朱如凯，吴松涛，等．利用多尺度 CT 成像表征致密砂岩微观孔喉结构[J]．石油勘探与开发，2013，40(3)：329-333.

[6] Desbois G，Urai J L，Kukla P A，et al. High-resolution 3D fabric and porosity model in a tight gas sandstone reservoir：A new approach to investigate microstructures from mm- to nm-scale combining argon beam cross-sectioning and SEM imaging[J]. Journal of Petroleum Science and Engineering，2011，78(2)：243-257.

[7] Curtis M E，Ambrose R J，Sondergeld C H，et al. Transmission and scanning electron microscopy investigation of pore connectivity of gas shales on the nanoscale[C]. SPE 144391，2011.

[8] 万旸璐，李仲东，彭超，等．鄂尔多斯盆地大牛地气田山二段致密砂岩储层特征及评价[J]．矿物岩石，36(3)：106-114.

[9] 魏钦廉，郑荣才，肖玲，等．鄂尔多斯盆地吴旗地区长 6 储层特征及影响因素分析[J]．岩性油气藏，2007，(4)：45-50.

[10] 任晓霞，李爱芬，王永政，等．致密砂岩储层孔隙结构及其对渗流的影响——以鄂尔多斯盆地马岭油田长 8 储层为例[J]．石油与天然气地质，2015，36(5)：774-779.

[11] 司马立强，王超，王亮，等．致密砂岩储层孔隙结构对渗流特征的影响——以四川盆地川西地区上侏罗统蓬莱镇组储层为例[J]．天然气工业，2016，36(12)：18-25.

[12] 赵爽，张小菊，高倩，等．川西中浅层高效成藏模式研究[J]．矿物岩石，2017，37(02)：91-101.

[13] 李忠平，冉令波，黎华继，等．窄河道远源致密砂岩气藏断层特征及天然气富集规律——以四川盆地中江气田侏罗系沙溪庙组气藏为例[J]．天然气工业，2016，36(7)：1-7.

考虑气体滑脱及 Knudsen 扩散的低渗致密砂岩微观流动模拟

曹廷宽　刘成川　段永刚

（中国石化西南油气分公司）

摘　要：低渗致密砂岩孔喉结构复杂、纳米孔喉发育，气体在该类岩石孔隙空间中的运移表现出很强的非线性，利用常规方法难以准确评价。采用微观流动模拟方法来研究复杂输运机制对低渗致密砂岩中天然气运移的影响规律。首先，基于CT扫描开展孔隙重构，建立具有不同孔喉分布的低渗致密砂岩三维孔隙网络模型。综合考虑气体复杂的输运机制，建立耦合黏性流、气体滑脱和Knudsen扩散的流动控制方程用以描述天然气在纳微米尺度孔隙内的运移，并结合孔隙网络模型进行模拟计算。结果表明：孔喉越小、压力越低，流动非线性越强。当压力高于10MPa时，甲烷在平均孔喉大于0.1μm岩石孔隙空间中的流动，基本满足达西渗流；而在平均连通孔喉半径小于0.1μm的致密砂岩中，当孔隙压力低于10MPa时，气体滑脱和Knudsen扩散是气体运移中重要机制，对流动有明显影响。

关键词：低渗致密砂岩；CT扫描；孔隙网络模型；达西渗流；气体滑脱；Knudsen扩散

1　引言

天然气是一种清洁高效的化石燃料，也是重要的化工原料，其稳定供给已成为国民经济快速发展的基础。中国低渗致密砂岩气藏分布广泛、资源量丰富，是天然气勘探开发的重要领域[1,2]。但与常规气藏相比，这类气藏在储层特征、孔隙结构及赋存状态等方面都均有其特殊性。现有研究表明，低渗致密砂岩矿物多样、孔隙结构复杂，微观非均质性极强[3-6]。受孔隙结构控制，天然气在孔隙空间中的流动具有很强的非线性，滑脱、扩散等非线性输运机制对流动影响明显，达西定律不再完全适用，因此难以采用现有的理论及实验评价方法加以分析[7-9]。鉴于低渗致密砂岩孔隙特征及复杂的运移机制，本文结合岩石孔隙三维数字重构技术，采用微观流动模拟的方法来全面分析不同压力下低渗致密气藏复杂孔隙空间中多种输运机制对天然气产出运移的影响，进而准确评价气藏开发全过程中渗流特征变化规律，为制定合理的开发技术政策提供依据。

2　三维孔隙网络建模

2.1　实验原理及岩样

XCT扫描（X-Ray Computerized Tomography，简称XCT）是计算机和X射线技术结合的产

物。这类仪器的原理是让 X 射线从各个方向穿过样品，利用探测器检测沿着不同路径穿透被测样品的 X 射线穿透量，获得样品各个断面的投影图像；再利用相应的重构算法根据投影数据体来建立样品内部断层图像[10]。利用 XCT 扫描，可准确地获取岩石孔隙空间三维分布信息，是研究岩石微观结构及渗流机理的重要技术手段[11,12]。本文采用 MicroXCT-400 扫描系统来对目标岩样进行扫描，以获取三维孔隙结构图像，该实验仪器的示意图如图 1 所示。

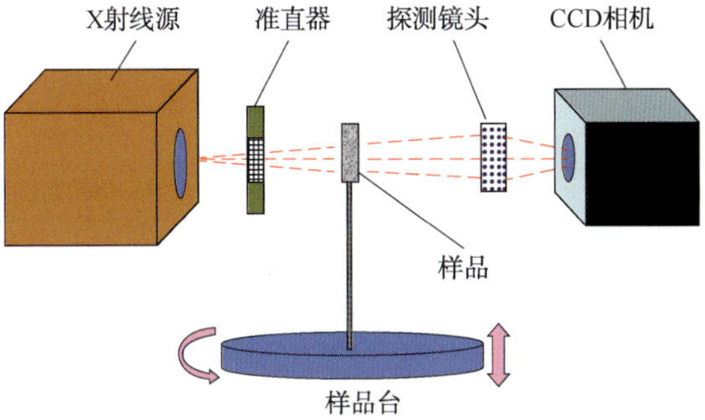

图 1　MicroXCT-400 扫描系统结构示意图

利用上述仪器，对取自四川盆地某气藏沙溪庙组储层的 3 块砂岩样品（分别编号为 L_1 ~ L_3）进行扫描。岩样 L_1、L_2 和 L_3 的实测孔隙度分别为 13.78%、12.54% 和 7.55%，相应气测渗透率为 $2.34\times10^{-3}\mu m^2$、$1.84\times10^{-3}\mu m^2$ 和 $0.07\times10^{-3}\mu m^2$，属于低渗致密砂岩。根据所选岩样的物理性质，结合实验仪器的性能，将岩样处理为直径 5mm、高 15mm 左右的规则圆柱体进行 CT 扫描。

2.2 XCT 扫描结果

通过对岩样进行扫描，可获得各岩样的三维灰度图像。单张切片图像如图 2 所示，图像分辨率为 2.15μm，大小均为 980×1005 像素。

L_1　L_2　L_3

图 2　低渗砂岩 CT 切片图像

从所获取三维灰度图像的中部，截取 500×500×500 像素的区域进行分析。通过图像滤波过滤噪点，并利用图像分割方法将三维图像中的孔隙相和固相分割开来，从而建立尺寸为 1.08mm×1.08mm×1.08mm 的岩样三维数字岩心。

2.3 三维孔隙网络模型构建

通过 CT 扫描，建立三维数字岩心，可获取岩石内部的三维孔隙信息，但直接利用数字岩心进行计算效率很低，一般需要对数字岩心中的真实孔隙空间进行简化[13]。进一步从数字岩心中提取孔隙结构信息，将复杂孔隙空间简化为由"孔隙-喉道"单元组成的三维孔隙网络模型，再利用该模型开展微观模拟。针对低渗砂岩样品，利用笔者建立的孔隙网络建模方法[14]，分别构建上述数字岩心相应的三维孔隙网络模型。基于所建立孔隙尺度模型，预测孔隙网络模型孔隙度及渗透率，并与实测结果对比，结果如表 1 所示。

表 1　孔隙网络模型参数表

岩样孔隙网络模型		L_1	L_2	L_3
孔隙数		8331	10889	11366
喉道数		13195	15939	11550
非连通孔喉比/%		6.33	8.41	99.71
孔隙半径/μm	分布	0.89~27.88	0.89~25.84	0.89~25.94
	平均值	5.65	5.10	4.13
喉道半径/μm	分布	0.21~22.14	0.22~17.45	0.21~18.58
	平均值	2.62	2.39	1.97
孔喉比	分布	0.11~435.46	0.12~340.37	0.15~349.16
	平均值	11.53	10.73	9.46
配位数	分布	0~32	0~24	0~14
	平均值	3.12	2.89	1.98
孔隙度/%	实测	13.78	12.54	7.55
	计算	13.50	11.58	0.67
	误差/%	2.03	7.66	9.11
渗透率/$10^{-3}\mu m^2$	实测	2.34	1.84	0.07
	计算	2.15	1.62	—
	误差/%	8.11	11.96	—

从表 1 中可以看出，对于低渗砂岩，结合 XCT 扫描来构建孔隙网络模型的方法可较好地实现孔隙空间的数字重构，准确预测孔渗参数。而岩性更为致密的砂岩样品，受 CT 图像分辨率的限制，仅能获取孔隙参数，难以识别连通孔喉信息，相应的孔隙网络模型仅能预测其孔隙度。尽管 Nano-CT、SEM 具有更高的图像分辨率，但图像分辨率与所能获取图像视场呈反比，高分辨率岩样图像往往尺寸过小，难以满足孔隙模型构建的需要[15,16]。并且采用更高分辨率的岩样结构图像进行孔隙网络模型构建，将大幅增加数据运算量及模型构建时间。

相关研究指出，低渗致密砂岩中微米尺度孔隙是流体储集的主要场所，而连通孔隙的喉道更为狭小，流体运移主要受这部分喉道控制[17,18]。为定量分析岩性更为致密砂岩中的气体渗流规律，以孔隙网络模型 L_2 为基础，保持孔隙结构及连通性不变、通过等比例调整喉道分布，建立致密砂岩三维孔隙网络模型 D_1 ~ D_4，其平均喉道半径分别为 1.5μm、1μm、0.5μm、0.1μm。由于 D_1 ~ D_4 与 L_2 的孔隙空间具有相同的拓扑结构，仅以 L_1、L_2 和 D_1 为例进行三维显示，利用孔隙节点(小球)表示多条喉道交汇处的较大孔隙空间，并用喉道(圆管)来表示孔隙节点间的运移通道。从图 3 中可以直观地看出低渗砂岩中孔隙分布及连通状况。

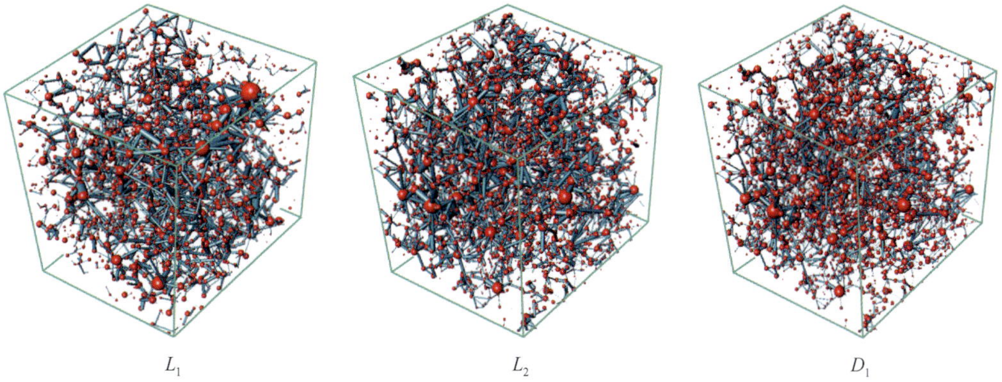

图 3　孔隙网络模型三维显示结果

由于岩样 L_3 的孔隙网络模型不具有连通性，无法进行后续模拟，并且 L_1 与 L_2 孔隙结构及孔喉分布较为接近，因此后文中仅利用 L_2 以及基于 L_2 所构建的孔隙网络模型($D_1 \sim D_4$)进行微观流动模拟，以定量分析喉道差异对低渗致密砂岩复杂渗流规律的影响。用于后续模拟的 5 个孔隙网络模型具有相同的孔隙分布及连通性，而模型差异在于控制流体运移的喉道不同，具体分布如图 4 所示。

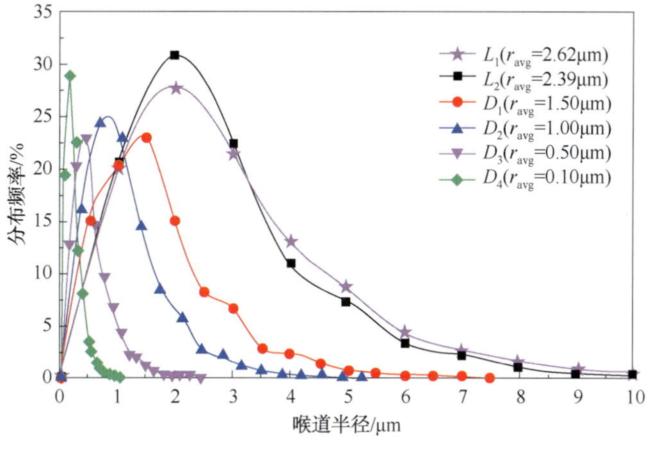

图 4　孔隙网络模型喉道分布曲线

3　流动控制方程建立

低渗致密砂岩具有复杂的孔隙结构和狭窄的孔喉，造成孔隙流体的运移不再满足达西定律，而是受黏性流、滑脱及扩散等综合控制[9]。以单组分 CH_4 为模拟流体，建立耦合黏性流、气体滑脱及 Knudsen 扩散影响的流动控制方程。

3.1　黏性流

岩石孔喉中，流体在压力差下所产生的运移称为达西渗流，是天然气主要输运机制之一。仅考虑黏性力作用，可利用 Hagen-Poiseuille 定律[19]来描述流体流经孔喉的压差与质量通量的关系：

$$J_{\mathrm{adv}}=\frac{r^2MP}{8\mu ZRT}\frac{\mathrm{d}P}{\mathrm{d}l} \tag{1}$$

式中 J_{adv}——CH_4流经孔隙的达西渗流质量通量，kg/(m^2·s)；

r——孔喉半径，m；

M——气体摩尔质量，kg/mol；

P——孔喉平均压力，Pa；

$\mathrm{d}P/\mathrm{d}l$——孔喉两端的压力梯度，Pa/m；

μ——孔喉中气体黏度，Pa·s；

Z——气体偏差因子，无因次；

R——理想气体常数，8.314472，m^3·Pa/(K·mol)；

T——模拟温度，K。

3.2 气体滑脱

在狭窄的孔隙空间中，壁面处的气体分子可能处于运动状态，并且相邻层的气体分子由于动量交换，可连同壁面处的气体分子一起沿管壁流动，即存在"气体滑脱"[20]。当流动不再满足非滑脱边界条件时，需要对式(1)进行校正：

$$J_{\mathrm{slip}}=FJ_{\mathrm{adv}} \tag{2}$$

根据 Brown 等[21]的研究，气体滑脱效应校正系数 F 的定义如下：

$$F=\left(\frac{8\pi RT}{M}\right)^{0.5}\frac{\mu}{Pr}\left(\frac{2}{\alpha}-1\right) \tag{3}$$

式中 J_{slip}——CH_4流经孔喉的滑脱流动质量通量，kg/(m^2·s)；

F——气体滑脱效应校正系数，无因次；

α——孔隙壁面处的切向动量供给系数，无量纲。

α 与孔隙壁面形态、气体性质及温度和压力有关，通常取(0，1][22]。

3.3 Knudsen 扩散

对于单相气体，当气体分子平均自由程大于平均喉道半径时，气体分子与壁面碰撞作用(Knudsen 扩散)对运移的影响将不可忽略[23]。气体流经这类孔隙时需要考虑 Knudsen 扩散，其质量通量描述如式(4)：

$$J_{\mathrm{D}}=\rho_{\mathrm{avg}}D_{\mathrm{K}}c_{\mathrm{g}}\frac{\mathrm{d}P}{\mathrm{d}l} \tag{4}$$

式中 J_{D}——CH_4流经孔喉的 Knudsen 扩散质量通量，kg/(m^2·s)；

ρ_{avg}——孔喉中气体的密度，kg/m^3；

D_{K}——Knudsen 扩散系数，m^2/s；

c_{g}——气体的压缩系数，Pa^{-1}。

Javadpour[9]建立了 Knudsen 扩散系数与孔隙几何尺寸、气体物性间的关系式：

$$D_{\mathrm{K}}=\frac{2r}{3}\sqrt{\frac{8RT}{\pi M}} \tag{5}$$

3.4 多机制流动控制方程

在纳微米尺度孔喉中，CH_4的总通量可以表示为黏性流通量、滑脱流动通量和 Knudsen 扩散通量的线性叠加[9,24]，其表达式为：

$$J_t = J_{adv} + J_{slip} + J_D \tag{6}$$

将式(1)、式(2)、式(4)代入式(6)，得到耦合黏性流、气体滑脱及 Knudsen 扩散影响的流动方程，表达式为：

$$J_t = \left\{\left[1 + \sqrt{\frac{8\pi RT}{M}}\frac{\mu}{P}\left(\frac{2}{\alpha}-1\right)\right]\rho_{avg}\left(\frac{r}{8\mu}+\frac{2c_g}{3}\sqrt{\frac{8RT}{\pi M}}\right)\right\}\frac{dP}{dl} \tag{7}$$

式中　J_t——CH_4流经孔喉的总质量通量，kg/(m^2·s)。

从式(7)可以看出，当考虑不同输运机制及流体物性变化时，天然气在储层孔隙内的运移受流体物性、温度压力及孔隙尺寸等因素的综合影响，下面结合所建立孔隙网络模型，进一步探讨主要因素对天然气运移的影响规律。

4　计算模拟及结果分析

4.1　模拟流程

上述流动控制方程可以描述不同温度压力条件下、考虑不同输运机制的单组分气体在纳微米尺度孔隙中的运移机理。基于孔隙网络模型开展模拟研究，可综合评价孔隙结构及孔喉分布的影响。结合所建立的孔隙网络模型和流动控制方程，按如下流程开展微观流动模拟：①在孔隙网络模型两端设定流动压差；②基于孔喉单元，根据式(7)建立以孔隙节点压力为变量的流动方程组；③优选数值计算方法迭代求解方程组，得到孔隙压力分布；④根据孔隙压力分布，计算设定压差下流经孔隙网络模型的流量或通量；⑤改变模型参数或模拟条件，分析储层压力、输运机制等对流体运移的影响。

4.2　结果分析

以 CH_4为模拟流体，基于所建立的微观流动模拟方法，分析不同模拟条件、不同输运机制对流动的影响。

4.2.1　压力对总质量通量的影响

以所建立低渗致密砂岩三维孔隙模型为平台，设定模拟温度为 60℃、模拟压差 0.5MPa/m，预测不同孔隙压力条件下 CH_4流经模型的总通量，结果如图 5 所示。

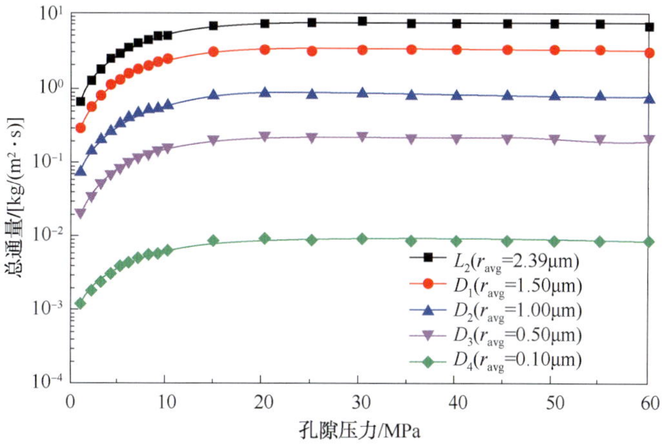

图 5　不同条件下 CH_4流动总质量通量

从图 5 中可以看出，CH_4总质量通量与孔隙网络模型的平均喉道半径(图中用 r_{avg}表示)呈正比，喉道越大，流动能力越强，流动通量越大。在相同温度及模拟压差下，当孔隙压力低于 10MPa 时，孔隙压力越低，CH_4总质量通量越小；但当孔隙压力高于 10MPa 时，气体总通量受压力影响不大。说明不同压力下，各输运机制对 CH_4流动的贡献不同；并且，低压条件(小于 10MPa)下，CH_4流动具有较强非线性，下面进一步讨论。

4.2.2 达西渗流对流动的影响

根据模拟结果，建立孔隙压力与达西渗流通量/总通量的关系曲线，如图 6 所示。可以看出，达西渗流通量与平均喉道半径呈正比，喉道越大，相同压差下达西渗流对 CH_4运移的贡献也越大。而孔隙压力与达西渗流通量呈正比，压力越高，达西渗流通量越大。对于平均孔喉大于 0.1μm 的岩样孔隙网络模型，当压力高于 10MPa 时，达西渗流通量占总通量的比值超过 90%，成为主要的输运机制。而更为致密岩样(D_4)的孔隙网络模型，达西渗流对流动的贡献随着平均喉道的减小、孔隙压力的降低而减小，说明在这类储层中应当考虑非达西运移机理的影响。

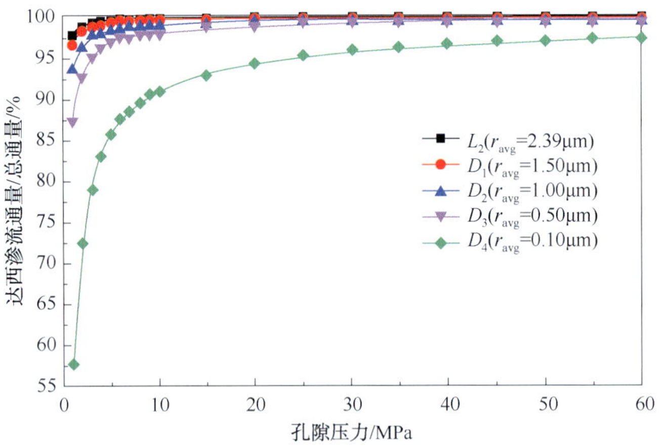

图 6　达西渗流对 CH_4流动的影响

4.2.3 气体滑脱对流动的影响

对于所分析的孔隙网络模型，不同压力下气体滑脱效应对流动的影响，如图 7 所示。具有相同孔隙空间的岩石，孔隙压力越低，气体滑脱越显著。而对于不同孔隙网络模型，孔喉分布越小，气体滑脱通量占总通量的比例越大。即岩石越致密，气体滑脱对 CH_4运移的贡献越大。例如，当孔隙压力低至 1MPa 时，D_4中气体滑脱对流动的贡献为 18.42%；而相同压力下，D_3中气体滑脱通量与总通量的比仅为 5.56%。综合来看，对于 r_{avg}小于 0.1μm 且压力低于 10MPa 时，气体滑脱是一种重要的输运机制，在分析这类储层岩石渗流机理时需加以研究。

4.2.4 Knudsen 扩散

同样，建立 Knudsen 扩散通量/总通量随模拟孔隙压力的变化关系曲线，如图 8 所示。对比图 7 可以看出，喉道分布、孔隙压力对 Knudsen 扩散和气体滑脱的影响规律较为类似，均是主要作用于低压(压力低于 10MPa)、致密(r_{avg}小于 0.1μm)的多孔介质中。并且，在孔隙压力下，Knudsen 扩散对流动的贡献要大于气体滑脱。

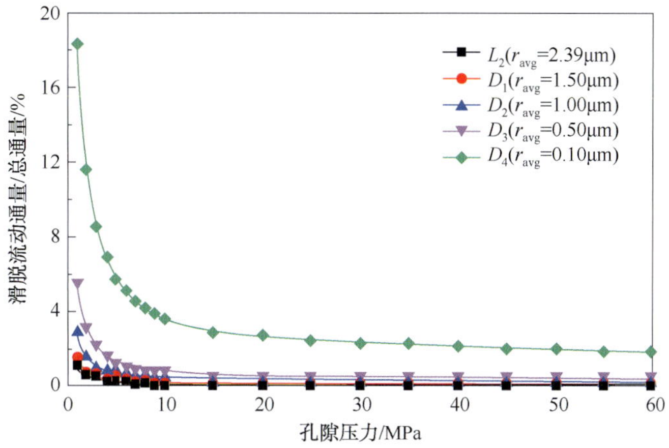

图 7　气体滑脱效应对 CH_4 流动的影响

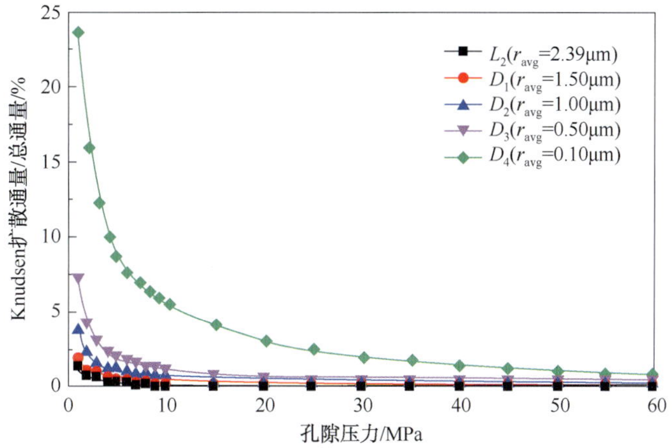

图 8　Knudsen 扩散对 CH_4 流动的影响

5　结论

（1）对于低渗砂岩，利用微 CT 扫描，可准确获取岩石内部微米级孔喉的结构信息，从而构建三维孔隙网络模型。致密砂岩中仍主要以微米孔隙为主，但连通孔隙空间、控制渗流的喉道则多处于纳米数量级。基于微米孔隙信息，结合微米—纳米尺度喉道分布，通过调整孔隙大小、连通性等参数，建立了包含不同尺度喉道的致密砂岩孔隙网络模型，为定量分析复杂渗流规律提供了平台。

（2）考虑纳微米孔隙空间气体输运机制，建立耦合黏性流、气体滑脱和 Knudsen 扩散 3 种输运机制的 CH_4 流动控制方程。通过在孔隙网络模型中对流动方程进行离散求解，可模拟不同条件下气体输运机制对 CH_4 流动的影响情况。

（3）微观流动模拟结果表明，在低渗致密砂岩中喉道分布及孔隙压力是影响天然气输运机制主要因素，孔喉越小、压力越低，CH_4 流动的非线性越显著。对于平均喉道半径大于 0.1μm 的砂岩，若孔隙压力高于 10MPa 时，CH_4 流动基本满足达西渗流；而更为致密的砂岩中，当孔隙压力降至 10MPa 以下后，气体滑脱及 Knudsen 扩散均是天然气重要的输运机制。

参考文献

[1] 贾承造，郑民，张永峰. 中国非常规油气资源与勘探开发前景[J]. 石油勘探与开发，2012，39(2)：129-136.

[2] 戴金星，倪云燕，吴小奇. 中国致密砂岩气及在勘探开发上的重要意义[J]. 石油勘探与开发，2012，39(3)：257-264.

[3] 高树生，熊伟，刘先贵，等. 低渗透砂岩气藏气体渗流机理实验研究现状及新认识[J]. 天然气工业，2010，30(1)：52-55.

[4] 张纪智，陈世加，肖艳，等. 鄂尔多斯盆地华庆地区长 8 致密砂岩储层特征及其成因[J]. 石油与天然气地质，2013，34(5)：679-684.

[5] Nelson P H. Pore-throat sizes in sandstones，tight sandstones，and shales [J]. AAPGBulletin，2009，93(3)：329-340.

[6] 赖锦，王贵文，孟辰卿，等. 致密砂岩气储层孔隙结构特征及其成因机理分析[J]. 地球物理学进展，2015，30(1)：217-227.

[7] Hadjiconstantinou N G. The limits of Navier-Stokes theory and kinetic extensions for describing small-scale gaseous hydrodynamics [J]. Physics of Fluids，2006，18(11)：111301.

[8] 杨建，康毅力，李前贵，等. 致密砂岩气藏微观结构及渗流特征[J]. 力学进展，2008，38(2)：229-236.

[9] Javadpour F. Nanopores and apparent permeability of gas flow in mud rock (shale and siltstone) [J]. Journal of Canadian Petroleum Technology，2009，48(8)：16-21.

[10] 苏娜，段永刚，于春生. 微 CT 扫描重建低渗气藏微观孔隙结构——以新场气田上沙溪庙组储层为例[J]. 石油与天然气地质，2011，32(5)：792-796.

[11] Blunt M J，Bijeljic B，Dong H，et al. Pore-scale imaging and modeling [J]. Advances in Water Resources，2013，51(1)：197-216.

[12] 白斌，朱如凯，吴松涛，等. 利用多尺度 CT 成像表征致密砂岩微观孔喉结构[J]. 石油勘探与开发，2013，40(3)：329-333.

[13] Dong H，Blunt M. Pore-network extraction from micro-computerized-tomography images [J]. Physical Review E，2009，80(3)：036307.

[14] Cao T K，Duan Y G，Yu B M，et al. Pore-scale simulation of gas-water flow in low permeabilitygas reservoirs [J]. Journal of Central South University，2014，21(7)：2793-2800.

[15] 屈乐，孙卫，杜环虹，等. 基于 CT 扫描的三维数字岩心孔隙结构表征方法及应用——以莫北油田 116 井区三工河组为例[J]. 现代地质，2014，28(1)：190-196.

[16] 邹才能，朱如凯，白斌. 中国油气储层中纳米孔首次发现及其科学价值[J]. 岩石学报，2011，27(6)：1857-1864.

[17] Mousavi M A，Bryant S L. Connectivity of pore space as a control on two-phase flow properties of tight-gas sandstones [J]. Transport in Porous Media，2012，94(2)：537-554.

[18] Gao H，Li H A. Pore structure characterization，permeability evaluation and enhanced gas recovery techniques of tight gas sandstones [J]. Journal of Natural Gas Science and Engineering，2016，28：536-547.

[19] Sutera S P，Skalak R. The history of Poiseuille's law [J]. Annual Review of Fluid Mechanics，1993，25(1)：1-20.

[20] Civan F. Effective correlation of apparent gas permeability in tight porous media [J]. Transport in porous media，2010，82(2)：375-384.

[21] Brown G P，DiNardo A，Cheng G K，et al. The flow of gases in pipes at low pressures [J]. Journal of Ap-

plied Physics, 1946, 17(10): 802-813.

[22] Millikan R A. Coefficients of slip in gases and the law of reflection of molecules from the surfaces of solids and liquids [J]. Physical Review, 1923, 21(3): 217-238.

[23] Javadpour, F., Fisher, D., Unsworth, M. Nanoscale gas flow in shale gas sediments [J]. Journal of Canadian Petroleum Technolog, 2007, 46(10): 55-61.

[24] Xiong X, Devegowda D. A fully-coupled free and adsorptive phase transport model for shale gas reservoirs including non-Darcy flow effects[C]. SPE 159758, 2012.

窄河道致密砂岩气藏采气速度优化
——以 ZJ 气田沙溪庙组气藏为例

曹廷宽　段永明　李南颖

（中国石化西南油气分公司）

摘　要： 窄河道致密砂岩气藏具有河道薄窄、储层物性差、气井控制储量规模小和压力产量递减迅速的特点，气藏地质条件及开采规律均与层状致密砂岩气藏存在较大差异，需开展针对性的采气速度优化研究。以 ZJ 气田沙溪庙组气藏为例，综合考虑河道砂体、测井、储层物性特征参数将主力河道划分为 3 种类型，结合气藏工程及经济评价方法对各类河道中气井配产及采气速进行优化，并分析了造成窄河道致密砂岩气藏采气速度高于层状致密砂岩气藏的原因。结果表明：窄河道致密砂岩气藏中水平井合理配产比 1/6～1/3，最优采气速度 4%～6%，河道砂体窄、动用储量规模小是造成此类气藏采气速度偏高的主要原因。适度提高采气速度，可有效缩短单井的投资回报期，提高窄河道致密砂岩气藏开发经济效益。

关键词： 窄河道；致密砂岩气藏；水平井；经济评价；合理产量；采气速度

采气速度是衡量气藏开采快慢的重要指标，直接关系着气藏最终的开发效果及经济效益[1,2]。采气速度小，产量过低，不能发挥气藏开发潜力，影响产量规模及开发经济效益。采气速度过大，会缩短气藏的稳产能力，影响供气平稳。对于含有边底水的气藏，过高的采气速度可能造成边底水的快速突进，导致暴性水淹，影响气藏开发效果[3,4]。疏松砂岩气藏，气井高配产、高采气速度可能会引起地层出砂等问题[5]。另有研究认为，高配产、高采气速度会形成泄压效应，增大储层应力敏感性，大幅降低储层渗流能力[6,7]。针对不同类型气藏的合理采气速度优化国内外学者开展了大量的研究。储层物性越好、储量规模越大的气藏合理采气速度一般在 2%～7%，低渗致密砂岩气藏储层供给能力较差，合理采气速度范围为 1.5%～4%[1,8-13]。对于边底水气藏、凝析气藏、疏松砂岩气藏，为避免水淹、凝析油伤害及地层出水出砂等，应适当降低或控制采气速度。

ZJ 气田沙溪庙组属于窄河道致密砂岩气藏，河道宽度仅有 300～1000m，储层地质条件以及气藏生产动态特征与常规砂体叠置连片的致密砂岩气藏存在显著差别，需要开展针对性的采气速度优化[14-16]。针对上述问题，首先综合考虑目标气藏储层特征以及生产动态，开展河道分类评价，并从经济和技术两个方面对 3 类主力河道中水平井的配产以及河道采气速度进行了优化，明确了窄河道致密砂岩气藏中气井的合理的产量及采气速度，为气藏开发规划优化奠定了基础，同时也可为同类型气藏的开发管理提供参考。

1 气藏概况

1.1 地质特征

ZJ 气田位于川西凹陷斜坡带东部，主力开发层系为沙溪庙组，属于受断砂疏导控制的远源次生气藏，有利沉积微相以水下分流河道为主。气藏以条带状河道为主，平面上主要沿北东—南西向发育，延伸距离 5~100km 不等，单条河道宽度多在 300~1000m，钻遇砂体厚 5~40m(图 1)。

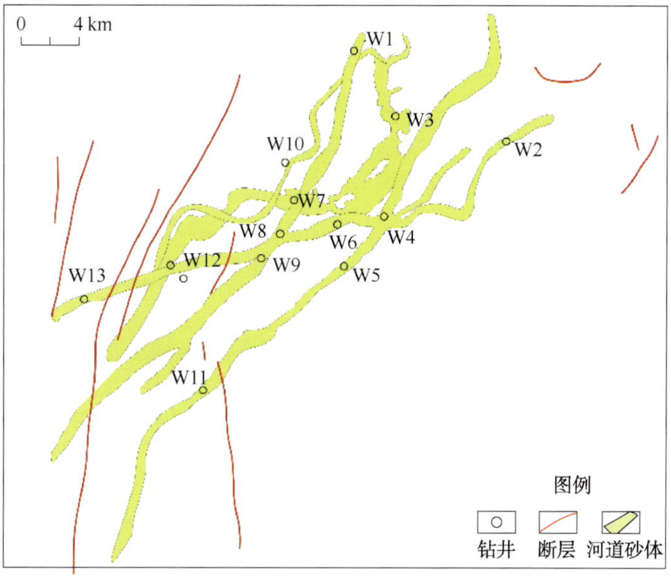

图 1 ZJ 气田 GM 区块沙三气藏砂体展布图

岩心实测孔隙度 0.90%~15.33%，平均为 8.66%，渗透率(0.0008~1.75)×10^{-3}μm²，平均为 0.21×10^{-3}μm²，渗透率小于 0.10×10^{-3}μm²岩样占 60%以上。核磁共振方法实测束缚水饱和度 47%~63%。储层物性差异大，层间及河道内部均具有极强的非均质性。沙溪庙组地层压力 32.03~52.97MPa，压力系数 1.74~1.91，实测地层温度 55.94~86.89℃，产出流体以天然气为主，属于受构造-岩性控制的高压-超高压致密砂岩气藏。

1.2 开采特征

目标气藏河道薄窄、发育分散，主要采用沿河道方向部署的线性水平井井网进行开发，水平段长度 600~1300m、井距 300~600m。水平井实测无阻流量(1~41)×10^4m³/d，平均为 10×10^4m³/d 左右。窄河道供给能力差，水平井泄气面积受河道影响大，单井平均动态控制储量仅 0.44×10^8m³。气井主要以定产降压方式投产，初期产量(2~7)×10^4m³/d，配产比 1/7~1/3，单井稳产期 10~30 个月，平均 20 个月左右。进入定压阶段后，压力产量递减迅速，产量月递减率 3%~10%。为维持稳产，主要通过快速评价、不断开发新河道来维持气田稳产。由于主力河道较窄，从采气速度来看，稳产期内主力河道采气速度多在 3%~12%，平均为 5.63%。

1.3 河道类型

根据河道砂体、测井参数以及气井生产动态等资料，将现有经济技术条件下可有效开发的河道划分为 3 类，具体参数见表 1。

表 1　ZJ 气田沙溪庙组气藏河道类型划分标准表

河道类型	储层类型	河道宽度/m	有效厚度/m	测井参数				孔隙度/%	渗透率/$10^{-3}\mu m^2$	含水饱和度/%
				形态	GR/API	AC/(μs/ft)	RT/Ω·m			
A 类	Ⅰ类	300~1000	>25	平滑箱形	40~65	70~84	30~50	>11	>0.20	<45
B 类	Ⅰ类	280~600	10~25	微齿箱形	40~60	70~85	30~55	9.50~11.30	0.10~0.50	45~50
C 类	Ⅰ类、Ⅱ类	240~510	15~30	齿状箱形	45~70	66~75	30~70	8~9.50	0.02~0.31	50~56

A 类河道沉积水动力强，在地震上具有强振幅显示，GR 测井曲线以较平滑的箱形为主。河道砂体发育、连通性好，河道宽、砂体厚度大。水平井实测无阻流量(11.82~29.52)×$10^4m^3/d$，平均为 21.62×$10^4m^3/d$，单井动态控制储量(0.42~1.82)×10^8m^3，平均为 1.12×10^8m^3，气井一般可稳产 2 年左右，液气比平均仅 0.10$m^3/10^4m^3$，气井生产稳定。

B 类河道砂体沉积水动力强，夹层不发育，在地震上呈强振幅特征，GR 测井曲线呈微齿箱形、钟形。与 A 类河道相比，B 类河道物性以及含气性略差，河道砂体稍窄。采用线性水平井井网进行开发，平均无阻流量 12.41×$10^4m^3/d$，初期日产气 7.19×10^4m^3，动态控制储量(0.29~0.69)×10^8m^3，平均为 0.47×10^8m^3，稳产期 7~22 个月。

C 类河道砂体以水下分流河道为主，发育多期次河道沉积，砂体整体分布稳定，河道平均宽度 360m，平均厚度 21.87m。但该类河道沉积水体环境动荡，砂体泥质含量高，GR 测井曲线多具有齿状箱形特征。水平井平均无阻流量 8.12×$10^4m^3/d$，动态控制储量平均仅 0.38×10^8m^3，并且由于储层含水较高，造成气井的液气比多在 0.3×$m^3/10^4m^3$以上，影响气井生产。

2　气井合理配产研究

河道地质条件及储层物性的差异决定了气井生产动态的不同。针对 A 类、B 类、C 类 3 类可建产的河道，从延长稳产、延缓递减以及提高采收率的角度出发，开展合理配产研究。

2.1　试采法

统计主力河道气井实际生产动态及稳定产量，确定不同类型河道中气井的合理产量。A 类河道水平井的稳定产量(4.50~9.00)×$10^4m^3/d$，平均为 5.50×$10^4m^3/d$。B 类河道 20 口水平井的平均无阻流量 12.41×$10^4m^3/d$，部分水平井按(3.0~5.0)×$10^4m^3/d$ 配产，可以维持 1~2 年左右的稳定生产。C 类河道中水平井可在 3×$10^4m^3/d$ 左右维持稳产。

2.2　指示曲线法

目标区产能测试资料较少，仅 B 类河道中的 W1H 井在投产之初进行了系统产能试井。根据产能测试数据，建立气井二项式产能方程如式(1)所示。

$$P_i^2-P_{wf}^2=9.1493q_g+1.7339q_g^2 \tag{1}$$

式中　P_i——地层压力，MPa；

P_{wf}——井底流压，MPa；

q_g——测试气量，$10^4m^3/d$。

根据二项式产能方程建立采气指示曲线，结果如图 2 所示。当生产压差较小时，气井产量相应较小，天然气在储层中以线性流为主，气井产量与压差之间呈直线关系。随着生产压产的增大，天然气流动逐渐由层流转变为湍流，渗流阻力将会增加，而当采气指示曲线偏离直线处所对应的产量即为气井的合理产量[17]。W1H 井的无阻流量 10.69×10^4m^3/d，相应的合理产量为 2.50×10^4m^3/d，合理配比在 1/5~1/4。

2.3 单井数值模拟法

根据 3 类型河道地质特征，建立河道三维地质模型，并结合钻完井、动态监测资料等，通过数值模拟法对目标区气井合理产量进行分析。气藏产能建设方案要求气井稳产期平均需达到 2 年左右，据此对 3 类河道中气井的稳定产量进行预测。3 类典型河道气井稳产产量预测结果如图 3 所示。A 类河道水平井稳定产量(4.20~6.70)×10^4m^3/d，平均为 5.78×10^4m^3/d；B 类河道中气井稳定产量(2.90~3.80)×10^4m^3/d，平均为 3.50×10^4m^3/d；C 类河道中水平井稳定产量(1.30~3.20)×10^4m^3/d，平均仅 2.30×10^4m^3/d。

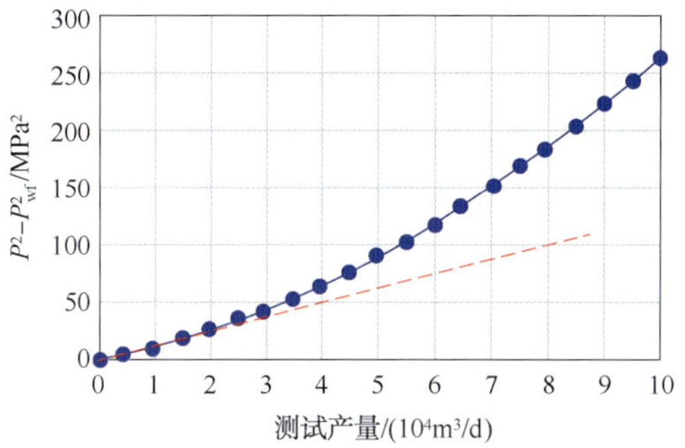

图 2 W1H 井采气指示曲线法

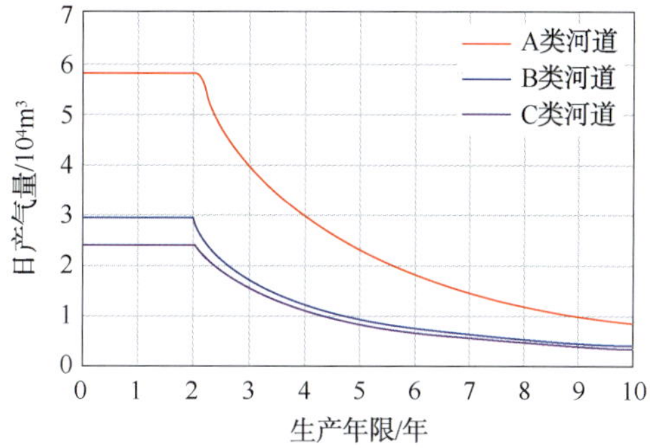

图 3 数值模拟预测单井稳定产量

2.4 合理配产结果分析

综合试采法、指示曲线法、数值模拟法，ZJ 气田沙溪庙组气藏合理配产结果如表 2 所示。不同河道气井产能及稳产能力差异较大，气井稳产能力各不相同。A 类河道控制储量大，渗流条件好，稳定产量更高，合理配产比 1/6~1/4。B 类、C 类河道气井稳定产量分别为(3.00~4.00)×10^4m^3/d 及(2.00~3.00)×10^4m^3/d，合理配产比在 1/4~1/3。河道越宽、物性越好、控制储量越大的气井稳产能力更强，合理配产也越低。

表 2 ZJ 气田沙溪庙组合理产量推荐表

河道类型	试采法/(10^4m^3/d)	指示曲线法/(10^4m^3/d)	数值模拟法/(10^4m^3/d)	水平井无阻流量/(10^4m^3/d)	合理产量/(10^4m^3/d)	合理配产比
A 类	4.00~9.00	—	4.20~6.70	24.00	4.00~7.00	1/6~1/4
B 类	3.00~5.00	2.50	2.90~3.80	12.00	3.00~4.00	1/4~1/3
C 类	3.00~3.50	—	1.30~3.20	8.00	2.00~3.00	1/4~1/3

3　采气速度优化

3.1　采气速度对稳产及采收率的影响

采气速度合理与否首先要考虑对稳产期、采收率的影响。从 A 类、B 类、C 类 3 类中各选取一条典型河道，结合单井配产优化结果开展数值模拟，预测不同采气速度对各类河道稳产期以及累产影响，结果见表 3。对于窄河道储层，采气速度低，河道稳产期长，稳产期累产高，但最终累产不高，说明过低的配产不能充分发挥该类河道的产能。增大采气速度，河道稳产能力随之减弱，累计产量随之增大。综合来看，A 类、B 类河道采气速度 6%，C 类河道采气速度 4%~5%时，能够满足产能建设稳产 2 年的要求，并且河道具有较高的采出程度。

表 3　3 类河道不同采气采速开采预测表

河道类型	采气速度/%	井数/口	配产比	产气量/($10^4m^3/d$)	稳产期/年	稳产期累产/10^8m^3	预测期末累产/10^8m^3	推荐采速/%
A 类	2	6	0.07	7.40	7.9	2.22	5.01	6
	4	6	0.14	14.79	3.4	1.83	7.22	
	6	6	0.21	22.19	2.0	1.6	7.81	
	8	6	0.28	29.59	1.1	1.19	7.82	
B 类	2	7	0.10	7.50	8.9	2.43	5.25	6
	4	7	0.19	14.99	4.3	2.35	7.03	
	6	7	0.29	22.49	2.5	2.05	7.68	
	8	7	0.39	29.98	1.4	1.53	7.7	
C 类	2	7	0.15	7.97	7.6	2.21	5.47	4~5
	4	7	0.29	15.93	2.7	1.57	7.04	
	6	7	0.44	23.90	1.4	1.15	7.05	

3.2　采气速度对经济效益的影响

考虑目标气藏钻完井投资、天然气销售价格、税金及人工成本等，综合评价不同类型河道采气速度变化对开发经济效益影响。根据数值模拟预测 3 类河道不同采气速度下的累产气量，并根据现金流量法[18,19]计算不同采气速度下开发的净收益，结果如图 4 所示。采气速度增大，财务内部收益率不断增大，但增幅逐渐变缓，说明采气速度过高并不能显著提高经济效益，还将大幅缩短稳产期。综合来看，A 类、B 类主力河道采气速度在 6%~8%、C 类河道采气速度在 4%~6%开发经济效益最好。

3.3　合理采速推荐

综合采气速度对河道累产以及经济效益的影响，窄河道致密砂岩储层供给能力差，适当提高配产、增大采速可实现快速建产、缩短投资回报期，开发经济效益更好。对于物性较好的 A 类、B 类河道，采气速度在 6%左右可维持 2 年稳产，最终累计产量较高、开发经济效益也更好；C 类河道物性相对较差，合理采气速度在 4%~5%。

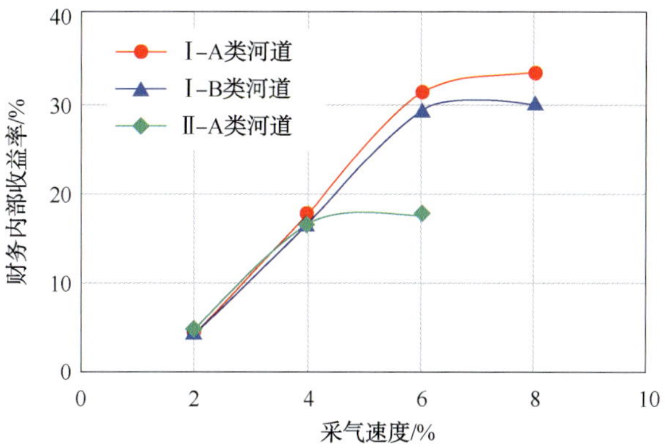

图 4　不同采气速度对开发经济效益的影响

4　结果与讨论

苏里格、大牛地以及新场等国内典型层状致密砂岩气藏稳产期采气速度多在 1%～3%[20,21]，而 ZJ 气田主力河道实际采气速度为 3%～12%，最优采气速度也高达 4%～6%。从单井配产来看，主力河道水平井合理配产比在 1/6～1/3，与国内典型层状致密砂岩气藏单井配产差异不大，说明窄河道气藏的高采气速度并非是由配产过高造成的。

此外，储层特征及开发井网均会影响采气速度。目标区主力河道多采用线性水平井井网开发，而苏里格和新场等致密砂岩气藏储层是连片发育的，可部署排状水平井井网。为说明储层及开发井网对采气速度的影响，分别建立 3 组窄河道及层状储层的数值模拟模型，参数见表 4。开展数值模拟，预测相同水平井长度、井距及初期产量条件下两个模型的开采特征，结果如图 5、图 6 所示。在相同开采条件下，窄河道的宽度与层状储层水平井排距相等时，线性水平井井网与排状井网采气速度相同。河道越窄、层状储层中水平井排距越小，采气速度相应更高。宽度 200m 河道中初始采气速度高达 15.14%，而宽度 600m 河道的采气速度仅 5.35%，说明河道宽度有限是造成窄河道储层高采气速度的主要原因。

表 4　数值模拟参数表

气藏类型	模型编号	数值模型			储层物性			其他参数			
		长度/m	宽度/m	厚度/m	孔隙度/%	渗透率/$10^{-3}\mu m^2$	含水饱和度/%	水平段/m	初期产量/($10^4m^3/d$)	井距/m	排距/m
窄河道	1	2500	200	20	10	0.1	45	800	3.5	300	—
	2		400								
	3		600								
层状	1		600								200
	2		1200								400
	3		1800								600

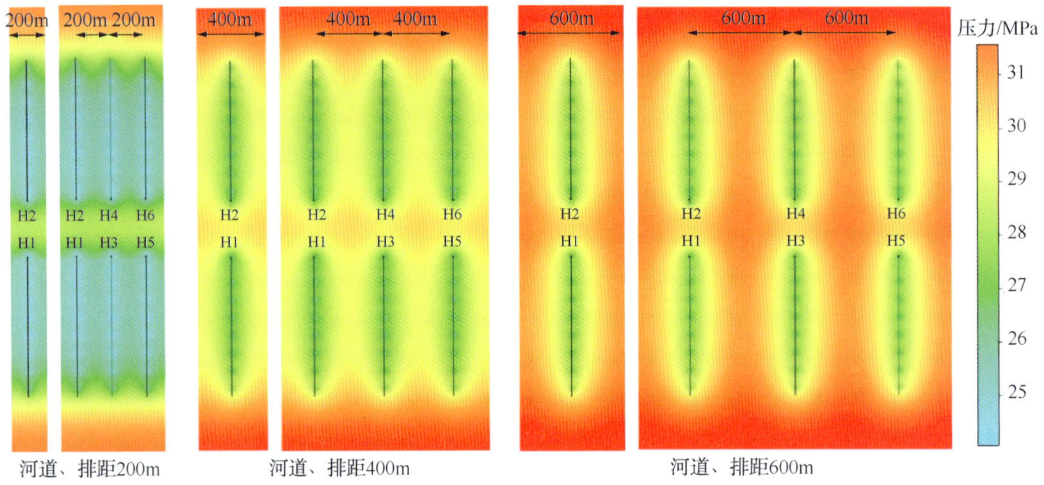

图5　窄河道与层状储层水平井井网压力预测图

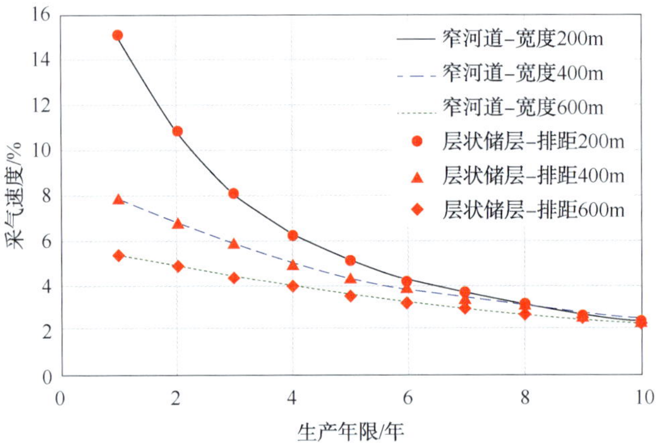

图6　窄河道与层状储层水平井井网采气速度预测结果图

5　结论

（1）窄河道致密砂岩气藏河道砂体薄、宽度窄，储层供给能力差，单井控制储量小，压力产量递减迅速，不同河道中气井生产动态特征差异极大。根据河道地质特征以及生产动态对河道进行分类评价，将现有经济技术条件下可建产的河道分为3类。

（2）3类河道中水平井合理配产比为1/6~1/3，最优采气速度为4%~6%，适当提高致密窄河道储层的采气速度可有效缩短投资回报期，实现快速建产，开发经济效益更好。

（3）河道窄、单井控制动用储量小，是造成窄河道致密砂岩气藏采气速度高于层状致密砂岩气藏的主要原因。

参　考　文　献

[1] 李士伦．天然气工程[M]．北京：石油工业出版社，2000.

[2] 郭春秋，李方明，刘合年，等．气藏采气速度与稳产期定量关系研究[J]．石油学报，2009，30(06)：908-911.

[3] 李川东．裂缝性有水气藏开采技术浅析[J]．天然气工业，2003(S1)：123-126.

[4] 王卫红，刘传喜，穆林，等．高含硫碳酸盐岩气藏开发技术政策优化[J]．石油与天然气地质，2011，32(02)：302-310.

[5] 刘捷，包慧涛，陈进，等，高彦增．疏松砂岩气藏低压低产井开发对策研究[J]．石油天然气学报，2014，36(12)：204-209.

[6] 孙来喜，李成勇，李成，等．低渗透气藏应力敏感与气井产量分析[J]．天然气工业，2009，29(04)：74-78.

[7] 崔思华，朱华银，钟世敏．涩北气田储层应力敏感性及其对开发产能的影响[J]．天然气地球科学，2008(01)：141-144.

[8] 李士伦，潘毅，孙雷．对提高复杂气田开发效益和水平的思考与建议[J]．天然气工业，2011，31(12)：76-80+129.

[9] 史海东，王晖，郭春秋，等．异常高压气藏采气速度与稳产期定量关系——以阿姆河右岸 B-P 气田为例[J]．石油学报，2015，36(05)：600-605.

[10] 赖思宇，陈青，谢昕翰，等．低孔低渗低压气藏合理井距分析——以大牛地气藏盒 2+3 气藏为例[J]．科学技术与工程，2013，13(26)：7798-7802.

[11] 孙华超，夏朝辉，李陈，等．技术经济最优配置的采气速度优化[J]．断块油气田，2015，22(03)：361-368.

[12] 宋元林，廖健德，张瑾琳，等．准噶尔盆地克拉美丽火山岩气田开发技术[J]．油气地质与采收率，2011，18(05)：78-80+88+116.

[13] 周晓林．带油环底水凝析气藏开发方式优化及均衡开采对策——以东海盆地西湖坳陷 CX 北区块为例[J]．天然气工业，2017，37(06)：55-63.

[14] 李忠平，冉令波，黎华继，等．窄河道远源致密砂岩气藏断层特征及天然气富集规律——以四川盆地 ZJ 气田侏罗系沙溪庙组气藏为例[J]．天然气工业，2016，36(7)：1-7.

[15] 卜淘．川西坳陷东坡侏罗系沙溪庙组三角洲河道砂体构型[J]．断块油气田，2018，25(5)：564-567+578.

[16] 张小菊，邓虎成，余瀚泽，等．川西坳陷高庙子地区沙溪庙组气藏动态特征[J]．科学技术与工程，2018，18(12)：45-51.

[17] 庄惠农．气藏动态描述与试井[M]．北京：石油工业出版社，2004.

[18] 王径，郑志斌，胡俊坤，等．低渗气藏开发经济评价方法与指标体系的探析[J]．天然气技术与经济，2016，10(06)：44-46+83.

[19] 田玲钰，周游，姜贻伟，等．气藏经济采收率的确定方法研究[J]．天然气工业，2002(02)：95-97.

[20] 杨文娟．大牛地气田增压开采条件下合理配产研究[J]．石油化工应用，2018，37(12)：22-28.

[21] 卜淘，段永明，曹波，等．大型多层致密砂岩气藏中后期稳产技术对策——以新场气田上沙溪庙组气藏为例[J]．石油天然气学报，2007(5)：133-136.

“中心站+无人值守”条件劳动组织架构与模式建立

李 峰 龚云洋 杨 哲 陆益祥 叶 慧

(中国石化西南油气分公司采气三厂)

摘 要：中国石化西南油气分公司采气三厂在信息化建设的基础上，构建以数字化管理为核心的新型劳动组织架构，率先推行“厂管站”改革，在生产现场通过改造无人值守站形成“中心站+无人值守”的劳动组织架构和生产运行方式，操作人员相对集中，员工工作生活环境得到改善，降低了安全生产风险。中江气田数字化建设完成了生产数据自动采集、视频监控、数据分析等功能。随着远程控制设备的规模化应用，大量的人工操作被代替，形成了生产运行无人值守扁平化管理模式，使业务流程和管理流程相统一，降低操作成本，精简人员机构，提高工作效率。

关键词：数字化建设；厂管站；无人值守；扁平化管理模式

1 概况

中国石化西南油气分公司中江气田包含中江、高庙、合兴场3个主力气田和东泰、丰谷、石泉场等外围气田，区块分布于2市4区2县，东西跨越约50km，南北跨越约100km，探矿权面积约4600km^2，采矿权面积404.8km^2(图1)。

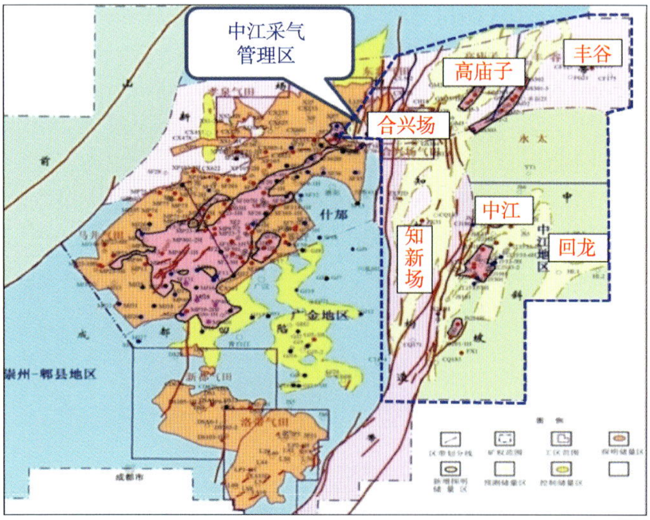

图1 中江采气管理区位置示意图

自2016年中江气田开始快速建产以来，地面设施的刚性增长与劳动用工总量不增的矛盾日益突出，员工劳动强度不断增大，现场维护效率相对降低。面对此类矛盾，西南油气分公司上下不断探索，深化数字化应用，通过完善基础网络，优化监控体系，对气田内部局部工艺设施的自动化改造，提升仪表的可靠性与稳定性，全面提高采气现场自动化、智能化、数字化水平，实现了站场远程监控与无人值守。

西南油气分公司采气三厂在信息化建设的基础上，构建以数字化管理为核心的新型劳动组织架构，率先推行“厂管站”改革，将原来的“厂-机关-管理区-井区-井站”管理层级运作模式优化为“厂-中心站-井站”扁平化管理模式，使业务流程和管理流程相统一，降低操作成本，精简人员机构，提高工作效率。在生产现场通过改造无人值守站形成“中心站+无人值守”的劳动组织架构和生产运行方式，操作人员相对集中，员工工作生活环境得到改善，降低了安全生产风险。通过以上改革中江气田迈上了“增产不增人”的高速发展通道。

2 数字化井站无人值守建设内容

无人值守井站是通过生产流程自动化再升级配合相应的控制系统，实现生产现场远程视频和数据监控、电子巡检和远程应急处置等功能，从而实现现场无人值守、后台远程管理的生产运行模式，促进劳动组织架构优化。

2.1 生产现场

在生产现场数据采集遵循实事求是、全面准确的原则，对在用设备状态进行相关数据采集。

井站部分生产信息化建设主要包括井站参数采集、井站视频监控及数据传输，主要包括站内生产井、长停井、加热炉、分离器、污水罐以及计量装置的生产参数采集，如图 2 所示。

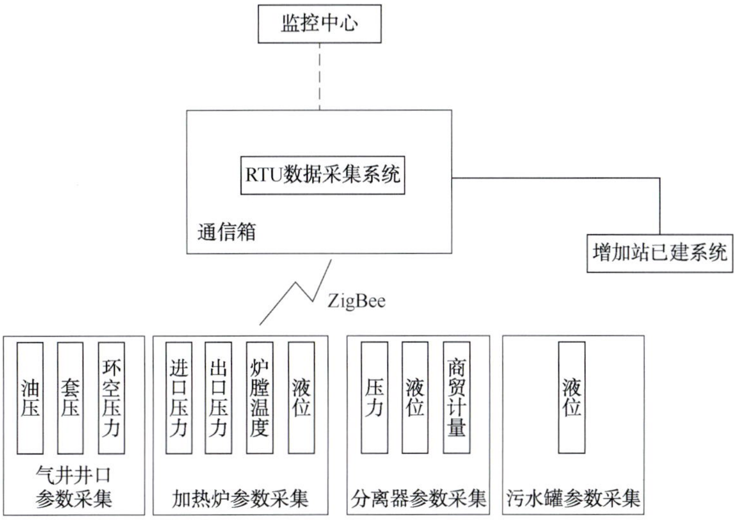

图 2　井站信息化数据采集系统

（1）站内井：包括生产井和长停井，主要采集井口油压、套压，对于存在环空起压的气井需采集环空压力。气井油压、套压及环空压力检测选用无线压力变送器，与 RTU 数据采集系统间的无线通信采用 ZigBee 方式。

（2）加热炉：用于将井口采集的气、水混合物加热至工艺所需温度，满足集输输送的需要，主要采集加热炉进口压力、出口压力、炉膛温度、水浴液位。加热炉进口压力、出口压力检测选用无线压力变送器，炉膛温度检测选用无线温度变送器，水浴液位检测选用无线液位计，与 RTU 数据采集系统间的无线通信采用 ZigBee 方式。

（3）分离器：来气进入分离器进行气液分离后外输，分离出的液体通过分离器底部排污口排至污水罐，分离器主要采集分离器本体压力与分离器液位。分离器本体压力检测选用无线压力变送器，液位检测选用无线液位计，与 RTU 数据采集系统间的无线通信采用 ZigBee 方式。

（4）储液罐：分离器分离出的污水进入储液罐，地层水通过回注泵回注或者通过其他方式运走，储液罐主要采集油水液位，液位检测选用无线液位计，与 RTU 数据采集系统间的无线通信采用 ZigBee 方式。

（5）计量点：主要采集静压、差压、温度、瞬时流量、累计流量等计量参数。检测选用一体化流量参数远程采集仪，商贸计量点选用准确度等级达到 1 级及以上的仪表，单井（合输井）计量点选用准确度等级达到 2 级及以上的仪表。一体化流量参数远程采集仪与 RTU 数据采集系统间的无线通信采用 ZigBee 方式。

（6）视频监控：每座井站设置视频监控 2 套，对站内进行实时监控。采用智能球机（带闯入报警及智能分析），安装于非防爆区域的金属通信杆上，信号上传至监控中心进行监视。杆上设置防水音箱，监控中心监控到人员闯入时，可进行远程告警。

（7）系统供电：自控、通信系统供电接自井站内已建电源，系统可靠接地，接地电阻不大于 4Ω。另外，由于井站多数采用农网供电，电压波动较大，且存在不定期停电情况。为保证供电的可靠性和稳定性，为每座井站配套 UPS 稳压电源，保证停电及破坏情况下数据能够正常传输。

2.2 控制系统

生产管控平台是油气生产信息化的终端功能应用平台，主要负责气井生产过程的实时监控，异常预警与报警的分析、处理，各个重点生产部位的视频图像监控和生产运行管理。

系统采用中国石化西南油气分公司统一部署的生产运行指挥系统（简称 PCS 系统），实现在生产管控平台控制室对区块内生产运行数据自动采集、监测和统一生产调度控制。PCS 系统是油气生产信息化建设项目的中枢，它对区块进行连续的监测和管理。系统确保数据采集、储存的完整性、及时性、准确性、安全性和可靠性，同时支持系统平台的开放性，支持用户开发、补充和完善应用功能。

PCS 系统按客户机/服务器结构设置，支持分布式多服务器结构。服务器和操作站采用标准、可靠、先进、高稳定性版本的 Windows 操作系统。操作员工作为局域网上的一个节点，根据预设的权限共享各服务器的资源。

对 PCS 系统进行智能化提升。从生产参数自动处理、综合气井智能分析预警、报警分层推送、视频智能分析报警、生产任务推送等方面开展模型研究，实现与生产安全监督管理系统的对接，深化数据应用，更好地服务于生产管理，如表 1 所示。

表 1　PCS 系统智能化提升主要内容

序　号	工作内容	详细说明
1	生产参数自动处理	包含生产异常报警模型功能设计与开发。 1. 实现油套压、累计流量、瞬时流量、液位等单参数动态报警(当前一个时间段的平均值与历史时间段的平均值的百分比值超过特定值)，时间段可根据不同数据指标进行设置。 2. 实现适合设备故障、仪表掉线、数据断传的算法：数据一段时间内无变化(包括没有数据)报警
2	综合气井智能分析预警	包含综合应用预警模型功能设计与开发。 1. 建立多生产参数综合分析模型，实现包括产量波动、措施计划推送、措施效果推送、安全运行跟踪等多参数组合分析异常报警。 2. 包含报警类别、参数设计、原因预判(可以有多个原因，为日后系统自主学习、异常事件指导提供精准指示)、报警推送
3	报警分层推送	分级推送模型功能设计与开发，实现分级(4 级)报警推送，根据分级推送给井站前线值班人员、管理区技术信息室值班人员、采气厂生产技术科值班人员、生产管理部值班人员，如超时未处理，再推送相应的上层领导。可参考工程管理一体化报警分级推送
4		报警合并及有效性过滤，根据报警原因关联分析，实现同原因报警的合并或报警过滤，减少重复报警
5		报警推送配置功能，实现报警级别定义及每级报警接收人员配置(按照参数值区间定义，具体操作办法，完成软件设计再与之结合，然后根据系统提供的功能设置对应参数值)
6	视频智能分析报警	实现报警接收接口与报警信息提醒、处置
7	生产任务推送	统一推送分公司个人工作平台和消息中心，并与各业务平台实现对接

2.3　保障制度

根据现场实际情况，精简班站台账类型，建立三本台账：设备管理台账、安全管理台账(含质量、井控、节能、保卫等)、成本消耗台账(包括各种物料、配件等)。不断完善管理机制，修订《中江气田气田无人值守井站实施规范(试行)》，制定《中江气田气田数字化系统实施规范(试行)》，细化《中江气田气田无人值守井站巡井记录》，制定《中江气田气田无人值守井组突发事件应急预案》等方案和制度。

根据压扁管理层级带来职能转变、管理幅度、工作强度、岗位设置等变化，重新定义岗位划分标准，并修订完善岗位责任制和 HSSE 责任制，重点对信息化岗位职能和安全责任进行界定。同时，建立相应的配套制度，保障各项生产、经营、安全、管理等工作有序推进，顺利过渡。

3 劳动组织架构建立

通过现场信息化改造和相应系统的配合，中江气田管理模式逐步由“单井散点式”过渡为“集中监控、片区巡检”模式，气田生产运行管理由内操班组、运维班组和采气班组共同配合，实行“厂-中心站-井站/无人值守站”的劳动组织架构，形成扁平化的中心站管理模式，提高工作效率，进一步精简组织机构，节约人力资源。

3.1 采气中心站

中心站是无人值守站建设的核心，是区域性生产管理、运行维护、应急处置和远程指令执行的核心，主要完成作业区调控中心作业指令，对所辖井组、管线、站点进行日常管理与集中监控。

结合中江气田各井站地理位置、道路情况及井站数量，共划分为8个中心站，负责各自辖区巡检站和值守站管理，每个中心站管辖井站10~14座，平均12座；管辖生产气井20~50口，平均29口；管辖管线12~14条，平均20条；管线里程18~83km，平均50km。

每个中心站按照巡检和值守井站的数量不同，人员配置有所差异。在巡检人员配置方面，依据目前熟练操作人员在正常情况下操作所需的时间，并结合拟巡检井站现有各项工作的工作量和操作时间估算，每个班组拟配置巡检人员18人。在值守人员配置方面，为了确保风险可控，拟对高井控风险井站、直输小用户井站、重大交接点井站、混合液临时处理站、地层水应急存储站和增压井站安排人员值守，每站配置员工2~4人。

3.2 专业化保障班组

为保障“中心站+无人值守”模式顺利开展，建立内操班和运维班作为支撑。内操班负责24h生产值班及应急调度，对视频生产数据进行实时监控和定期电子巡检，跟踪处置报警预警数据，下达生产调度指令、跟踪处置并记录；负责收集、上报采气中心站反馈的异常生产情况并跟踪处置；负责油、水拉运调度管理及资料上报；负责日常生产数据的收集、整理及上报等工作。

运维班负责组织泡排、解堵等常规作业；现场信息化设备仪表的检维修和调校送检；施工监护、维修、应急处置；对站场设备检维修与故障处理；对废旧物资进行回收并开展修旧利旧；物资库房管理及配送业务；特种车辆日常管理等工作。

在交通工具保障方面，根据井站工作量测算，每个巡检班组需要配置生产用车2辆以及驾驶员2人。

4 管理运行模式

无人值守模式使得管理机构人员数量得到进一步精减，维护人员集中组成巡检班，及时处置生产过程中各类突发情况，建立“电子巡井、人工巡检、中心值守、应急联动”的生产运行与生产管理相统一的生产组织方式，达到了油水井、站点的统一协调、应急指挥、多级监视、智能决策、预警报警、远程监控、报表自动生成的生产运行方式，实现了生产运行扁平化一站式管理。

在一系列信息化基础建设及上位系统平台搭建完成后，采气三厂以JS104HF撤并站为试点，进行现场综合运行测试。具体测试环节如下：

4.1　现场环节可视化

利用产能建设配套视频监控+太阳能视频监控+4G 执法记录仪方式，对 JS104HF 井站进行全方位 24h 监控，以视频巡检代替人工巡检，如图 3 所示。保障现场生产环节均在掌控之中。

图 3　JS104HF 井站界面

4.2　数据采集智能化

利用站内信息化设备，遵循实事求是、全面准确的原则，对在用设备状态(采气树、水套炉、分离器、计量装置、污水罐等)进行相关数据采集，如图 4 所示。通过内部专线网络传输至局、分公司服务器，最后在油气生产运行指挥平台进行数据展示，方便生产部门对现场数据进行精细化管控。

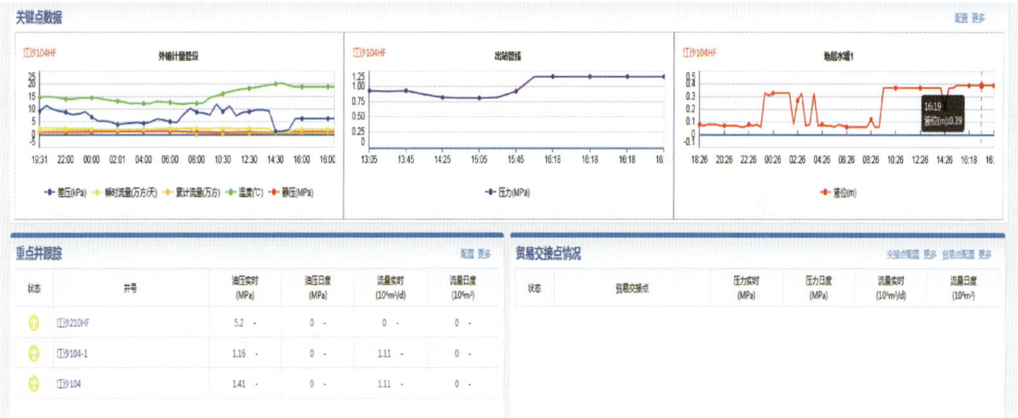

图 4　JS104HF 井站数据采集界面

4.3　现场管理模式化

利用 PCS 系统平台报警预警功能，实现井站异常第一时间推送，相关人员收到异常后第一时间处理，达到异常处置快速、高效的目的。

经过近一个月的综合运行测试，实现了现场巡检执行、数据自动录入发送、到后台系统数据查询整个流程的闭环应用测试，系统试运行中，对发现问题立即调整，从而进一步完善系统平台建设内容。通过对实际运行中系统功能与性能的全面测试，系统平台在长期运行中的整体稳定性和可靠性达到预期要求。

5　认识与体会

(1) 中江气田数字化建设完成了生产数据自动采集、视频监控、数据分析等功能。随着远程控制设备的规模化应用，大量的人工操作被代替，形成了生产运行无人值守扁平化管理模式，进一步精简了组织机构，提高了生产管理效率、降低了现场操作安全风险，降低了劳动强度。

（2）在信息化建设的基础上，采气三厂构建了以数字化管理为核心的新型劳动组织架构，推行"厂管站"改革，气田生产运行管理由内操班组、运维班组和采气班组共同配合，将原来的"厂-机关-管理区-井区-井站"管理层级运作模式优化为"厂-中心站-井站"扁平化管理模式，使业务流程和管理流程相统一，降低操作成本，精简人员机构，提高工作效率。

（3）采气三厂建立了"电子巡井、人工巡检、中心值守、应急联动"的生产运行与生产管理相统一的生产组织方式，实现了生产运行扁平化一站式管理，经现场综合运行测试，系统平台在长期运行中的整体稳定性和可靠性达到了预期要求。

参 考 文 献

[1] 雍硕．数字油田井站无人值守管理模式的应用研究[J]．中小企业管理与科技，2017(26).

[2] 田彬傧．无人值守井站工艺流程配套优化研究[J]．化工设计通讯，2017(4).

[3] 黄文科，薛媛竹，代恒，等．数字化无人值守站气井管理及生产制度优化[C]//低碳经济促进石化产业科技创新与发展——第九届宁夏青年科学家论坛石化专题论坛．

[4] 刘丹丹，杨玉林，牛双平，等．无人值守集气站气井管理探讨[J]．工业，2014，000(011)：221-222.

[5] 姜连田．浅谈天然气无人值守场站发展及探索[J]．石油石化物资采购，2019(3)：46-47.

[6] 李健，任晓峰，冯博研．油田数字化无人值守站建设的探索及实践[J]．自动化应用，2018(05)：160-161.

天然气集输管线清管及清管临界值研究

符帆顺　李无为　李　配　杨　浩　陶　晔

（中国石化西南油气分公司）

摘　要：随着企业对管线安全问题和降本增效理念的逐步重视，管线清管操作已成为全世界油气管线运行中必不可少的作业程序。本文针对中江气田实际清管条件，对近期中江气田采集输管线开展清管作业的操作规程和成效进行总结分析，并梳理出中江气田具备清管条件的采集输管线，针对能实现清管目的且具有清管意义的管段确定清管临界压力值，对 PCS（油气生产运行指挥）应用系统设置清管预警值具有指导性作用。

关键词：中江区块；清管作业；临界压力；生产清管

输气管线的输送效率和使用寿命很大程度上取决于管线内壁的清洁状况，为了清除管内积水、扫除管内积存的腐蚀产物、改善管内部光洁度、减少摩阻损失，进行管线内部和内壁的清扫是十分必要的，因此清管工艺是管线施工和生产管理的重要工艺措施[1]。

中江气田位于四川省德阳市中江县、罗江区、旌阳区，绵阳市安县、三台县、涪城区，地跨三区三县，西南面与成都市相接，相距 45km，西面与德阳市相连，相距 7km，北面与绵阳市相连，相距 7km。该区块地处川西平原东部及向东延伸的丘陵地区，海拔高度大致为 450~700m。而气田部分采集输管线因管线积液占据部分管线截面，气体有效输送截面积减小，管线流动阻力增大，引起管线压降和管输能耗增大，降低管线输送能力，致使管线运行压差远超管线理论运行压差，管网运行压力抬升，导致管网末端压力过高，制约气井释放产能。

自 4 月下旬开始，中江气田输压呈现逐步上升的趋势，截至 2021 年 5 月 19 日，输压与 4 月 20 日（日产 $300\times10^4m^3$）相比整体升高 0.25MPa，JS319HF、JS211-1HF 集气站、JX 阀室等输压均有不同幅度上升，产量降低 $4.6\times10^4m^3/d$，内部管网积液的存在严重制约气田产量，影响采集输管线的安全、高效运行（图 1）。

此前采取泄压扫线，扫线操作是关闭作业管线上游阀门，利用管内气体压力，下游站快速泄压放空，大排量泄压气体带出管线内积液的方法。泄压扫线作业由于积液管段上游无气流补充，排液效果差、天然气放空量大，已经不能满足生产需要。随着清管技术的不断发展，当前清管技术已经适用于生命周期内的各个阶段，为解决眼前困境，冲破产量瓶颈，最终决定开展通球清管作业[2]。

1　生产清管临界压力的确定

能否采用生产清管模式，取决于清管段起终点最大压差。若清管段所需最大压力大于井口安全阀动作压力或管线设计使用压力，则必须采用放散降压扫线方式[2]。

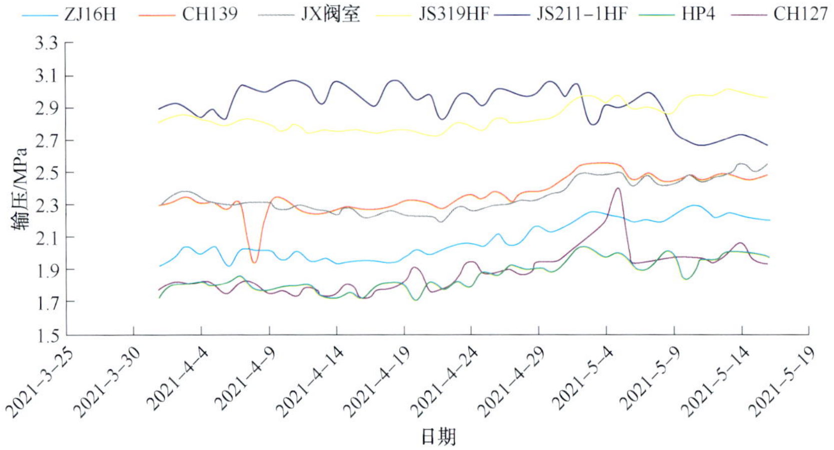

图1　4月至5月中旬各站点输压变化曲线图

根据管线地形高程差、污水状况、启动压差、目前输气压力差等估值，清管段起点最大压力一般近似计算公式为：

$$P=P_1+P_2+P_3$$

式中　P——最大压差，MPa；

P_1——清管器的启动压差，MPa；

P_2——当前发球站输气压力，MPa；

P_3——估算管内最大的积液高程压力，MPa。

中江气田天然气绝对密度 0.65~0.75kg/m^3，无操作液时高程差可忽略不计，但管线积液时高程差折算为水头损失。泡沫球清管器启动压差为 0.1MPa。

以 JS33-41HF—JS206-5HF 段集气管线为例。JS33-41HF—JS206-5HF 管线起点至终点水平拐点 175 个，纵向拐点 145 个。起点至终点高程顺差 13m，管线沿途为丘陵地区，高低起伏，穿越山坡 6 次以上，最大高程逆差 45m。

若采用生产清管模式，清管所需最大压力需小于井口安全阀动作压力和管线设计使用压力，可根据清管段起点最大压力计算公式反推生产清管模式下发球站最大压力。JS33-41HF 站井安阀起跳压力 3.9MPa，JS33-41HF 站最大生产清管压力为：

$$P_2=P-P_1-P_3=3.9-0.1-0.45=3.35(\text{MPa})$$

即当 JS33-41HF 井站出站大于 3.35MPa 时，须采取降压扫线方式。

根据计算公式和算例，可以计算出气田各集输管线临界压力，见表1。

表1　清管作业管段首站生产清管临界压力表

序　号	清管作业管线	首站生产清管压力最大值/MPa
1	JS33-41HF-JS206-5HF 集气管线	3.35
2	JS206-5HF-ZJ113-3HF 集气管线	3.37
3	JS309HF-JS206HF 集气管线	3.38
4	JS206HF-JX 清管站集气管线	2.63

续表

序　号	清管作业管线	首站生产清管压力最大值/MPa
5	ZJ113-1HF-JS319HF 集气管线	3.41
6	ZJ113-2HF-JS319HF 集气管线	3.41
7	JS327HF-JS330 集气管线	2.58

2　清管作业工艺参数优选

2.1　清管器的选择

清管器从结构特征上分为清管球、皮碗清管器、泡沫清管器、清管刷。根据输气管线类别及相关要求，四次清管作业均选用泡沫清管器，清管器过盈量为2%~4%，使清管器能紧贴管壁以不致以漏气和漏液为宜。过盈量太小，流体旁通现象显著；过盈量太大，会导致清管器通过管线阀门缩径时发生挤压破裂。

2.2　清管模式

清管模式包括放空清管和生产清管两种模式，放空清管是在下游收球站，天然气不进管网而直接放空的生产模式。在JS33-41HF—JS206-5HF集气管线清管作业中，采用放空降压清管模式；在JS206-5HF—ZJ113-3HF集气管线、JS309HF—JS206HF集气管线、中罗管线及JS206HF-JX清管站集气管线清管作业中，采用生产清管模式。坚持在提高清管效果的前提下，采用发球清管，尽量减少天然气的停产、放空损失的作业原则。

2.3　压力控制

清管器速度采用被动控制的方式，通过调节管线入口流体流量或操作压力改变清管器后方的驱动力，从而降低或增大清管器前进速度。通过被动控制不仅可以改变清管器的全线前进速度，还可以对清管器运行到某一管段处的速度进行控制，操作较为灵活，也是目前应用较为普遍的方式。

清管器的运行速度应适宜，过快容易使管线产生振动，并且清管器容易磨损，内部清管器的运行速度控制在10km/h(2.78m/s)以下。

现场采用下式估算清管器运行瞬时速度和清管器运行距离。

$$v=\frac{Q}{240FP}$$

式中　v——清管器运行速度，km/h；

Q——输气流量，km^3/d；

F——管线内径横截面积，m^2；

P——清管器后平均压力，MPa。

$$L=\frac{4Q_0P_0TZ}{\pi D^2T_0P}$$

式中　L——清管器的运行距离，m；

Q_0——发球后的累计进气量(标准条件下)，m^3；

P_0、T_0——标准条件下的压力、温度；

P、T、Z——清管器后管段内天然气平均压力、温度和压缩因子。

3 管线的选定及清管效果的对比

根据前期计算结果，与现场管线压力和实际情况条件进行综合考虑，最终对中江气田如下管段进行了清管作业：ZJ33-41HF—ZJ206-5HF 集气管线、ZJ206-5HF—ZJ113-3HF 集气管线、ZJ309HF—ZJ206HF 集气管线、ZJ206HF-JX 清管站集气管线，具体情况见表 2。

表 2 中江气田清管作业分段管线数据报表

序号	分段管段	管线长度/km	日输气量/10^4m^3	清管前上、下游压力/MPa	清管前压差/MPa	理论压差/MPa	清管前管输效率	清管后上、下游压力/MPa	清管后压差/MPa	清管后管输效率
1	JS33-41HF—JS206-5HF 集气管线	8. 143	11. 1795	3. 44/3. 30	0. 14	0. 06	0. 66	3. 36/3. 27	0. 09	0. 82
2	JS206-5HF—JS206-7HF 集气管线	4. 035	19. 4299	3. 22/3. 06	0. 16	0. 09	0. 78	3. 21/3. 12	0. 09	1. 03
	JS206-7HF—ZJ113-3HF 集气管线	4. 873	20. 6408	3. 06/2. 81	0. 25	0. 14	0. 75	3. 12/2. 95	0. 17	0. 9
3	JS309HF—JS206-2HF 集气管线	3. 748	5. 3544	3. 43/3. 32	0. 11	0. 01	0. 24	3. 34/3. 33	0. 01	0. 8
	JS206-2HF—JS206HF 集气管线	3. 378	7. 5589	3. 32/3. 31	0. 01	0. 01	1. 08	3. 33/3. 33	0	—
4	JS206HF—JS319HF 集气管线	4. 04	8. 08	3. 36/3. 08	0. 28	0	0. 05	2. 76/2. 73	0. 03	0. 18
	JS319HF—JS102HF 集气管线	6. 22	22. 86	3. 08/3	0. 08	0. 01	0. 37	2. 73/2. 69	0. 04	0. 55
	JS102HF—JS21-6HF 集气管线	2. 48	4. 31	3/2. 92	0. 08	0	0. 04	2. 69/2. 59	0. 1	0. 04
	JS21-6HF-JX 清管站集气管线	4. 4	52. 85	2. 92/2. 72	0. 2	0. 04	0. 47	2. 59/2. 5	0. 09	0. 74

本批次清管作业为中江气田内部管线清管作业的首次尝试，在一个月内进行了四次清管作业并取得了显著效果。清管后管段压差降低，管输效率明显提升，环网整体交接量与井口量大致相等，共清除内部管网积液 39. 07m^3，日产气量上升至 $315\times10^4m^3$，形成了一套具有中江气田特色的清管模式。

4 结论

本文对中江气田采集输管线整体情况进行了简单叙述，阐述了清管作业对中江气田采集输管线的必要性，对中江气田近四次清管作业的效果进行了数据分析，并就清管模式和现场操作的几个重点内容进行了阐述。梳理出中江气田具备清管条件和清管意义的管段，针对不同管段分别计算出发球站临界生产清管压力，对以后类似清管作业具有指导意义。

参 考 文 献

[1] 张文欣，陈宏举．长距离输气海底管线清管方案优选研究[J]．石油和化工设备，2020，23(4)：32-35.
[2] 秦传伟．国内外油气管线清管技术的现状及发展分析[J]．科学管理，2018，6：298.
[3] 刘海潇，何利民，陈建恒，等．管线清管器运行速度控制技术研究进展[J]．化工进展，2020，39(6)：2327-2335.

中江气田井间气举工作制度优化研究

李　峰　杨　哲　陆益祥　黄　超　叶　慧

（中国石化西南油气分公司采气三厂）

摘　要： 中江气田自建产投入开发以来，采取衰竭式开发模式，同时部分单井产量、地层能量较低，而产液量大，井底积液严重。井间气举工艺简单、原理简明，利用了井间生产差异的特点，充分利用现有地质资源，对积液气井进行辅助排水采气作业效果较好，具有效益好、投资小的特点。对于地层持续出液气井，气举原则为适当补压，少量多次，辅助排液，确保气井平稳生产，不波动。通过软件模拟、数据计算与现场试验相结合，更改工作制度逐渐找到最适气举参数(流量、压力、频率、时长)，从而提高举升效率。并根据气举时压力、流量变化可将气举阶段划分为注气阶段、增压阶段、排液阶段、余压气举阶段、正常生产阶段，对此后井间气举工作开展起到一定指导作用。

关键词： 中江气田；井间气举；气举参数；工作制度

中江气田自建产投入开发以来，采取衰竭式开发模式，同时部分单井产量、地层能量较低，而产液量大，井底积液严重，大部分生产井已经进入低压开采阶段(图 1)。目前，比较常用的气井排水采气工艺主要有优选管柱排水采气、泡沫排水采气、气举排水采气、抽油机排水采气、电潜泵排水采气和射流泵排水采气等，这些工艺具有不同的适用范围和优缺点[1]。中江气田充分利用同井场高压低产气井对产液邻井进行气举排水采气，投入较少，增产效果明显。

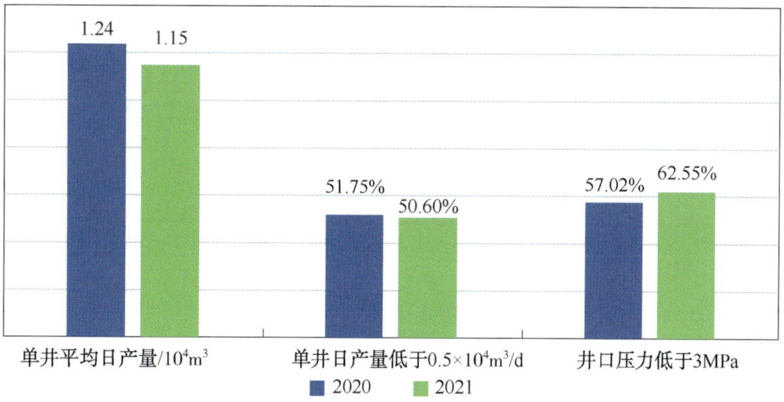

图 1　2020 年、2021 年中江气田生产情况对比图

1 井间气举理论分析

1.1 井间气举技术原理

井间互联气举排水采气工艺技术的基本原理是把两口或多口相邻气井的井口间用高压管线相连，选择压力高、产气量大、生产正常的高压气井或排水采气井完毕转入正常的生产排水气井作为气源井，不经过加压直接为一口或多口需要排水的气井提供气举排水恢复生产的高压气源，排水井生产正常后可以为其他需要排水采气的气井提供气举气源[1-3]。气源井可以是正常生产的高压气井，实现"一对一"或"一对多"地进行气举排水采气恢复生产（图2），也可以用恢复正常生产后的气井，利用"多对一"的方式来对目标井进行气举排水采气恢复产能。

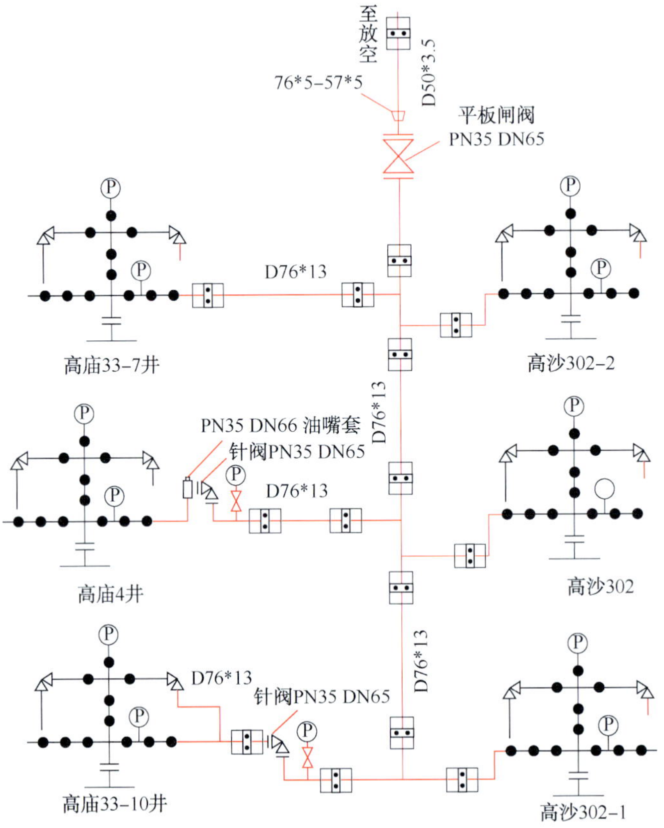

图2 高庙4井组井间气举排水采气工艺流程示意图

1.2 井间气举工艺流程及特点

井间互联气举排水采气的工艺技术在工程设计中只需要把单井间用高压输气管线相连接，即可满足气举需要（图2）。在实际生产中，可以把流程倒通，即可实现对需要排水采气的目标井进行间断或连续的气举排液生产，达到恢复目标井的生产能力与产量的目的。该工艺技术与常规的气举相比，充分利用了井区内的高压气井作气举的气源，不再使用常规的天然气压缩机等设备，具有稳产效果好、工艺简单、投资小和能耗低的特点，是一项节能减排与气田稳产增效的新技术[4-5]。

1.3　气举参数设计

1.3.1　举升效率分析

白晓弘[6]建立了井筒气液两相流实验装置，对气举时的井筒流动规律进行了模拟分析。该实验装置选用长度为5m、直径为0.03m的垂直管道模拟垂直井筒，下端入口处分别注入一定流量的气体和液体，模拟注气量和产水量，并在管道入口和出口处安装压力表，分别计量入口压力和出口压力。忽略温度的影响，举升效率 η 的计算采用简化计算公式：

$$\eta=\frac{(P_t-9.8\rho H)Q_l}{P_gQ_g} \tag{1}$$

式中　P_t——井口的绝对压力，Pa；

ρ——水的密度，kg/m^3；

H——井筒长度，实验中取5m；

Q_l——井口产出水的体积流量，L/min；

Q_g——气举阀注入的气体量，L/min；

P_g——地面注气压力，Pa。

通过增加入口气体流量（注气量），同时观察出口、入口压力及井筒流型的变化，模拟气举时的井筒气液流动，分析井筒流型变化、举升效率及井筒压降变化（表1）。

表1　不同气体流量下的流型、举升效率及井筒压降

入口气体流量/(L/min)	流　型	举升效率/%	井筒压降/MPa
0.6	泡流	1.36	0.28
7.8	段塞流	63.22	0.11
70.0	环雾流	9.29	0.37
150.0	环雾流	4.27	0.50

由表1可知，随着注气量的增加，井筒流型由泡流逐步过渡为段塞流和环雾流；在举升效率方面，泡流最低，段塞流最高，环雾流状态下举升效率随注气量增加而减小；在井筒压降方面，随着注气量变大，流型从泡流变化为段塞流，井筒压降逐渐降低，继续加大注气量，流型从段塞流转变为环雾流，随着注气量增加和流型发生变化，井筒压降先减小，后来逐渐增加，即存在一个适中的注气量，能使井筒总压降达到最低[7]。

1.3.2　气举参数的设计

1. 注入流量控制

为了达到解除低压低产气井井底积液的目的，需要被举气井的瞬时流量超过气井的临界携液量，以此为依据可以确定井间气举的最小注入流量。即

$$Q_{注入}=Q_{临界}-Q_{本井} \tag{2}$$

式中　$Q_{注入}$——气源井向被举井注入的瞬时流量；

$Q_{临界}$——被举井的临界携液流量；

$Q_{本井}$——被举井被举前的瞬时流量。

目前，国内外对于气井临界携液模型的研究已经相对成熟，对于不同井身结构，Turner、李闽、Belfroid、Andritsos等[7-10]都提出过相应的临界携液模型。通过分析总结前人

的研究成果，同时考虑到于中江—高庙气田气井以水平井和定向井为主要井身结构的特点以及产出液含凝析油的现状，分垂直段、斜井段、水平段计算，最后选取三种井段的最大临界携液量作为该井的临界携液流量。

$$Q_{临界}=71.48D^2Pv_{max} \tag{3}$$

$$v_{max}=\max\{v_{cr1},\ v_{cr2},\ v_{cr3}\} \tag{4}$$

其中，$v_{cr1}=0.45\dfrac{(1074-7.61P)^{0.25}}{P^{0.25}}$，$v_{cr2}=0.49\dfrac{(1074-7.61P)^{0.25}}{P^{0.25}}\{\sin[0.85(180-2\alpha)]\}^{0.38}$，$v_{cr3}=\dfrac{3.09}{P^{0.5}}$。

式中　α——井斜角。

2. 注气压力控制

注气压力：恰好能满足油套环空内积液全部进入油管的压力即最适注气压力，以此为依据可确定最适注气压力。即

$$P_{zq}=\rho gL+P_{gw} \tag{5}$$

$$H_t=H_y-\frac{P_t-P_y}{\rho g} \tag{6}$$

$$V=\pi r_t^2H_t+\pi r_y^2(H_y-H_t) \tag{7}$$

$$L=\frac{V}{\pi r_y^2} \tag{8}$$

式中　P_{zq}——最适启动压力；
L——井筒积液全部进入油管后的高度；
ρ——近似为水的密度；
P_{gw}——管网压力；
H_t——套管中液面高度；
H_y——油管中液面高度；
V——井筒内积液体积。

总体来说，目前中江气田井间气举被举井的井口油压在3.0MPa左右，气举注气压力控制在4~9MPa，可以通过注气油嘴和注气针型阀配合调节达到要求。

3. 现场参数调校

根据理论计算值与现场试验进行互相验证，通过理论计算、数值模拟确定一个注气压力和流量区间。在现场通过实际流量、压力和出水规律对气举参数进行优化，制定最佳气举方案。

4. 气举频率控制

气举频率控制与气源井压力恢复情况、受效井出水规律、积液情况都有关系。对于气井自身能量充足，偶尔积液气井如中江19H井，单次气举协助排出积液即可满足较长时间生产。对于气井自身能量不足而连续出液的气井，如JS33-5井、JS104HF井就要合理控制气举参数进行高频率气举，确保气井平稳生产，不产生波动。

2　气举现场试验

2.1　操作规程

第一次进行井间气举时，要进行气举参数计算、选井、作业条件现场确认，如道路踏勘、地面管线试压等措施。后续日常井间气举主要包括作业现场准备和施工操作两个部分。作业现场准备主要检查气举地面工艺流程相关法兰螺栓齐全、完好，附件齐全、完好；受效井工艺流程是否处于正常生产状态，并尽量倒成单独计量；为了观察出水情况，气举过程中关闭自动疏水阀，采取手动排液方式排液；检查污水罐容积、手轮、压力表、劳保装备、灭火器、对讲机等设施、设备是否满足条件。

井间气举施工操作，首先打开受效井进口阀门，之后对管线进行验漏工作，合格后才能进行下步操作。之后打开气源井出气阀门，并通过针型阀进行流量和压力的控制，注气开始后每 3~5min 记录一次受效井的油套压、瞬产；气举排液按照正常排液操作进行手动排液，排液应缓慢开启、当液体排出后应立即关闭排液阀，禁止天然气通过罐向外扩散。当气井大规模出液结束后，即可关闭气源井出气阀门。等到气举管线内压力与井口套压持平且不变时，可以关闭针型阀及受效井井口进气阀门，恢复气井正常生产，清理场地，及时联系车辆运移罐内液体。

2.2　现场试验

通过对井间气举井的分析，判断 JS33-5、JS104HF、JS104-1HF、JS104-2HF 等井均为地层持续出液，针对此类气井，气举原则为适当补压，少量多次，辅助排液。受效井本身仍是主要排液能力的贡献者，气源井仅在受效井地层能量不足时作为辅助，当受效井能够排出积液时，即可停止气举，从而保护气源井本身能能量。根据白晓弘[6]井筒气液两相流实验，也可得知气举流量过大时举升效率反而较低，所以控制流量十分必要。

JS33-5 井为典型的地层出液井，该井气举排液后日产气 $1.8\times10^4m^3$，油套压差在 0.3MPa 左右，但是第二天日产量就降低至 $1.1\times10^4m^3$，油套压差增加至 0.6MPa。由此可见，地层连续出液对其产量影响较大。根据工艺参数设计，JS33-5 井按气举压力 7MPa、6MPa、4.5MPa 三个工作制度进行，实验数据见表 2。

表 2　JS33-5 井不同制度下气举试验

井　号	井　别	气举前油/套压/MPa	气举后油/套压/MPa	气举频率/(天/次)	气举时间/min	气举压力/MPa	气举流量/(10^4m^3/d)	三天平均产气量/(10^4m^3/d)	产水量/m^3
JS33-5 井	受效井	2.3/2.7	2.5/2.6	3	50	7	12	1.5	0.7
JS33-2 井	气源井	13.7/13.9	6.2/6.0					—	—
JS33-5 井	受效井	2.2/2.7	2.5/2.6	1	30	6	8	1.8	0.4
JS33-2 井	气源井	13.4/13.3	6.6/6.5					—	—
JS33-5 井	受效井	2.2/2.7	2.5/2.6	1	15	4.5	4	1.8	0.4
JS33-2 井	气源井	13.1/12.5	10.8/10.5					—	—

由表 2 可知：①当气举压力设计为 7MPa，气举时间 50min 时，气源井 JS33-2 井压力下降较快，油套压由 13.7/13.9MPa 下降至 6.2/6.0MPa，并且气举最大流量高达 $12\times10^4m^3/d$，

不仅对流量计有一定伤害，而且摩阻较大，气举效率低。并且气举频率为 3 天 1 次，平均下来 JS33-5 井增产量并不明显，而 JS33-2 井每次损耗压力较大，对其气举能力的恢复也有一定影响；②当气举压力设计为 6MPa 时，气举时间为 30min，气举时最大流量为 $8\times10^4m^3/d$，但是 JS33-2 井压力仍然下降较大，但是 JS33-5 井气举效果与设计 1 相同；③当设计压力为 4.5MPa，气举时间为 15min，气举时最大流量在 $4\times10^4m^3/d$，摩阻较小，举升效率高。并且，JS33-2 井压力下降幅度较小，油套压分别从 13.1/12.5MPa 下降至 10.8/10.5MPa，对气源井起到一定保护效果，可以满足每天气举，从而达到较理想的增产效果。

根据对 JS33-5 井前期气举制度的跟踪(图 3、图 4)，可发现该井气举出液时间在气举开始 10~15min，并且此后并未出液，故对 JS33-5 井制定气举制度为：气举前应将 JS33-5 井倒流程导入 600r/min 分离器进行单独计量，便于观察瞬产，同时也防止 400r/min 分离器流量超量程打翻流量计。气举时缓慢打开控制针阀，最高瞬产控制在 $(3\sim5)\times10^4m^3/d$ ($1250\sim2000m^3/h$)为宜，气举管线压力不超过 4.5MPa。通过前期气举观察，该井一般出液时间在气举后 10min 左右。该井出液后，再气举一段时间即可结束气举，气举时间控制在 20min 之内。

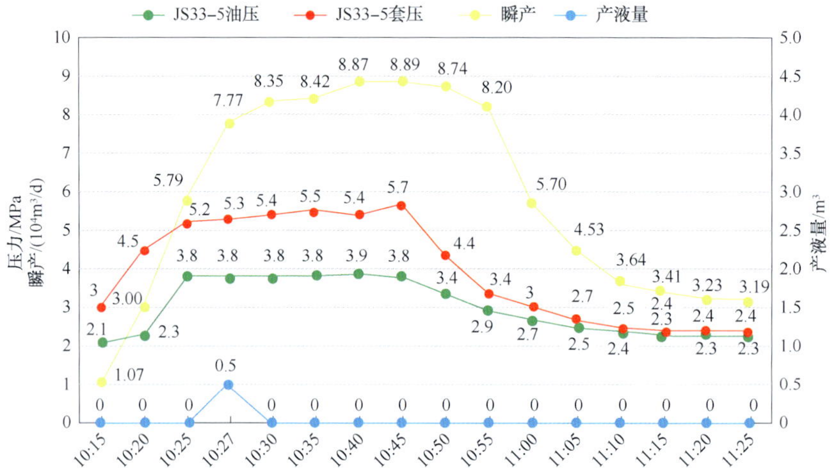

图 3 气举压力为 6MPa 时 JS33-5 井气举曲线图

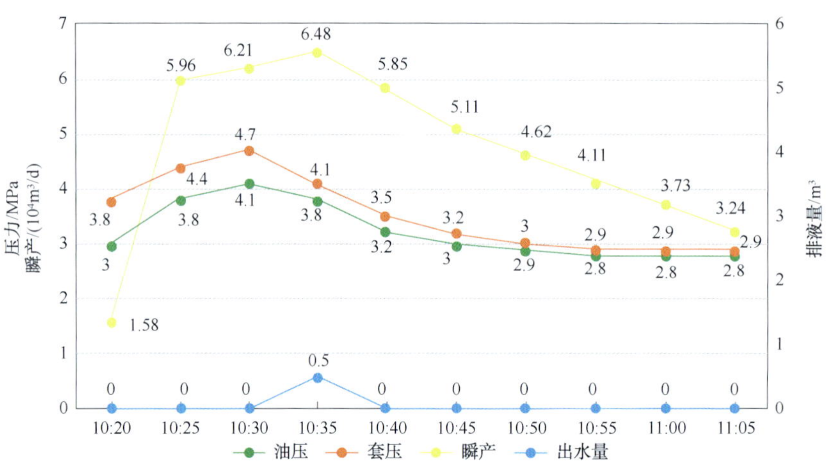

图 4 气举压力为 5MPa 时 JS33-5 井气举曲线图

3　井间气举效果及规律分析

3.1　气举效果

由生产曲线(图 5~图 8)可以看出，中江气田井间气举效果十分明显，以 5 月份为例，采取井间气举 92 次，增产 $20.98\times10^4m^3$。以 JS104HF 井组为例，该井组气举管线成本约 5000 元，气举流程自 5 月 18 日投用至 6 月 18 日期间，JS104HF 和 JS104-1HF 两口井合输日产气约 $2.65\times10^4m^3$，单日增产量约 $0.83\times10^4m^3$，远远超过成本，所以通过控制气举制度能够达到高频率气举，对连续产液气井稳产具有较好经济效益。

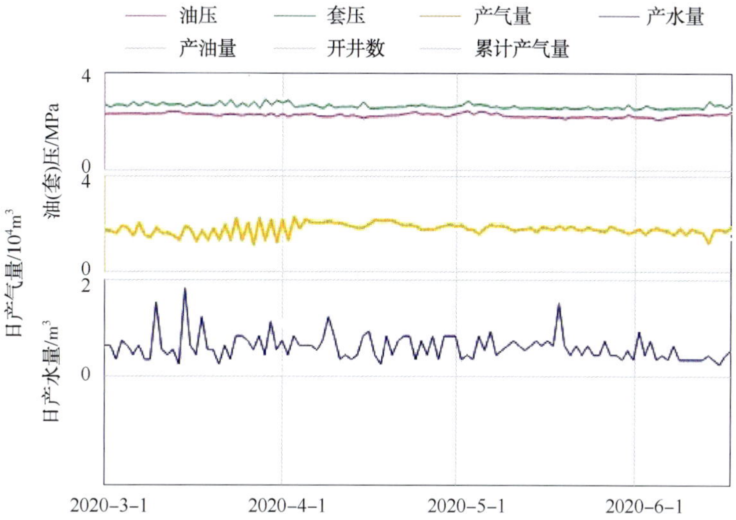

图 5　JS33-5 井组气举效果图

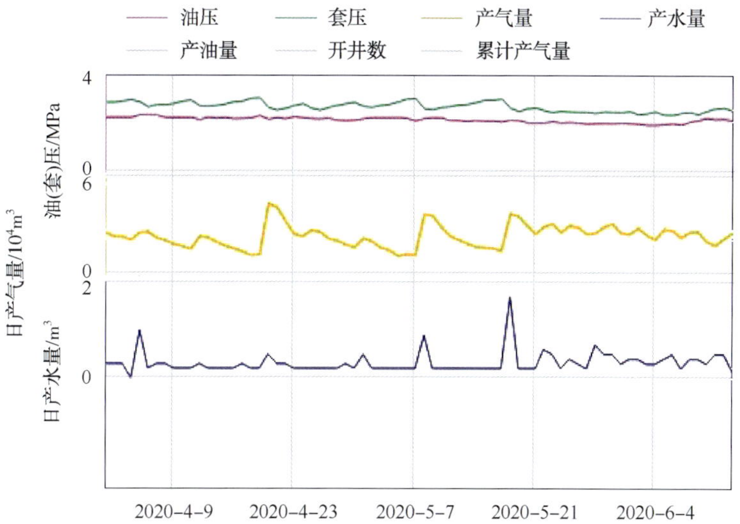

图 6　JS104HF 和 JS104-1HF 井组气举效果图

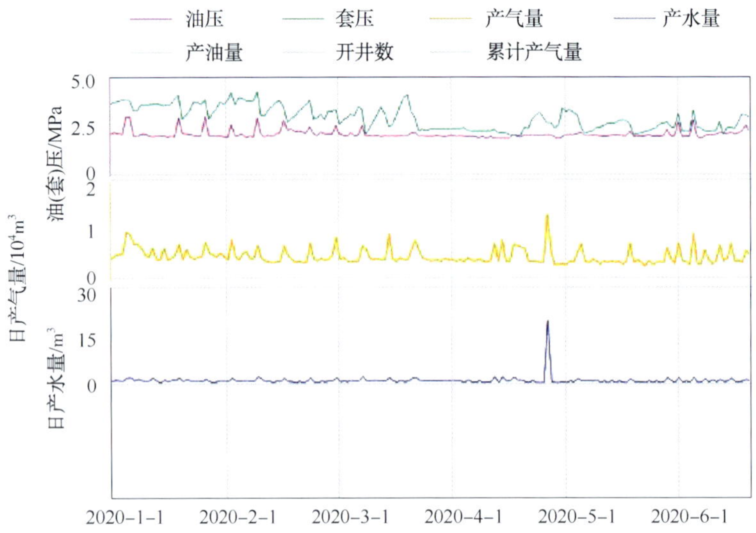

图 7　JS104-2HF 井组气举效果图

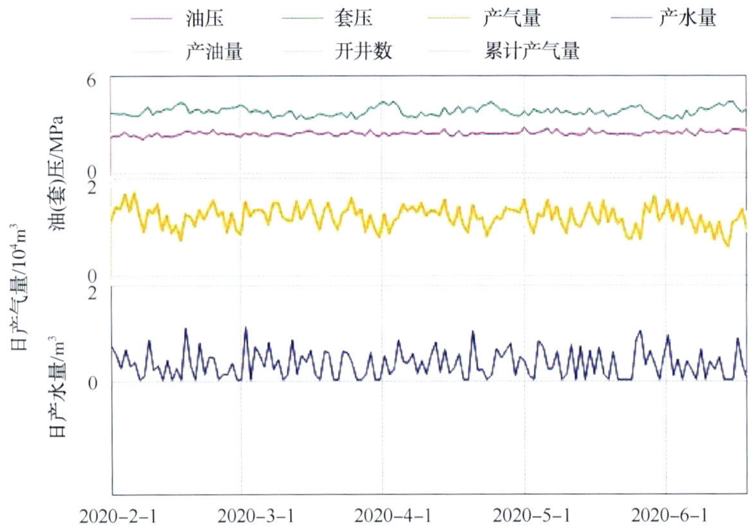

图 8　JS33-9HF 井组气举效果图

3.2　规律分析

以 JS104-2HF 井为例(图 9)，该井气举时控制气举压力为 6.5MPa，通过曲线可以看出，在气举开始 4min 内，套压、流量和油压变化幅度极小。在开始 4~12min 后，套压迅速上升由 2.5MPa 上升至 5.5MPa，油压仍然维持在 1.9MPa 不变，流量有小幅上升为 $2.7\times10^4m^3/d$。在气举开始 12min 后，气井出液 $0.7m^3$，油压迅速上升至 4MPa，流量上升至 $4.5\times10^4m^3/d$。出液 10min 后关闭针型阀，可以看出油压、套压和流量仍然保持在高位运行了 20min，之后气举能量消失，气井进入正常生产状态，油套压差缩小至 0.1MPa，瞬产增加至 $3.6\times10^4m^3/d$。

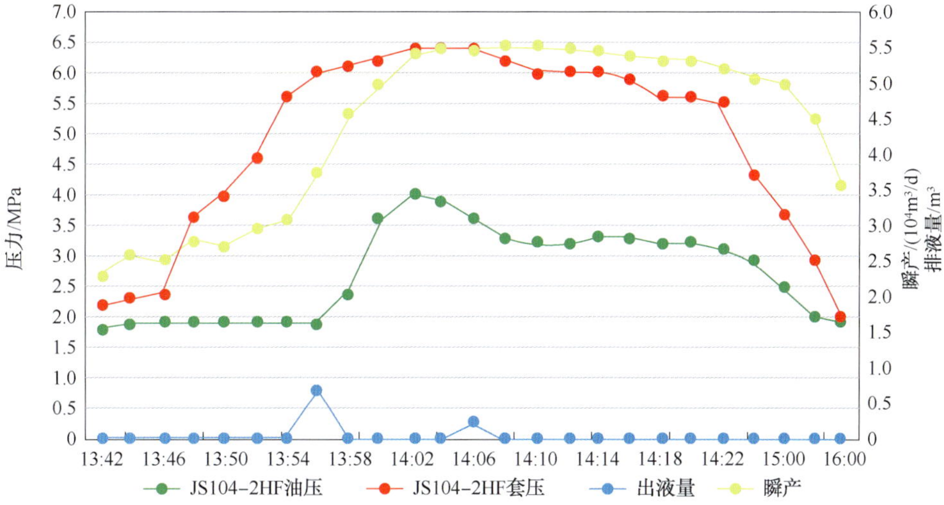

图9 JS104-2HF井间气举曲线图

在经过多次井间气举试验后，根据气举时流量、产水量、受效井油套压变化规律进行归纳总结，将整个气举流程划分为5个阶段(图10)，对后期气举工作起到一定指导作用。

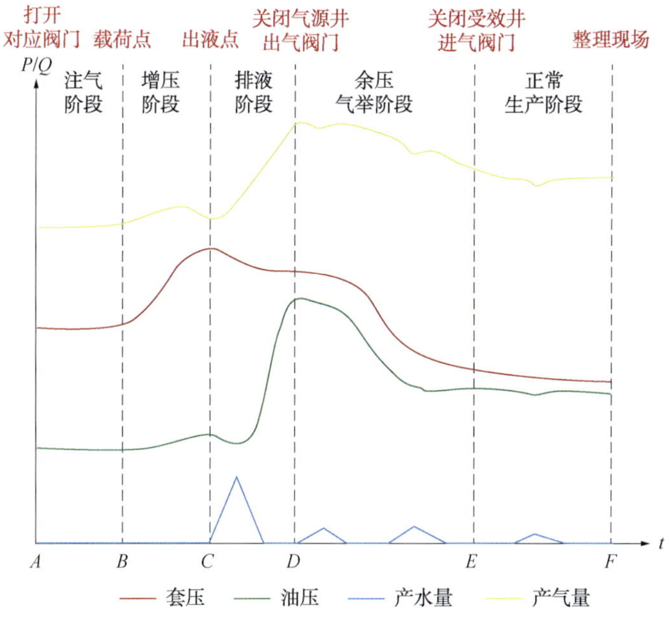

图10 气举阶段划分示意图

(1) 注气阶段(A—B)：A点先后打开受效井进气阀门、气源井出气阀门和针型阀。此阶段主要是为气举管线注气置换，整个过程受效井油套压、流量不变。

(2) 增压阶段(B—C)：气举管线置换完毕后，天然气进入受效井油套环空，套压增加、油压和流量基本不变。这个过程伴随着套压的增长，油套环空中的积液也缓慢被压入油管中。

（3）排液阶段（C—D）：这个阶段油套环空中积液首先完全进入油管中，油压和流量降至最低，套压升至最高。随着积液从油管中排出，套压降低，流量和油压均会大幅增长，并大量出液。此时，也是气举过程中风险最大的一个点，需要及时控制水套炉针型阀，防止瞬产过大对流量计造成伤害。分离器处也要及时进行手动排液，防止液量过大进入流程，导致输压增高。

（4）余压气举阶段（D—E）：当油压上升、无连续出液后，即可关闭气源井出气阀门。此时，油、套压仍然较高，可由气举管线中的压力和气井本身的能量继续进行辅助排液，当余压用完后，流量和油套压都会有大幅下降。由于前期出液较多，这个阶段一般不会有太多液量。

（5）正常生产阶段：当受效井套压逐渐降低并连续5min没有变化时，即可先后关闭针型阀和受效井进气阀门，整理现场，恢复气井正常生产。

此前，多数学者、试验[11-14]对气举过程的结束点限定多为关闭气源井出气阀门，本阶段试验和研究充分利用管线余压，对气举阶段进行了精细划分，将气举作业结束点延后至正常生产阶段。

4 结论及认识

（1）井间气举工艺简单、原理简明，利用了井间生产差异的特点，充分利用现有地质资源，对积液气井进行辅助排水采气作业效果较好。

（2）对于地层持续出液气井，气举原则为适当补压，少量多次，辅助排液，确保气井平稳生产，不波动。

（3）软件模拟、数据计算与现场试验相结合，通过更改工作制度逐渐找到最适参数（压力、流量、频率、时长），从而提高举升效率。

（4）根据气举时压力、流量变化对气举阶段进行极细划分，识别出注气阶段、增压阶段、排液阶段、余压气举阶段、正常生产阶段5个阶段，对后期井间气举工作起到一定指导作用。

参 考 文 献

[1] 熊巍．气井积液规律及排水采气优化[D]．武汉：长江大学，2014.

[2] 王雷．积液水淹气井多井气举工艺设计及应用[J]．石油矿场机械，2016，45(5)：64-68.

[3] 何光智，王卫东，金鸿弼，等．井间互联排水气举恢复产能[J]．油气田地面工程，2007，26(12)：28-29.

[4] 马思平，柳洁，魏萍，等．靖边气田连续气举排水采气工艺可行性分析[J]．硅谷，2014(4)：144-145.

[5] 徐国伟．凝析气井气举排水采气工艺技术研究[D]．武汉：长江大学，2012.

[6] 白晓弘，田伟，田树宝，等．低产积液气井气举排水井筒流动参数优化[J]．断块油气田，2014，21(1)：125-128.

[7] 刘永辉．气举系统效率评价方法研究[D]．南充：西南石油学院，2002.

[8] 谢向威．气举井的工况诊断与故障处理研究[D]．武汉：长江大学，2015.

[9] 贾浩民，李治，张耀刚，等．气举排水采气工艺技术研究及应用[J]．石油化工应用，2010，29(12)：35-38.
[10] 尹国君．气举排水采气优化设计研究[D]．大庆：东北石油大学，2012.
[11] 黄艳，谭宏兵，熊波，等．气举-泡排组合排水采气工艺技术的研究与应用[J]．钻采工艺，2001，24(5)：49-50.
[12] 莫琼，杨天庆．气举采气技术在白庙气田的应用[J]．油气田地面工程，2010，29(5)：96-97.
[13] 于淑珍，胡康，冯朋鑫，等．一种井间互联气举排水采气新方法[J]．特种油气藏，2013，20(4)：138-140.
[14] 高贵民，朱世民，刘东，等．苏 4-14 井借气气举排水采气技术[J]．石油钻采工艺，2006，28(4)：44-45.

中江气田柱塞气举工艺参数优化研究

许　鑫　罗超光　冉绍民　龚云洋　胡家瑜　刘　通

（1. 中国石化西南油气分公司采气三厂；
2. 中国石化西南油气分公司石油工程技术研究院）

摘　要： 本文以中江气田为背景，开展柱塞气举工艺参数优化研究。首先，研发了可投放至A靶点附近的柱塞工具及配套的远程控制系统；其次，根据现场生产数据确定最优的柱塞举升时间，在分析柱塞举升影响因素的基础上，考虑柱塞与油管之间气体漏失的影响，建立起高压低产气井和低压气井柱塞气举工艺参数的优化方法；最后，利用该方法优化了JS104-3HF井和GS301-1井柱塞运行频率、关井时间等工艺参数，排液效果显著。

关键词： 水平井；低压；柱塞气举；参数优化

1　引言

中江气田是中国石化西南油气分公司在川西中浅层天然气增储上产的主要阵地，由于气井普遍产凝析油，导致泡排工艺效果不佳，因此柱塞气举具有较好的应用前景。目前，中江气田柱塞气举工艺的应用存在两个难题：一是生产井井型以水平井或大斜度定向井为主，柱塞工具难以下放至产层位置[1-4]；二是低压气井及高压低产能气井举升能量不足，且现有的柱塞运行模型未考虑柱塞与油管之间气体漏失的影响[5-7]，因此无法确定有效的柱塞气举工艺参数，导致柱塞难以举升至井口。本文旨在研究新型柱塞工具与柱塞气举工艺参数优化方法，提高柱塞气举工艺排液效果。

2　水平井柱塞装置

2.1　井下限位器

柱塞工具投放之前通常需通过钢丝作业下入卡定器与柱塞缓冲器，井下工具串长度为8m左右，能满足柱塞顺利下入的井筒最大造斜率为15°/100m[8,9]，最大允许下入的井斜角不超过38°。然而中江气田超过80%的气井为水平井或大斜度定向井，平均井斜角39.53°，柱塞工具难以下入至产层段。

为满足工具下入深度的需要，结合中江气田大斜度井或水平井A靶点附近存在滑套台阶的特点，研制了2⅜in、2⅞in、3½in规格的卡簧式限位器（装置外观见图1），该限位器外径大于球座直径而小于油管内径，长度大于滑套长度，且四周开孔，不会被气流吹出滑套，可由井口采气树7号阀门之上直接投放，无须使用钢丝作业。

图 1　水平井柱塞限位器

2.2　井下柱塞工具

中江气田气井井下管柱多为全通径 62mm 油管，普遍采用弹块式柱塞工具，其外部安装有 8 块可收缩式弹块，如图 2 所示，收缩后最小外径为 58mm，完全张开后外径为 62mm。根据 Kravits 等的实验结果[10]，当柱塞通过造斜点后，柱塞在自身重力作用下，弹块会收缩并紧贴油管，迎风面减小，下落速度增快，因此，弹块式柱塞可以顺利落至 *A* 靶点附近循环滑套处的柱塞限位器上。

弹块式柱塞工具在油管内可以保持膨胀，提高密封性，并且弹块结构使得柱塞更容易通过缩径处，防止在结蜡处卡堵。

2.3　井口装置及远程控制系统

研制了 52mm、65mm、78mm 规格的系列柱塞井口捕捉器，并配套井口自动开关井装置，由电子压力计、电磁阀、气动薄膜阀、调压阀、过滤器、电源和井口控制器组成，满足柱塞气举自动开关井生产需要，如图 3 所示。

图 2　弹块式柱塞工具

图 3　JS104-3HF 井井口自控装置

配套开发了柱塞气举远程监控系统，如图 4 所示，具备远程自动(手动)开关井、气井生产数据采集及分析功能，提高了无人值守井站柱塞运行效率。

3　柱塞运行参数优化

3.1　柱塞举升影响因素分析

气井关井期间，柱塞位于油管液面之下的限位器上；当气井开井后，油管积液段之上的气体不断被采出，气井油压迅速降低至与外输压力相等，随后，油套环空和地层中的气体不断进入油管，推动柱塞和积液向上运行并达到井口。

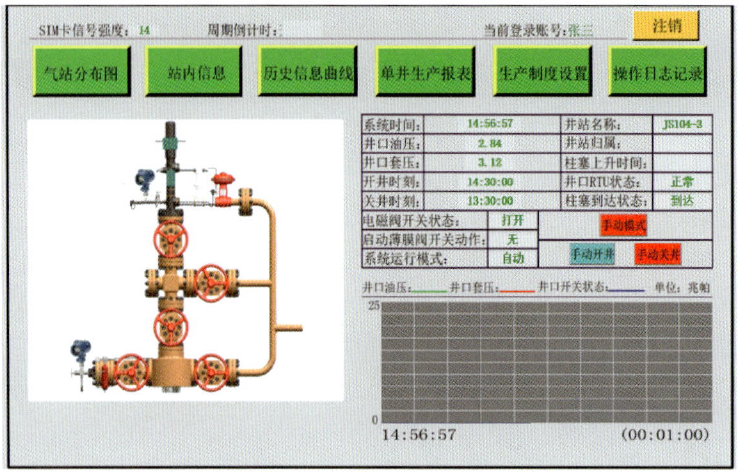

图4　柱塞气举远程监控系统界面

中江气田积液气井产气量通常小于 $2\times10^4m^3/d$，产液量小于 $1.5m^3/d$，采用 $2\frac{7}{8}$in 或 $3\frac{1}{2}$in 油管，气液流动摩擦阻力可忽略不计。在举升过程中，若柱塞与油管壁之间完全密封，则柱塞上部和下部为两个互不连通的压力系统，只需满足柱塞下部压力大于上部压力，即可确保柱塞运行至井口(图5)。但实际情况下，柱塞与油管内壁之间存在空隙，开井后，柱塞下部气体将通过空隙向上流动且流速较大[11]，当柱塞下部供气量较小时，大部分气体经由空隙漏失至柱塞上部，从而无法聚集起足够的举升压力。以弹块式柱塞为例，在油管横截面上(图6)，4片弹块、油管内壁与柱塞本体之间形成4个大小相同的空隙，其截面积为 $36.3mm^2$。

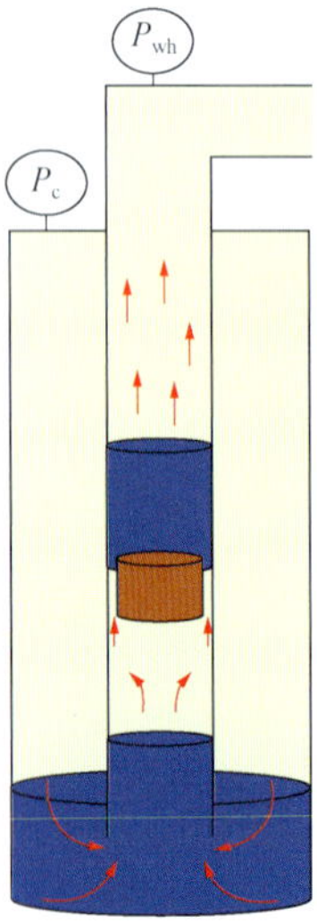

图5　柱塞运行示意图

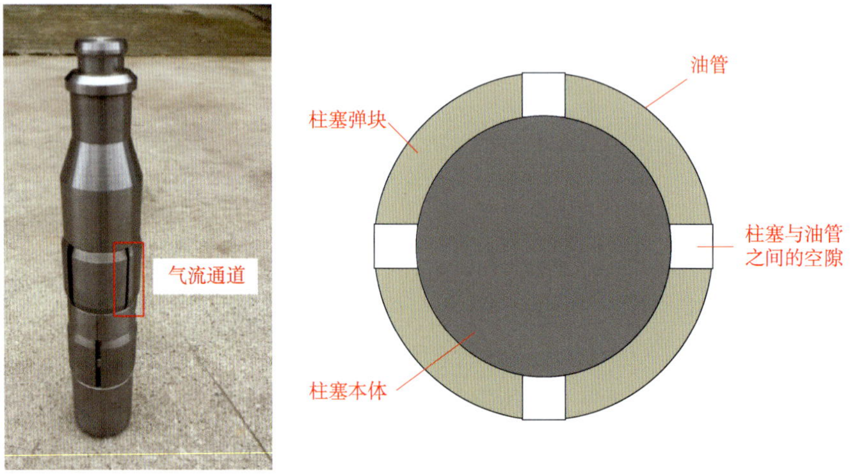

(a)柱塞工具正视图　　(b)柱塞工具截面图

图6　弹块式柱塞工具与油管之间的空隙示意图

柱塞上部气体压力由气井外输压力决定，液柱压力由单次举升液量决定，由于柱塞与油管之间存在空隙，因此只有当气量足够大时，柱塞下部的压力才能大于柱塞上部气体压力与液柱压力之和，进而柱塞可由井底顺利运行至井口。综上所述，决定柱塞能否正常运行的因素为：举升液量、产气量、柱塞下部压力，可通过优化柱塞运行频率、关井时间等工艺参数，调节柱塞举升液量、气井产气量与压力，实现柱塞气举有效运行。

3.2 最优柱塞上行时间

柱塞举升过程中应尽可能减少上部液体漏失，定义柱塞举升效率 η 为：

$$\eta = \frac{\sum_{i=1}^{n} V_i}{Q_1} \tag{1}$$

式中 Q_1——气井产液量，m^3/d；

η——柱塞举升效率，%；

V_i——柱塞第 i 次举升带液量，m^3；

n——柱塞每日运行次数。

统计了中江气田 3 口气井柱塞平均上行时间与举升效率的关系，如图 7 所示，柱塞上行至井口的时间越长，柱塞上部积液漏失越严重。中江气田柱塞限位器深度为 2300～3100m，柱塞上行时间 8～15min 为柱塞运行的高效区，举升效率可超过 85%。

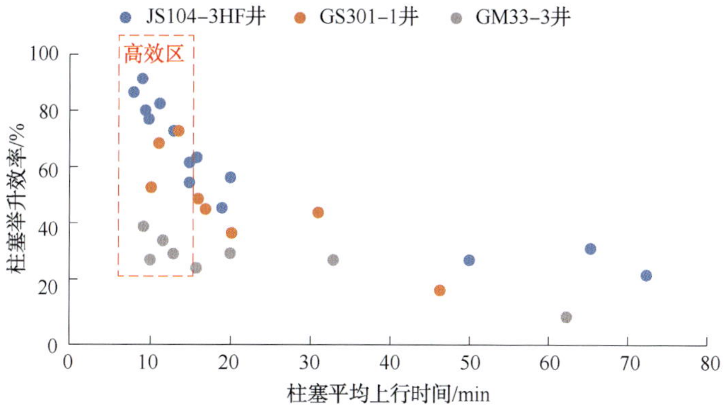

图 7 柱塞平均上行时间与举升效率的关系

3.3 柱塞工艺参数优化

3.3.1 高压低产气井柱塞工艺参数优化

对于储层物性差、生产压差大的气井，关井期间套压可上升至较高水平，但开井后地层产气量和井底流压迅速降低，此时油套环空储存的高压气为柱塞举升的重要动力来源。当柱塞将井筒积液推至井口附近时，套压与柱塞下部压力近似相等，此时柱塞举升的最小套压值为：

$$p_c = p_{wh} + \frac{V}{S}\rho g \tag{2}$$

$$V = \frac{Q_1}{n} \tag{3}$$

由曹银平的实验结果可知[11]，柱塞举升过程中，气体由柱塞与油管之间的空隙连续、大量窜流，柱塞下部滞留的积液在举升过程中难以通过柱塞与油管之间的空隙，将柱塞工具与积液视作一个整体，则柱塞运行至井口所需的最小气量可由嘴流公式计算。

当$\frac{p_{wh}}{p_c}>\left(\frac{2}{k+1}\right)^{\frac{k}{k-1}}$时，最小气量为：

$$q_{sc}=\frac{0.408p_c d^2}{\sqrt{\gamma_g TZ}}\sqrt{\frac{k}{k-1}\left[\left(\frac{p_{wh}}{p_c}\right)^{\frac{2}{k}}-\left(\frac{p_{wh}}{p_c}\right)^{\frac{k+1}{k}}\right]} \tag{4}$$

当$\frac{p_{wh}}{p_c}\leqslant\left(\frac{2}{k+1}\right)^{\frac{k}{k-1}}$时，最小气量为：

$$q_{sc}=\frac{0.408p_c d^2}{\sqrt{\gamma_g TZ}}\sqrt{\frac{k}{k-1}\left[\left(\frac{2}{k+1}\right)^{\frac{2}{k-1}}-\left(\frac{2}{k+1}\right)^{\frac{k+1}{k-1}}\right]} \tag{5}$$

柱塞上行时间按15min计算，则举升过程中所需的总气量为：

$$Q=\frac{q_{sc}t}{1440} \tag{6}$$

若油套环空储存的高压气为气井柱塞举升的全部能量来源，由此可得关井期间所需达到的套压p'_c为：

$$p'_c=\frac{20\overline{Z}'R\overline{T}Q}{V_m V_1}+\frac{\overline{Z}'(p_c+p_{wf})}{\overline{Z}}-p'_{wf} \tag{7}$$

$$p_{wf}=p_c e^{\frac{0.03415\gamma_g h}{T\overline{Z}}} \tag{8}$$

式中 q_{sc}——柱塞运行所需的最小气量，$10^4m^3/d$；

Q——柱塞举升所需的总气量，10^4m^3；

t——柱塞上行时间，min；

p_{wh}——井口油压，MPa；

p_c——柱塞举升的最小套压，MPa；

V——柱塞单次举升液量，m^3；

S——油管截面积，m^2；

ρ——液体密度，kg/m^3；

g——重力加速度，$kg\cdot m/s^2$；

k——气体绝热指数；

T——温度，K；

Z——气体偏差系数；

γ_g——天然气相对密度；

d——等效孔眼直径，mm；

p'_c——关井期间所需达到的套压，MPa；

V_1——油套环空体积，m^3；

V_m——天然气摩尔体积，L/mol；

h——柱塞限位器处垂深，m；

p_{wf}——柱塞限位器处流压，MPa；

$\overline{Z}$——平均气体偏差系数；

$\overline{T}$——平均温度，K；

R——气体常数，Pa·m³/(mol·K)。

高压低产气井可通过增加柱塞运行频率或延长关井时间，使得气井开井前套压大于 p'_c，确保油套环空储集足够的高压气体推动柱塞上行。

3.3.2 低压高产气井柱塞工艺参数优化

对于储层物性较好，但处于开发末期、地层较低的气井，即使延长关井时间，开井前套压依然小于 p'_c，此时，地层产出气为柱塞举升的重要能量来源，对于低压气井，柱塞能顺利运行至井口必须同时满足以下两个条件：

(1) 气井开井后，套压大于油压与柱塞上部液柱压力之和；

(2) 气井开井后，瞬时产气量大于柱塞运行所需的最小气量。

利用图 8 所示的图版对低压气井柱塞工艺参数进行优化，蓝色曲线为套压与柱塞运行最小气量的关系曲线；黄色曲线为套压与举升液量的关系曲线；灰色曲线为气井套压与产气量的统计关系。蓝色曲线与灰色曲线的交点为柱塞举升的临界套压，由黄色曲线可查出最大单次举升液量，通过提高柱塞运行频率，确保设计举升液量低于最大单次举升液量，柱塞即可举升至井口。

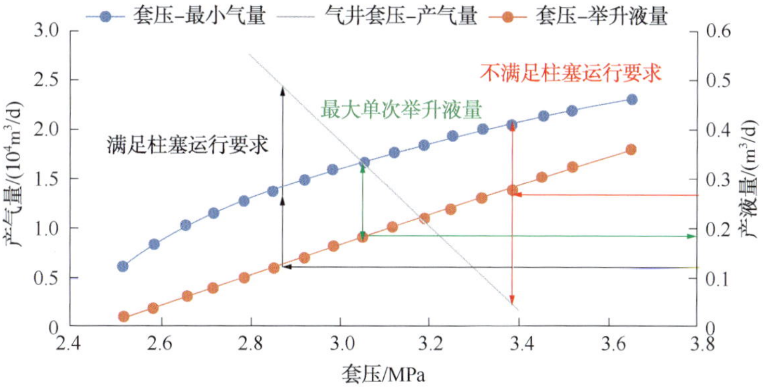

图 8 低压气井柱塞工艺参数优化图版

4 柱塞气举工艺参数优化案例

4.1 JS104-3HF 井

4.1.1 气井基本情况

JS104-3HF 井(表 1)安装柱塞前油压 2.4MPa，套压 3.3MPa，外输压力 2.3MPa，日均产气 $0.9\times10^4m^3$，日均产液 $0.37m^3$。该井产量波动大，清除井底积液后，日产气量可达 $2.1\times10^4m^3$，次日由于积液影响，日产气量迅速降低至 $0.7\times10^4m^3$(图 9)。

表 1 JS104-3HF 井井身结构特征及柱塞投放位置

井　型	造斜点井深	A 靶点井深	斜井段平均井斜角	柱塞限位器井深	柱塞限位器处井斜角	油管内径	柱塞类型
水平井	1798m	2394m	41.67°	2341m	84.38°	62mm	弹块式柱塞

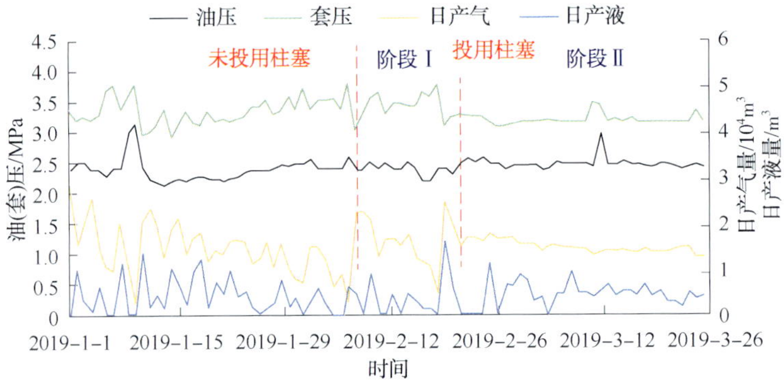

图 9　JS104-3HF 井柱塞投用前后生产曲线

4.1.2　柱塞投用前期生产情况

JS104-3HF 井地层能量衰竭，关井 8h 后，套压由 3.3MPa 上升至 3.7MPa，油套环空储存的能量较小，不利于柱塞运行；但该井清除井底积液后，产气量较高，因此地层产出气可作为柱塞举升的能量来源。

柱塞投用前期(阶段Ⅰ)运行制度如表 2 所示，计算最小气量为 $2.4\times10^4m^3/d$，但气井在套压 3.7MPa 时产气量小于 $0.5\times10^4m^3/d$(图 10)，因此该制度下柱塞无法运行至井口。

表 2　JS104-3HF 井阶段Ⅰ运行制度

关井制度	关井时间	设计单次举升液量	设计套压	最小气流量
1 次/天	3~5h	$0.37m^3$	3.7MPa	$2.4\times10^4m^3/d$

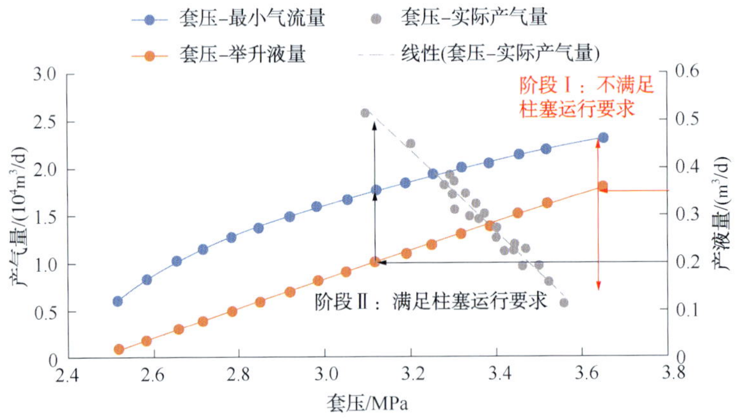

图 10　JS104-3HF 井柱塞运行图版

4.1.3　优化柱塞运行制度后气井生产情况

由图 10 可知，JS104-3HF 井临界套压为 3.26MPa，可得最大单次举升液量为 $0.23m^3$，因此优化 JS104-3HF 井柱塞运行制度，如表 3 所示，设计单次举升液量小于 $0.2m^3$，设计套压 3.12MPa，计算最小气量 $1.72\times10^4m^3/d$，小于临界套压下气井实际产气量，柱塞可运行至井口。

表 3　JS104-3HF 井阶段Ⅱ运行制度

柱塞运行制度	关井时间	设计单次举升液量	设计套压	最小气流量
2 次/天	2h	<0.2m³	3.12MPa	$1.72×10^4m^3/d$

优化柱塞运行制度后，JS104-3HF 井开井后柱塞 8～13min 即可上行至井口，生产期间套压由 3.08MPa 上升至 3.15MPa，产气量(1.56～1.68)×$10^4m^3/d$，柱塞单次运行带液 0.15～0.2m^3，气井生产平稳，实现了低压气井柱塞气举工艺的有效运行(图 11)。

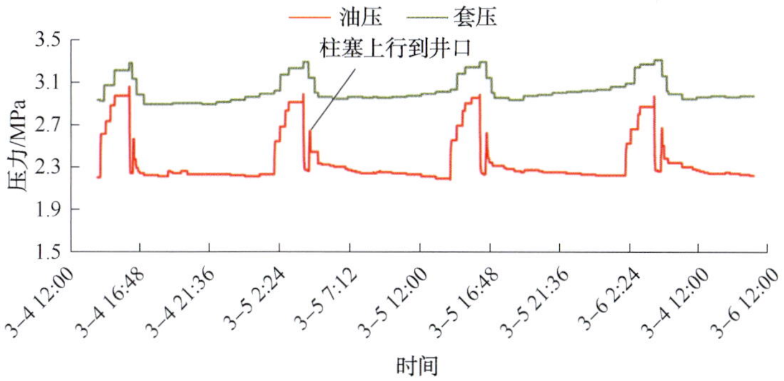

图 11　JS104-3HF 井柱塞运行期间油套压变化情况

4.2　GS301-1 井

4.2.1　气井基本情况

GS301-1 井未积液时油压 3.0MPa，套压 3.4MPa，日产气 0.5×10^4m^3，日均产液 0.33m^3；积液后油压 2.9MPa，套压 4.4～7.1MPa，日产气不足 0.4×10^4m^3，柱塞投放深度见表 4。

表 4　GS301-1 井井身结构特征及柱塞投放位置

井　型	造斜点井深	最大井斜角	产层深度	柱塞限位器井深	柱塞限位器处井斜角	油管内径	柱塞类型
定向井	1700m	39.2°	3135m	3070m	38.76°	62mm	弹块式柱塞

4.2.2　优化柱塞运行制度后气井生产情况

GS301-1 井关井后压力恢复较快，但开井后地层供气不足，产量迅速衰减，将油套环空作为柱塞举升的主要能量来源，优化柱塞运行参数见表 5。

表 5　GS301-1 井柱塞工艺参数优化结果

柱塞运行制度	设计单次举升液量	设计举升总气量	油套环空体积	设计关井套压
1 次/天	0.35m³	260m³	24.4m³	4.9MPa

根据 GS301-1 井关井套压恢复情况，确定该井关井时长为 6h，开井前套压 5.1～5.3MPa，开井后 11～14min 柱塞可运行至井口，单次带液 0.23～0.31m^3，日产气较柱塞投用前增加 0.1×10^4m^3，如图 12 所示。

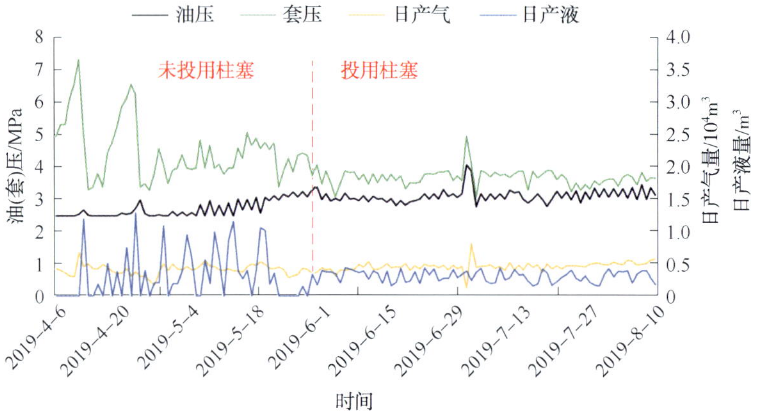

图 12　GS301-1 井柱塞投用前后生产曲线

参　考　文　献

［1］叶长青，熊杰，康琳洁，等．川渝气区排水采气工具研制新进展［J］．天然气工业，2015，35(02)：54-58.

［2］韩强辉．适用于水平气井的新型自缓冲柱塞气举排液装置的设计及应用——以鄂尔多斯盆地长庆气区为例［J］．天然气工业，2016，36(12)：67-71.

［3］童征，裴晓含，沈泽俊，等．投捞一体式柱塞气举系统的研发［J］．天然气工业，2015，35(08)：44-50.

［4］汪崎生，廖锐全．柱塞气举特性分析［J］．石油天然气学报，2000，22(3)：61-64.

［5］刘苗．苏西区块柱塞气举排水采气合理工艺参数研究［D］．西安：西安石油大学，2018.

［6］何顺利，吴志均．柱塞气举动态模型的建立［J］．石油学报，2005(04)：88-92.

［7］何顺利，吴志均．柱塞气举影响因素分析及优化设计［J］．天然气工业，2005(06)：97-99.

［8］杨筱璧，李祖友．川西气田定向井柱塞气举最大井斜应用界限研究［J］．钻采工艺，2014(6)：71-72.

［9］董耀文，谭明文，周兴付．柱塞气举在川西地区定向井中的应用研究［J］．天然气工业，2011，31(06)：53-55.

［10］Kravits M S，Frear R M，Bordwell D.［Society of Petroleum Engineers SPE Annual Technical Conference and Exhibition - Denver，Colorado，USA (2011-10-30)］SPE Annual Technical Conference and Exhibition - Analysis of Plunger Lift Applications in the Marcellus Shale［J］. 2011.

［11］曹银平．大斜度井柱塞气举排水采气模拟与优化［D］．成都：西南石油大学，2018.

一种防冻泡排剂的性能评价及应用研究

任厚霖　刘蜀东　黄禹忠　任基文　张　强

（1. 中国石化西南油气分公司；2. 西南石油大学）

摘　要： 从甲醇、乙二醇、甘油 3 种防冻剂以及泡排剂 FA-1 中优选出质量浓度为 15%乙二醇+3‰FA-1 泡排剂的复合防冻泡排体系。复配体系在 97.9℃以下稳定性良好，携液能力达到 FA-1 泡排剂同等条件下的 88.94%，能够满足地面温度在高于-5℃条件下，从井口注入、井筒返出、地面输送“全周期、全流程”的防冻，对于保护“地面、地下”管道免受冻堵危害有一定的借鉴和应用意义。

关键词： 防冻剂；泡排剂；工艺；醇类

泡沫排水采气工艺是气田排水采气技术之一，因其经济效益好、施工作业简单、排水效果好，得到气田的广泛应用。随着气田开发逐步转向深层、含硫、非常规、凝析气藏，对于泡排剂性能要求日益严格，抗温、抗盐、抗油等功能型泡排剂性能不断提升。在防冻性能方面，何党联[1]等利用室内实验复配方法得到可以应用于靖边气田的防冻泡排剂，体系在-22℃条件下依然具有较好的流动性和携液能力。郑俊枥[2]利用油患子精华素、聚乙二醇、三乙醇胺与防冻剂甲醇、乙醇、乙二醇、甘油等防冻剂复配，以涩北油田水为分散剂，在-30℃实验条件下开展防冻实验，取得较好的效果。张光生[3]利用榆林气田水对 LDYT-Ⅰ、LDYT-Ⅱ进行性能评价，满足-25~-20℃的防冻要求。防冻泡排技术在我国西北、北方部分气田已经得到一定的应用。目前，防冻泡排剂的应用仅限于气井排水采气，对泡排“全周期、全流程”的防冻实验和矿场验证开展得并不多。

四川盆地[4]属于中亚热带湿润气候区，又兼有海洋性气候特征。盆地北部极端最低温-8~-5℃，南部-5~-2℃。由于各地区的气温差异大，四川盆地主力气田在冬季温度最低将达到-5℃。在冬季部分时间：一方面，地面泡排液注入管线由于暴露在低温环境中，容易产生冻堵、胀破管线等问题；另一方面，低压气井由于产气量小，从地层带出热量不足，天然气在长输管线中热量逐渐散失，直至温度达到大气温度。井筒返出液含泡沫较多，一旦遭遇 0℃以下的恶劣极端天气，返出液容易在管道中凝固，堵塞管线，造成难以预计的后果。为此，针对可能发生的井筒、地面管线冻堵问题[5]，综合考虑注入阶段、井筒返出、地面流动等多环节的需求，采取“预防性”防冻措施[6]，确保泡排液注入、井筒返出、地面流动等环节均不发生冻堵问题，实现“地面+井下”一体化防冻。

1　防冻堵的目标与体系选择

1.1　防冻堵的主要目标

造成管线冻堵的主要原因：一是在泡排液中水、天然气在一定温度下形成水合物，为此，可以引入一种防冻剂、抑制剂，控制水合物的生成。二是泡排剂、积液在低温管道中，自身发生凝固，产生冰堵，需要降低泡排剂、返出液的凝固点。将防冻剂、水合物抑制剂同步注入井下，达到防止水合物冰堵、气田水冻堵的目的。产出液具有较高的温度、矿化度的特点，防冻剂/抑制剂必须具备抗高温、抗高盐、与发泡剂配伍性良好等特点，实验选取气田常用的甲醇、乙二醇、三甘醇等防冻剂，与气田产出水、发泡剂进行复配实验，评定复配体系抗温性、防冻性、稳定性。

根据现场实际调查与室内分析结果，容易冻堵的位置一般发生在管线弯头、管线变径、地面节流阀、计量元件等位置，主要是“节流效应”导致温度持续降低。

1.1.1 管线弯头位置

天然气通过管道弯头，流向发生偏转，外侧流速快，内侧流速慢，天然气膨胀吸热，导致弯头处冻堵(图 1)。

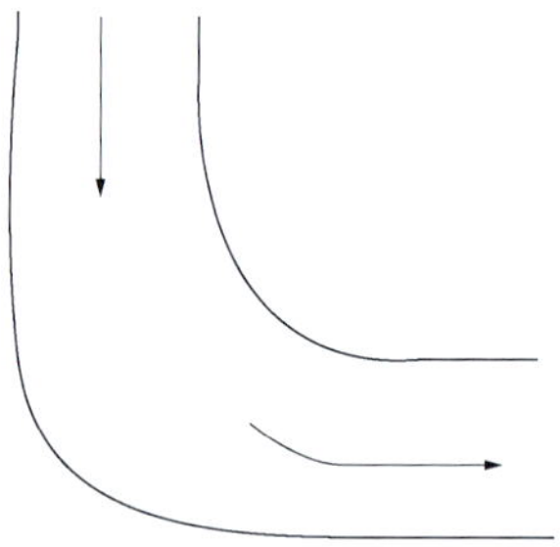

图 1　管线弯头

1.1.2 管线变径位置

天然气通过管道变径处时，体积膨胀吸热，流速加快，导致在变径处冻堵(图 2)。

1.1.3 地面节流阀、计量元件位置

天然气在通过节流元件、节流阀，体积膨胀吸热时，流速加快，导致节流处冻堵(图 3)。

图 2　管线变径

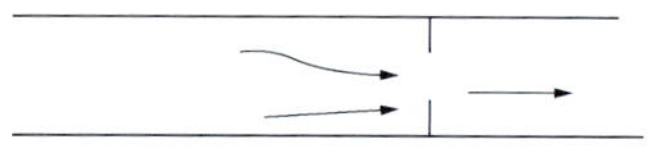

图 3　节流处

1.2 实验体系的选择

分散剂为气田产出水，其矿化度在 18732.19~24691.92mg/L，水型为 $CaCl_2$ 型，颜色微黄，微含凝析油(凝析油含量少于<50mg/L)。考虑到体系的实际应用温度<-5℃，实验选取甲醇、乙二醇、甘油质量浓度 0~20%进行实验评价，实验共计选取 13 组(12 组实验组，1 组空白对照)实验样品，防冻剂质量分别选取 5g、10g、15g、20g，体系溶液共计 100g (表 1)。由于设备最小温度跨度在±0.5℃，实验从±0℃开始下降，每 1h 下降 0.5℃，直至所有实验样品全部凝固为止。

表 1　甲醇、乙二醇、甘油的冰点温度

发泡剂	甲醇		乙二醇		甘油	
	浓度/%	冰点温度/℃	浓度/%	冰点温度/℃	浓度/%	冰点温度/℃
FA-1	0	0	0	0	0	0
	5	-2.5	5	-1.5	5	-0.5
	10	-6.0	10	-3.5	10	-1.5
	15	-10.5	15	-5.5	15	-3.0
	20	-14.5	20	-11.0	20	-5.0

实验结果显示，相同浓度的防冻剂，其抗冻性能为甲醇>乙二醇>甘油。质量浓度10%的甲醇、质量浓度15%的乙二醇、质量浓度20%的甘油基本满足高于-5℃环境的抗冻要求，且用量最少。20%质量浓度的甘油在-5℃时有结冰、冻堵的风险。

2　室内实验

2.1　稳定性评价

实验选取地层水为分散剂，质量浓度10%的甲醇、质量浓度15%的乙二醇、质量浓度20%的甘油分别与质量浓度1‰～5‰泡排剂FA-1进行复配，体系共计100g，在室温(25.0℃)下静置48h，观察复配体系的稳定性(表2)。

表2　复配体系稳定性评价

防冻剂	FA-1				
	1‰	2‰	3‰	4‰	5‰
甲醇(10%)	稳定	稳定	稳定	稳定	稳定
乙二醇(15%)	稳定	稳定	稳定	稳定	稳定
三甘醇(20%)	稳定	稳定	稳定	稳定	稳定

根据实验结果，质量浓度10%的甲醇、质量浓度15%的乙二醇、质量浓度20%的甘油与泡排剂在1‰～5‰等比例下的复配体系稳定，不产生沉淀、凝固，不发生变质，流动性未见明显降低。

2.2　抗温抗冻性能评价

2.2.1　抗温能力评价

气井深度在1800～3400m，地层温度在54.5～75.7℃。实验选取地层水为分散剂，实验选取泡排剂FA-1质量浓度3‰为实验标准，分别与10%甲醇、15%乙二醇、20%甘油进行混合，选取40.0℃、60.0℃、80.0℃、97.9℃(沸腾)四个实验温度，采取水浴加热48h，观察复配体系是否出现分层、凝固、变性、流动性降低等现象，模拟复配体系在井下高温环境中的稳定性(表3)。

表3　复配体系抗温能力评价

体系	温度/℃			
	40.0	60.0	80.0	97.9
体系1：3‰FA-1，10%甲醇	稳定	稳定	稳定	稳定
体系2：3‰FA-1，15%乙二醇	稳定	稳定	稳定	稳定
体系3：3‰FA-1，20%甘油	稳定	稳定	稳定	稳定
体系4：3‰FA-1	稳定	稳定	稳定	稳定
体系5：10%甲醇	稳定	稳定	稳定	稳定
体系6：15%乙二醇	稳定	稳定	稳定	稳定
体系7：20%甘油	稳定	稳定	稳定	稳定

从实验结果来看，10%甲醇、15%乙二醇、20%甘油与FA-1配伍性较好，不发生分层、凝固、变性、流动性降低等现象。

2.2.2 抗冻能力评价

实验选取气田产出水为分散剂，泡排剂 FA-1 使用质量浓度为 3‰，分别与 10% 甲醇、15% 乙二醇、20% 甘油进行混合，选取 100g 体系溶液在-7～0℃评价复配体系的抗冻性能(表 4)。从实验结果来看，甲醇复配体系在-5℃下不凝固，乙二醇复配体系在-4.5℃下不凝固，甘油复配体系在-3.5℃下不凝固。复配体系在接近凝固温度时会出现冰凌，但未完全丧失流动性。

表 4　复配体系抗冻能力评价

序号	温度/℃	凝固时间			序号	温度/℃	凝固时间		
		体系 1	体系 2	体系 3			体系 1	体系 2	体系 3
1	0.0	不凝固	不凝固	不凝固	9	-4.0	不凝固	不凝固	凝固
2	-0.5	不凝固	不凝固	不凝固	10	-4.5	不凝固	不凝固	凝固
3	-1.0	不凝固	不凝固	不凝固	11	-5.0	不凝固	凝固	凝固
4	-1.5	不凝固	不凝固	不凝固	12	-5.5	凝固	凝固	凝固
5	-2.0	不凝固	不凝固	不凝固	13	-6.0	凝固	凝固	凝固
6	-2.5	不凝固	不凝固	不凝固	14	-6.5	凝固	凝固	凝固
7	-3.0	不凝固	不凝固	不凝固	15	-7.0	凝固	凝固	凝固
8	-3.5	不凝固	不凝固	不凝固					

2.3　携液能力评价

发泡实验按照《泡沫排水采气用起泡剂评价方法》(SY/T 6465—2000)使用质量浓度 3‰，发泡实验选择在室温 20.0℃环境中进行。

从实验中可以看出(表 5)，甲醇对于泡排剂的发泡能力有较大的影响，携液能力下降 72.79%。乙二醇、甘油对于泡排剂发泡能力的影响较小，分别比对照组下降 9.72%、12.5%。

表 5　复配体系携液能力

体系名称	发泡能力/mm		携液能力/%
	初始	5min 以后	
体系 1：3‰FA-1，10%甲醇	88	48	23.91
体系 2：3‰FA-1，15%乙二醇	129	97	78.14
体系 3：3‰FA-1，20%甘油	131	98	75.36
体系 4：3‰FA-1	144	109	87.86

综上，为达到用量最少，防冻效果最优，推荐使用 3‰FA-1、15%乙二醇复配体系。

3　现场应用

3.1　气井产出液防冻效果评价

实验选取 MG-3 气井，井口油压 1.6MPa、套压 1.8MPa，日产天然气 $3100m^3$，日产液 $0.05m^3$，由于产量低于临界携液量，气井时常积液，需要定期注入泡排剂进行排液。该井冬季最低气温在-3～-2℃左右，井口—水套炉管线温度最低在-1℃左右。1 月 3 日，该井注入泡排剂 0.3kg，乙二醇 4.5kg，清水 25.2kg，共计出水 126kg，返出液乙二醇浓度初步估算为 3.57%(表 6)。

表 6　MG-3 井 1 月 3 日返出液的抗冻能力评价

序号	温度/℃	实验结果	序号	温度/℃	实验结果	序号	温度/℃	实验结果
1	±0	不凝固	5	-2.0	凝固	9	-4.0	凝固
2	-0.5	不凝固	6	-2.5	凝固	10	-4.5	凝固
3	-1.0	不凝固	7	-3.0	凝固	11	-5.0	凝固
4	-1.5	不凝固	8	-3.5	凝固			

实验分析 1 月 3 日返出液，由于气井产液，产出液对防冻剂的稀释作用导致防冻能力下降，重新调整配方体系，暂估气井积液量为 100kg。1 月 9 日，该井注入 0.3kg 泡排剂，乙二醇 19.2kg，清水 27.7kg，气井共计出液 147kg，返出液乙二醇浓度初步估算为 13.06%，防冻效果较好。MG-3 井采取每日泵注 1 次，1 月 11 日—1 月 14 日，在夜间平均温度最低-2.0℃的环境下，地面管线均未发生冻堵、结霜现象(表 7)。

表 7　MG-3 井 1 月 9 日返出液的抗冻能力评价

序号	温度/℃	实验结果	序号	温度/℃	实验结果	序号	温度/℃	实验结果
1	±0	不凝固	5	-2.0	不凝固	9	-4.0	不凝固
2	-0.5	不凝固	6	-2.5	不凝固	10	-4.5	不凝固
3	-1.0	不凝固	7	-3.0	不凝固	11	-5.0	不凝固
4	-1.5	不凝固	8	-3.5	不凝固			

3.2　排水效果评价

对比防冻泡排复配体系与对照组的排水效果，携液能力下降约 9.72%，从气井实际的产液情况来看，复配体系依然能满足气井积液返排，防冻剂对气井生产没有明显影响，返出液的抗冻性能得到明显提升，能满足日常生产需要。

4　结论

(1) 甲醇具有消泡作用，与 FA-1 泡排剂配伍性较差，不建议与泡排剂同时使用。对于气井少量积液，且能自行携液，或是通过关井激动、气举携液，可以少剂量加入甲醇，提高产出液的抗冻能力，保证输送管线的安全。

(2) 对于低温天气(高于-5℃)，为防止地面管线冻堵、产出液结冰、水合物冻堵，应采取“预防性”防冻措施，提前加注防冻剂，保护管线流程，抵御低温天气的伤害。可以采取防冻剂与泡排剂的复配工艺，复配体系的用量应与井筒积液成一定比例，以达到“全周期、全流程”的防冻要求。

（3）对于低于-5℃的环境，本文未涉及，但必须对防冻体系的防冻、温度、携液能力等进行矿场评价，达到“全周期、全流程”防冻要求。同时，可采用多元复配、分子改性或者井口升温、管线保温等方式处理防冻问题。

参考文献

[1] 何党联，王维，刘洋，等. 防冻型泡排剂在靖边气田的试验效果评价[J]. 石油化工应用，2014，33(08)：120-122.

[2] 郑俊枥，张占峰，张永斌，等. 涩北气田低温泡排剂的研制及应用效果分析[J]. 青海石油，2014，32(03)：78-82.

[3] 张光生，杨日丽，王华军. 新型防冻型泡排剂技术研究[J]. 陇东学院学报，2020(2)：79-81.

[4] 刘劲龙. 四川盆地极端气温和降水研究[D]. 重庆：西南大学，2013.

[5] 王刚，郝红丽，陈贝贝，等. 苏里格东区上古输气管线防冻堵对策研究[J]. 石油化工应用，2019，38(08)：67-70+85.

[6] 姜云，张鹏，周厚安，等. 温黄气田冬季生产水合物堵塞原因分析及防治对策[J]. 石油与天然气化工，2010，39(04)：335-338+270-271.

井下节流器对携液能力及积液分布的影响

任厚霖 任基文 张 强 李 波 李 峰 刘尧波 杨 杰 覃善团 许 鑫

（中国石化西南油气分公司）

摘 要：井下节流气井在生产后期，随着气井压力的降低，井筒积极对气井生产的影响越来越大。为此，本文对井下节流器节流前后天然气流动特征、井下节流器对携液临界流量和井筒积液的影响等进行了分析与研究，对井下节流井生产中遇到的井筒积液问题、积液诊断进行了研究，总结出适用于一般中浅层气藏井下节流器气井的积液诊断与生产制度优化技术。

关键词：井下节流；压力；温度；临界携液；井筒积液

1 概述

井下节流开采工艺的主要原理是利用地层热量，对节流后的天然气进行加热，有效抑制井筒水合物的生成，减少地面加热设备，有利于减少地面建设投资。但是，随着气井生产能力下降，特别是在低压生产阶段，气井的带液能力不足以将井筒积液带出，导致气井产能下降。此时，井下节流器前后存在压力变化、温度变化、速度变化等变化情况，将影响气井全井筒的携液能力，进而影响积液在井筒中的分布，制约着排液措施的制定。为此，分析研究井下节流器对井筒积液的影响，有着提升气井生产效益、减少排液采气投入的重要意义。

2 节流前后气体流动特征

2.1 压力、温度变化

天然气在经过气嘴、调节针型阀后，由于局部受阻，温度、压力降低，流速明显加快。天然气压力的降低、流速的增加，这一系列变化将对井筒中的天然气、凝析油、地层水的流动形态产生较大影响。

绝热节流系数常用以下公式表示：

$$\mu=\frac{\partial T}{\partial p}$$

气井的压力变化可采用气嘴流动方程：

当$\frac{p_2}{p_1}>\left(\frac{2}{k+1}\right)^{\frac{k}{k-1}}$时：

$$q_{sc}=\frac{4.066\times10^3 p_1 d^2}{\sqrt{\gamma_g T_1 Z_1}}\sqrt{\left(\frac{k}{k-1}\right)\left[\left(\frac{p_2}{p_1}\right)^{\frac{2}{k}}-\left(\frac{p_2}{p_1}\right)^{\frac{k+1}{k}}\right]}$$

当$\frac{p_2}{p_1}<\left(\frac{2}{k+1}\right)^{\frac{k}{k-1}}$时：

$$q_{\max}=\frac{4.066\times10^3 p_1 d^2}{\sqrt{\gamma_g T_1 Z_1}}\sqrt{\left(\frac{k}{k-1}\right)\left[\left(\frac{2}{k+1}\right)^{\frac{2}{k-1}}-\left(\frac{2}{k+1}\right)^{\frac{k+1}{k-1}}\right]}$$

节流前后压力与温度的关系：

$$T_1=T_2/\left(\frac{p_2}{p_1}\right)^{\frac{k-1}{k}}$$

井下节流器下入深度与井温的关系：

$$T_1=273+T_0+\frac{H}{M_0}$$

2.2 气体流速

天然气节流后，由于体积膨胀，在气井连续流动的过程中，流速明显加快，气井的带液能力显著增强，考虑地层对天然气的加热效应，节流前后温差不予考虑。假设天然气为理想气体，其节流前后压力、体积变化为等温绝热过程，天然气节流前后的压力、体积变化呈反比。

$$p_1V_1=p_2V_2$$

在标准条件下，压力为101kPa，温度为20℃，油管内径为62mm的油管中，通过相同质量的理想天然气的流速变化见表1和图1。

表1　压力、温度与携液临界流量的关系表

压力/MPa	日产气量/10^4m^3	质量流量/(kg/s)	管径/m	流速/(m/s)	临界携液流速/(m/s)
0.1	8.64	0.77	0.062	331.23	8.2726
2	8.64	0.77	0.062	16.56	1.8429
5	8.64	0.77	0.062	6.62	1.1585
10	8.64	0.77	0.062	3.31	0.8108
20	8.64	0.77	0.062	1.66	0.5607
30	8.64	0.77	0.062	1.09	0.4468

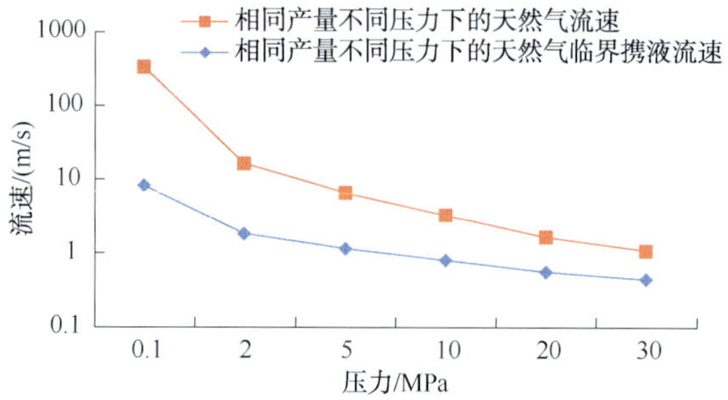

图1　相同气体流量下不同管压对天然气流速的影响

从表 1 中可以看出，等量天然气的输送压力越低，通过等量天然气的流速就越快。在气体连续流动的降压过程中，忽略了温度对天然气携液能力的影响，天然气流速的增加要大于天然气临界携液流速的增加，说明气体的压降过程不需要考虑携液能力变化对气井排液的影响，若压降前气井能够携液，则压降后必然能够满足携液的要求。

3　节流前后携液临界流量变化特征

3.1　节流前后气井携液能力

节流前后，压力、温度的变化会导致气井最小携液流量发生变化。压力计算范围以压力在 0.1~30MPa、温度在 20~60℃、油管内径 62mm、井斜 37°的定向井为计算模型，计算得到压力、温度与携液临界流量的关系。根据计算结果，气井的携液临界流量与压力呈正比，体现为压力越高，天然气流动速度越慢，带液所需要的天然气量大，气井的携液临界流量与温度呈反比，体现为温度越高，带液所需要的天然气量减小(表 2、图 2)。

表 2　压力、温度与携液临界流量的关系表

温度/℃	携液临界流量/($10^4m^3/d$)					
	0.1MPa	2MPa	5MPa	10MPa	20MPa	30MPa
20	0.2507	1.1170	1.7555	2.4570	3.3986	4.0625
30	0.2465	1.0985	1.7268	2.4178	3.3471	4.0049
40	0.2426	1.0810	1.6996	2.3804	3.2979	3.9496
50	0.2388	1.0642	1.6735	2.3447	3.2508	3.8964
60	0.2352	1.0482	1.6487	2.3106	3.2055	3.8452

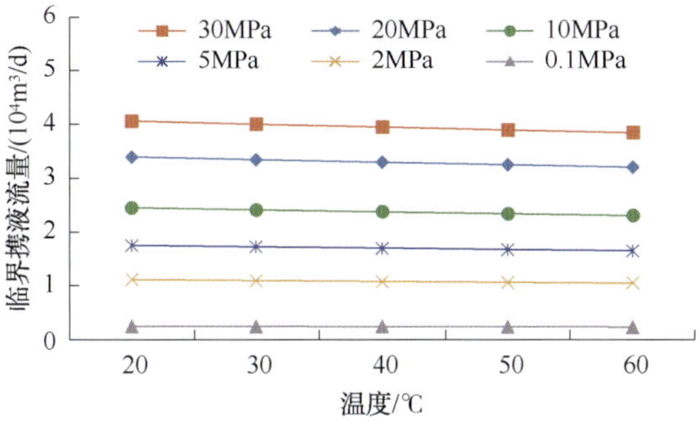

图 2　压力、温度与携液临界流量的关系图

井筒的压力为气井临界携液流量的主控因素，温度为次要因素，在 60℃向 20℃下降的过程中，对临界携液流量的影响仅(0.015~0.22)×$10^4m^3/d$。减小气井携液所需的流量，主要手段为降压，下入井下节流器对减小气井的临界携液流量起着积极作用，当下入井下节流器后，节流后压力在 2~5MPa，临界携液流量在(1~1.76)×$10^4m^3/d$，比在 30MPa、地温 60℃条件下的临界携液流量下降近 2×$10^4m^3/d$，井下节流器有助于气井排液。

3.2　气井携液能力

由于天然气在井筒中流动，不断发生压降和温度变化，将导致气井各个位置携液能力不

一致。表 3 的计算结果为不同深度气井的压力、温度情况，由此计算得到在不同压力、温度下的带液所需的流量（图 3）。

表 3　实测气井井筒流压、流温数据

深度/m	垂深/m	压力/MPa	温度/℃	深度/m	垂深/m	压力/MPa	温度/℃
20.0	20.0	6.02	29.338	2000.0	2000.0	7.313	70.259
200.0	200.0	6.135	33.346	2050.0	2050.0	7.345	70.975
400.0	400.0	6.228	38.415	2100.0	2100.0	7.376	71.635
600.0	600.0	6.354	43.138	2150.0	2150.0	7.412	72.229
800.0	800.0	6.548	47.661	2200.0	2200.0	7.444	72.816
1000.0	1000.0	6.647	52.047	2249.4	2250.0	7.476	73.319
1200.0	1200.0	6.828	56.113	2297.4	2300.0	7.513	73.795
1400.0	1400.0	6.96	59.985	2343.2	2350.0	7.546	74.143
1600.0	1600.0	7.083	63.649	2386.0	2400.0	7.576	74.456
1800.0	1800.0	7.201	67.136	2402.4	2420.0	7.592	74.571

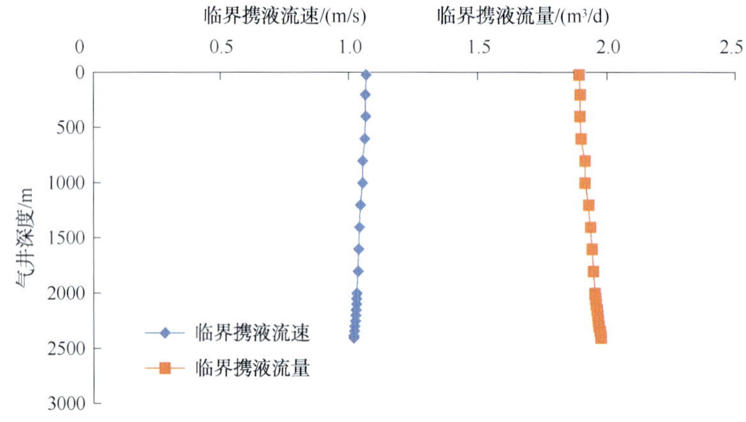

图 3　未下入井下节流气井深度与临界携液流速、临界携液流量的关系

气井临界携液流速随着井深的增大而减小，气井临界携液流量随着井深不断增大，气井临界携液流速减小，临界携液流量增大。根据图 3 结果，可以看出，气井井筒积液一般出现在井底，因为井底天然气压力高、流速慢、压缩程度高，携液所需的天然气量较大，在相同的气井产量下，越靠近井口，越不容易积液。但是，由于水泥环导热、井眼轨迹的差异，气井压力、温度分布并非线性，可能导致携液流量并非线性变化。

4　积液识别

4.1　井筒积液的分布

计算实例，选取中浅层典型气井。节流前压力 20MPa，压力梯度 0.2MPa/100m，节流

后井口压力2MPa，压力梯度按0.1MPa/100m计算，温度主要考虑地层对天然气的加热影响，节流后温度恢复至地温，地温梯度2℃/100m，节流器下深2499m（表4、图4）。

表4　节流前后气井临界携液流速变化情况统计表

深度/m	压力/MPa	温度/℃	临界携液流速/(m/s)	临界携液流量/(m^3/d)
0	2	25	1.8587	1.1076
500	2.5	35	1.6887	1.2171
1000	3	45	1.5652	1.3111
1500	3.5	55	1.4706	1.3934
2000	4	65	1.3955	1.4664
2500	19	75	0.6327	3.0673
3000	20	85	0.6250	3.1002

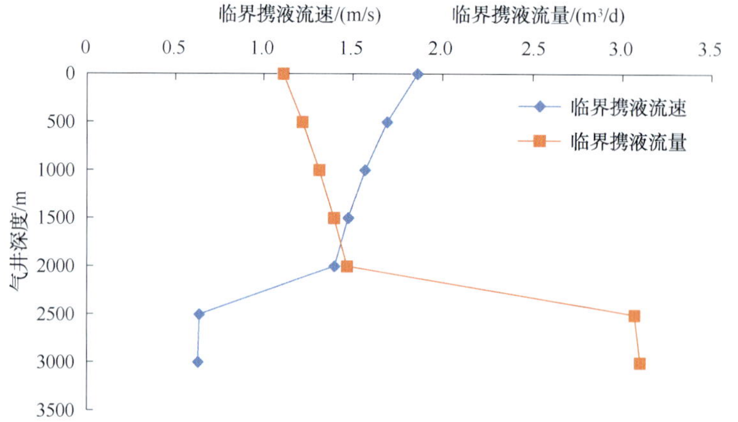

图4　井下节流气井深度与临界携液流速、临界携液流量的关系

在地层温度变化不大的情况下，可将节流器前后压降看成一个等温压降的过程。在下入井下节流器后，气井的携液能力将在经过节流器后发生突变。节流后，压力降低，天然气流速加快，带液所需流量减小。只要在井下节流器之前井筒无积液，节流之后便不会存在积液。

以此为判断依据，可以得出：

（1）当气井日产气量大于节流前的临界携液流量时，气井不积液。

（2）当气井日产气量小于节流前的临界携液流量时，但大于节流后的临界携液流量，气井积液主要产生在节流前的井筒中。

（3）当气井日产气量小于节流后的临界携液流量时，节流后的井筒也有积液。

（4）该判定准则仅适用于凝析气藏、油水气藏，不适用于干气藏或无水气藏。

4.2　井筒积液的判断

对于下入节流器的气井，油压、套压分别属于两个压力系统，可以利用油压、套压反算

节流前、后的压力，其配产必须要满足节流前带液的需求，只要节流前积液能排出，就不会存在井筒积液。

在无井筒积液、滑脱的情况下，中浅层气井压力梯度一般在0.1~0.2MPa/100m，对于低压低产气井计算，可采用0.1MPa/100m，井口油压以1.0MPa的管网压力来计算，计算假设气井不积液，则节流前、后的压力可以采用以下公式计算：

$$p_{节流后}=p_{油压}+0.001H_{节流器下深}$$

$$p_{节流前}=p_{套压}+0.001H_{节流器下深}$$

$$\int_{p_{ts}}^{p_{ws}}\frac{ZT}{p}\mathrm{d}p=\int_{0}^{H}0.03415\gamma_g\mathrm{d}H$$

式中 $H_{节流器下深}$——m；

p_{ws}——静止气柱的井底压力，MPa；

p_{ts}——井口压力，MPa；

T——管柱内气体温度，K；

Z——井筒气体压缩系数；

γ_g——气体相对密度；

H——井口到气层中部深度，m。

根据现场实施井下节流的气井统计结果，将节流前、后携液流量变化以及日产量进行对比，得出11口气井的积液情况，分析结果与实际基本符合，符合率72.7%（表5）。对比结果，可以通过油套压差，对比节流前、后的临界携液流量，达到判断携液能力的目的。对于节流前已经积液的气井，应及时打捞油嘴。

表5 节流前、后临界流速变化情况表

序号	下入深度/m	节流前压力/MPa	节流后压力/MPa	油嘴尺寸/mm	节流前临界携液流量/(m^3/d)	节流前临界携液流量/(m^3/d)	日产量/10^4m^3	是否积液
1	503.0	2.90	1.50	2.8	1.2801	0.9225	0.38	节流前、后均积液
2	2003.0	4.60	3.00	4.8	1.6069	1.3011	1.79	不积液
3	2000.0	6.20	3.00	2.6	1.8595	1.3011	0.52	节流前、后均积液
4	1550.0	6.55	2.55	3.2	1.9100	1.2005	1.00	节流前、后均积液
5	1500.0	6.40	2.50	4.0	1.8885	1.1888	1.63	节流前积液
6	1541.5	5.04	2.54	4.6	1.6804	1.1982	0.98	节流前、后均积液
7	2000.0	10.10	3.00	5.6	2.3559	1.3011	6.24	不积液
8	2000.5	15.20	3.00	3.6	2.8617	1.3011	3.15	不积液
9	2000.0	9.80	3.00	2.6	2.3220	1.3011	0.25	节流前、后均积液
10	1508.0	9.21	2.51	3.2	2.2533	1.1911	1.86	节流前积液
11	1600.0	19.80	2.60	3.5	3.2358	1.2121	3.94	不积液

5 结论

（1）天然气通过井下节流器节流压降后，气体流速增加，带液能力增强，相比较于地面节流技术，更有利于气井排液。

（2）井下节流气井生产后期，井筒积液首先出现在节流前，当气井产量下降至节流后的携液流量以下时，井筒节流后仍将积液。为达到节流前不积液的目的，气井的配产应高于节流前的临界携液流量。

（3）根据井口压力反算井底压力得出的结果，判断井筒是否积液，与实际情况基本吻合，符合率 72.7%，有助于现场人员判断井筒积液情况。

参 考 文 献

[1] 余朝毅，李川东，雷振中，等．井下节流工艺技术在气田开发中的应用[J]．钻采工艺，2003，26(6)：52-56.

[2] 熊健，李凌峰，张涛．气井临界携液流量的计算方法[J]．天然气与石油，2011，29(4)：54-56.

[3] 宋玉龙，杨雅惠，曾川，等．临界携液流量与流速沿井筒分布规律研究[J]．断块油气田，2015，22(1)：90-93.

致密砂岩气藏排液采气工艺技术研究

任厚霖　任基文　罗超光

（中国石化西南油气分公司）

摘　要：气井进入低压低产阶段，由于压力衰竭，产量下降，依靠气井自身能力已经难以将产出油水带到地面，对于解决气井积液问题，目前较为常用的方法为泡沫排液采气、气举、井下雾化、优选管柱等。中江区块生产以沙溪庙气藏为主，产出液含油较高，凝析油的存在对气井开展排液采气影响较大，影响泡排剂发泡效果，为此针对中江区块气井产出液高含油的情况，开展排液采气工艺研究，对提高产出液高含凝析油气井采收率具有重要意义。

关键词：致密砂岩；凝析油；泡沫排液；采气；气举排液

1　引言

ZJ 区块地跨一县三区，位于四川省德阳市，西南面与成都市相接，相距 45km，西面与德阳市相连，相距 7km，北面与绵阳市相连，相距 7km。该区块地处川西平原东部及向东延伸的丘陵地区。区块内地形起伏变化不大，海拔高度大致为 450~700m。气田处于滚动建产阶段，主力开发气藏以沙溪庙气藏为主，辅以蓬莱镇、须家河气藏，主力气藏属于辫状河三角洲平原–前缘沉积，储层沉积微相以前缘水下分流河道为主。

2　油气水性质

2.1　气体组分

分析沙溪庙气藏试采井的气样的组分和物理性质，甲烷含量基本稳定在 90%~92%，乙烷含量 4%~6%、重烃总量 6%~8%，不含 CO_2 和 H_2。对比须家河、蓬莱镇气藏产出天然气组分，整体表现为高甲烷，高重烃，不含硫，不含 CO_2 的凝析天然气（表 1）。须家河气藏酸性、腐蚀性气体较高，气井生产的同时也需要加入缓蚀剂保护油管和其他井下管柱。

表 1　中江区块典型层位天然气分析结果表

气藏	甲烷 (CH_4)/%	乙烷 (C_2H_6)/%	丙烷 (C_3H_8)/%	丁烷及以上 (C_{4+})/%	二氧化碳 (CO_2)/%	氮气 (N_2)/%	密度/ (kg/m^3)	相对密度
蓬莱镇	92.0	4.25	1.32	0.7491	0.0064	1.65	0.7330	0.6086
沙溪庙	92.1	5.15	1.37	0.7812	0.0121	0.517	0.7339	0.6094
须家河	97.5	0.855	0.0795	<0.006	1.31	0.188	0.6904	0.5732

2.2　地层水

ZJ 区块蓬莱镇、沙溪庙、须家河组气藏开发过程中都一定地产出凝析水、边底水。尤其是须家河气藏的气井，埋藏深，地层能量充足，单井控制储量高，产水量较蓬莱镇组、沙溪庙组气井高，矿化度 60000mg/L，比沙溪庙气藏气井高，沙溪庙气藏矿化度 20000～35000mg/L，由于长期进行泡排，部分气井被外来水污染，矿化度低于 10000mg/L(表 2)。

表 2　ZJ 区块典型层位地层水分析结果表

层位	深度/m	阳离子/(mg/L)				阴离子/(mg/L)				总矿化度/(mg/L)	pH 值	水型
		K^+	Na^+	Ca^{2+}	Mg^{2+}	Cl^-	SO_4^{2-}	HCO_3^-	CO_3^{2-}			
T_3X_2	4932	592.4	20552.0	2724.8	236.0	37788.4	<10	0	0	61981.0	5.1	$CaCl_2$
$JS_1^{\ 2}$	2740	126.1	10788.0	2744.4	153.8	21315.6	73.0	106.4	0.00	35357.9	6.5	$CaCl_2$

2.3　含油性质

气井产出油组分较为复杂，油品种类多，与抗油泡排剂效果影响不尽相同，需要根据气井产液组分，再一次优化泡排剂使用浓度、加注周期及助排方式。气井产出液含油在 0～90%均有分布，制定合适的泡排浓度，保证泡排药剂的使用效果。ZJ 区块共计 3 口气井产出黑油，1 口有蜡堵的风险，需要定期进行清蜡作业(图 1)。

图 1　地面油样展示图

3　井下与地面建设工艺

3.1　井身结构

直井(定向井)/水平井的井身结构直接影响泡排剂与井筒积液的接触。循环滑套以上积液，可通过套管注剂/气油管返出。循环滑套以下积液，不利于注剂/气，返排积液，实施排液采气需要关井。特别是进行过油管穿孔气井，一般穿孔位置较高，高于井筒积液的位置，排液措施一般不佳。

3.2　节流降压工艺

3.2.1　井下节流

井下节流工艺原理是将地面气嘴移到井下产层上部油管内，使天然气的节流、降压、膨胀过程发生在井筒内。通过井下气嘴节流，降低气嘴上部天然气压力，破坏水合物的生成条件，达到防止水合物生成的目的。

由于井下节流器的存在，节流前后压力变化大、温度变化小(地层加热)，天然气节流后体积膨胀，携液临界流速主要受压力变化的影响。节流后，天然气在油管中的流速极大提高，携液临界流量减小，提高了气井带液能力，有利于气井排液(图 2～图 5、表 3)。

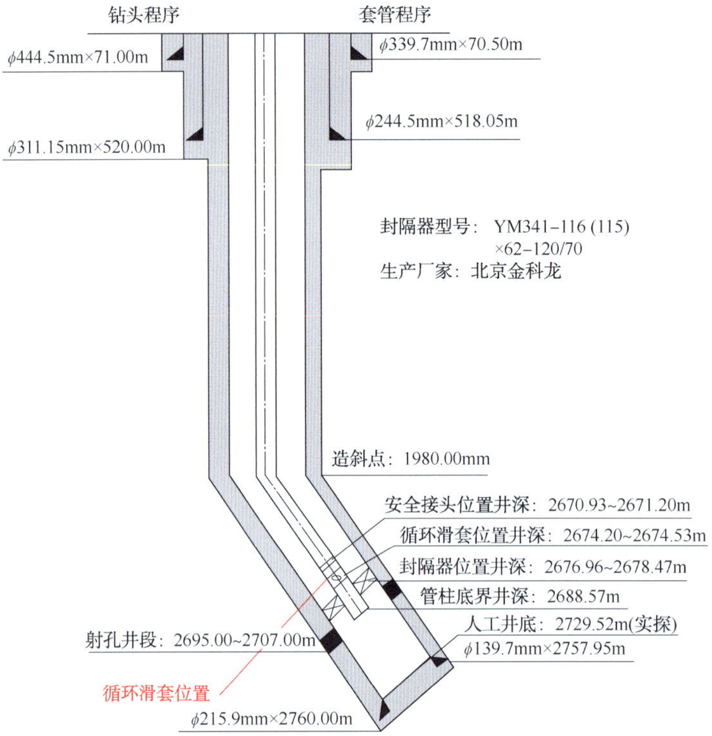

图 2 JS15 井井身结构图

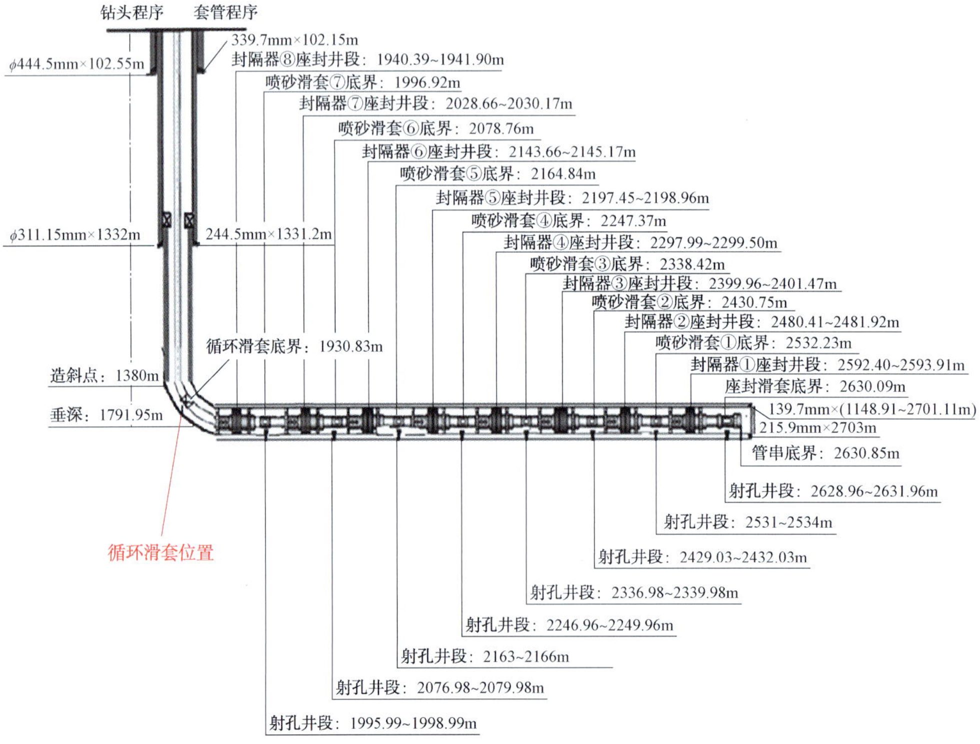

图 3 JS3HF 井井身结构图

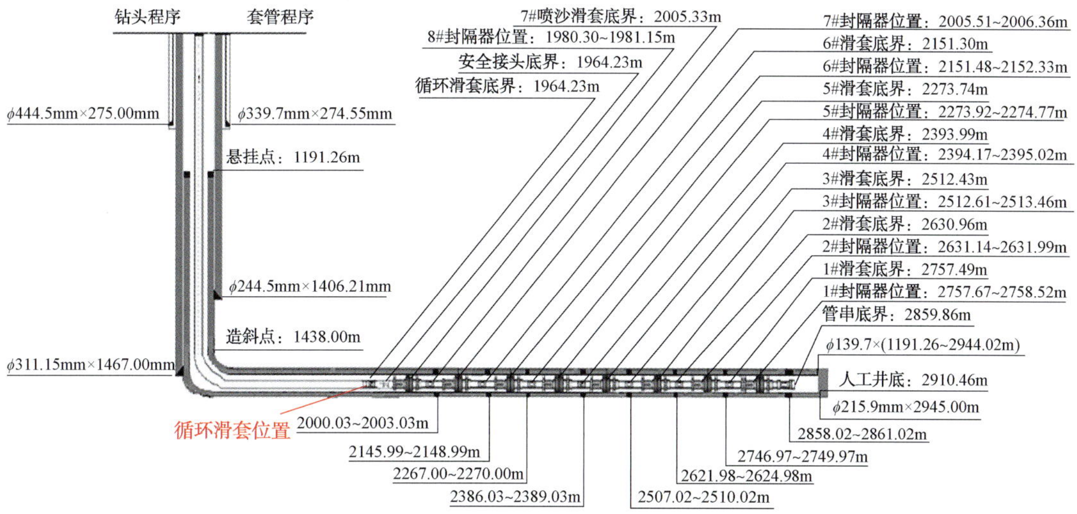

图 4 JS3-1HF 井井身结构图

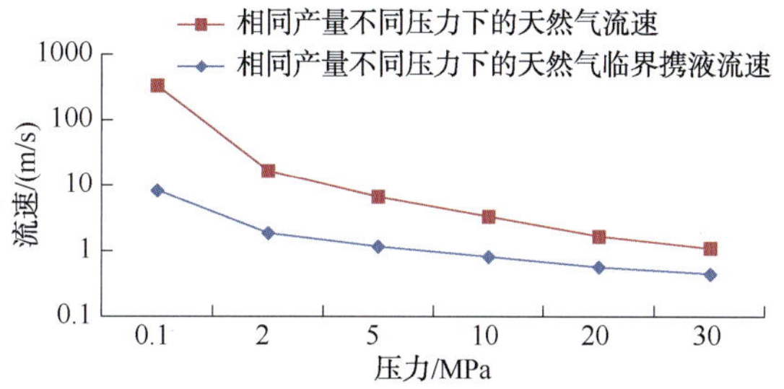

图 5 压力、温度与携液临界流速的关系图

表 3 压力、温度与携液临界流速的关系表

压力/MPa	日产气量/10^4m^3	质量流量/(kg/s)	管径/m	流速/(m/s)	临界携液流速/(m/s)
0. 1	8. 64	0. 77	0. 062	331. 23	8. 2726
2	8. 64	0. 77	0. 062	16. 56	1. 8429
5	8. 64	0. 77	0. 062	6. 62	1. 1585
10	8. 64	0. 77	0. 062	3. 31	0. 8108
20	8. 64	0. 77	0. 062	1. 66	0. 5607
30	8. 64	0. 77	0. 062	1. 09	0. 4468

节流前后，由于压力、温度的变化，将导致携液流量的变化，取压力在 0. 1～30MPa、温度在 20～60℃、油管内径 62mm、井斜 37°的定向井为计算模型，计算得到压力、温度与携液临界流量的关系。根据计算结果，气井的携液临界流量与压力呈正比，体现为压力越高，天然气流动速度越慢，带液所需要的天然气量大，气井的携液临界流量与温度呈反比，体现为温度越高，带液所需要的天然气量减小(表 4)。

表 4　压力、温度与携液临界流量的关系表

温度/℃	携液临界流量/($10^4m^3/d$)					
	0. 1MPa	2MPa	5MPa	10MPa	20MPa	30MPa
20	0. 2507	1. 1170	1. 7555	2. 4570	3. 3986	4. 0625
30	0. 2465	1. 0985	1. 7268	2. 4178	3. 3471	4. 0049
40	0. 2426	1. 0810	1. 6996	2. 3804	3. 2979	3. 9496
50	0. 2388	1. 0642	1. 6735	2. 3447	3. 2508	3. 8964
60	0. 2352	1. 0482	1. 6487	2. 3106	3. 2055	3. 8452

在考虑地层温度不发生大的改变的情况下，可将节流器前后压降看成是一个等温压降的过程。在下入井下节流器后，气井的携液能力将在节流器后端发生突变。节流后，压力降低，天然气流速加快，带液所需流量减小。只要在井下节流器之前井筒无积液，节流之后便不会存在积液。

以此为判断依据，可以得出：

(1) 当气井日产气量大于节流前的临界携液流量时，气井不积液。

(2) 当气井日产气量小于节流前的临界携液流量时，但大于节流后的临界携液流量，气井积液主要在节流前的井筒中。

(3) 当气井日产气量小于节流后的临界携液流量时，节流后的井筒也有积液。

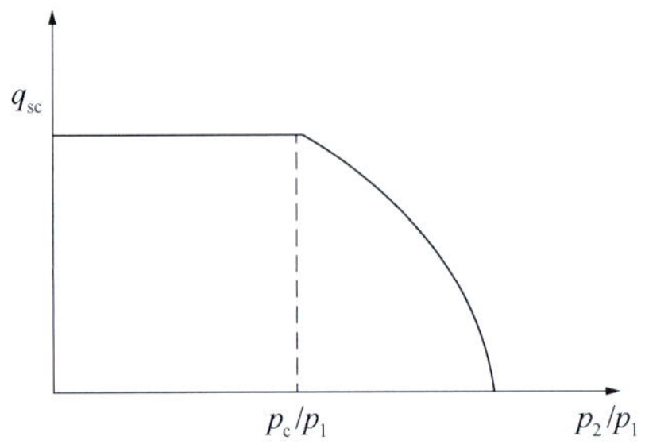

图 6　地面气嘴嘴流特征

3. 2. 2　地面节流

ZJ 区块地面节流工艺主要采用水套炉气嘴或是针型阀节流的方式，通过调整气嘴大小或是针型阀开度，达到调节产量、压力的目的(图 6)。

气井的压力变化可采用气嘴流动方程：

当$\frac{p_2}{p_1}>\left(\frac{2}{k+1}\right)^{\frac{k}{k-1}}$时：

$$q_{sc}=\frac{4.066\times10^3 p_1 d^2}{\sqrt{\gamma_g T_1 Z_1}}\sqrt{\left(\frac{k}{k-1}\right)\left[\left(\frac{p_2}{p_1}\right)^{\frac{2}{k}}-\left(\frac{p_2}{p_1}\right)^{\frac{k+1}{k}}\right]}$$

当$\frac{p_2}{p_1}<\left(\frac{2}{k+1}\right)^{\frac{k}{k-1}}$时：

$$q_{max}=\frac{4.066\times10^3 p_1 d^2}{\sqrt{\gamma_g T_1 Z_1}}\sqrt{\left(\frac{k}{k-1}\right)\left[\left(\frac{2}{k+1}\right)^{\frac{2}{k-1}}-\left(\frac{2}{k+1}\right)^{\frac{k+1}{k-1}}\right]}$$

当$\frac{p_2}{p_1}=\left(\frac{2}{k+1}\right)^{\frac{k}{k-1}}=0.55$时，天然气的流速处于临界流与亚临界流的临界点。

4 排液采气的主要方法与实施效果

4.1 抗油泡沫排液采气

4.1.1 抗油泡排剂的优选

针对 ZJ 区块沙溪庙气藏产出液含凝析油，凝析油具有的消泡特性致使普通泡沫剂泡沫排水采气效果差的现状，选用新华公司生产的 XHY-4A、浮吉公司生产的 UT-11C、博仁达公司生产的 BRD-FSIK 和众博达公司生产的 PQ-8(C)进行筛选。

通过实验结果对比分析认为，在不同凝析油含量情况下，泡排药剂 XHY-4A 在 4 种泡排药剂中的携液率最高(表 5)。

表 5 抗油泡排剂实验结果统计表

凝析油含量：10% 井号：GM7							
泡排剂	地层水/mL	凝析油/mL	温度/℃	注气量/(mL/min)	泡排剂量/mL	15min 携液量/mL	携液率/%
XHY-4A	180	20	68	290	0.4	123	61.5
UT-11C	180	20	68	290	0.4	63	31.5
BRD-FSIK	180	20	68	290	0.4	100	50
PQ-8(C)	180	20	68	290	0.4	94	47
凝析油含量：30% 井号：GM7							
泡排剂	地层水/mL	凝析油/mL	温度/℃	注气量/(mL/min)	泡排剂量/mL	15min 携液量/mL	携液率/%
XHY-4A	140	60	68	290	0.4	156	78
UT-11C	140	60	68	290	0.4	116	58
BRD-FSIK	140	60	68	290	0.4	104	52
PQ-8(C)	140	60	68	290	0.4	112	56
凝析油含量：50% 井号：GM7							
泡排剂	地层水/mL	凝析油/mL	温度/℃	注气量/(mL/min)	泡排剂量/mL	15min 携液量/mL	携液率/%
XHY-4A	100	100	68	290	0.4	178	89

根据现场凝析油含量的不同，兴华公司取得凝析油并进行了室内模拟实验，即在不同凝析油情况下加入相同量的某种起泡剂进行搅拌，观察外观并测定体系黏度变化，结果见表 6。

表 6 XHY-4A 在不同凝析油含量下的发泡实验结果统计表

凝析油含量	10%	30%	50%	70%	90%
外观	少量白色中间层，上层油层，下层水层	中间层比例增大，水层浊度增大，少量油层	无明显油层，水层浊度增大	全白色乳状液，无明显油层和水层	全白色乳状液，无明显油层和水层
黏度/[mN/(m·s)]	5.2	33.4	58.8	482.2	520.1

从表6中可以看出，随着凝析油含量的增加，XHY-4A与凝析油体系乳化强度越来越大，同时黏度也逐步增大，达到70%凝析油含量时体系变成油包水乳液，黏度呈爆发式增长。

随着乳化的增强，起泡剂消耗加剧，导致有效起泡含量降低，而黏度增加也加大了体系被带出的难度，但是乳化的进行同时也有利于泡沫的稳定，对于积液高含油气井，一般采取加水稀释的方式，将含油量降低至50%以下，才能采取抗油泡排的方式带出积液。

4.1.2 优化固体泡排剂加注方式

ZJ区块沙溪庙气藏气井普遍产凝析油，除采取车注、泵注，井站通常使用手投泡排棒进行排液，但是常规泡排棒泡排效果不佳，主要原因是泡排棒无法下落至积液下部，同时为了解决低压低产气井“搅动弱、扩散慢、含气低”的问题，提出了低密度泡排药剂的概念。其主体思路是大幅减轻泡排剂重量(密度为0.9~1.2g/mL)，投入井筒后呈现由上到下的线性分布，并及时起泡，从而提高泡排效果。为此，开发出直径2~20mm泡排球的加工技术，以及开展固体泡排剂投放装置研制，有助于优化固体泡排效果，减轻现场工作量，提高气井生产效益。对固体泡排剂重新加工后，将固体药剂加到位，有利于气井带液，提升泡排质量。同时，也可以根据现场需要，制作不同直径的泡排棒、泡排球(图7、表7和图8)。

图7 固体泡排剂加工与固体投放装置的示意图

表7 泡排球抗压实验结果表

实验对象	0.7~1g/cm³泡排球各一(XHG-4)
实验温度/℃	50
实验时间/min	5
加压气体类型	氮气
药剂型号	XHG-4
实验压力/MPa	实验结果
0.4	未压碎、无变形、能浮于水面
0.7	未压碎、无变形、能浮于水面
3	未压碎、无变形、能浮于水面
5	未压碎、无变形、能浮于水面

图 8 低密度泡排球和常规密度泡排球起泡位置图

实验以 GS1-3 井作为泡排球排液效果的现场试验井，在开展泡排球维护前，按照每周车注 XHY-4A 泡排剂 10kg 方式维护，气井油套压为 2.95/3.0MPa，日产气 $0.6\times10^4m^3$，日产水 $0.3m^3$。

从平均产气量和起效期间产水量两个指标来看，泡排球效果较好，产气量从施工前 $0.58\times10^4m^3/d$ 上升至 $0.75\times10^4m^3/d$，提高了 30%，周期内(7d)总产水量从 $2.3m^3$ 上升至 $5m^3$，提高了 117%。泡排制度加密后(5 天/周)的产气、产水量较 1 次/周更好(图 9)。

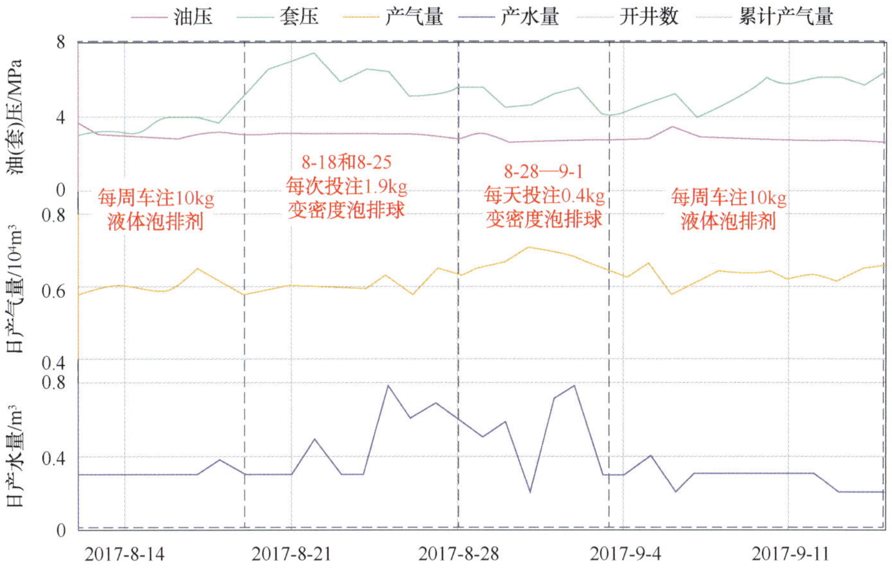

图 9 GS1-3 井综合产气曲线

4.2 气举排液采气

4.2.1 井间气举

井间气举工艺流程主要是通过高压管线将气源井和气举井套管环空连接，中间增加一道控制针阀调节气举时压力和产量，同时为了气举后管线不承压以及防冰堵等连接放空流程(图 10~图 11)。

优选井间气举气源井，进一步明确气源井筛选原则：

(1) 以站内压力较高的长停井、低产井作为气源井，以套管-套管的气举方式为最佳。

(2) 受效井具有一定储量，自身能量不足以带出积液，产量受井筒积液影响明显。

(3) 受效井井况较好，不存在井筒堵塞、油套不通等情况。

(4) 流程改造简单，便于操作。

(5) 气源井容易维护，长期有效。

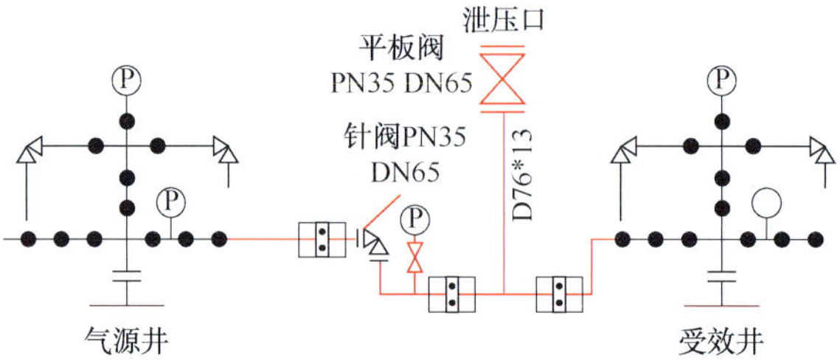

图 10　气源井具备生产流程的井间气举流程示意图

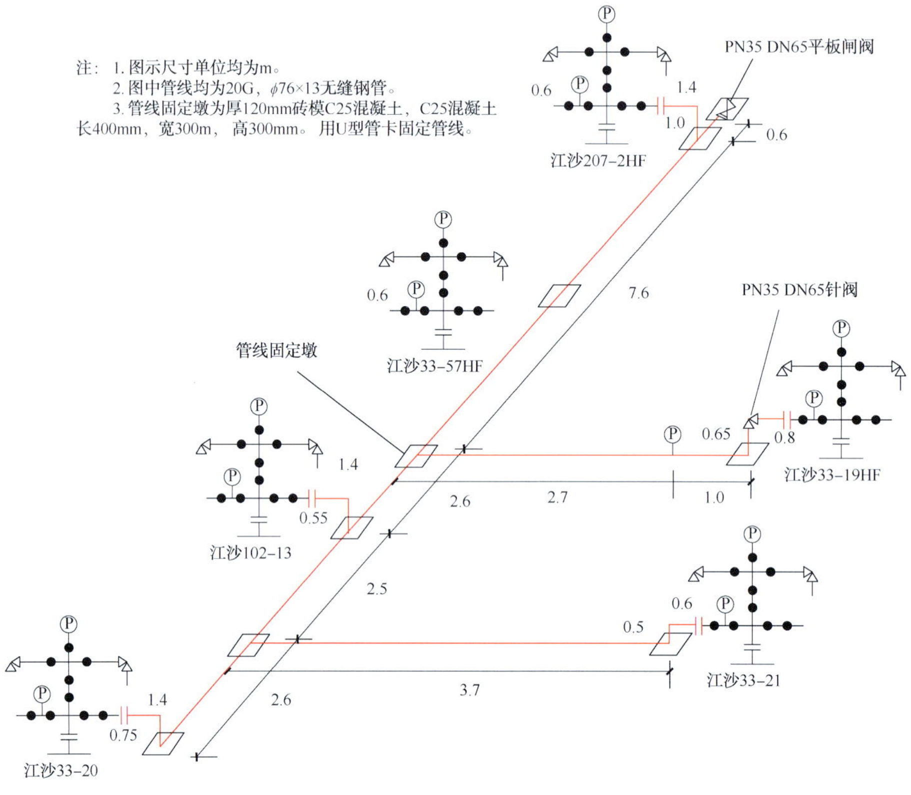

图 11　JS3-19HF 井站井间气举管线连接示意图

4.2.2　柱塞气举

柱塞气举是一种简单高效的排水采气工艺，属于间歇气举的一种特殊方式。柱塞作为一种固体的密封界面，将举升气和被举升液体分隔开，减少气体窜流和液体回落，提高气体举升能力。ZJ 区块选取 GM3-3 井作为实验井，通过生产流程改造，投入弹块柱塞，优化柱塞操作流程，采用 10mm 大油嘴+地面阀门快开模式，9 月 20 日—11 月 3 日柱塞共运行 10 次，柱塞均成功到达井口，排液效果显著(图 12、图 13)。

通过对 GM3-3 井柱塞气举跟踪研究，取得了几点认识：

（1）通过优化设计弹块柱塞，优化开井流程，成功解决了 GM3-3 井井壁存在脏堵、柱塞通过困难的问题，目前每次试验柱塞均成功到达井口。

（2）柱塞成功到达井口的关键有三点：关井套压满足启动要求、严格控制载荷因子、短时快速建立大的举升压差，即“一关二控三快”制度。

（3）柱塞未能进入捕捉器是因为油嘴偏小，流速不足所致。

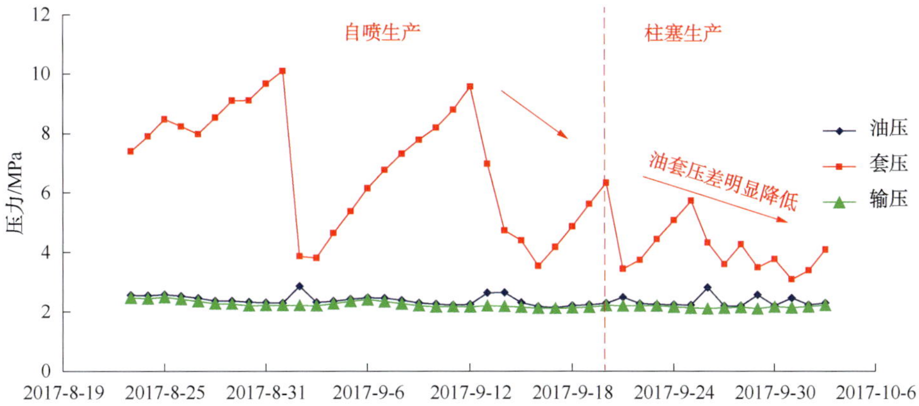

图 12　GM3-3 井生产曲线图

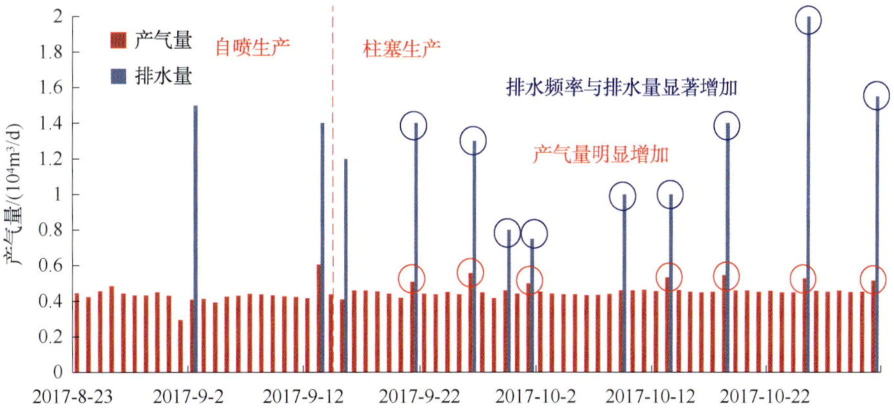

图 13　自喷生产与柱塞气举排液效果对比

5　结论

（1）目前，抗油泡排剂对气井产出液含油在 50% 以下，有较好的效果，含油 50% 以上的气井通过加水稀释后，可采取抗油泡排，清除井底积液。

（2）在固体泡排剂再加工以及固体泡排剂投放装置研制上，形成气井固体泡排剂投放系列技术，在 ZJ 区块应用效果较好。

（3）优化井间气举选井原则，合理利用长停井、低压低产井，以及合理利用气井能量，提高气井产量，提升了效益。

参 考 文 献

[1] 邓霖，陶俊文，李志敏，等．苏里格气田气井嘴流公式建立及应用[J]．科技经济导刊，2017(4)．
[2] 李玉星，邹德永．气嘴流动特性及温降计算方法[J]．油气储运，2002，21(2)：15-19.
[3] 廖东，谢军，兰霞．抗凝析油泡排剂 HY-4 的合成与泡沫性能[J]．天然气工业，2007，27(11)：85-87.
[4] 黄艳，谭宏兵，熊波，等．气举-泡排组合排水采气工艺技术的研究与应用[J]．钻采工艺，2001，24(5)：49-50.

第二篇 典型故障判断与处理

通过对生产运行中出现的典型故障进行分类总结，以故障描述、原因分析、故障处理、经验教训为撰写主线，形成气田常见故障判断与处理指南，以指导气田现场生产、高效处理同类故障，以及减少故障的发生，实现气田安全、平稳、高效运行，取得良好的社会效益及经济效益，并为同类气藏开发提供良好借鉴。

第一章　气藏地质动态异常故障判断与处理

中江气田沙溪庙组气藏为含凝析油的远源次生致密河道砂岩气藏。气藏特点：多期100余条河道砂纵向交错展布，河道砂叠置性差、宽窄不一、厚薄不均；河道砂储层储集空间类型多样、结构复杂，同期不同河道砂体、同一河道不同区域储层品质差异大，属强非均质性的超低-低孔渗致密储层；河道砂气水关系复杂，产能差异大且普遍产凝析油，三相渗流对气井合理开采影响较大。为此，气井合理开采制度的制定须因井而异、因时而异，即“一井一策”“一时一策”。

第一节　产层品质引发异常

沙溪庙组气藏河道砂储层品质差异大，非均质性强，造成储层含气性不均一。引发气井生产产能差异大，尤其到生产中后期频繁出现产气量突降、断流等异常情况。

一、地层能量低气井开采后期携液困难

1. 故障描述

前期实钻井证实ZJ气田JS_2^1气层JS206HF河道砂体较发育，厚度15~17m，孔隙度8%~10%，产出液含油率较高，约70%。位于该河道南部的JS206-5HF井水平段全长678.67m，整体以Ⅱ类储层为主，实钻轨迹显示水平段整体呈上翘趋势(图1-1-1)，A靶点较井底垂深低21.65m。

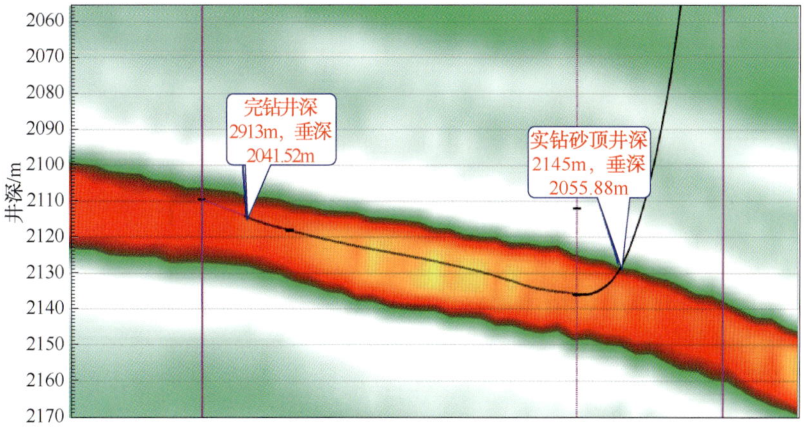

图1-1-1　JS206-5HF井实钻轨迹图

JS206-5HF井于2018年12月29日投产，投产初期油/套压3.1/3.6MPa，产气$7.2\times10^4m^3/d$，产液$0.9m^3/d$，2021年3月该井产量急剧下降(由$0.6\times10^4m^3/d$降至$0.1\times10^4m^3/d$)，采用“车注泡排+降压排液+关井复压”均无法有效携带气井积液，且关井压力恢复非常缓慢，最多涨至3.2MPa，气井生产出现异常(图1-1-2)。

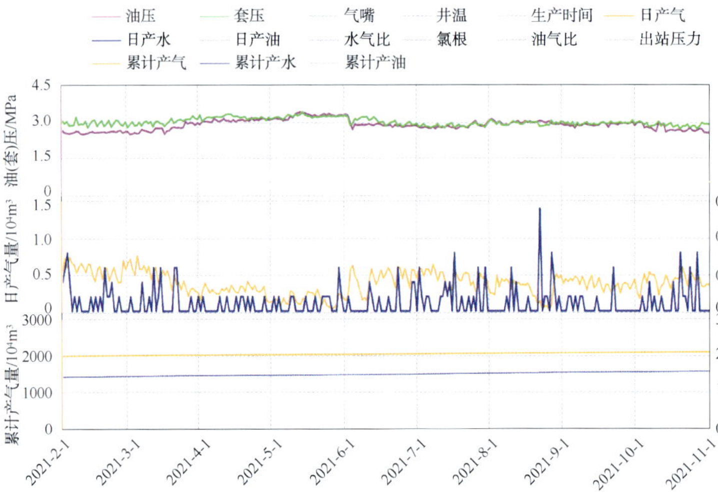

图 1-1-2　JS206-5HF 井生产曲线图

2. 原因分析

主要有以下原因：

（1）气井进入开发后期低压低产阶段，气井自身能量难以有效携带积液，且水平段 *A* 靶点位置较低，导致气井积液多堆积于水平段 *A* 靶点附近。一方面，气井循环滑套位置以上无明显积液，油套压差无法有效反映井底真实积液情况；另一方面，水平段积液长期无法被排出，导致近井地带储层出现水锁现象。

（2）该井产出液含油率较高，前期投棒无法充分溶解，形成固塞物滞留于井底，与井底积液混合形成乳状液体，增加气井排液难度，易导致水平段堵塞。

（3）该井整体以Ⅱ类储层为主，测试时井底流压 4.4MPa，地层能量不足，导致关井时压力恢复异常缓慢。

3. 故障处理

（1）该井 2021 年 5 月通过多次开展井底净化解堵试验，有效缓解水平段 *A* 靶点附近堵塞情况，解除近井地带水锁，气井逐渐恢复正常。

（2）气井净化解堵后，改投棒为“车注 4kg 1：40+关井 4h+降压排液”。一方面，通过车注低浓度大剂量泡排液有效降低井底乳化液浓度，提升泡排效率；另一方面，通过降压排液，扩大生产压差，携带更多积液，逐渐缓解水平段积液情况。

4. 经验教训

（1）针对含油率高的气井，应考虑以低浓度泡排为主，减少投棒频率。

（2）地层压力降低的气井在开采后期，气井自身能量难以有效携液，水平段容易积液，易导致近井地带水锁。一方面，应及时开展排液措施；另一方面，适时介入井底净化解堵措施。

（3）判断气井积液不能以油套压差作为唯一参考，当气井水平段积液严重、循环滑套位置以上未见明显积液时，油套压差并不能反映气井真实情况。

二、含油率较高的单通道气井开采后期携液困难

1. 故障描述

ZJ 气田 $JS_2^{\ 1}$气层 JS206HF 河道南部 JS206-6HF 井水平段全长 397.98m，水平段砂体钻

遇率 48.49%，全烃由 7.419% 升至 28.918%，整体以Ⅱ类储层为主，整体物性差于邻井 JS206-5HF 井。JS206-6HF 井于 2019 年 5 月 16 日投产，投产初期油压 3.5MPa，产气 $2.54\times10^4m^3/d$，该井进入开发后期低压低产阶段时平均产气 $0.5\times10^4m^3/d$，2021 年 5 月该井产量急剧下降(由 $0.5\times10^4m^3/d$ 降至 $0.2\times10^4m^3/d$)。鉴于该井前期产出液中含油率较高，期间多次车注 4kg 1∶50 低浓度泡排+关井 4h，开井时降压排液，采用“泡排携液+增大生产压差携液”双保险方式排出积液，初期能携带一定积液，后期积液呈断流状被携带至井口附近又滑脱下去，措施效果差，气井积液难以被携带出来，产量下降，气井生产出现异常(图 1-1-3)。

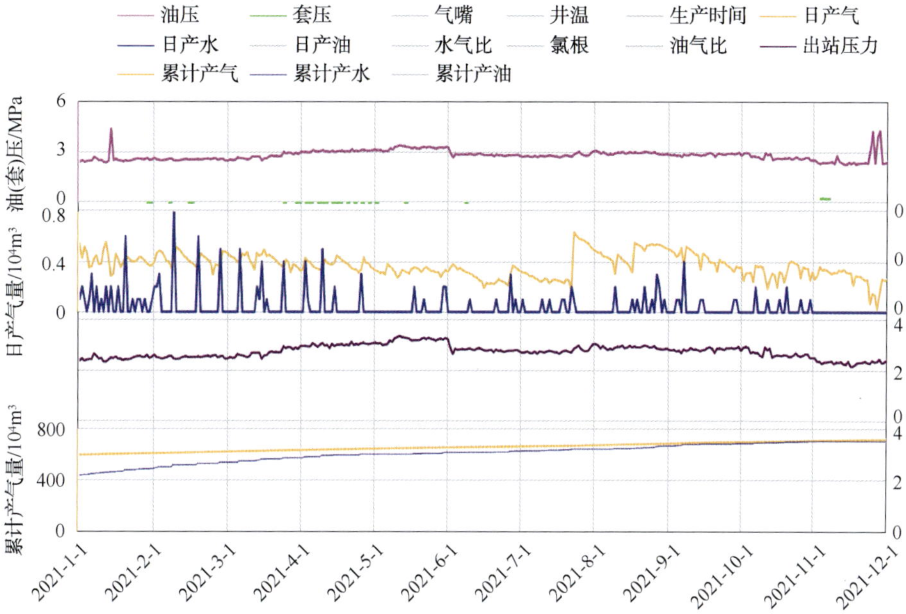

图 1-1-3　JS206-6HF 井生产曲线图

2. 原因分析

主要有以下原因：

(1) 该井动态储量为 $909\times10^4m^3$(图 1-1-4)，至今累计产气 $719\times10^4m^3$，已进入开发后期低压低产阶段，地层本身能量较低，携液存在一定困难。

(2) 该井为一口单通道气井，油层套管外径 193.7mm(7.6in)(图 1-1-5)。当地层能量一定时，气流通过的管柱直径越大，需要的临界携液流量则越高，因此当 JS206-6HF 井进入低压低产阶段时，气井能量不足难以有效携液，经常出现降压排液时积液呈断流状被携带至井口附近又滑脱下去或者不出液现象。

(3) 该井采取“泡排携液+增大生产压差携液”双保险方式携液时，积液运行至井口附近又滑脱下去，说明措施仍有优化的空间，由于通过降压排液增大生产压差的携液能力已成定量，可以考虑调整泡排浓度，提升泡排携液能力，将气井积液有效携带至井口。

3. 故障处理

该井通过不断优化措施，采取“车注 4kg 1∶20+关井 4h+开井时降压排液”或者“车注低浓度泡排和投棒交替进行+关井 4h+开井时降压排液”的措施组合方式。一方面，提升泡排携液能力；另一方面，通过降压排液，扩大生产压差，携带更多积液，有效携带气井积液，气井生产恢复正产。

4. 经验教训

(1) 针对单通道气井在开采后期普遍存在携液困难的情况，建议及时跟踪新投产的单通道气井生产情况，在其进入低压低产阶段前及时下速度管柱，尽可能依靠气井自身能量携带积液。

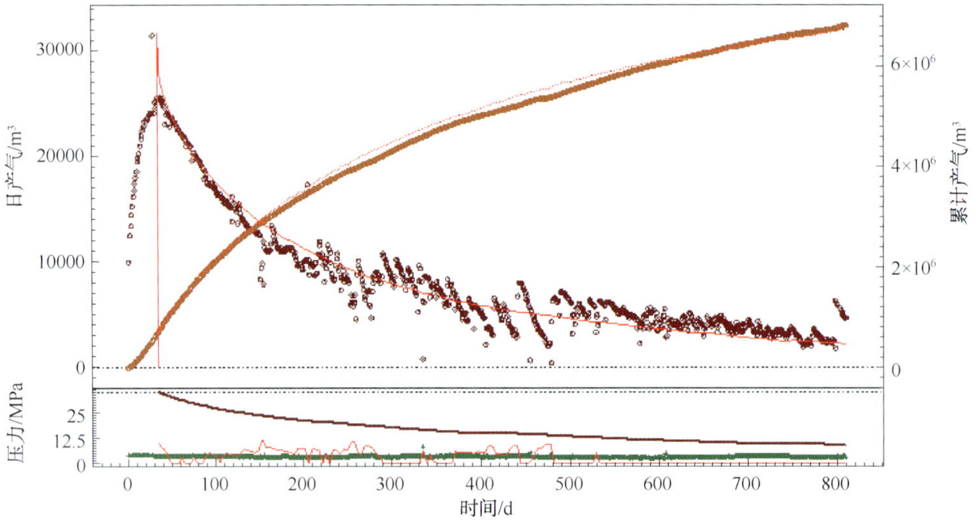

图 1-1-4　JS206-6HF 井生产历史拟合图

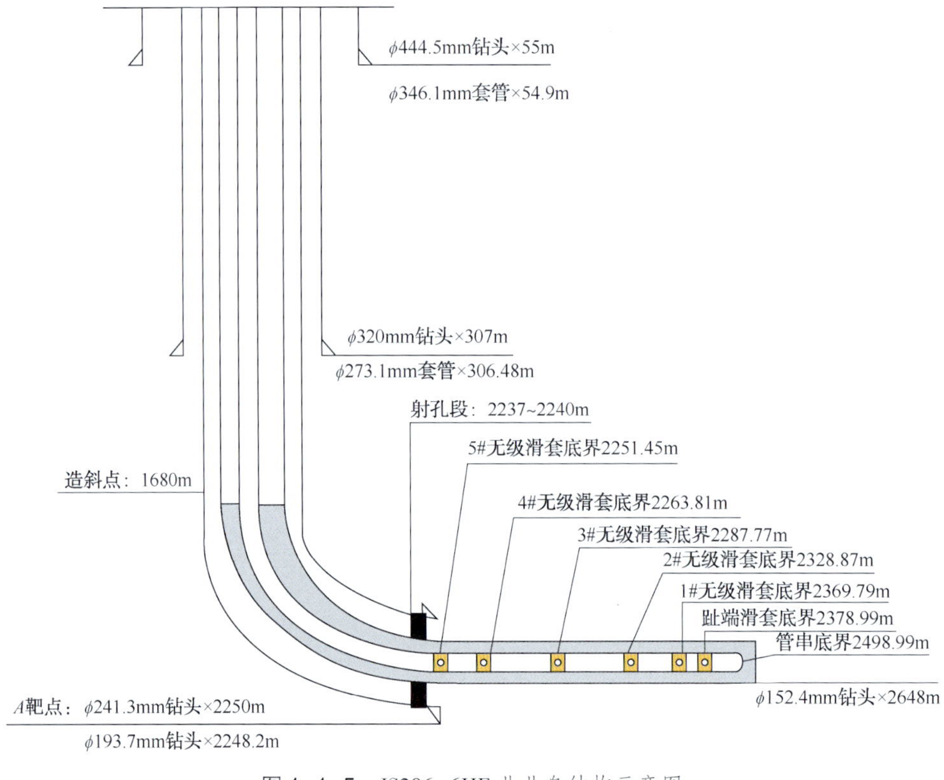

图 1-1-5　JS206-6HF 井井身结构示意图

(2) 针对含油率较高的单通道气井，采取单一措施携带积液效果较差时应考虑多种措施的优化组合，不断调整，切实做到“一井一时一策”。

三、储层强非均质性导致气井生产异常

1. 故障描述

ZJ 气田主力气层 JS_3^{3-3}层 ZJ19H 河道砂体厚度较大(大于 15m)，该河道气井 JS 层 JS_3^{3-3}井累计产气 $1.8\times10^8m^3$，JS_3^{3-4}井累计产气 $0.4123\times10^8m^3$，ZJ19H 井累计产气 $1.1574\times10^8m^3$(图 1-1-6)。前期实钻井证实该河道储层含气性较好，孔隙度大于 11%，整体为I类区(图 1-1-7)。

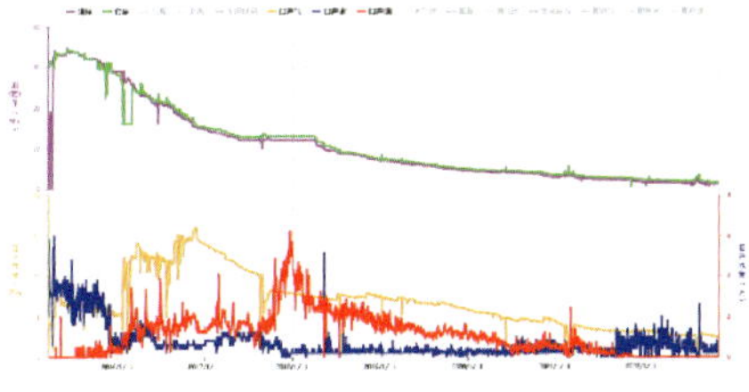

(a)JS33-3HF井采气曲线

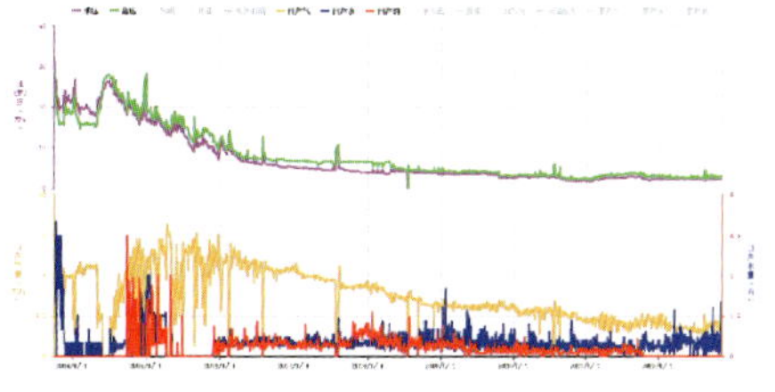

(b)ZJ19H井采气曲线

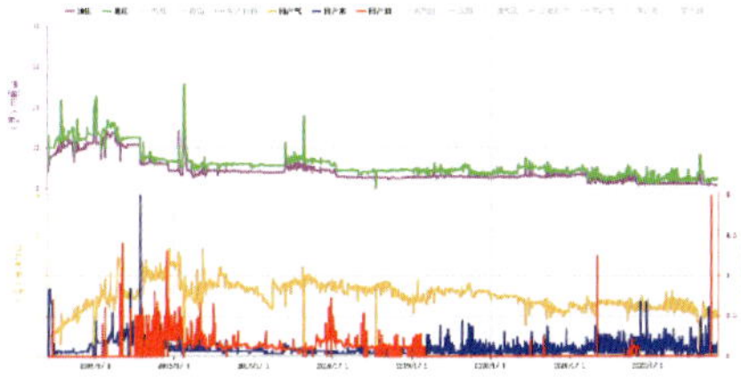

(c)JS33-4井采气曲线

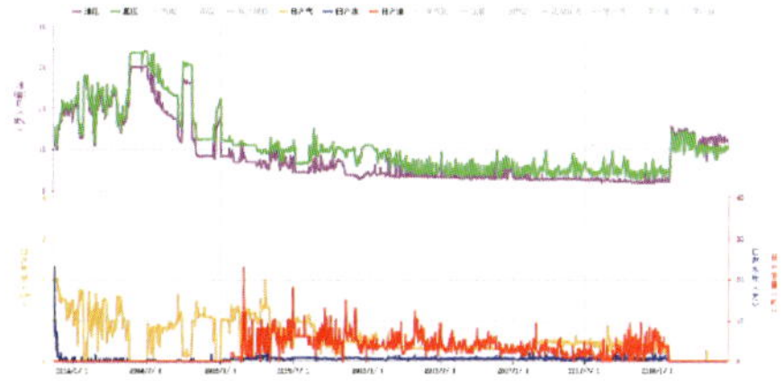

(d)JS33-2井采气曲线

图 1-1-6　ZJ19H 河道气井生产曲线图

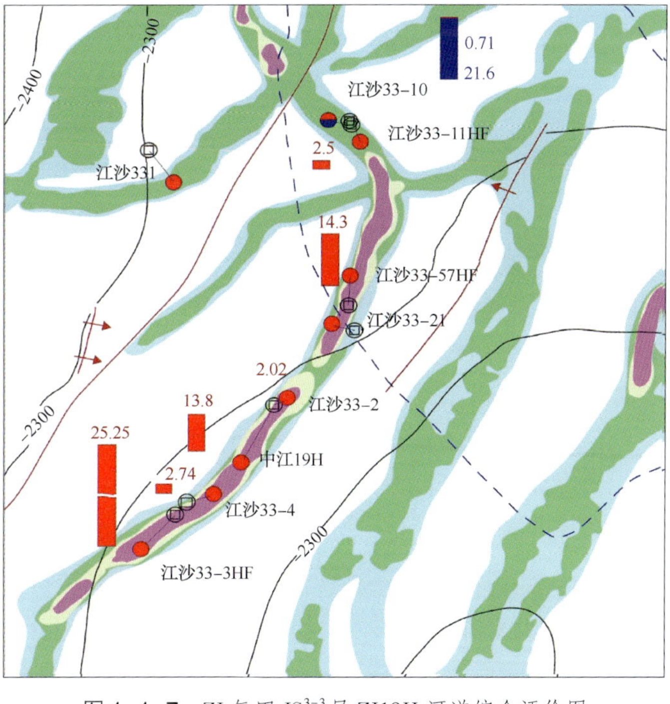

图 1-1-7　ZJ 气田 JS_3^{3-3}层 ZJ19H 河道综合评价图

JS 层 JS$_{3}^{3-2}$井位于河道北部，钻遇储层以Ⅱ类储层为主，储层物性较邻井相对较差（图 1-1-8），测试无阻流量 2.09×10^4m^3/d。该井于 2013 年 11 月 15 日投产，投产初期油/套压 18.2/19.6MPa，产气 1.5×10^4m^3/d，但气井稳产能力差，压力、产量波动极大，该井自 2015 年 5 月开始，气井生产出现异常，产量骤降（由 1.1×10^4m^3/d 降至 0.34×10^4m^3/d），且压力呈锯齿状波动，后采取“车注泡排+关井复压”的措施，气井产量仅能维持在 0.3×10^4m^3/d，油/套压 3/5MPa。该井于 2018 年结束生产用作气源井，作为井间气举的气源井时压力恢复较快，关井 8h，套压由 5MPa 恢复至 11MPa，截至目前，该井累计产气 0.09×10^8m^3，累计产油 427.27t，累计产水 766.28m^3。

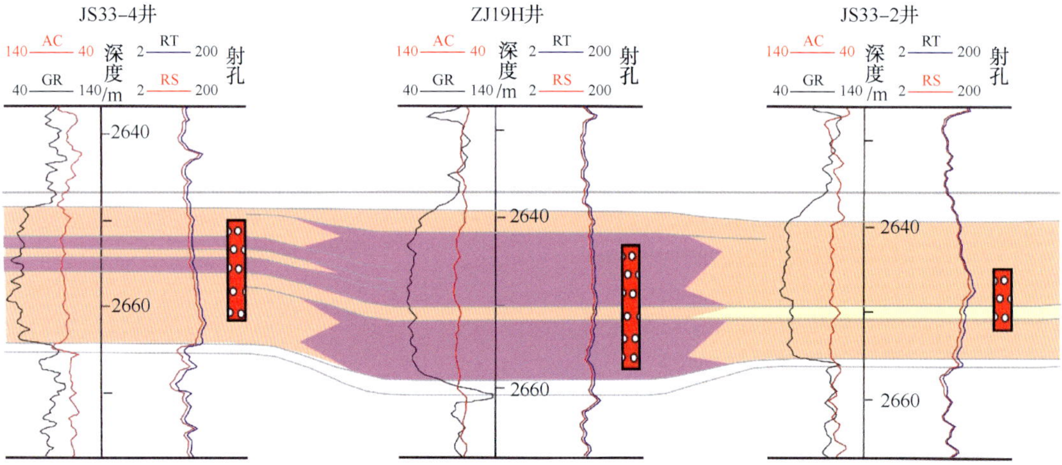

图 1-1-8　ZJ 气田 JS$_{3}^{3-3}$层 JS33-4 井—ZJ19H 井—JS33-2 井储层品质连井剖面图

2. 原因分析

主要有以下原因：

（1）JS 层 JS$_{3}^{3-2}$井位于河道边缘部位，ZJ19H 井位于河道中心部位，沉积时期沉积物粒度差异导致后期储层品质差异较大（JS33-2 井以Ⅱ类储层为主，ZJ19H 井以Ⅰ类储层为主），储层强非均质性导致气井生产情况差异较大。

（2）JS 层 JS$_{3}^{3-2}$井地震响应特征弱于 ZJ19H 井，储层含气性相对较差。

（3）该河道 ZJ19H 井、JS 层 JS$_{3}^{3-4}$井和 JS 层 JS$_{3}^{3-4}$井虽均位于综合评价区Ⅰ类区，但 JS 层 JS$_{3}^{3-4}$井为定向井，ZJ19H 井为水平井，定向井波及范围弱于水平井，储量动用程度相对较低，导致 JS 层 JS$_{3}^{3-2}$井累产情况较 ZJ19H 井差。

（4）JS 层 JS$_{3}^{3-2}$井作气源井时关井压力恢复较快，说明该井地层能量充足，气井无产量一方面由于储层强非均质性，另一方面也与常规压裂工艺改造不充分有关。

3. 故障处理

（1）定期对 JS 层 JS$_{3}^{3-2}$井开展降压排液，做好气源井维护，JS 层 JS$_{3}^{3-2}$井用作气源井对同井场气井进行气举排液，既能降低经济成本，又能帮助受效井携液更充分。

（2）鉴于 JS318HF 在Ⅱ类区采用“少段多簇+大排量+可变黏滑溜水”新工艺测试无阻流量 103.5×10^4m^3/d 的成功案例，建议对 JS 层 JS$_{3}^{3-2}$井侧钻水平段，采用新工艺提升储量动用程度。

4. 经验教训

（1）建议针对储层强非均质性气井采取“水平井+体积压裂新工艺”开发方式，增大气井波及范围和泄气面积，增加难动用储量开发程度，提升储量动用率，推动气藏高效开发。

（2）建议筛查区内压力恢复较快的气源井，一方面可以考虑恢复生产，另一方面论证其侧钻的地质工程可行性和经济可行性。

四、气井水锁引起的无瞬产

1. 故障描述

ZJ 气田 JS_2^{4-1} 层 JS3 河道北部 JS3－1H 井于 2012 年 9 月 1 日投产，投产初期油/套压 22.16/22.2MPa，日产气 $1.5\times10^4m^3$，日产水 $1m^3$，水气比 $0.67m^3/10^4m^3$，该井正常生产时油/套压 1.4/1.7MPa，压差 0.3MPa，日产气 $0.39\times10^4m^3$，日产液 $0.5m^3$，日常措施为泵注泡排+关井复压。2021 年 5 月中旬，该井在维护措施及维护周期一直未改变的情况下，气井先是猛出液（产液量由 $0.5m^3/d$ 升至 $1m^3/d$），接着产液量降低至 0，油/套压快速上涨（由 0.9/1.2MPa 升至 0.98/3.98MPa），油套压差骤然增大 2.7MPa（由 0.3MPa 升至 3MPa），气井开始出现无瞬产、不出液现象，气井生产出现异常（图 1-1-9）。

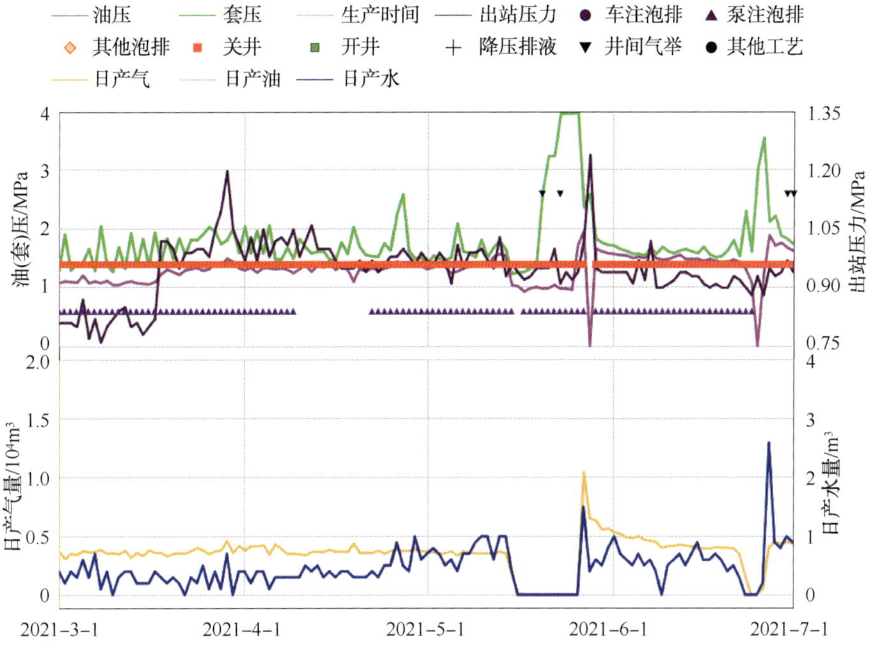

图 1-1-9　JS3-1H 井一体化曲线图

2. 原因分析

JS3-1H 井生产层位为 JS_2^{4-1} 层，该层储层含气丰度较低，普遍含水。气井所在河道 3 口生产井平均水气比为 $0.71m^3/10^4m^3$，普遍具含水的特征。截至目前，该井累计产气 $2804.7\times10^4m^3$，累计产水 $1926m^3$，计算动态储量约 $3200\times10^4m^3$，已处于低压低产阶段，气井自身能量不足导致携液困难，加之储层致密［孔隙度 8%～10%，渗透率 $(0.12\sim0.16)\times10^{-3}\mu m^2$］，导致出现储层水锁现象，以及气井出液不连续现象。

3. 故障处理

针对 JS3-1H 这类气水同产井，存在低压低产阶段携液困难、气井出液不连续异常现象，通过延长关井复压时间或者利用同井场高压气井作为气源井对其进行关井补压，开井时采取降压排液方式，增大生产压差，提高气井携液能力，将积液带出，气井恢复正常生产。后采取气举、延长关井复压时间，将套压补至 4MPa，开井持续降压排液，出液 $2m^3$ 左右，气井开始恢复正常生产。该井在 6 月 24 日和 7 月 5 日又出现类似现象，采取“延长关井复压时间+气举补压+开井降压排液”方式，使该井恢复正常。

4. 经验教训

高水气比的水平井在后期低压低产阶段时，应加强日常维护措施跟踪，及时优化维护措施，在气井出现异常现象之前提前采取措施，确保气井正常生产。

五、低充注层系的低压低产井无瞬产

1. 故障描述

ZJ 气田遂宁组岩性以大套棕褐色泥岩夹薄层泥质粉砂岩为主，无生烃潜力，与下伏沙溪庙组地层呈整合接触，整体油气充注度较低，为低丰度油气藏，该层位气井产量压力均较低。例如，JS319-3 井生产层位为遂宁组，该井于 2019 年 7 月 17 日投产，投产初期油/套压 3.2/4.4MPa，日产气 $0.85\times10^4m^3$，该井油、气、水三相渗流，气井难以依靠自身能量连续携液，时常出现无瞬产现象，气井生产出现异常（图 1-1-10）。

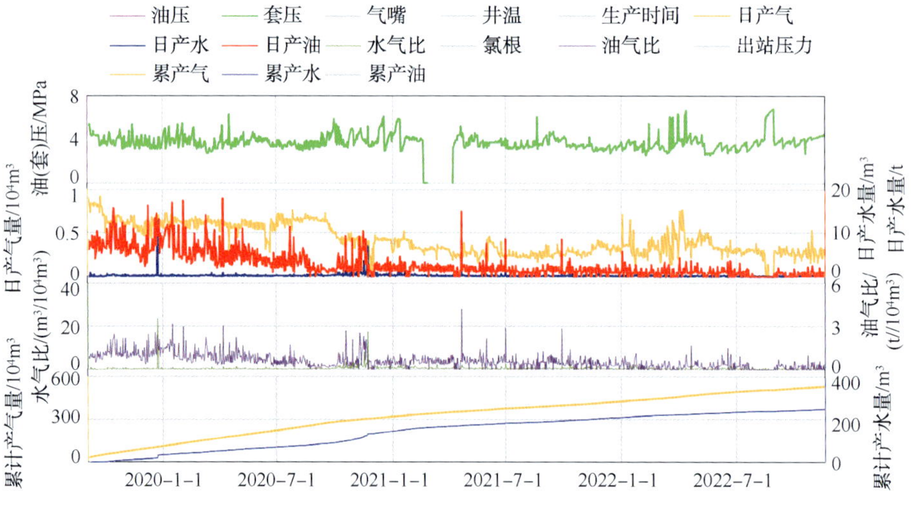

图 1-1-10 JS319-3 井生产曲线图

2. 原因分析

JS319-3 井生产层位为 Jsn 组，该层油气充注度相对较低，地层能量较低，气井多为低压低产井，气井自身能量不足导致携液困难，气体难以突破水层束缚，导致气井时常出现无瞬产现象。

3. 故障处理

针对 JS319-3 这类遂宁组低压低产井时常出现无瞬产、携液困难等现象，可根据含油率优化泡排参数，采取“车注泡排+关井复压”，合理控制开井速率，提升气井携液能力，使气井恢复正产生产。

4. 经验教训

低充注层系低压低产井自身携液困难，应及时跟进泡排等维护措施，同时辅以关井复压等，提升气井携液能力，确保气井正常生产。

六、地层水入侵导致气井停产

1. 故障描述

ZJ 气田须家河组二段气藏气水分布规律复杂，无统一气水界面，气井易发生水侵现象。以合兴场地区 CH100 井为例，该井于 1988 年 7 月投入试采，投产初期产气 $10\times10^4m^3/d$，产水 $0.7m^3/d$，产水量整体较小。自 1990 年 6 月起，该井产气量逐渐下降。自 1991 年 5 月起，该井产水量急剧上涨(由 $0.6m^3/d$ 升至 $58.2m^3/d$)，推断 $TX_2{}^2$ 砂组边底水入侵，后因油管断裂、气井水淹导致关井(图 1-1-11)。

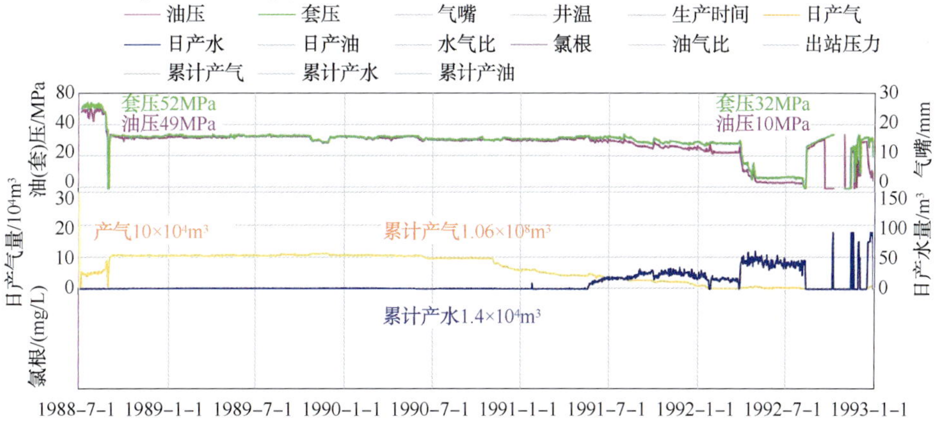

图 1-1-11 CH100 井生产曲线图

2. 原因分析

CH100 井位于合兴场地区构造高部位，且距断层直线距离约 300m，裂缝相对较发育。通过图 1-1-12、图 1-1-13 可以看出，该井 $TX_2{}^2$ 砂组下部 RD 整体偏低，最低值仅 $21\Omega\cdot m$，含水特征较明显，当圈闭内气顶的气被快速开采时，顶部压力降低形成压差导致下部边底水沿断层或者裂缝快速入侵，地层水将剩余气封锁在地层内难以有效开采，气井产水量激增(由 $0.6m^3/d$ 升至 $58.2m^3/d$)而水淹停产。

3. 故障处理

针对 CH100 井水淹停产这类现象：一方面，气井生产时合理控制采气速度，加强氯根及矿化度监测，避免水体快速追进导致气井水淹停产；另一方面，加强须二段气藏气水分布规律研究，强化地震测井处理解释精度，尽可能在新井部署时规避水体。

4. 经验教训

对 ZJ 气田须家河组气藏，应加强气水分布规律研究，“地震+测井+地质+地化”一体化强化气水对分布预测，同时制定合理的采气速度，避免气井水淹停产。

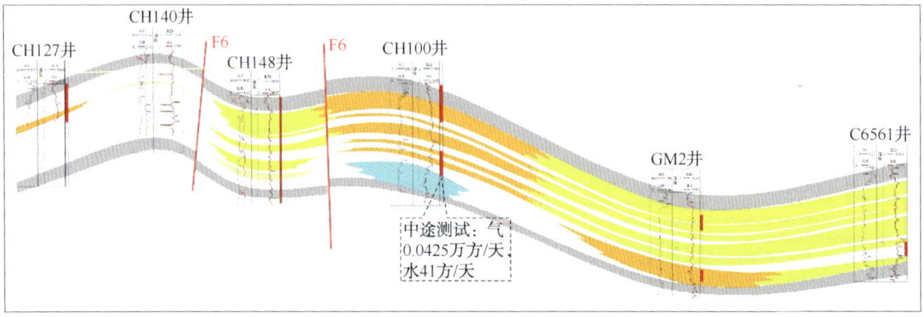

图 1-1-12　CH100 断块区须二气藏 TX_2^2 砂组 CH127 井—C6561 井气藏剖面图

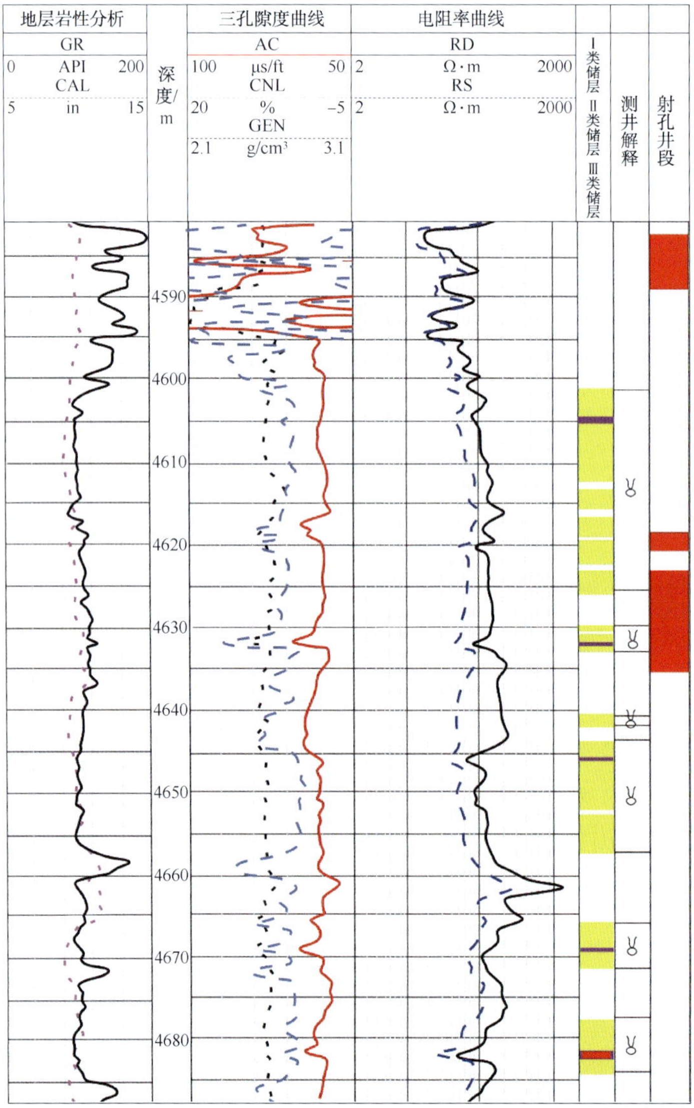

图 1-1-13　CH100 井 TX_2^2 砂组测井解释柱状图

七、夹层水入侵导致气井生产异常

1. 故障描述

ZJ 气田须家河组大部分气井均存在不同程度的水侵，气井水侵可大致归结为两大类：一类是地层水入侵，这类水侵一般水体规模较大，气井产量表现为“陡崖式”下降，产水量直线飙升，常导致气井水淹停产(例如 CH100 井)；另一类多为夹层水入侵，这类水侵一般水体规模有限，当上调工作制度后，气井生产动态平衡状态被破坏，水体沿裂缝追进，气井产水量相应增加，导致气井生产异常，影响气井最终采收率。以新盛构造 XS101 井为例，该井在 TX_2^{1+2} 砂组测试无阻流量 $68.3\times10^4m^3/d$，初期配产为 $16\times10^4m^3/d$，日产水量为 $5m^3$，氯根稳定在 16991~24442mg/L(基液 18205mg/L)，平均为 19280mg/L，气井能维持“四稳定”生产。该井于 2021 年 11 月 6 日提产时，配产从 $18\times10^4m^3/d$ 增加至 $23.7\times10^4m^3/d$ 时，日产水量从 $5m^3$ 上涨至 $16m^3$，氯根快速上涨(由 22130mg/L 升至 31719mg/L)，套压下降(由 44MPa 降至 39.9MPa)，推断为夹层水入侵导致气井生产异常(图 1-1-14)。

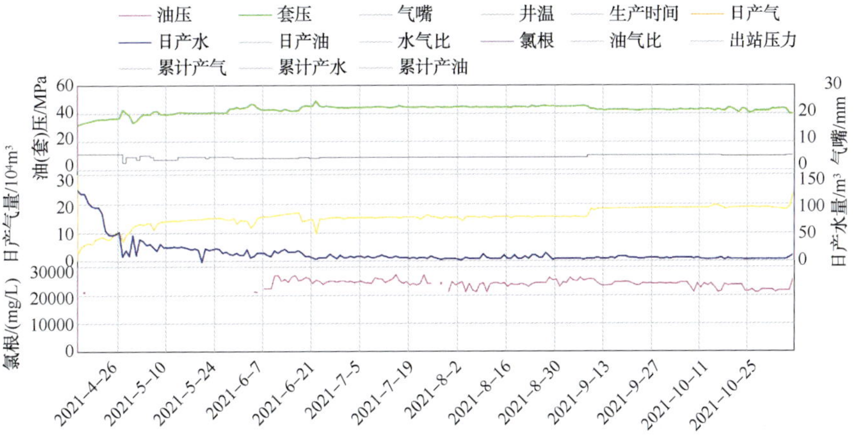

图 1-1-14　XS101 井生产曲线图

2. 原因分析

XS101 井无阻流量 $68.3\times10^4m^3/d$，初期配产 $(16\sim18)\times10^4m^3/d$，气井能维持动态平衡，实现“四稳定”生产，当气井上调工作制度后，采气速度相对较快，此时气井自身的动态平衡被打破，温度、压力条件发生改变，部分束缚水将变为可动水在产层流动，与岩石充分交互发生水岩作用，氯根逐渐上升，水体沿裂缝等开始追进，气井产水量上升，套压下降，导致气井生产出现异常。

3. 故障处理

针对 XS101 井提产时出现水侵现象这类问题，须家河组气井后续需要遵循“避水保压”原则，制定合理的采气速度，同时加强氯根及矿化度监测，实现气井产量、压力、氯根、产水等“四稳定”生产。

4. 经验教训

ZJ 气田须家河组气井应合理控制采气速度，采取“避水保压”方针，强化氯根及矿化度等流体的动态检测，实现气井“四稳定”生产，提高气井最终采收率。

第二节　产层渗流及生产动态引发的故障

沙溪庙组河道砂气藏类型复杂，既有典型的构造气藏(图 1-2-1)，又有典型的岩性气藏(图 1-2-2)，然而占比最多的为受构造控制的岩性气藏(图 1-2-3)。复杂的气藏类型引起气藏气水关系复杂化，加之凝析油的普遍产出。造成气井普遍以三相渗流生产，气井生产动态特征差异大，随着气井能量的降低，气井开采异常情况频出。

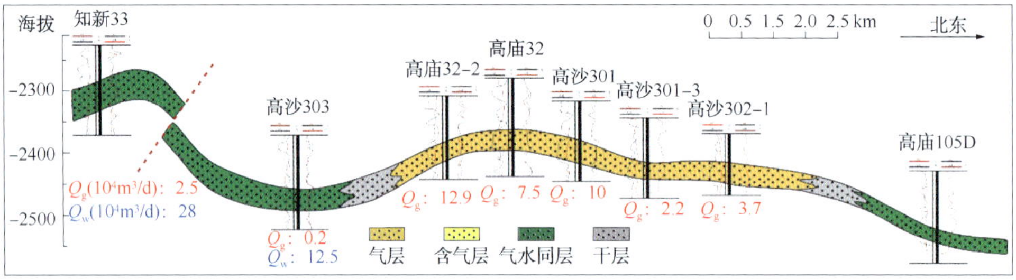

图 1-2-1　中江沙溪庙组气藏典型构造气藏剖面图

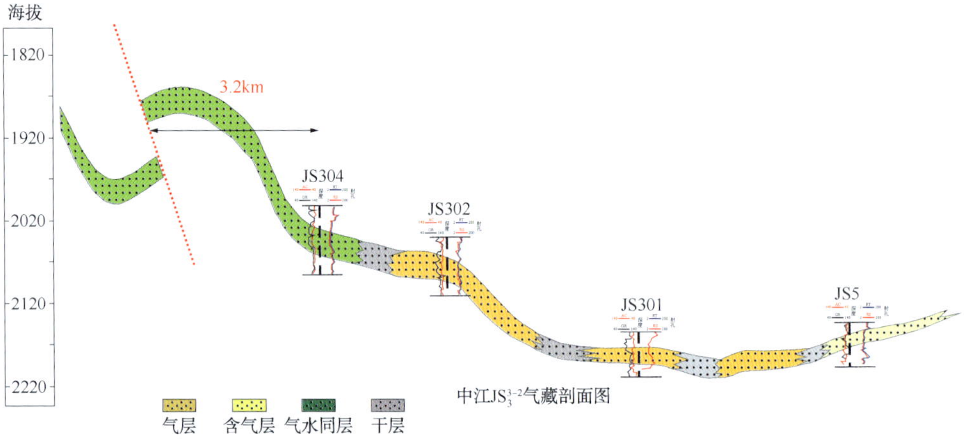

图 1-2-2　中江沙溪庙组气藏典型岩性气藏剖面图

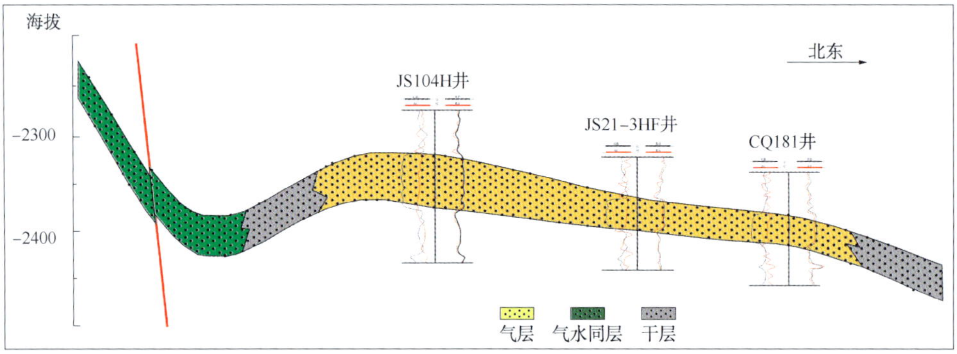

图 1-2-3　典型气藏构造-岩性气藏剖面图

一、高含水、高水气比气井提产后压力产量迅速递减

1. 故障描述

GM111 井位于四川盆地川西坳陷新场构造带高庙子构造，以下沙溪庙组 JS_3^{1-2} 砂组为主要目的层，完钻井深 2713.00m。该井钻遇储层岩性为浅绿灰色中粒岩屑长石砂岩，发育方解石、硅质胶结物，粒间孔、粒间溶孔发育，局部可见微裂缝。该井水平段长 636m，钻遇Ⅰ类储层仅 10.8m、Ⅱ类储层 107.1m、Ⅲ类储层 131.3m，整体上以Ⅱ+Ⅲ类储层为主，孔隙度 6.7%~11.9%，平均渗透率仅 $0.06\times10^{-3}\mu m^2$，含水饱和度 24.9%~68%，钻遇储层物性较差且含水饱和度较高。采用 8 段 40 簇的大规模体积压裂，测试无阻流量 $31\times10^4m^3/d$。于 2021 年 5 月 29 日投产，初期产气 $6.72\times10^4m^3/d$，投产初期受压裂液返排影响，产液量 $15\sim30m^3/d$，压力产量递减迅速。2021 年 10 月 14 日，将气嘴由 3.8mm 上调至 8.3mm，产水量最高增加至 $34m^3/d$，油套压由 13/16.67MPa 降低至 4.2/8.46MPa，并且产量仅由 $2.5\times10^4m^3/d$ 增加至最高 $3.9\times10^4m^3/d$。可以看出，GM111 井由于钻遇河道储层物性差，初期产液量高，不具有提产潜力，并且气井生产水气比 $2.6\sim10m^3/10^4m^3$，生产能力较弱、压力产量递减快。截至 2022 年 5 月 15 日，油套压已经降至 7.3/9.45MPa，产气量仅 $1.56\times10^4m^3/d$，累计产气 $825.51\times10^4m^3$，产油 319.30t，产水 $3470.08m^3$（图 1-2-4）。

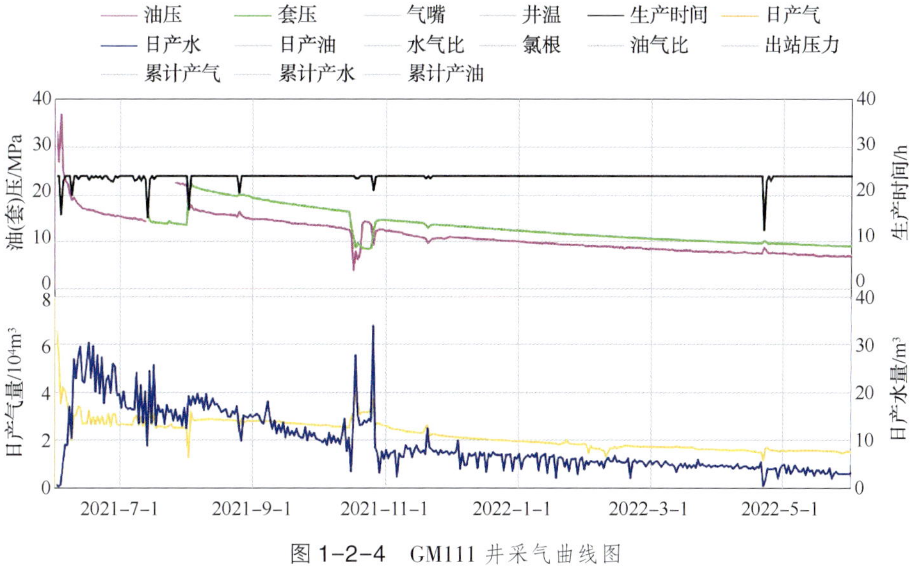

图 1-2-4 GM111 井采气曲线图

2. 原因分析

GM111 井钻遇河道砂体不发育、储层较致密、含水较高，尽管经过大规模体积压裂后获得较高的无阻流量和初期产量，但气井整体控制储量较有限，生产能力弱，提产后容易造成产液量大幅增加和压力的快速递减。

3. 故障处理

建议采用合理的产量进行稳定生产，保持压力、产量、产液的相对稳定，避免调产和提产。

4. 经验教训

对于钻遇储层不发育且高含水河道的大规模压裂水平井，初期产液及生产水气比高，开采过程压力产量递减快，不宜频繁改变工作制度，更不适合大幅提产，而需要根据试采资料制定合理的产量，尽可能保证气井正常的带液生产。

二、气井产量降低导致井筒积液难排出

1. 故障描述

JS_3^{3-1}层 GS309HF 井在 2020 年 4 月之前一直直输中罗线，输压 2.7MPa，油压 2.7MPa、套压 3.3MPa，气井产能降低，生产稳定性较差，自身携液能力降低，井筒经常发生积液。前期采取泵注泡排、手投泡排棒、车注泡排等措施，效果不佳，后调整措施开展降压排液，效果才显著，但稳定性较差、依赖性较强，且单次降压排液措施效果维持时间较短，每周需开展 2~3 次，严重影响气井生产(图 1-2-5)。

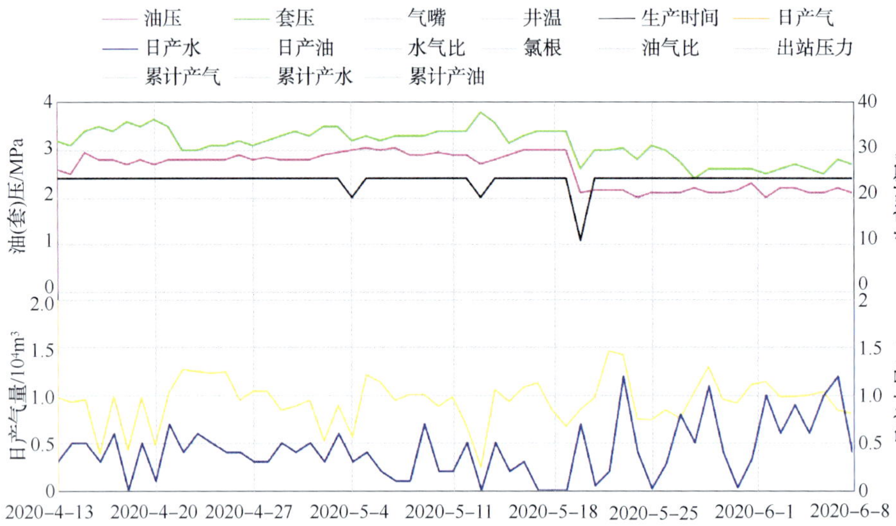

图 1-2-5　GS309HF 井生产曲线图

2020 年 4 月，GM4 井站流程整改后，GS309HF 井站产气可导输德绵线，输压由 2.7MPa 降至 1.97MPa，油压降至 2.0MPa、套压降至 2.5MPa，同时配合每日泵注泡排，气井稳定生产。

2. 原因分析

气井产层能量不足，气井自身携液困难造成井筒积液。

3. 故障处理

(1) 导输低压管网。

(2) 辅助泵注泡排，借助天然气流搅动，产生大量低密度含水泡沫，降低临界携液流量，从而提高气体自身携液能力，排出井筒积液。

4. 经验教训

气井产层能量降低的井可采用导输低压管线释放气井产能，防止井筒积液影响气井产能释放。

三、水平段积液导致气井生产能力下降

1. 故障描述

JS33-1HF 井正常生产时油套压差 0.50MPa，产气量 $0.95\times10^4m^3/d$，产液量 $0.30m^3/d$。2019 年初，该井在维护措施及维护周期未改变的情况下，油套压差降低至 0.15MPa，出站压力也呈现下降趋势的同时产气量下降至 $0.58\times10^4m^3/d$，产液量无明显变化。通过对正常生产期间产出液性分析该井含油率约 35%(图 1-2-6)。

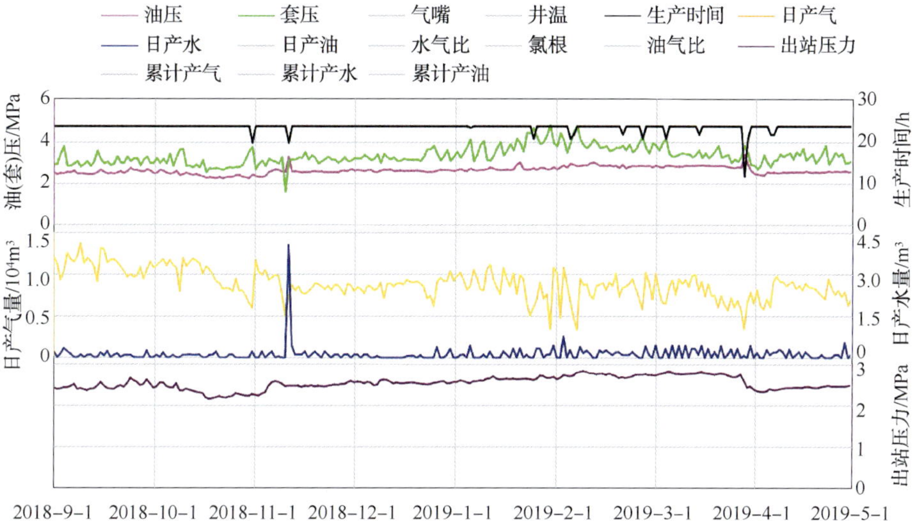

图 1-2-6　JS33-1HF 井生产曲线图

2. 原因分析

从气井生产历史来看，JS33-1HF 井 2018 年 6—12 月平均油压 2.55MPa，套压 3.05MPa，出站压力 2.50MPa，产气量 $1.04\times10^4m^3/d$，日均产液量 $0.30m^3$。自 2019 年起，生产异常期间日均产气量仅为 $0.58\times10^4m^3/d$，远远大于沙溪庙组气藏的月递减率，因此推断该井存在水平段积液。

2019 年 1—6 月与 2018 年 6—12 月相比，该井日均产气量下降 $0.20\times10^4m^3$，异常期间该井压差为 0.2MPa，产气量降至 $0.58\times10^4m^3/d$，该井实际完钻井深 3460.0m，循环滑套位于 2681.49m 呈开启状态。由于循环滑套位置较深，油套压差反映出循环滑套上部积液情况。在压差仅为 0.2MPa 的情况下，油管柱内积液较少，积液基本在循环滑套下部，油套压差无法真实反映积液情况，因此综合上述情况推断该井出现水平段积液。

3. 故障处理

针对综合情况分析优化井间气举工艺，利用相邻高压井关井补压气举+泵注泡排的联合形式。将同一场站的高压气井作为气源，在被举井泵注泡排药剂后关井，将高压气从被积液井油套环空注入井内，将井筒与储层视为存压容器，注入一定量高压气，提高气体的举升能力。利用高压气源搅动泡排剂，使井筒积液变成气、液混合相的泡沫，迅速改变油管内低部位流体的相对密度，从而减小井底回压。在开井后控制瞬时流量，达到本井压力情况下的临界携液量，通过提高临界携液量的方式将水平段积液带至地面。

4. 经验教训

针对水平井的后期生产，加强日常维护措施跟踪，做到“三及时”，及时发现生产异常变化情况，及时调整制订措施计划，及时跟踪调整后措施效果情况。

四、高含凝析油井措施效果差导致产量下降

1. 故障描述

JS103-1HF 井为沙 1 气藏气井，该井含油率高于 50%，采用泵注泡排维护(药水比例为 1∶30)，长时间泵注后该井泡排效果较差，出液量减少。产量由 $1.0\times10^4m^3/d$ 下降至 $0.74\times10^4m^3/d$，油套压差由 0.25MPa 增加至 0.5MPa。关井复压、降压排液等措施恢复生产后，该井第二天出现压差增大趋势(图 1-2-7)。

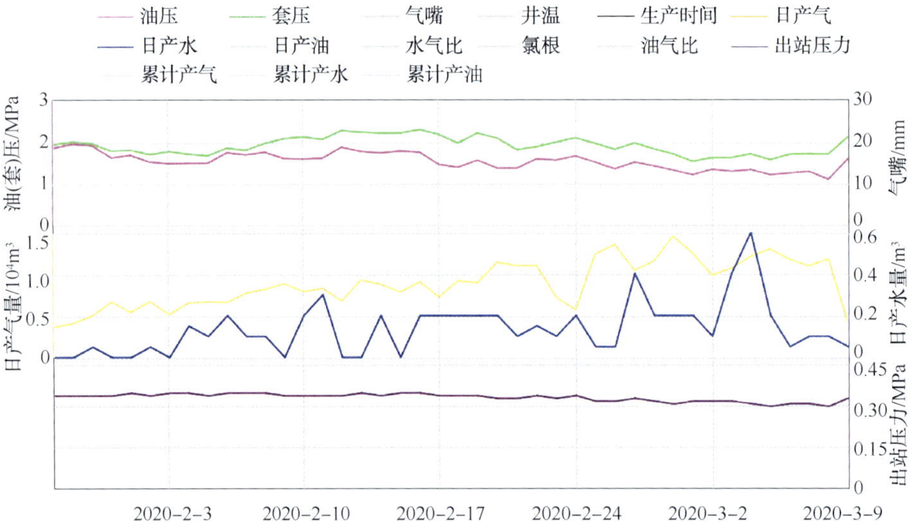

图 1-2-7 JS103-1HF 井生产曲线图

2. 原因分析

由于气井含油率较高，长期采用低浓度、大比例泡排。积液由水与凝析油组成，泡排后井筒积液虽基本排出地面，排出积液为水、乳化液、凝析油。但长时间泵注低浓度泡排凝析油基本排出，由于注入比例较高，对水的作用相对较低，注入水量也较大，后期积液基本为水，再泵注低浓度、大比例泡排导致泡排效果较差。

3. 故障处理

对高含凝析油气井长时间泵注低浓度、大比例泡排的气井，结合手投泡排棒+关井复压、气举等方式清除积液。

4. 经验教训

对类似维护井，根据气井生产情况周期性的改变维护措施方式，结合泵注泡排与手投泡排，更好地达到维护措施效果，减少异常情况出现。

五、气井关井后小油管无法启用

1. 故障描述

JS10-1H 井在生产过程中产水量较大，油压 10MPa，套压 10.8MPa，日产气 $1.2\times10^4m^3$，日

产水 4.5m³，由于产水量较大，经过论证，该井于 2014 年 6 月初下入小油管。生产后期该井油套压力降至 1.0/3.2MPa，日产气 0.35×10⁴m³，日产液 1m³。因地面改造等原因，该井关井后开井小油管无法正常生产。通过采取倒换小油管与小环空交替生产、降压排液等措施，该井仍然无法启用小油管(图 1-2-8)。

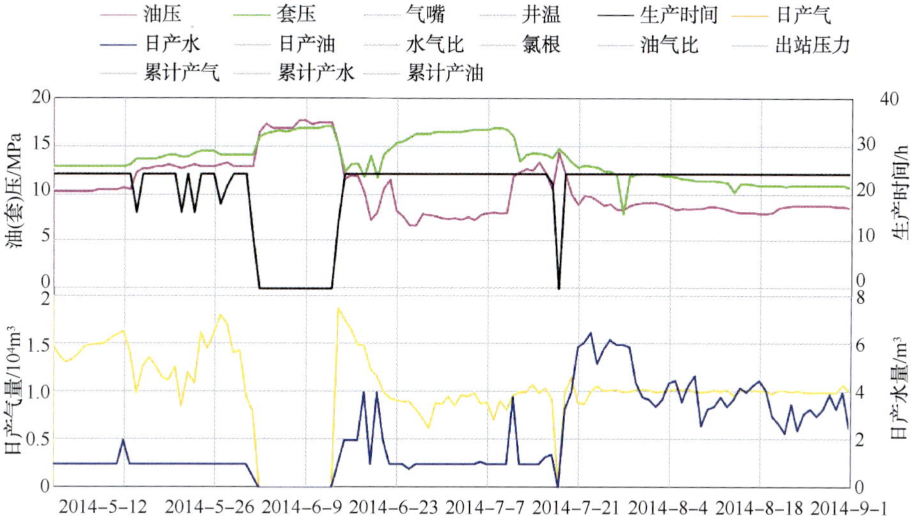

图 1-2-8 JS10-1H 井生产曲线图

2. 原因分析

JS203HF 井、JS10-1H 井都出现过类似情况，下小油管井本身产液量较大，在关井后积液较多，受小油管本身影响摩阻较大。气井生产后期产量、压力相对较低，重新启用小油管较为困难。

3. 故障处理

(1) 对问题井注入一定泡排液，结合辅助关井等措施，利用气井在大量出液后，导入小油管生产。

(2) 利用同井站气源井，对问题井补压，补充气井本身压力，在开井后提高临界携液量，增加流速，启用小油管。

4. 经验教训

产液量较大气井尽量避免长时间关井，以免造成水淹。

六、气源井、低效井排液困难，排液时间较长

1. 故障描述

JS109-8HF 井、JS201-4HF 井、JS33-17 井等气举气源井，在日常维护气井中起到关键性作用。低效井在生产中维护排液尤为重要，部分低效井在后期长时间维护后产量反而增加。这部分气井井口油套压较高约为 10MPa，但在维护排液过程中排液时间较长，排液效率较低。

2. 原因分析

(1) 气井虽压力较高，因液量较大，本身能量较弱，在降压排液时无法达到临界携液量，导致排液效果较差。

(2) 泡排加注时间不恰当，由于积液较多，泡排作用性比较低。

3. 故障处理

泡排加注时间尽量选择在开井前 2h 左右，根据积液情况合理加注泡排药剂，开井时瞬产控制在临界携液量，开井后适当选择降压排液等辅助措施。

4. 经验教训

合理安排排液周期，尽量减少积液量。排液后端选择相应的辅助措施。如效果较差，可选择多次少量方式排出井筒积液。

七、高水气比气井出液不连续影响气井正常生产

1. 故障描述

JS3-1HF 井正常生产时油/套压约为 1.4/1.7MPa，油套压差小于 0.5MPa，产气量 $0.39\times10^4m^3/d$，产液量 $0.50m^3/d$。2021 年 5 月中旬，该井在维护措施及维护周期一直未改变的情况下，油套压差增大至 2.5MPa，气井开始出现无瞬产、不出液现象，后采取气举、延长关井复压时间，将套压补至 4MPa，开井持续降压排液，出液 $2m^3$ 左右，气井开始恢复正常生产。该井在 6 月 24 日和 7 月 5 日又出现类似现象，采取“延长关井复压时间+气举补压+开井降压排液”方式，使该井恢复正常。

2. 原因分析

1) 根据地质情况分析

JS3-1HF 井生产层位为 JS_2^{4-1} 层，JS_2^{4-1} 层含气丰度相较高充注层系差，JS3 河道平均水气比为 $0.7m^3/10^4m^3$，普遍具含水的特征(图 1-2-9)。

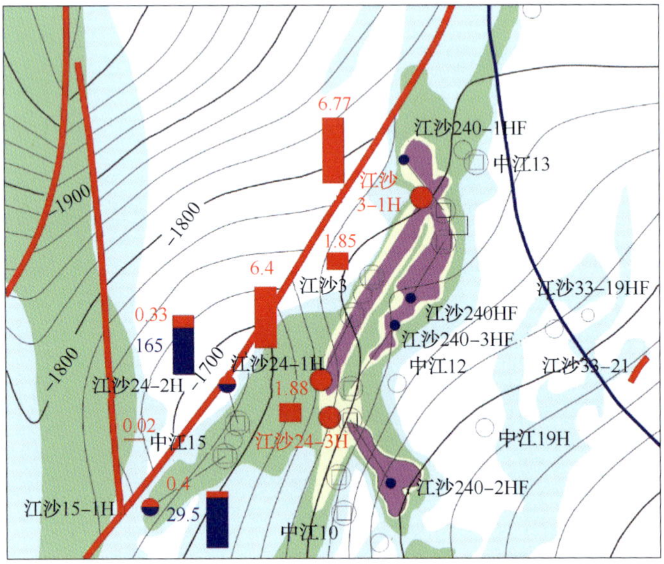

图 1-2-9 中江气田 JS_2^{4-1} 层综合评价图

JS3-1HF 井于 2012 年 9 月 1 日投产，投产初期油/套压 22.16/22.2MPa，日产气 $1.5\times10^4m^3$，日产水 $1m^3$，目前油/套压 1.4/1.7MPa，日产气 $0.4\times10^4m^3$，日产水 $0.5m^3$，投产至今累计产气 $2762\times10^4m^3$，累产水 $1857m^3$，该井动态储量约 $3200\times10^4m^3$，目前处于低压低产

阶段，气井自身能量不足导致携液困难，易出现气井出液不连续现象。

2）运用油套压差分析

JS3-1HF 井自 2021 年 5 月中旬—7 月中旬分别出现 3 次出液不连续现象，该井异常期间油套压差由 0.3MPa 上升至 2.5MPa，套压一直不降，产气量从 $0.4\times10^4m^3/d$ 下降至 0，气井不出液，结合该井生产情况，该井循环滑套上部积液严重，气井依靠自身能量无法将液体携带出，导致出现无产量现象(图 1-2-10)。

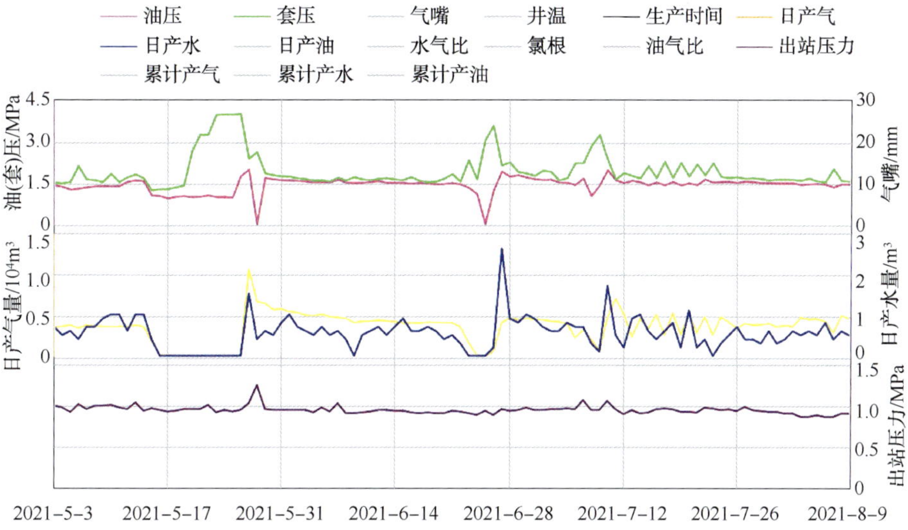

图 1-2-10　JS3-1HF 井生产曲线

3. 故障处理

针对 JS3-1HF 这类低压低产井存在携液困难导致气井出液不连续异常现象，可以通过延长关井复压时间或者利用同井场高压气井作为气源井对其进行关井补压，开井时采取降压排液方式，增大生产压差，提高气井携液能力，将积液带出，起到恢复正常生产作用。

4. 经验教训

高水气比的水平井在后期低压低产阶段时，应加强日常维护措施跟踪，及时优化维护措施，在气井出现异常现象之前提前介入措施，确保气井正常生产。

八、蜡堵造成气井无法正常生产

1. 故障描述

JZ[4]中江 120 井于 2020 年 08 月 11 日投产，投产至今累计产气 $72.8697\times10^4m^3$，产油 1537.24t，产水 $1243.90m^3$。该井具有产液量大、含油率高，且含蜡的特点。于 2020 年 12 月 22 日无法正常生产，期间采取关井复压、降压排液、液氮气举等措施均无效果(图 1-2-11)。

2. 原因分析

该井含蜡且流动性差，黏度大，造成井筒堵塞严重，无法正常生产(图 1-2-12)。

3. 故障处理

12 月 20 日，开展凝析油解堵(井筒注入凝析油 $2m^3$)，注入凝析油后关井复压 12h，开井配合降压排液，排液前油套压 3.5/19MPa，排液后油套压 10.5/18.5MPa，当天产水

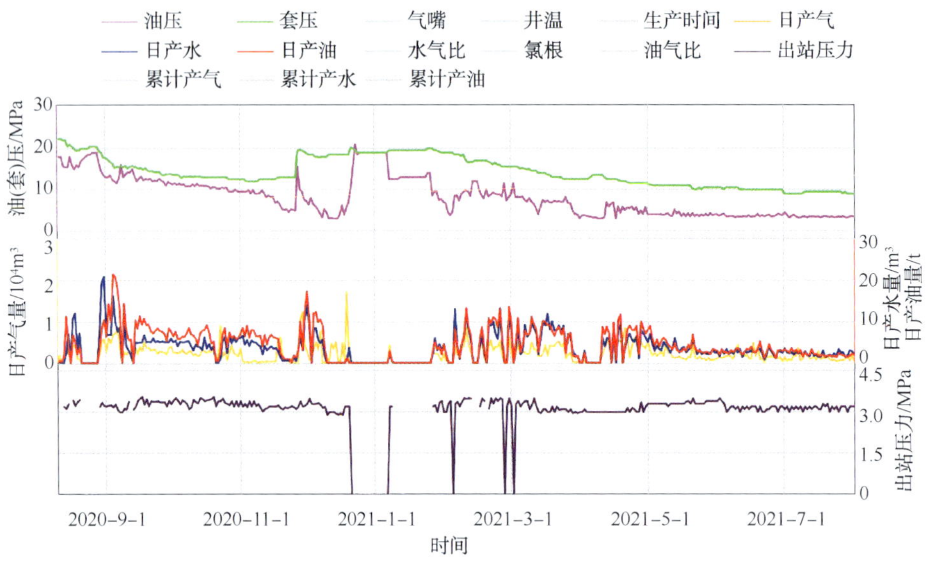

图 1-2-11　中江 120 井生产曲线图

$13m^3$，产油 8.2t，产气 $3800m^3$。随后可正常生产，日产气 $(0.2 \sim 0.3) \times 10^4m^3$，日产水 $5.5m^3$，日产油 $5.8m^3$。共维持正常生产 2 个月，4 月 4 日再次出现井筒堵塞无法正常生产的现象，4 月 10 日开展凝析油解堵，效果显著，截至目前仍然可以正常生产。

该井利用凝析油解堵成功原因主要是：注入凝析油后，堵塞物质（蜡）相似相溶，由不易流动的固体转变成较为稀释且易于流动的液体，气井更加容易将井筒的堵塞物携带至地面（图 1-2-13）。

图 1-2-12　ZJ120 井油样
（采气树 7 号阀门处取样，呈固态）

图 1-2-13　ZJ120 井凝析油解堵后油样

4. 经验教训

气井含蜡且流动性差，黏度大，井筒易严重堵塞，导致气井无法正常生产。利用物质相似相溶原理，结合气田产凝析油的特征，对蜡堵井注入凝析油，成功解除蜡堵。

九、储层伤害导致气井产能突降

1. 故障描述

JS203HF 井为产凝析油气井，于 2015 年 2 月 12 日投产。该气井 2020 年期间处于平稳递减阶段，每周降压排液2次，平均日产气$0.32\times10^4m^3$，日产液$0.5m^3$，于2020年6月出现采气曲线突降现象，日产气降为$0.1\times10^4m^3$，日产液$0.08m^3$（图1-2-14）。

2. 原因分析

结合该井实际产能及产液情况，考虑由于近井地带液锁（反凝析油锁及反渗析水锁）、储层固相颗粒、泡排液中含有的大量有机、无机黏糊状脏物等因素堵塞渗漏通道影响，导致近井地层压力无法突破因堵塞造成的升高后的启动压力，导致气井产气量降低。

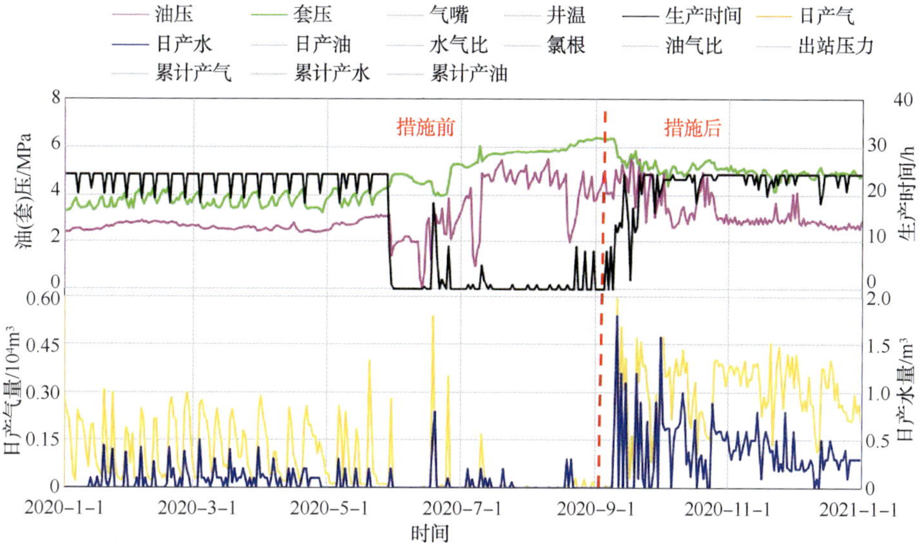

图1-2-14　JS203HF井生产曲线

3. 故障处理

（1）关井，记录油套压、产气、产液等参数。

（2）油管加注解堵剂$26m^3$。解堵剂配方：15%HCl+2%缓蚀剂+1%铁离子稳定剂+1%助排剂+0.5%表面活性剂。

（3）加注完毕，关井约30min。

（4）开井排液：套管泵注液氮$25m^3$补压助排。

（5）恢复生产：JS203HF井由施工前的$0.1\times10^4m^3/d$，提升为施工后的$0.4\times10^4m^3/d$，日产液$0.35m^3$，措施后累计产液$49m^3$，井底净化液量$26m^3$。

4. 经验教训

（1）川西中浅层为典型的低渗致密砂岩气藏，储层具有低孔低渗、非均质性强、高毛管力、高含水饱和度等特点，其中中江—高庙区块含凝析油相对较高，在生产过程中常出现泥浆、压裂残液污染，井底积液水锁，泡排剂乳化污染，凝析油伤害等问题。在川西气田，这种因井底污染而导致气井产量、压力非正常递减的气井较普遍，严重影响了低压低产井的稳定生产。

（2）针对近井储层污染问题，可根据分析的主要堵塞原因，配制多种药剂及完善配套工艺，解堵施工成功率较高，能够做到具体问题具体解决。

第二章 井下常见故障判断与处理

中江气田沙溪庙组气藏自2011年以来，主要采用水平井为主、定向井为辅的方式进行开发；须家河组气藏则主要部署直井或定向井。气井普遍经压裂改造后采用油管生产，自2019年起，逐步推广应用一体化建井技术及体积压裂技术，部分气井采用光套管生产。

气井堵塞、井底积液及井下工具失效是中江气田常见的井下故障，极大地影响了气井正常生产。本章通过对具体案例进行剖析，明确了中江气田井下故障产生的原因及处理措施，以期为类似气田的开发提供指导。

第一节 井筒堵塞类故障

钻井泥浆、垢、蜡、细砂以及水合物等物质是井下常见的堵塞物，井筒堵塞通常由上述某种单一堵塞物或多种堵塞物引起，堵塞位置可分为近井口、直井段、斜井段及水平段。针对堵塞物性质的差异以及堵塞位置的差异，需采用不同的解堵药剂及解堵方式。

一、泥浆及水合物复合堵塞

1. 故障描述

XS1井于2014年7月1日投产，初期配产$2\times10^4m^3/d$，油套压57.5/58MPa，不产水。投产一个月后，放大工作制度，产气上调至约$3\times10^4m^3/d$，油套压差逐渐放大，2014年8月10日堵塞，油套压差从解堵前的54.8/57.0MPa降至解堵后的47.7/56.0MPa。随后气井维持稳定工作制度生产，油套压48/57MPa，产气$3\times10^4m^3/d$。但是油套压差长期保持在6~8MPa左右。从2016年11月开始，油压略有下降，由46MPa下降至43MPa，套压57MPa不变。11月12日，油压由43MPa突降至29~40MPa，瞬量由原来的$3\times10^4m^3/d$下降$(2\sim2.5)\times10^4m^3/d$，最低$1.7\times10^4m^3/d$，气井出现异常(图2-1-1)。

2. 原因分析

从气井不同时段开关井，油压下降和恢复速度较快来看，气井堵塞位置就在井口附近。为了准确判断井筒堵塞位置，对该井实施流压测试。通井作业时用Φ54mm、Φ48mm通井规在流动、静止两种状态共4种方式通井，均在大四通处硬遇阻，取出通井规有碰痕且较脏(图2-1-2)。分析堵塞主要是在近井口位置无机堵塞的基础上，由于节流降温效应，新增水合物堵塞。当前期无机物堵塞点的过流通道大于地面一级油嘴直径时，井口压力能保持稳定；当堵塞点过流通道小于地面一级油嘴直径时，出现节流降温效应，在高压低温有水情况下产生水合物冰堵，气井油压、产量波动。油套环空堵塞主要由于油管内堵塞造成节流降温，低温传导到油管外表面，最终在高压低温、湿度适宜的条件下形成水合物堵塞。

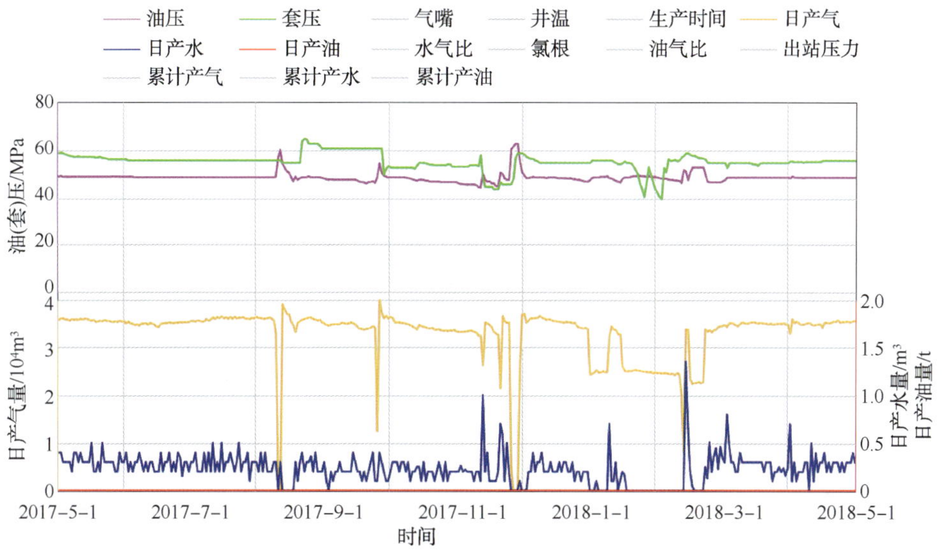

图 2-1-1 XS1 井生产曲线图

图 2-1-2 XS1 井测流压通井时通井规碰痕和携带脏污

3. 故障处理

2017 年 12 月 15—28 日，开展了 4 次井筒解堵措施，首先采用油管挤注防冻剂的方式，接触堵塞物表面附着的水合物；随后油管挤注酸性无机解堵剂，溶解泥浆、细砂等堵塞物，每挤注一次后开井排液、排脏物，并检验井筒是否通畅；通过多期次高压小排量挤注，最终解堵成功。具体施工情况如下：

12 月 15 日 9：50—11：00 从油管泵注 51℃防冻剂 73kg，泵压稳定在 61MPa。11：50—14：50 开井生产，油嘴 1.0mm，油压 59MPa，瞬产$(1.3\sim1.5)\times10^4m^3/d$。油套环空堵塞仍未解通，套压维持 43MPa 稳定。更换油嘴由 1.0mm 改为 1.25mm。

12 月 16 日，试生产油压由 59MPa 降至 58MPa，瞬产$(1.3\sim1.5)\times10^4m^3/d$。油套环空堵塞仍未解通，套压维持 43MPa 稳定。

12 月 17 日，10：50 关井，关井前油套压 58/43MPa，瞬产 $1.3\times10^4m^3/d$，10：50～11：30从油管泵注 52℃防冻剂 50kg，泵压稳定在 58MPa。11：55—21：00 从油管泵注常温

无机解堵剂100kg，泵压稳定在59MPa。21：00—22：00从油管泵注常温防冻剂38kg，泵压稳定在58MPa。因为泵坏，停止注入，并关井至18日12：00。

12月18日12：00—20日8：00试生产，油套压60/42MPa，瞬产$1.45\times10^4m^3/d$，阶段产液$0.4m^3$。

12月20日，8：00关井，关井前油套压60/42MPa，瞬产$1.45\times10^4m^3/d$。更换油嘴时，由1.25mm改为1.5mm，油嘴套处有油泥状脏污，含有压裂陶粒砂，放手心有灼烧感，确定为残余酸，分析认为油管井筒内的无机物堵塞得到有效疏通(图2-1-3)。

图2-1-3　XS1井油嘴套处的脏污(2016-12-20)

12月20日8：00—9：00从油管泵注常温防冻剂50kg，泵压稳定在58MPa。9：00—11：30从油管泵注常温无机解堵剂100kg，泵压稳定在58MPa。11：30—15：15停泵，待井口油套连接施工。15：15—17：00从油管泵注常温无机解堵剂175kg，泵压稳定在58MPa。17：00—18：00从油管泵注常温防冻剂50kg，泵压稳定在58MPa。

12月24日8：00关井，关井前油套压59/44MPa，瞬产$2.23\times10^4m^3/d$。8：20—9：00从油管泵注防冻剂50kg，泵压稳定在58MPa。9：00—13：30从油管泵注无机垢解堵剂250kg，泵压稳定在58MPa。13：30—14：30从油管泵注防冻剂50kg，泵压稳定在58MPa。换压力表油套压60/45MPa。

12月28日更换油嘴，一级油嘴从1.5mm换为1.75mm，油嘴套出堆积脏污，管线吹扫出黑色块状(蜡质、解堵剂、陶粒砂)；12月29日更换油嘴，一级油嘴从1.75mm换为2.0mm，油嘴套出堆积脏污(蜡质、解堵剂、陶粒砂)。开井后，套压显著降低，油套压46/54MPa，产气$3.37\times10^4m^3/d$，连续生产至2022年6月，未见堵塞情况(图2-1-4)。

图2-1-4　XS1井油嘴套处的脏物

4. 经验教训

由井底至井口，井筒内温度逐步降低，若近井口位置处存在堵塞物导致井下管柱缩颈，在高压的条件下，极易形成水合物附着于堵塞物表面，导致解堵剂难以直接接触堵塞物，影响解堵效果。通过多轮次交替挤注防冻剂及解堵剂，可有效解除此类复合堵塞。

二、井筒结垢堵塞

1. 故障描述

CH127 井于 1991 年 6 月投产，投产初期油压 44MPa，套压 44MPa，产气 11.1×10^4m^3/d，产水 0.68m^3/d。该井从 2009 年加注缓蚀泡排剂，加注制度为一天一次，气井产量稳定至 0.7×10^4m^3/d，直至 2019 年 4 月 30 日，气井产量从 0.7×10^4m^3/d 突降至 0.3×10^4m^3/d，2019 年 6 月 25 日，油压 1.6MPa，套压 2.4MPa，日产气 0.31×10^4m^3，日产水 0.1m^3(图 2-1-5)。

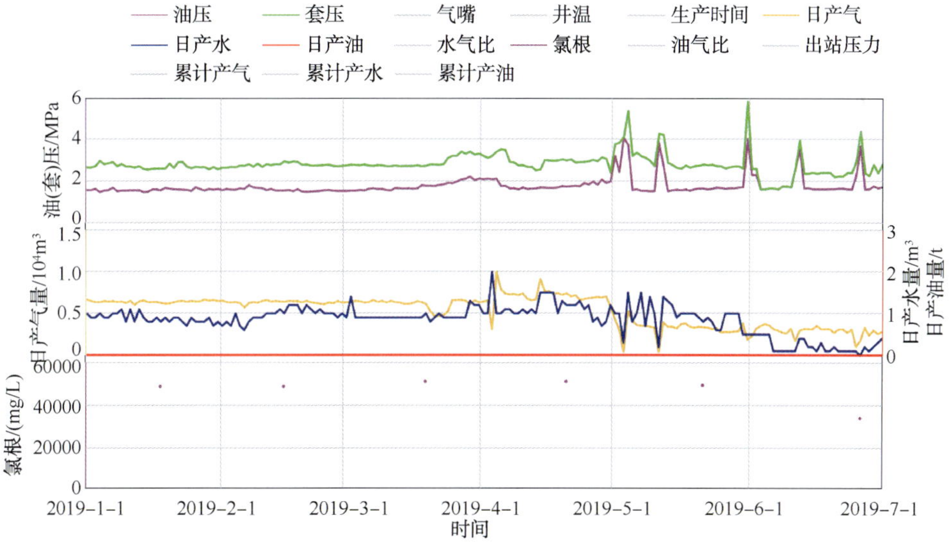

图 2-1-5 CH127 井生产曲线图

2. 原因分析

产出水中 Ca^{2+} 含量在 1238~2715mg/L，Mg^{2+} 含量在 157~256mg/L，与水中的 CO_3^{2-} 形成 $CaCO_3$ 和 $MgCO_3$ 沉淀，长期聚集容易造成井筒管柱堵塞以及近井储层堵塞。因此，分析产量下降原因主要为生产管柱或者近井储层内存在结垢堵塞，导致井筒过流通道堵塞。

3. 故障处理

（1）排出井筒积液。

（2）泵注解堵剂 15m^3，配方为 15%HCl+2%缓蚀剂（120℃以上）+1%铁离子稳定剂+1%助排剂+0.5%表面活性剂。

（3）油套管同时液氮补压 30m^3，关井 24h。

（4）开井排液。排液后产量从措施前的 0.22×10^4m^3/d（油压 1.64MPa，套压 2.43MPa）增加到 0.54×10^4m^3/d（油压 1.69MPa，套压 2.55MPa），增产 0.32×10^4m^3/d，措施效果显著（图 2-1-6）。

4. 经验教训

可以借助流体组分分析、井下温压预测等手段分析地层水垢成分及结垢位置，通过室内

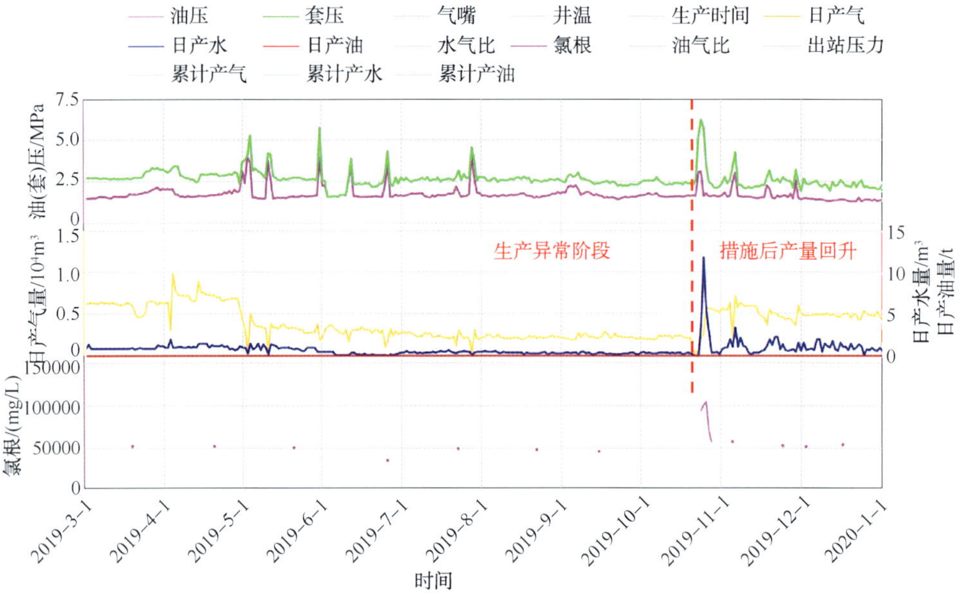

图 2-1-6 CH127 井解堵后复产

溶解实验优选解堵剂。液氮补压既能确保解堵剂快速到达井底与地层水垢充分接触反应，也能起到低压低产井大液量解堵后助排的作用，便于气井尽快恢复生产。

三、水平段深部堵塞

1. 故障描述

GM33-14HF 井循环滑套未打开，油套不连通。投产初期油压 40.6MPa，套压 21.8MPa，产气量 $3.08\times10^4m^3/d$。2018 年 7 月，受地质灾害影响关井 16h，该井关井前油套压 13/2.5MPa，产气量 $8.5\times10^4m^3/d$，于 7 月 11 日关井后，压力由 13.5MPa 降至 8.1MPa，产量未见波动，28h 后气井压力恢复至 13MPa，之后持续下降，产气量降至 $3.2\times10^4m^3/d$(图 2-1-7)。

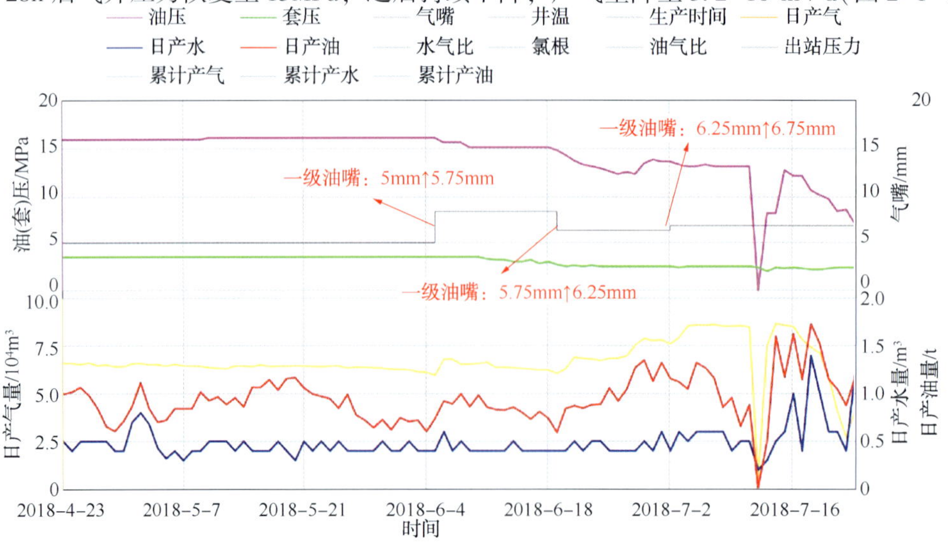

图 2-1-7 GM33-14HF 井生产曲线图

7 月 21 日，第一次解堵，解堵前油压 9.6MPa，日产气 $2.9\times10^4m^3$，加注无机解堵剂(RX-503)200kg，关井 4h，压力恢复至 13.7MPa，开井后压力降至 8.3MPa，产量未见恢复。7 月 22 日，再次加注无机解堵剂(RX-503)400kg，泡排剂(XHY-4A)500kg(300m 液注高度)，关井 8h，压力恢复至 12.5MPa，开井后产量降至 8.5MPa，排出井筒积液，产量未见恢复。7 月 25 日，对该井进行流压测试，压力计下入深度 2750m，测试结果显示压力梯度为 0.079~0.203MPa/100m，无积液显示。7 月 28 日、8 月 1 日分别开展泡排维护，产量均未见恢复。

2. 原因分析

对 GM33-14HF 井筒返出物及水样开展分析，通过分析 7 月 28 日泡排后井筒返出物组分，堵塞物主要为钻井泥浆加重剂(含钡等元素)、固井泥浆等物质(图 2-1-8、图 2-1-9)。

图 2-1-8 解堵前水样

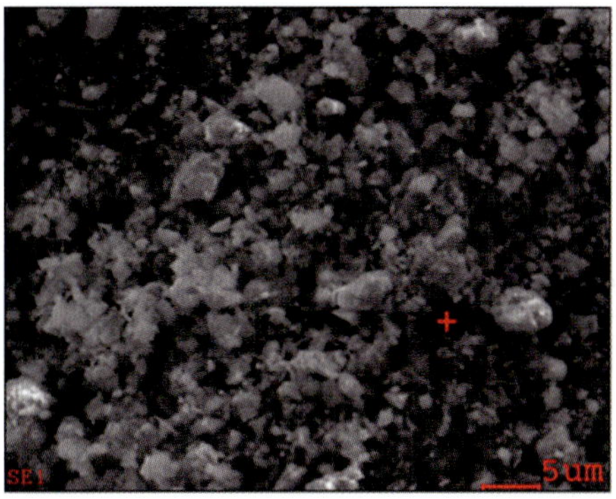

图 2-1-9 水样沉淀物 SEM 分析图

该井正常生产时油压 13MPa，产量 $8.1\times10^4m^3/d$，发生堵塞后压力、产量下降，关井复压后压力快速恢复，且由于该井可持续产气，因此判断其产层段未完全堵死，堵塞后出现压力、产量逐步降低的过程，堵塞点还在继续堆积堵塞物。综合分析认为，该井堵塞位置在近 *A* 靶点的水平段。

3. 故障处理

(1) 根据井筒取样物分析结果，开展溶解实验，优选解堵液配方(15%盐酸+1%缓蚀剂+2.5%表面活性剂+增效剂+清水)，对返排物溶蚀率达 80%以上。

(2) 依次向气井泵注解堵液 $3m^3$、泡排剂 50kg、清水 500kg，随后泵注液氮 $10m^3$将解堵液体顶替至水平段位置，关井反应 80min。13:30 开井泄压，压力由 16.7MPa 迅速下降至 7.5MPa，此时放喷池开始有液体喷出，随后压力缓慢下降至最低值 5.7MPa，然后开始缓慢回升，14:40，井口压力开始趋于稳定，气井导入流程开始生产，井口压力呈小幅增长现象，最终趋于稳定。

4. 经验教训

(1) 高压气井频繁更换油嘴，易对气井储层造成激动，破坏井筒生产平衡。该井从 6 月至 7 月三次更换油嘴，且油嘴跨度较大，且由于洪灾关井影响，多因素导致气井生产平衡被破坏，从而导致生产异常。

(2) 明确堵塞物主要成分是确定解堵剂配方的前提。该井前期在缺少堵塞物样分析的情况下，凭经验开展两次无机解堵作业，均未达到效果，后期通过多次开展泡排冲洗井筒内堵塞物，分析井筒返出物，明确堵塞物组分，开展解堵配方优选实验，最终确定解堵剂配方。

(3) 采取合理的解堵方法是确保解堵成功的关键。前两次解堵作业过程中，由于缺乏对气井堵塞位置的合理判断，且无法确保解堵剂能到达堵塞位置发生反应，导致前期作业失败。后期结合液面监测结果，判断出气井堵塞位置，并针对性地采用液氮顶替解堵液至堵塞位置，确保解堵液与堵塞物充分接触反应，溶蚀堵塞物，实现气井成功解堵。

四、井筒结蜡堵塞

1. 故障描述

ZJ120 井为大安寨气藏气井，堵塞后气液无产量；液氮气举(环空注)21m^3，无气液产出，油套压 0/22MPa，关井 2d，油套压 7/19.5MPa(图 2-1-10)。

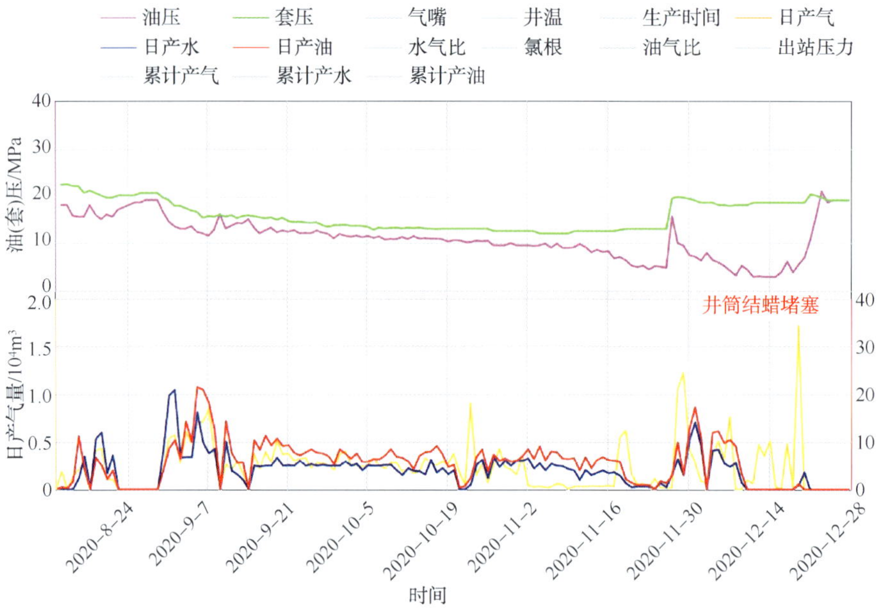

图 2-1-10 ZJ120 井生产曲线图

2. 原因分析

初步分析为井筒蜡堵(图 2-1-11)。随后开展油管注清蜡剂解堵，开井后大量蜡产出，油套压 19/19MPa，产气量(0.7~4.0)×10^{4}m^3/d，证实生产异常为井筒蜡堵影响。但块状蜡导致地面分离器等设备堵塞，无法生产。

图 2-1-11 ZJ120 井结蜡

3. 故障处理

(1) 开展室内溶解实验，明确蜡块在 80℃水中加热 20min 依然为固体状，但在凝析油中能较好溶解(图 2-1-12、图 2-1-13)。

(2) 油管中注入凝析油 $2m^3$，关井 12h。

(3) 开井排液后产量基本恢复，配合间开等措施生产情况有明显改善(图 2-1-14)。

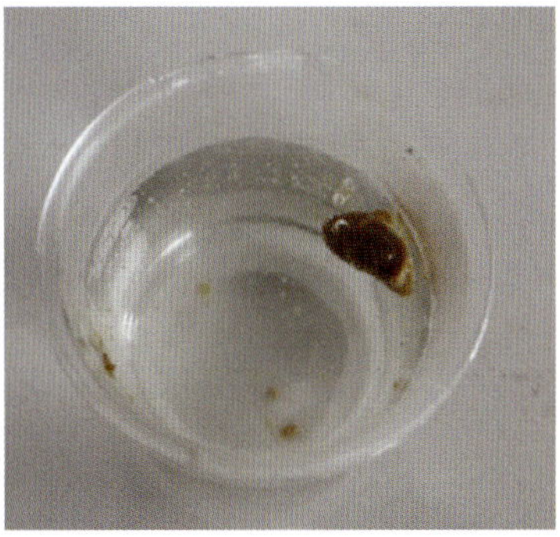

图 2-1-12　80℃水中加热 20min 仍为固体状

图 2-1-13　凝析油浸泡 10min 可溶解

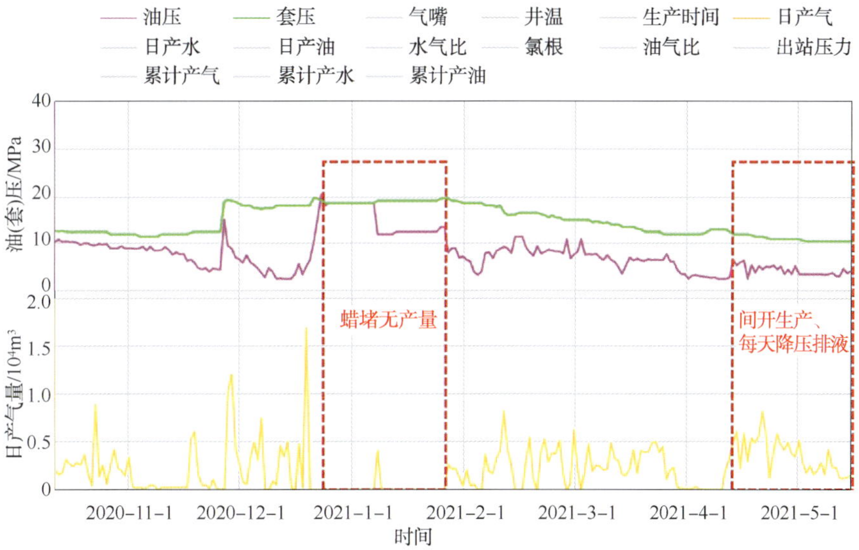

图 2-1-14　ZJ120 井解蜡堵前后生产曲线图

4. 经验教训

大安寨段气藏产出油中存在较多重质组分，在冬季气温较低时，易在近井口位置处结蜡，使得气井生产管柱内缩颈，严重时会完全堵塞生产管柱，导致气井产量突降甚至停产。对于结蜡堵塞的气井，挤注常规的清蜡剂或热水难以起到快速解堵的目的，在保障施工安全的前提下，采用挤注凝析油的方式可快速解堵。

五、高压气井投放井下节流器遇阻

1. 故障描述

JS320HF 井投产前计划开展井下节流器投放，设计节流器尺寸 3mm，投放深度 2000m，配产约 $3.0\times10^4m^3/d$。投放井下节流器施工前，该井油套压 34.0/34.0MPa。该井压力较高，存在一定风险。

2. 原因分析

该站的出站压力仅 3MPa 左右，而井口压力较高(34MPa)，增大了开井生产的难度。同时，根据中江气田沙溪庙组气藏水合物生成曲线，高压井的井筒内局部可能生成水合物，影响井下节流器投放，存在井下工具串遇卡风险(图 2-1-15)。

3. 故障处理

针对井口压力高的问题，在井下节流器施工前即开展井口泄压，从 34MPa 泄压至 15MPa 以下，降低开井难度。针对水合物导致井下工具串可能遇卡的问题，根据该井当前井口压力(15MPa)、井口温度(约 15℃)和地温梯度(中江气田沙溪庙组气藏约 2.3℃/100m)，计算井筒压力及温度分布，结合中江气田沙溪庙组气藏水合物生成曲线，明确该井水合物生成的临界温度为 19℃，通过地温梯度反算水合物生成的临界井深约 174m，说明井深 0~174m 具备水合物生产条件，会导致井下工具串遇卡。因此，在井下节流器投放前，开展防冻剂加注，降低井下工具串遇卡风险(图 2-1-16)。

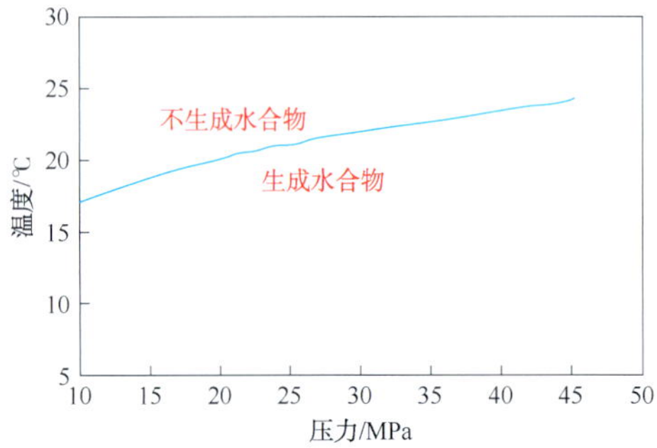

图 2-1-15 中江气田沙溪庙组气藏水合物生成曲线

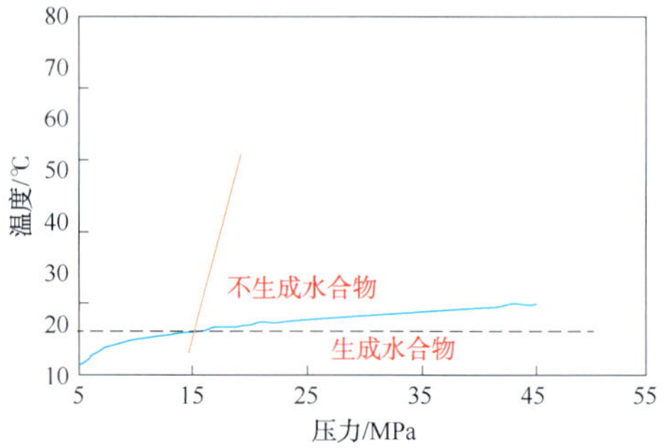

图 2-1-16 中江沙溪庙水合物生成曲线与投放节流前 JS320HF 井温度-压力曲线

通过加注防冻剂，JS320HF 井顺利投放节流器，2018 年 8 月 23 日 10：50 试压 35MPa 无刺漏，11：30—14：30 用 58mm 通井规通井到 2020m，15：30—17：00 下井下节流器到 2000m。通过泄压开井，成功投产。

4. 经验教训

针对高压节流井开井困难、工具串易遇阻的问题，根据中江区块气质成分、产量压力特点及地温梯度，完善井下节流气井防冻解堵技术及泄压开井方式，可有效解决高压井投放井下节流器困难的问题。

第二节 井底积液类故障

中江气田沙溪庙组气藏属窄河道致密砂岩气藏，单井控制储量小，产量递减快，当气井产量低于临界携液流量时，气井逐渐积液进而导致产气量降低。由于沙溪庙组气藏产出液平均含油率达 42%，甚至 1/3 的气井含油率超过 70%，导致常规的排液采气工艺适应性差，甚至部分气井未下入油管，缺乏排液药剂加注通道和气举通道，进一步增加了气井排液难度。因此，需结合气井生产特征针对性优选排液采气工艺并优化工艺参数，以达到排除井底积液的目的。

一、高含凝析油气井泡排有效率降低

1. 故障描述

GM33-11HF 井每三天开展一次泵注泡排，单次药量 4kg，药水比例 1：25；2018 年 12 月开始油套压差有增大迹象(由 0.5MPa 升至 0.9MPa)，产液量降低(由 1.5m^3/d 降至 0.8m^3/d)，产气量波动下降；增大单次药量(由 4kg 升至 6kg)后，油套压差进一步增大(由 0.9MPa 升至 2.1MPa)，产量明显下降(由 2.2×10^{4}m^3/d 降至 1.8×10^{4}m^3/d)。

2. 原因分析

前期针对在用抗油泡排剂开展相关室内实验，明确效果最优的含油率范围为 20%～40%，起泡剂最优浓度为 0.30%～0.60%。根据产液及拉运情况分析，该井含油率约 60%，为高含凝析油气井，超过了在用抗油泡排剂的效果最优的含油率范围。在一阶段的维护制度下，泡排效果逐渐变差；二阶段加大药量后超过起泡剂最优浓度范围，导致泡排效果进一步变差，造成油套压差增大、产气量下降(图 2-2-1、图 2-2-2)。

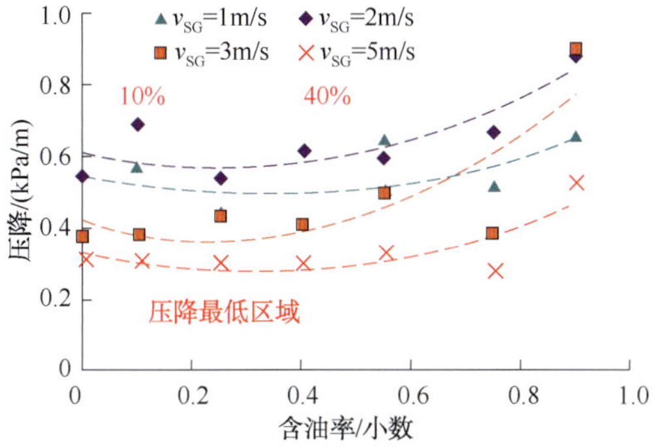

图 2-2-1　压降随含油率变化曲线

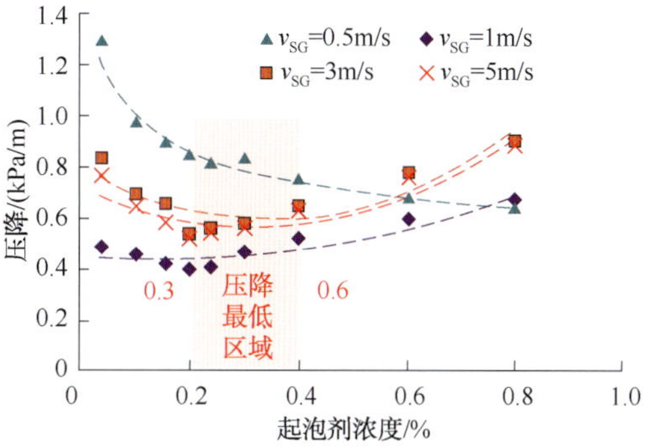

图 2-2-2　压降随起泡剂浓度变化曲线

3. 故障处理

三阶段针对性开展掺稀泡排工艺设计，基于上述两个最优范围和积液预测，实现掺稀泡排的精准施策，将药水比例由 1：25 调整为 1：40，将起泡剂浓度调整至最优范围内，带液效果稳定，油压压差逐渐恢复正常(由 2.1MPa 降至 0.5MPa)，产气量回升且维持稳定(2.4×10^{4}m^3/d)(图 2-2-3)。

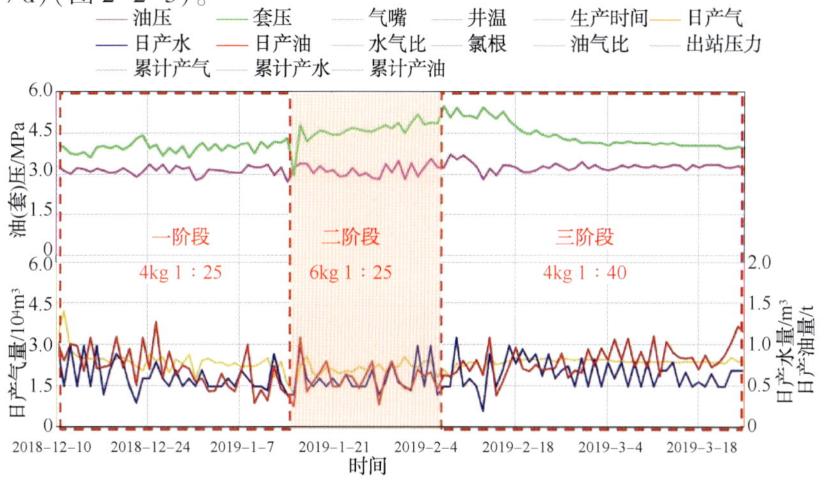

图 2-2-3　GM33-11HF 井生产曲线图

4. 经验教训

在用抗油泡排剂最佳浓度范围为 0.30%~0.60%，抗油泡排效果最优含油率为 20%~40%；高含油气井需针对生产情况对症下药，开展掺稀泡排工艺设计，实现掺稀泡排的精准施策，提高泡排效果。

二、低压气井柱塞气举有效率低

1. 故障描述

JS104-3HF 井安装柱塞前油压 2.4MPa，套压 3.3MPa，外输压力 2.3MPa，日均产气 $0.9\times10^4m^3$，日均产液 $0.37m^3$。该井产量波动大，清除井底积液后，日产气量可达 $2.1\times10^4m^3$，次日由于积液影响，日产气量迅速降低至 $0.7\times10^4m^3$。柱塞投用初期每天关井 1 次，每次关井 3~5h，计算最小气量为 $2.4\times10^4m^3/d$，但气井在套压 3.7MPa 时产气量小于 $0.5\times10^4m^3/d$，难以携液，进而导致积液，影响正常生产。

2. 原因分析

JS104-3HF 井地层能量衰竭，关井 8h 后，套压由 3.3MPa 升至 3.7MPa，油套环空储存的能量较小，不利于柱塞运行，导致带液效果不理想。

3. 故障处理

该井清除井底积液后，产气量较高，因此地层产出气可作为柱塞举升的能量来源。通过分析柱塞最优上行时间，计算举升期间气体总窜流量，折算所需套压、关井时间与柱塞运行频率，建立该井的柱塞运行参数优化图版(图 2-2-4)。

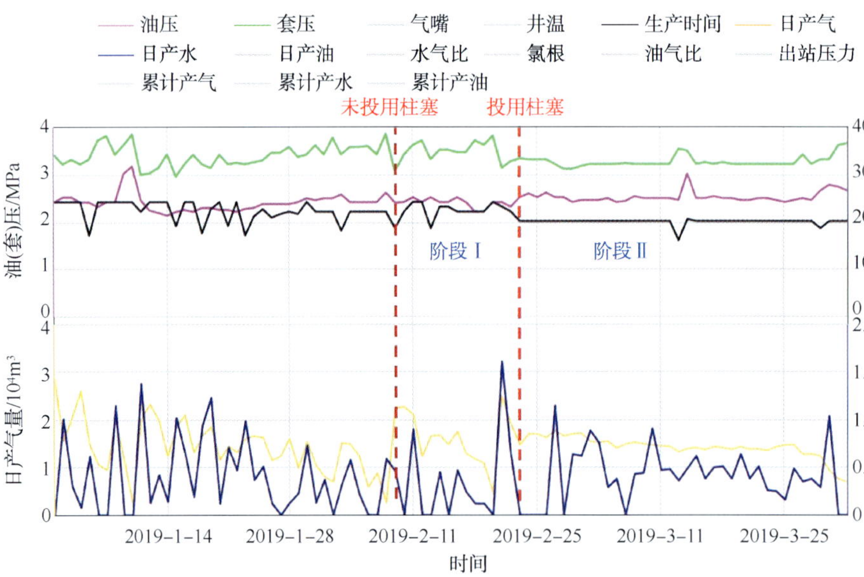

图 2-2-4　JS104-3HF 井柱塞运行参数优化图版

由建立的优化图版可知，JS104-3HF 井临界套压为 3.26MPa，可得最大单次举升液量为 $0.23m^3$，因此优化改井柱塞运行制度如表 2-2-1 所示，设计单次举升液量小于 $0.2m^3$，设计套压 3.12MPa，计算最小气量 $1.72\times10^4m^3/d$，小于临界套压下气井实际产气量，柱塞可运行至井口。

表 2-2-1　优化后 JS104-3HF 井运行制度

柱塞运行制度	关井时间	设计单次举升液量	设计套压	最小气流量
2 次/天	2h	$<0.2m^3$	3.12MPa	$1.72\times10^4m^3/d$

优化柱塞运行制度后，开井后柱塞 8~13min 即可上行至井口，生产期间套压 3.08~3.15MPa，产气量$(1.56\sim1.68)\times10^4m^3/d$，柱塞单次运行带液 $0.15\sim0.2m^3$，气井生产平稳，实现了低压气井柱塞气举工艺的有效运行(图 2-2-5)。

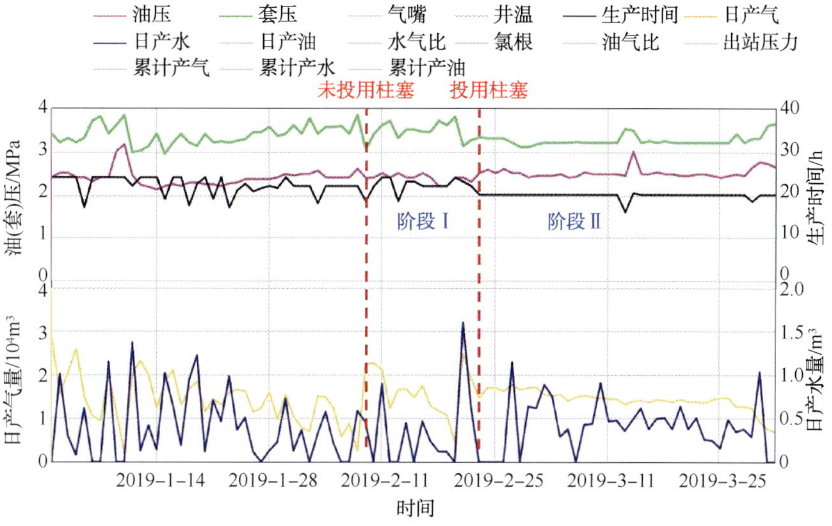

图 2-2-5　JS104-3HF 井柱塞投用前后生产曲线

4. 经验教训

低压但产气量相对较高的气井，可通过建立柱塞运行参数优化图版明确关井周期、关井时长等关键制度，保障排采效果。

三、水平井井间气举有效率低

1. 故障描述

JS33-1HF 井正常生产时油套压差 0.50MPa，产气量 $0.95\times10^4m^3/d$，产液量 $0.30m^3/d$。2019 年初，该井在维护措施及维护周期未改变的情况下，油套压差降低至 0.15MPa，出站压力也呈现下降趋势的同时产气量下降至 $0.58\times10^4m^3/d$，产液量无明显变化。通过对正常生产期间产出液性分析可知，该井含油率约 35%。

2. 原因分析

1）根据历史生产情况分析

JS33-1HF 井 2018 年 6—12 月该井平均油压 2.55MPa，套压 3.05MPa，出站压力 2.50MPa，产气量 $1.04\times10^4m^3/d$，日均产液量 $0.30m^3$。2019 年起，生产异常期间日均产气量仅为 $0.58\times10^4m^3$，远远大于沙溪庙组气藏的月递减率，因此推断该井存在水平段积液。

2）运用油套压差分析

2019 年 1—6 月与 2018 年 6—12 月相比，该井日均产气量下降 $0.20\times10^4m^3$，异常期间该井压差为 0.2MPa，产气量降至 $0.58\times10^4m^3/d$，该井实际完钻井深 3460.0m，循环滑套位于 2681.49m 呈开启状态。由于循环滑套位置较深，油套压差反映出循环滑套上部积液情况。在压差仅为 0.2MPa 的情况下，油管柱内积液较少，积液基本在循环滑套下部，油套压差无法真实反映积液情况，因此综合上述情况推断该井出现水平段积液。

3. 故障处理

针对综合情况，分析优化井间气举工艺，并采用相邻高压井关井补压气举+泵注泡排的联合形式。同一场站的高压气井作为气源，在被举井泵注泡排药剂后关井，将高压气从被积液井油套环空注入井内，将井筒与储层视为存压容器，注入一定量高压气，提高气体的举升能力。利用高压气源搅动泡排剂，使井筒积液变成气、液混合相的泡沫，迅速改变油管内低部位流体的相对密度，从而减小井底回压。在开井后控制瞬时流量，达到本井压力情况下的临界携液量，通过提高临界携液量的方式将水平段积液带至地面。

4. 经验教训

针对水平井的后期生产，加强日常维护措施跟踪，做到“三及时”，及时发现生产异常变化情况，及时调整制订措施计划，及时跟踪调整后措施效果情况。

四、套管生产井排液困难

1. 故障描述

GM111 井 2021 年一体化完井，经 8 段 40 簇电缆泵送射孔枪+桥塞分段压裂后获无阻流量 $24.79\times10^4m^3/d$，属含油低产工业气层。2021 年 5 月投产后，压力、产量快速递减，投产一个月井口压力由 35.8MPa 降至 15.6MPa，日产气由 $6.7\times10^4m^3$（油嘴 3.5mm）降至 $2.6\times10^4m^3$（油嘴 3.75mm），日产液由 $30m^3$ 降至 $20m^3$（图 2-2-6、表 2-2-2）。

2. 原因分析

该井一体化完井，生产管柱为 5½in 套管，临界携液流量高，投产初期日产气量即无法满足携液需求，导致井筒存在一定积液，出现压力、产气、产液均递减较快的现象。

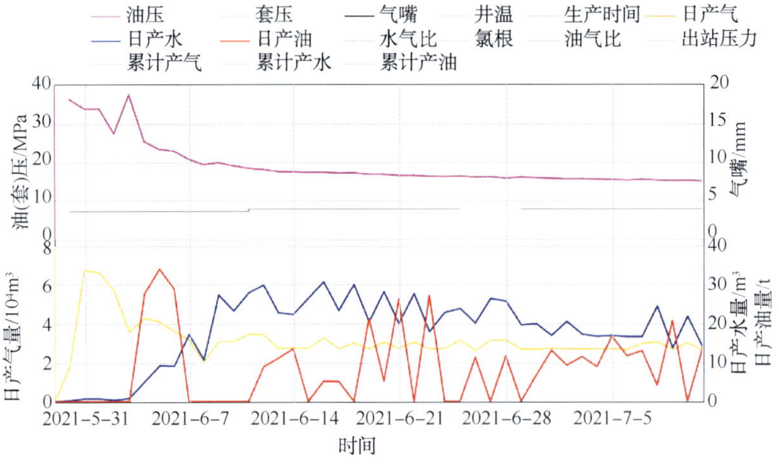

图 2-2-6 GM111 井投产初期生产曲线图

表 2-2-2 油层套管数据表

井段/m	尺寸/mm	钢 级	扣 型	壁厚/mm	内径/mm	抗内压/MPa	抗外挤/MPa
0~204	339.7	J55	偏梯	9.65	320.4	18.8	7.8
0~4.66	254.28	P110	长圆	14.94	224.4	66.9	60
4.66~1397.38	244.5	P110	长圆	10.03	224.4	54.46	23.92
1397.38~1951.46	244.5	P110	长圆	11.99	220.52	65.1	36.5
1951.46~2201.58	244.5	P110	长圆	10.03	224.4	54.46	23.92
0~1482.26	139.7	P110	长圆	9.17	121.36	87.1	76.5
1482.26~3526.27	139.7	P110	长圆	7.72	124.26	73.4	51.6

3. 故障处理

论证后于 7 月下旬下入 2in 速度管柱，计算在当时井口压力 14MPa 下的临界携液流量约 $1.2\times10^4m^3/d$，满足携液需求。气井生产较平稳，在生产制度不变的情况下，气井产量回升（由 $2.5\times10^4m^3/d$ 升至 $2.9\times10^4m^3/d$）（图 2-2-7）。

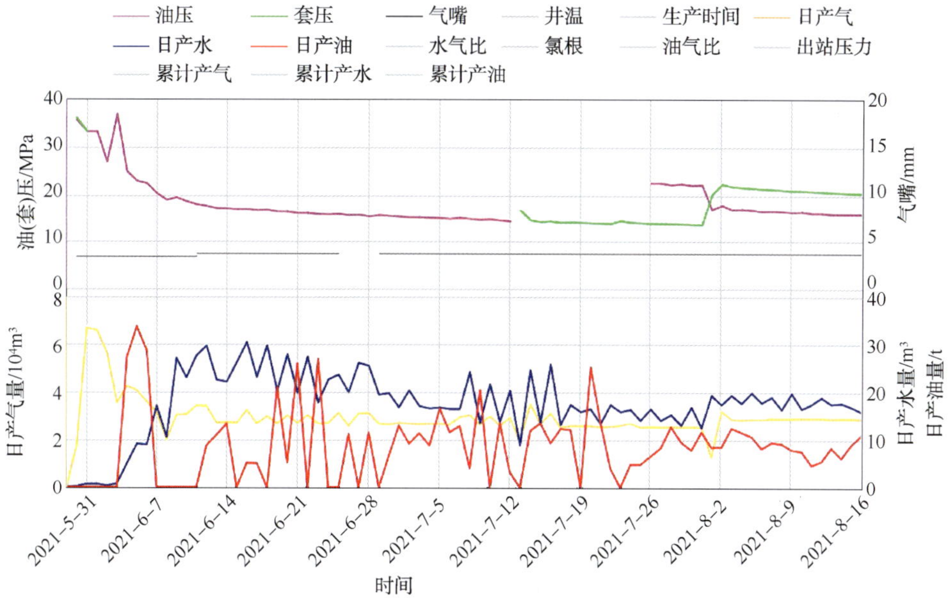

图 2-2-7 GM111 井下入速度管柱前后生产曲线

4. 经验教训

一体化完井的气井尽早下入速度管柱。一方面，可以降低临界携液流量，便于气井排液；另一方面，待气井产量进一步降低后，可利用速度管柱建立起的循环通道，开展泡排、气举等排采维护。

五、油管穿孔后导致的水淹停产

1. 故障描述

JS206HF 井于 2017 年 2 月投产，投产初期油套压 2.3/10.1MPa，日产气 $7.0\times10^4m^3$（井下节流 5.25mm，1539m）。投产后套压下降快，2017 年 12 月套压与油压持平（2.2MPa），2018 年 1 月套压开始低于油压，同年 6 月套压下降至 0.4MPa。根据该井油套压变化趋势，分析套压递减异常，为油套压不连通影响。论证开展油管穿孔，射孔深度 1900m，射孔后存在水淹风险（图 2-2-8）。

图 2-2-8 JS206HF 井投产初期生产曲线图

2. 原因分析

至 1900m 处套管空间总体积为 $61.08m^3$、油管总体积为 $7.95m^3$、环形空间总体积为 $53.13m^3$。以环形空间全部充满液计算液体体积为 $53.13m^3$。环空内液体较多，穿孔后环空内液体部分进入油管内，造成水淹。

3. 故障处理

穿孔后从油管车注 1∶10 泡排剂 300kg，从 7 号阀门投泡排棒 4 根，关井半个小时。按照降压排液操作规程进行，关闭分离器出口端（出站阀门），采用手动排液，气液经分离器后，液进储液罐，气从放散管放空。排液过程中，观察记录油压、套压及气液瞬产量变化情况，当液量明显减少、气量明显增大时，注意针型阀的开度，随时做好关井准备。当油压涨至 5~8MPa 时，投放 6.5mm 井下节流器至井深 1650m 处。根据气井生产情况，车注解堵剂，关井复压 4h 后开井生产。油套压 2.5/10.2MPa，日产气 $4.3\times10^4m^3$（图 2-2-9）。

4. 经验教训

油套不通井论证开展穿孔前，须考虑环空液面情况，做好泡排、降压排液等防止水淹的措施准备，保证穿孔后气井正常生产。

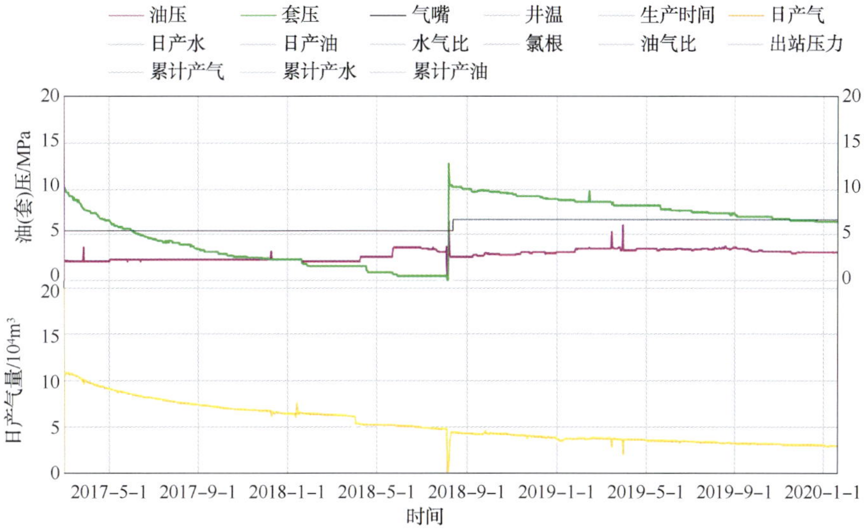

图 2-2-9 JS206HF 井油管穿孔前后生产曲线图

六、高产液量气井水淹停产——须家河深井水淹

1. 故障描述

GM3 井为须家河气藏气井，产层中部垂深 4817.50m。于 2021 年 12 月 21 日挖潜投产，截至 2022 年 4 月 11 日，累计产气 $33.6957\times10^4m^3$，产油 0t，产水 $800.94m^3$，液气比 $23.8m^3/10^4m^3$，返排率 97.2%。投产初期油套压 15.1/12.5MPa，日产气 $0.77\times10^4m^3$，日产水 $21.7m^3$。投产以来，产气量、产水量递减较快，油套压差大。2022 年 4 月 11 日下午，油套压 4.33/14.74MPa，瞬产 $0.57\times10^4m^3/d$。2022 年 1 月中旬，介入泡排维护，无明显效果。1 月至今先后摸索车注、泵注、投棒等维护措施，排采效果较差，套压近 20MPa。3 月 19 日，液氮气举排液 $32m^3$ 后套压降至 14MPa，几天内恢复至原压力水平。3 月底至 4 月已间开生产为主（图 2-2-10）。

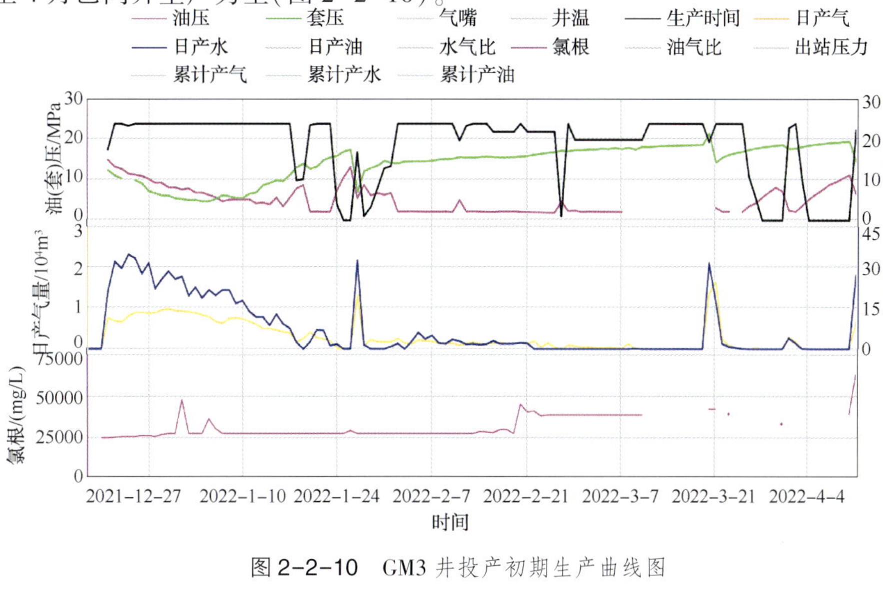

图 2-2-10 GM3 井投产初期生产曲线图

2. 原因分析

该井产气量低，远低于临界携液流量；同时产液量大，进一步加大携液难度，常规泡排等维护难以取得效果，导致井筒积液严重。

3. 故障处理

GM3 井深较大，液氮气举等强排液措施较为有效但成本较高，无法周期性开展。参考相邻气田维护经验，4 月中旬开展自生泡药剂加注，清除井筒积液，配合日常排采维护实现复产和连续稳定生产。自生泡药剂的原理为化学技术与起泡剂排水复合运用，向井下注入药剂并在井底反应产生气流，配合发泡剂将井底积液转化为泡沫携带出井筒；药剂由 A1、A2、B 组成，其中 A 剂是关键反应药剂，B 剂是催化剂。加注自生泡药剂后，GM3 间开频率增加，日均产气量提升(图 2-2-11)。

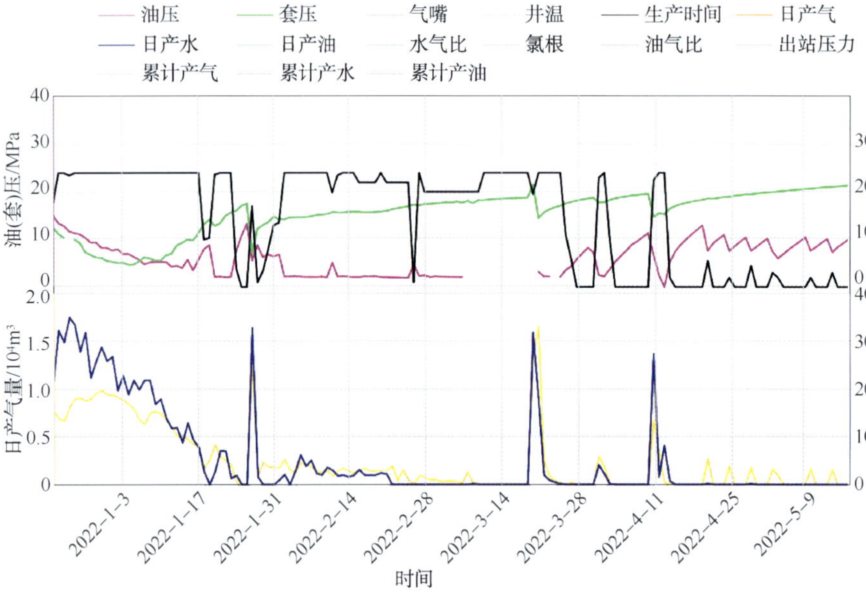

图 2-2-11　GM3 井加注自生泡药剂前后生产曲线图

4. 经验教训

针对低产高液量的深井，可以考虑自生泡工艺，通过在井底反应产生气流，配合发泡剂将井底积液转化为泡沫携带出井筒，尽量释放气井产能。

七、高产液量气井水淹停产——大安寨低产井水淹

1. 故障描述

JS33-59 井于 2020 年 9 月 28 日投产，投产初期日产气 $2\times10^4m^3$ 以上，日产水 $10m^3$ 以上，日产油 3t 以上，油套压差在 10~12MPa，但仅维持 1 个月的时间，随着开采时间的延长，产气量下降明显(日产气 $1\times10^4m^3$ 以下)，随后介入维护措施，但投棒、车注、关井复压等措施效果有限，当天日产气(0.7~1.0)$\times10^4m^3$，日产水 5~$10m^3$，日产油 1~2t，无措施时日产气 $0.3\times10^4m^3$ 以下，携液效果差(日产液仅 1~$2m^3$)，油套压差维持在 16~17MPa，严重制约了气井的生产(图 2-2-12)。

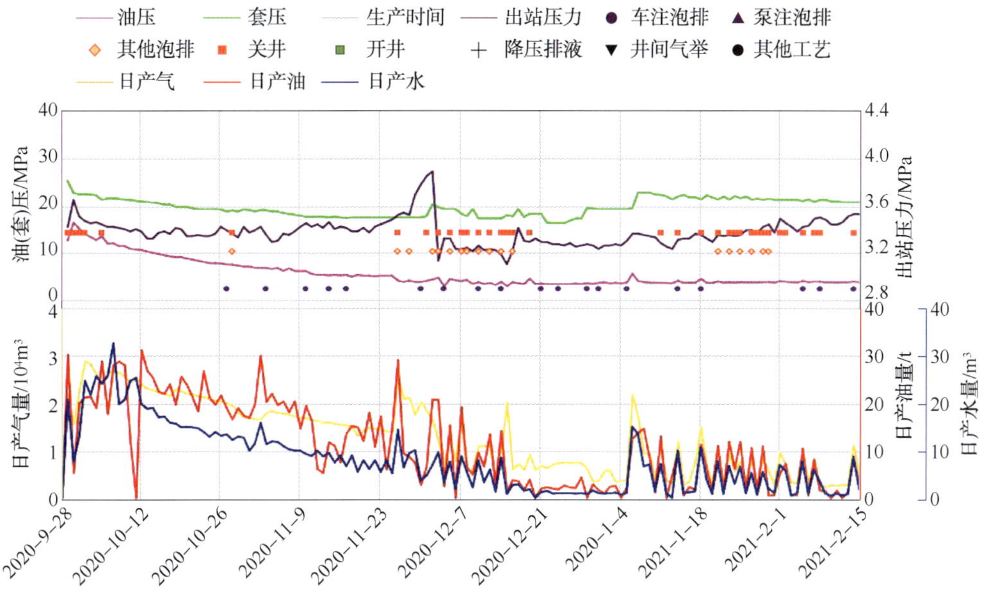

图 2-2-12　JS33-59 井生产曲线图

2. 原因分析

JS33-59 井为大安寨气藏气井，产气量小，产液量大，瞬产量难以满足携液需求；常规泡排等维护效果有限。积液长期得不到排出，导致气井生产恶化。

3. 故障处理

针对 JS33-59 井投产后产量递减快、油套压差大、产油较多、常规泡排等工艺效果不佳的问题，引进螺杆泵排液工艺。2021 年 11 月投用后一周共排液 68.8m^3，有效排出了井筒积液。

4. 经验教训

对于产量递减快、油套压差大、产液较多、常规泡排等工艺效果不佳的大安寨气藏气井，可采取螺杆泵排液工艺，实现长期稳定携液。

第三节　井下工具/管柱故障

中江气田大部分气井的生产管柱为油管，生产过程中由于产出水矿化度、CO_2含量等多种因素影响，可能出现腐蚀甚至断裂等故障；同时，中江气田目前常用的井下节流器、柱塞等井下工具，在使用过程中也可能出现井下节流器打捞维护失败或柱塞卡堵等失效现象，上述井下工具/管柱的故障均会影响气井正常生产。因此，本节对常见的井下工具/管柱故障及失效的判断与处理的案例进行介绍与分析。

一、井下节流器打捞失败

1. 故障描述

2020 年 6 月 8 日，JS321-2HF 井因井下节流器堵塞且解堵施工无明显效果而开展井下节流器打捞维护，在2510m处探到节流器、一直抓不住节流器（打捞筒内径45mm、深度73mm）。

2. 原因分析

井下节流器打捞失败一般分为两种情况。一是井筒较脏，通井规通井时在节流器上方遇阻，导致打捞工具无法下放；二是探到节流器后抓不住节流器，导致节流器无法捞出。

3. 故障处理

针对第一种情况：

（1）首先尝试反复上下活动进行通井。

（2）反复活动仍无法继续通井时，施加加重杆，同时配合向井筒注入防冻液，必要时可配合热水一起注入，继续尝试通井。

（3）通井到设计深度，使用工具打捞井下节流器。

针对第二种情况：

（1）多次尝试仍抓不住节流器时，更换为长度更长的打捞筒重新下放。

（2）抓住节流器后，使用反复上提下放的方法进行打捞。

若采用多种方法尝试后仍无法打捞出节流器：

（1）使用工具将井下节流器尽量向下推；

（2）开展油管穿孔，使节流器失效。

具体过程：

（1）提出打捞筒检查，确保工具完好无异常。

（2）22：20更换内径不变（45mm）、深度130mm的打捞筒重新入井打捞。

（3）在2510m处抓住节流器，打捞筒胶皮没有完全收回，用反复上提下放的方法，于6月9日1：00打捞出原节流器。

4. 经验教训

在开展井下节流打捞前，做好气井生产和井况分析，针对井筒可能脏污较严重或因投放时间过长导致打捞困难的气井，提前做好加重杆、多型号打捞筒、防冻剂、热水等准备。

二、柱塞卡堵

1. 故障描述

JS319-3井于2020年6月中旬投放柱塞，初期运行制度为隔天关井复压4h，运行平稳。2020年9月开始带液效果变差，油套压差增大（由0.2MPa升至2.4MPa），套压波动大，日产气量下降（图2-3-1）。

2. 原因分析

现场跟踪发现，该井关井复压后开井，5min内柱塞即运行到井口，且未带液；同时，考虑同气藏柱塞井开井后柱塞工具带液从井底运行到井口的时间一般为10~20min，分析该井的井筒存在一定脏污（重质烃、蜡质的凝结物等），导致柱塞未能下落到井底，在井筒中存在卡堵，难以有效携液。

3. 故障处理

2021年5月，开展柱塞工具打捞，捞后投放毛刷柱塞入井，旨在毛刷柱塞运行过程中，利用柱塞上的刷毛对井筒内井壁进行清洁，保证柱塞的顺利上行和下行，便于后续的柱塞气举维护和井壁清洁作业。其间，配合向井筒中加注热水进行洗井，毛刷柱塞运行 3 个月后，于同年 8 月打捞出毛刷柱塞，发现柱塞的刷毛上黏附的脏污物较多，清蜡效果明显。打捞出毛刷柱塞后再次下入常规柱塞工具，清洁井筒后柱塞运行正常，气井恢复正常生产(图 2-3-2)。

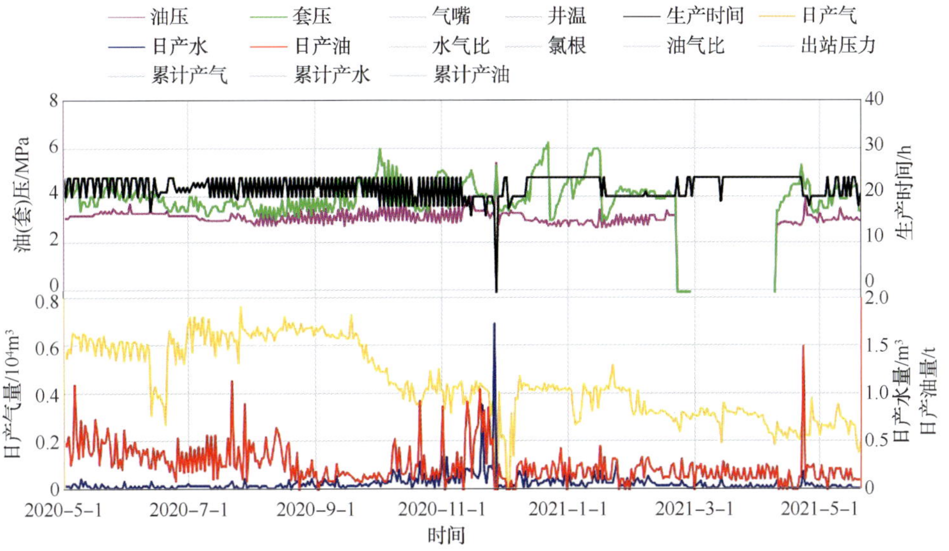

图 2-3-1　JS319-3 井综合生产曲线图

图 2-3-2　JS319-3 井打捞出的毛刷柱塞

4. 经验教训

加强对柱塞井生产动态、柱塞上行时间、与气井出液的时间间隔等的跟踪分析，及时甄别井筒脏污导致的柱塞卡堵并及时采取注热水清洗、投放毛刷柱塞清洁井筒等措施，恢复柱塞正常运行。

三、油管腐蚀

1. 故障描述

CH127 井于 1991 年替喷测试获天然气无阻流量 $19.245\times10^4m^3/d$，同年 4 月 24 日投产，至 1994 年 8 月 29 日前完全正常，日产天然气 $10\times10^4m^3$。由于产出的地层水和 CO_2 造成的腐蚀，4 月 29 日井内油管断裂，随后产量下降，至 1995 年 5 月底，因井口压力降至 3MPa，不能有效地将水带出井口而被迫停止采气，后转入修井。其后，该井又于 2004 年 11 月 1 日交修井，2005 年 8 月 28 日复产。修井发生多次油管断裂的情况，发现 Φ60.3mm 平式油管 30 根断落入井(图 2-3-3)。

(a)上部油管：坑洼不平，大面积溃疡状、台地、沟槽、点蚀等多种腐蚀形貌，树皮状脱落

(b)油管表面树皮状脱落产物

(c)接箍端面倒角边棱、丝扣等部位的单个大蚀孔或多个蚀孔的重叠，沉积物堵塞

(d)断裂部位：内表面均匀腐蚀、点蚀、蚀坑、沟槽状全部具备，机械断裂明显

图 2-3-3　CH127 井油管内外表面腐蚀形貌

2. 原因分析

CH127 井是川西坳陷东坡合兴场构造高点上的一口以须家河组须二气藏为主要目的层的勘探井，具有地层水矿化度高、CO_2 含量高的特点，产出水矿化度可达 70000～80000mg/L，CO_2 含量高达 1.31%，气井生产前期能量充足、压力高、高矿化度及高 CO_2 分压导致气井在不同时期发生 CO_2 腐蚀，进而导致气井油管腐蚀断裂。

3. 故障处理

1994 年 8 月 29 日，4330m 以下油管断裂，油管材质为 J55×873.21m+C95×527.47m+P110×2977.05m（Φ73mm），1995 年进行修井替喷和射孔，更换油管为 Φ73mm+60mm 组合（材质不明），2004 年修井，更换油管材质为 P110+N80。且该井从 2009 年开始加注缓蚀泡排剂，加注制度为一天一次，气井产量稳定至 $0.7\times10^4m^3/d$。

4. 经验教训

对腐蚀风险井定期加注缓蚀剂防止腐蚀；加强总铁监测，做好油套压等生产动态跟踪，及时识别腐蚀导致的穿孔或油管断裂。

四、油管断裂

1. 故障描述

JS209-4HF 井于 2018 年 9 月投产，初期产量 $2.7\times10^4m^3/d$，2019 年 3 月产量陡降，且

无法利用油套压差准确判断气井积液状况。

2. 原因分析

该井油套压突然持平，初步分析为油管脱扣。

为进一步明确异常原因，采用井下视频成像仪开展测井。首先采用59mm通径规通井至76.78m遇阻，然后采用58mm摄像仪下放至76.5m后上提。根据视频监测结果，在约76m处发现油管脱扣(图2-3-4、图2-3-5)。

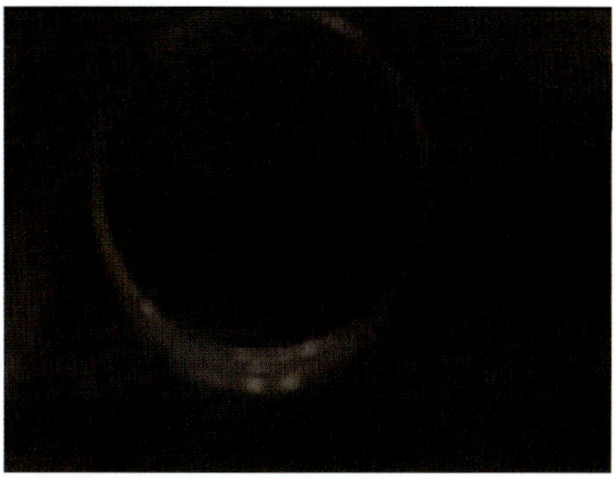

图2-3-4　下端公扣

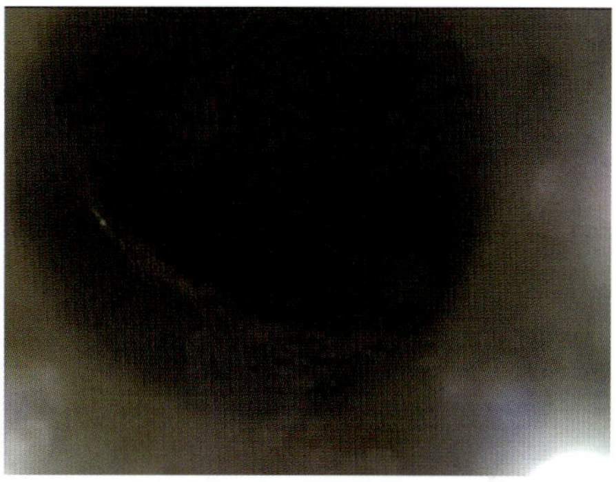

图2-3-5　上端母扣

从视频画面看出，下放时，工具掉入套管内，且在下油管断口处无卡阻。为此，开展了偏移情况分析，井下摄像头下放过程中基本上处于居中位置，套管内径为224.44mm，工具外径为58mm，油管外径为73mm，井下管柱偏移情况如图2-3-6所示。

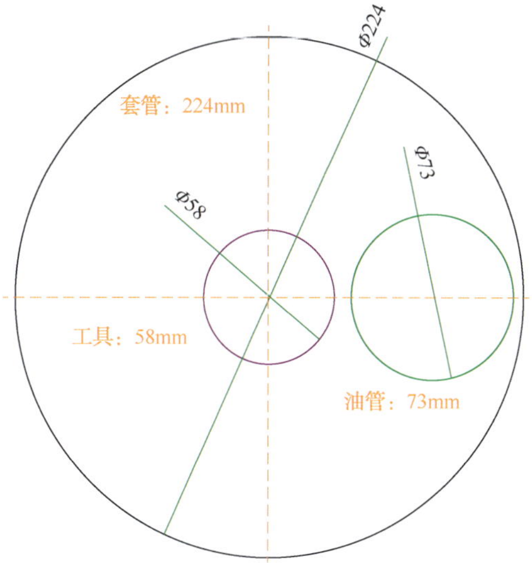

图2-3-6　管柱偏移示意图

3. 故障处理

压井后开展修井对扣，恢复正常生产(图2-3-7)。

图 2-3-7 JS209-4HF 井修井后恢复正常生产

4. 经验教训

可以采用油套压差异常持平和井下电视监测等手段准确判断油管脱扣，及时且有针对性地开展修井对扣作业，有助于恢复正常生产。

第三章　井口系统常见故障判断与处理

井口系统包括采气井口装置和井口安全截断系统两部分。采气井口装置是指气井表层套管的最上部和油管头异径连接装置之间的全部永久性装置，主要由套管头、油管头和采气树三部分构成，主要作用有：①悬挂下入净重的油管柱；②密封套管和油管之间的环形空间；③连接井下套管，承托下入油气井中的各层套管柱；④控制气井的开关井及调节气井的压力和产量大小；⑤通过油管或者套管环形空间进行采气、压井、洗井、酸化、加缓蚀剂等作业。中江气田主力生产层位以中浅层为主，常用的压力等级有 70MPa、105MPa，个别气井采用 140MPa。

井口安全截断系统是当失去动力源时自动关闭的井口阀总成。井口安全截断系统的作用是在地面生产设施或输气管道发生超压、失压，以及站场发生火灾等非正常情况时，能实现地面紧急关闭气井，保证油气井生产设施安全。中江气田通过信息化改造，可以实现手动关井或者事故状态下远程紧急关井。井口安全截断系统由井口安全截断阀、控制柜、压力感测系统、火警易熔塞和动力管路组成。

中江气田通过十几年来的开发，井口系统常见故障包括井口装置阀门刺漏、阀门内漏、阀杆断裂、井口冻堵、井安阀液压系统漏油等，通过问题梳理排查，形成了适合中浅层气田开发的管理方式。

第一节　井口装置类设备故障

一、气井高压端管线冻堵处置

1. 问题描述

在生产运行过程中，冬季是管线冻堵发生频率最高及程度最严重的季节。每年元旦前后，中江地区气温骤降，许多气井发生冻堵，通过查询历史天气可发现，当最低气温降低至 0℃左右时，就会发生各种气井冻堵现象。高压端管线，即井口至水套炉管线发生冻堵表现为气井产气量骤降，水套炉前后压力不匹配，管线外部结冰，井口压力异常升高，导致井安阀超压起跳。冻堵原因：一方面是冬季气温低；另一方面是气井带液能力不足，至上水套炉弯头处，流速过低产生冻堵。同时，若气井出液带有泡排，黏度增大，则更容易导致冻堵。高压端管线冻堵后影响气井产气量，严重时导致管线憋压，严重影响生产的平稳、安全运行。

2. 故障处理

（1）巡检时注意观察压力变化。

（2）关闭气井 4 号阀门。

（3）对井口至水套炉管线进行放空。

（4）对冻堵区域淋热水。

（5）拆除井口非生产翼堵头，利用低压气进行反吹。

（6）对经常冻堵的管线加装伴热带。

3. 效果评价

GM32-1 井解堵：2018 年 12 月 28 日 9：00，井站值守人员巡检时发现 GM32-1 井井口至水套炉管线发生冻堵。9：10GM32-1 井关井，同时关闭采气树 4 号阀门。关井后对井口至水套炉管线进行放空。随后对冻堵管线浇热水，逐步融化管线内冰块。拆除井口非生产翼堵头，利用管网低压气进行反吹，将冻堵管线内冰块吹扫出管线。最后恢复井口非生产翼堵头，导通流程，重新开井恢复生产。由于 2018 年元旦前后中江地区气温骤降，GM32-1 井多次发生高压端管线冻堵，因此对其井口及高压端管线加装伴热带（图 3-1-1、图 3-1-2）。

图 3-1-1　GM32-1 井高压端管线解堵

图 3-1-2　GM32-1 井高压端管线加装伴热带

二、油嘴套堵塞故障

1. 故障描述

在采气工作过程中，有时油嘴套会出现堵塞现象，造成油压升高，给管线带来一定的安全隐患，造成被迫关井，影响产量，特别在投产初期，容易出现堵塞现象，存在安全隐患。

2. 原因分析

经现场拆卸、检查，综合分析认为造成油嘴套堵塞的主要原因如下：

（1）投产初期，井里出砂，容易堵塞油嘴套。

（2）冬季容易生成水合物，导致油嘴堵塞。

（3）铁屑堵塞油嘴。

3. 故障处理

发现油嘴套堵塞时，需要关井、泄压，取出油嘴检查，清理堵塞物，装好油嘴，开井生产。

4. 经验教训

投产前，返排液要达到要求，水套炉的温度要达到要求。

第二节 井安系统类设备故障

一、井安系统控制压力稳不住

1. 故障描述

目前，采气重点井均安装了具备自动截断功能的井安系统，但在井安系统工作过程中，常出现井安系统控制压力稳不住的现象，导致气井异常关井，严重影响生产正常运行。

2. 原因分析

经大量现场拆卸、检查、维修，综合分析认为造成井安系统控制压力稳不住的主要原因如下(图 3-2-1)：

(1) 液压管路接头漏油。

(2) 易熔塞漏油。

(3) 设备连接部位漏油(ESD 开关、复位开关等)。

(4) 超压导阀动作。

(5) 失压导阀动作。

(6) 单向阀密封不严。

(7) 蓄能器气囊损坏。

(8) 设备故障(主控阀等)。

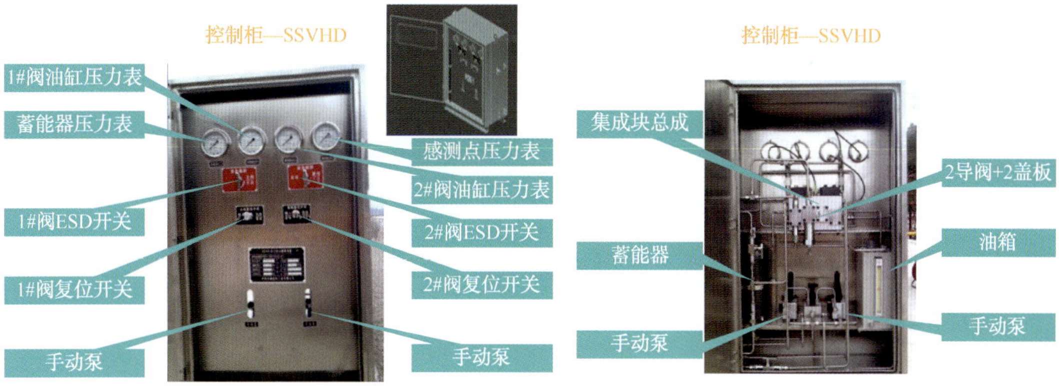

图 3-2-1 SSVHD 控制柜示意图

3. 故障处理

(1) 液压管路接头漏油：紧固接头或更换密封圈。

(2) 易熔塞漏油：更换易熔塞。

(3) 设备连接部位漏油(ESD 开关、复位开关等)：紧固接头或更换密封圈。

(4) 超压导阀动作：处理超压因素或重新调校超压启跳压力(常见于末端出站压力高的井站)。

(5) 失压导阀动作：处理失压因素或重新调校失压启跳压力(常见于增压井站)。

(6) 单向阀密封不严：清理单向阀密封部件或更换单向阀。

（7）蓄能器气囊损坏：更换蓄能器。

（8）设备故障(主控阀等)：检修设备。

4. 经验教训

要想准确找出井安系统压力稳不住的原因，必须从表面现象入手查找，在处理故障前，先全面检查外表现象，且要逐项检查。不能不找原因就拆卸设备，导致问题复杂化。一般漏油多见于密封圈老化或损坏处。

二、井安阀控制柜漏油

1. 故障描述

目前，采气重点井均安装了具备自动截断功能的井安系统，但在井安系统工作过程中，常出现井安控制柜漏油的现象，导致气井异常关井，严重影响生产正常运行。

2. 原因分析

经大量现场拆卸、检查、维修，综合分析认为造成井安控制柜漏油的主要原因如下：

（1）液压管路接头松动或密封圈损坏。

（2）易熔塞密封不严。

（3）设备连接部位松动或密封圈损坏(ESD 开关、复位开关等)。

（4）手动泵活塞密封不严。

（5）储油箱油量过多。

（6）单向阀内漏。

3. 故障处理

（1）液压管路接头松动或密封圈损坏：紧固接头或更换密封圈。

（2）易熔塞密封不严：更换易熔塞。

（3）设备连接部位松动或密封圈损坏(ESD 开关、复位开关等)：紧固接头或更换密封圈。

（4）手动泵活塞密封不严：清洗或更换活塞。

（5）储油箱油量过多：放掉多余的油量。

（6）单向阀内漏：检修或更换单向阀。

4. 经验教训

井安阀控制柜漏油，一般多见于密封圈老化、损坏或紧固部位松动处。漏油部位一般从表面就见到挂有油珠或设备表面有渗油现象。在处理漏油前，先全面检查漏油部位。不能为了方便先把控制柜抹干净了再处理，这样就不容易找到漏油点了。

三、安全截断阀打不开或缓慢自动关闭

1. 故障描述

目前，采气重点井均安装了具备自动截断功能的井安系统，但在井安系统工作过程中，常出现安全截断阀打不开或打开后缓慢自动关闭的现象，导致气井异常关井，严重影响生产正常运行。

2. 原因分析

经大量现场拆卸、检查、维修，综合分析认为造成安全截断阀打不开或打开后缓慢自动关闭的主要原因如下：

（1）液压管路或设备连接部位漏油。

（2）易熔塞密封不严。

（3）设备故障（ESD 开关、复位开关、主控阀等）。

（4）超压导阀动作。

（5）失压导阀动作。

3. 故障处理

（1）液压管路或设备连接部位漏油：紧固或更换密封圈。

（2）易熔塞密封不严：更换易熔塞。

（3）设备故障（ESD 开关、复位开关、主控阀等）：检修设备或更换密封圈。

（4）超压导阀动作：处理超压因素或重新调校超压启跳压力（常见于末端出站压力高的井站）。

（5）失压导阀动作：处理失压因素或重新调校失压启跳压力（常见于增压井站）。

4. 经验教训

安全截断阀打不开或打开后缓慢自动关闭，一般多由于超压、失压导阀动作或设备故障（ESD 开关、复位开关、主控阀等）。检修时，先从简易的管路漏油和超压、失压导阀动作处理入手，无法解决时再检查设备故障（ESD 开关、复位开关、主控阀等）。

四、凝析油解堵

1. 故障描述

ZJ120 井投产期间一直进行间开井生产，其间最高日产油 21.45t，最高日产水 20.9m^3，最高日产液 37.66m^3，最高日产气 $0.91\times10^4m^3$，之后气井产量出现异常，依靠关井复压和车注泡排维持生产，但是日出液量为 0。注入有机解堵剂，并注入 500kg 热水，实施液氮气举等施工均无效果。

2. 原因分析

该井生产期间产量波动大，目前不产液，结合该井产油量大的特点，以及储液罐取样有蜡质的现象，初步判断该井油管存在蜡质及沥青质堵塞，根据流温曲线，在 500m 处温度为 31℃，井口温度为 22℃。根据 ZJ120 井产出油性质分析报告，当温度低于 25℃ 时，产出油黏度会急剧增大，影响流动性，因此判断在井口附近井筒中存在堵塞。

在 7 号阀门之上取样，蜡样较为干燥，用手搓开时黏性大，未发现水合物。在 90℃ 热水中浸泡 20min，无法熔化，且难以点燃（图 3-2-2）。

图 3-2-2　ZJ120 井 7 号阀门取样物

3. 故障处理

对气井实施注凝析油解堵施工，一方面从地面管线(水套炉—分离器)注凝析油 0.5m^3，另一方面从井筒注入凝析油 2m^3。从井筒注入凝析油后关井 12h，于 2 月 4 日 9：30—11：30 强排，强排前油压 3.5MPa，套压 19MPa，强排后油压 10.5MPa，套压 18.5MPa，出液 12.9m^3，12：30 开井，瞬产 12423×10^4m^3/d。当日产气 0.38×10^4m^3/d，产油 8.2t，产水 13m^3。

4. 经验教训

近期对 ZJ120 井进行注凝析油解堵表明，注凝析油能取得较好的蜡质解堵效果。

五、井口阀门刺漏

1. 故障描述

JS201-4HF 井投采气树 1 号、4 号阀门之间存在泄漏，影响新井投产。

图 3-2-3　采气井口故障处理

2. 原因分析

(1) 1 号、4 号阀门之间法兰盘钢圈出现损坏。

(2) 对采气树检测不到位。

3. 故障处理

拆采气树并对钢圈进行更换(图 3-2-3)。

4. 经验教训

(1) 及时对采气树法兰盘钢圈等易损件进行检测。

(2) 加强对新投产气井巡检密度，及时发现问题并果断予以处理。

六、环空起压井

1. 故障描述

FG6D 井环空起压，环空压力可以上涨至 10MPa 以上，泄压后压力继续上涨，需要频繁地进行泄压。

2. 原因分析

FG6D 井环空窜气严重，二开固井质量多为不合格，因此窜气严重。

3. 故障处理

(1) 经常性地进行环空泄压，保持环空压力处于规定值以下。

(2) 连接泄压流程，微开泄压阀门，目前环空无压力。

4. 经验教训

(1) 严格遵守环空起压井巡检泄压制度。

(2) 对于频繁起压井，建立泄压流程，持续泄压。

第四章 集输工艺系统常见故障判断与处理

中江气田针对不同站场及气井情况，主要采用水套炉加热+分离计量外输、井下节流+气液混输、井下节流+分离计量外输等地面集输配套工艺，站场设备包括除砂器、水套炉、分离器、储液罐、增压机等。随着产能建设不断推进以及大体积压裂工艺的应用实施，气井产量不断增长，出砂量、出液量也大幅增长，极大地增加了地面配套工艺系统运行安全风险，因此及时，准确判断和处理集输工艺系统常见故障，优化站场工艺，提升运行效率，是生产安全、平稳运行的重要保障。本章重点介绍对中江气田地面集输工艺系统常见故障的判断与处理，为其他油气田集输工艺系统相似故障的判断和处理提供借鉴。

第一节 采气系统类设备故障

一、水套炉燃料气管线窜液导致管线冻堵

1. 故障描述

2019 年初，JS308HF 井站水套炉燃料气管线多次出现窜液，导致水套炉熄火，炉膛温度降低，造成管线冻堵。

2. 原因分析

（1）由于气井实施车注泡排，将泡沫液带进分离器中影响分离效率，导致一级分离器存在气液分离不充分现象，而水套炉燃料气管线从一级分离器接至水套炉，导致燃料气管线窜液。

（2）一级分离器疏水阀排液管线高度高于分离器积液包顶部高度，造成分离器排液不及时，导致燃料气管线窜液。

（3）水套炉燃料气管线高度远低于一级分离器出口管线顶部高度，天然气中未充分分离的液体窜进燃料气管线。

3. 故障处理

考虑到二级分离器处理量更大，且疏水阀排液管线高度符合设计要求，通过流程整改，将 JS308HF 井站水套炉燃料气管线从二级分离器出口接至水套炉，有效解决了燃料气管线窜液问题。

4. 经验教训

（1）在设计阶段，要求两级分离井站水套炉燃料气管线从二级分离器出口接至水套炉；要求一级分离井站水套炉燃料气管线高度升高，不得低于分离器出口管线顶部高度。

（2）在施工过程中，要求施工单位严格按照高度设计要求安装疏水阀排液管线。

二、管线积液、窜液导致井安阀频繁起跳

1. 故障描述

JS211-5HF 井于 2019 年 3 月 29 日投产，日产气量 $3.9\times10^4m^3$，日产液量 $2m^3$，利用 DN150 管道(2.34km)气液混输至下游 JS211-1HF 井站。由于中龙线 2 号阀室输压居高不下，JS211-5HF 井采用气液混输工艺，外输压力维持在 3.7~3.8MPa，部分瞬时外输压力接近 3.9MPa，导致井安阀频繁起跳，带来严重安全隐患。

同时，由于 JS211-5HF 井接入 JS211-1HF 井站二级分离器预留口，仅进行一级分离后即外输至中龙线 2 号阀室，从而导致液窜进中龙线，持续抬升末端井站外输压力。导致末端的 JS211HF、JS209-4HF 井组因压力接近或高于设备安全工作压力而井安阀频繁起跳。

2. 原因分析

(1) 采用 DN150 采气管线进行气液混输，在该井日产气量情况下达不到临界携液能力，且气井出液具有不连续性，导致大量液体聚集在采气管线中，造成管线压差长期处于 0.2~0.3MPa，部分瞬时压差可高达 0.4MPa，远高于管线理论压差。

(2) JS211-1HF 井站 DN800 二级分离器处理量已高达 $33\times10^4m^3/d$，接入 JS211-5HF 井来气后达 $37\times10^4m^3/d$，导致二级分离器气液分离不彻底，液窜入 JS211-1HF 井站至 2 号阀室外输管道，从而不断加剧中龙线积液，持续抬升末端井站外输压力。

3. 故障处理

2019 年 8 月 25 日，对 JS211-5HF 井站进行改扩建，新增 DN400 分离器一台，$20m^3$ 储液罐一台，将 JS213HF 井和 JS211-5HF 井来气接入 DN400 分离器进口，经一级分离后输往下游 JS211-1HF 井站，大幅降低了 JS211-5HF—JS211-1HF 集气管线压差，减少了液窜入 JS211-1HF 井站至 2 号阀室外输管道。

4. 经验教训

(1) 在设计阶段，对处于管网末端的新建站中存在产液量较大气井时，尽量避免选用气液混输模式。

(2) 经交接计量点外输的天然气要求经过两级分离后才能外输，尽量减少液窜进集气干线的情况。

三、分离器窜液导致管线积液

1. 故障描述

JS206-4HF 井站通过 JS206-4HF—JS206HF 集气管线输往下游站，起点为 JS206-4HF 井站，终点为 JS206HF 集气站，集气管线规格为 $\Phi159mm\times6mm$，管线长 3.8km，集气管线沿途高程顺差约 30m。上游站 JS206-10HF 井站来气旁越 JS206-4HF 井站，合输至 JS206HF 集气站。

2012 年 12 月 31 日，JS206-4HF 集气站往 JS206HF 集气站输气量 $6\times10^4m^3$，管线压差为 0.15MPa，理论输气压差 0.01MPa，管输效率 24.4%，表明管线积液较严重。

2. 原因分析

目前，井站所用泡排药剂的起泡效果较好，且井站短时间内不能及时消泡、消泡困难等因素导致分离器分离效果不佳，气流携带着泡沫进入管道，造成管道积液。

（1）JS206-4HF 井站两台分离器均为重力式分离器，且为并联使用，考虑到其中一口井 JS205-1HF 井定期进行泡排作业，气井产出液大量以泡沫形式被带出地面，增加了气液重力分离难度，且仅进行一级分离造成气液分离不彻底，导致 JS206-4HF—JS206HF 集气管线积液。

（2）JS206—10HF 井站来气旁越 JS206-4HF 井站，与 JS206-4HF 井站来气合输至 JS206HF 井站，而该井由于定期进行泡排作业，部分液体以泡沫形式窜入管道，导致 JS206-4HF—JS206HF 集气管线积液。

3. 故障处理

整改分离器流程，由目前一级分离器加注消泡剂，改到由 JS205-1HF 水套炉阀组处注入；分离器由并联的一级分离增加串联流程，保留一级分离功能，增加二级分离功能；上游站 JS206-10HF 井站来气接进 DN600 分离器进行气液分离后外输。

4. 经验教训

对于定期泡排作业的气井，应关注其下游管线运行情况，及时采取有效措施，避免因管道积液降低管道运行效率。

四、站内分输流程抑制气井产量

1. 故障描述

ZJ16H 集气总站连接两条输气干线（中罗线和中龙线），站内有两台分离器并联使用：1 号分离器用于 ZJ16H 井来气输清管阀室（中罗线）分离计量，输压超过 2.4MPa；2 号分离器用于中龙线输团结桥配气站，输地方管网分离计量，调压后输压低于 0.5MPa。

2019 年 7 月，ZJ16H 井油压递减至 2.5MPa，管网干线压力抑制了气井，当前采取关井复压的方式以达到外输压力，气井产量不能得到有效释放。

2. 原因分析

（1）ZJ16H 井油压递减，不能达到外输要求。

（2）由于站内流程限制，ZJ16H 井不能进入 2 号分离器给团结桥配气站供低压气。

3. 故障处理

整改站内流程，将 1 号分离器出口预留阀门与 2 号分离器进口管线连接，使 1 号分离器与 2 号分离器串联，ZJ16H 井产出天然气可直输团结桥配气站，降低 ZJ16H 井输压，提高该井产量。

4. 经验教训

充分利用现有流程，采取小举措也能解决生产大问题。

五、站内运行压力抑制气井产量

1. 故障描述

JS308HF 井站管辖 4 口气井，产气量约 $5\times10^4 m^3/d$，运行压力 3.2MPa，站内井产气经过 DN400 分离器一级分离后和上游井站来气汇合，一部分气输往下游井站，输压 3.16MPa；另一部分气经 DN800 分离器二级分离后输往地方燃气管网供小用户使用，输压 1.18MPa。

JS308HF 井站往地方燃气输气在出站阀组处降压，站内所有气井在一个压力系统运行，运行压力3.2MPa，故站内低压气井产能无法被释放。且受用户用气量波动幅度影响，调压阀经常损坏，现场手动减压。

2. 原因分析

（1）站内4口井生产压力不一，降压装置设置在输地方燃气出站阀组处，则站内4口气井处在同一个压力系统下运行，运行压力3.2MPa（一级分离器进口压力），抑制低压气井产量。

（2）地方燃气用户用气量波动幅度大，气动薄膜调压阀易穿孔损坏，现场采取手动调节分离器出口平板阀的方式减压，大幅增加了值守人员劳动强度。

3. 故障处理

通过对本站流程整改实现高低压分输，将两口低压气井在水套炉出口处调压至地方燃气管网输压，经二级分离后输往地方燃气。两口高压气井经一级分离器分离后，和上游井站来气汇合后输往下游井站。在高压、低压管线间设置自力式减压阀，当地方燃气用气量较大时，高压管线为低压管线补气。

4. 经验教训

（1）气动薄膜调压阀受下游用气量波动影响大，易损坏，应设置在下游用气量稳定的位置。

（2）在井站管辖多口气井，在气井生产压力差异大的情况下，设置高压、低压分输流程，充分释放气井压力。

六、疏水阀故障导致管线窜液

1. 故障描述

JS3等17座井站疏水阀出现液位计不能反映真实液位、疏水阀不自动排液、密封件磨损导致窜液等问题（图4-1-1）。

图4-1-1　处理管线窜液图

2. 原因分析

（1）由于返出液乳化严重或者含有泥沙等杂质的原因，疏水阀液位计可能发生堵塞，导致浮子被卡住，不能反映真实液位。

（2）疏水阀浮球因为泡沫无法正常动作，或因杂质较多导致疏水阀坐封不严而内漏，进而导致疏水阀不自动排液，从而使得液滴进入管道。

（3）分离器疏水阀的密封件因受频繁启闭影响使得易损件磨损，采用常规处理方法无法使其恢复正常，且缺乏相关配件无法及时维修，导致这些疏水阀无法正常使用。

3. 故障处理

由井站员工对疏水阀底座进行排污冲洗，判断疏水阀是否内漏，对仍然内漏、不起作用的疏水阀由技师团队负责检修；对液位计进行清洗，排查出有问题的液位计，加工合适尺寸、密度的浮子进行更换。

4. 经验教训

（1）避免频繁起闭疏水阀密封件。

（2）定期检查疏水阀出现过故障的井站，并重点关注改井站下游管线的压差变化。

七、高低压分输实现降压生产

1. 故障描述

JS103HF 井站有 2 口站内井、3 口站外井，气井压力递减快，管网压力高，低压气井产气量受管网压力影响大，无法满足降压生产要求。

2. 原因分析

（1）JS103HF 井站外输管线只有输往中罗线清管阀室高压管线，站内未设置调压装置，也无外输低压管线。

3. 故障处理

通过调研发现，为中江城区供气的港华燃气公司，有距离 JS103HF 井站 500m 的输气管线。JS103HF 井站新建管线至港华燃气管线，站内流程整改形成 2 套流程，1 号流程是 2 台分离器二级分离后输往港华燃气管线，2 号流程是 1 台分离器分离后输往中江清管阀室，决定通过桥管倒换实现高压、低压分输，释放气井产量。

4. 经验教训

（1）充分利用现有条件，实现低成本、高效益的生产模式。

（2）可利用高压、低压分输降压生产的方式提高低压气井采收率。

八、管线下沉排除管线运行隐患

1. 故障描述

JS109-5HF—JS109-7HF 集气管线部分管段与种植区示范基地形成交叉占压，占压管段被施工方野蛮施工，致使 30m 管线裸露悬空，管线防腐层受损，严重影响管线的安全运行。

2. 原因分析

（1）地方经济发展迅猛，地方配套设施建设相应增加。

（2）施工队伍未通知管线业主单位，野蛮施工，企地联动有待加强。

（3）管线业主单位管线巡护力度不够，未及时发现占压隐患。

3. 故障处理

经现场踏勘，决定不采用迁改管线的方式，而选用管线下沉的方式排除管线隐患，在大幅减少作业时间、作业风险的同时，大量节省了整改成本，提高了经济效益。

4. 经验教训

当管线上方占压建筑非密闭空间，且保证管线不存在被翻覆的风险时，可选用管线下沉的整改方式，避免前期烦琐的准备程序，节省时间和费用成本。

九、气井出液导致安全阀频繁起跳

1. 故障描述

GS301-3 井生产层为 JS_3^{3-2} 砂组。2015 年 9 月至 2019 年 7 月，该井油压由 3.5MPa 降低至 2.8MPa，产量逐渐小于临界携液流量，致使自身携液能力变差，气井出现积液现象，油套压差波动增大，套压最高涨至 9.32MPa 才有液产出，所出液呈段塞流，且液量不稳定，在 1~4m^3/d 波动。其间采取车注泡排、关井复压、手投泡排棒等维护措施，每次出液时因液量较大且突然增加，超出分离器最大处理量，导致分离不彻底，窜液至外输管线，出站压力上涨，经常致使分离器安全阀超压起跳。

2. 原因分析

（1）气井随着开采后期产层能量不足，自身携液能力下降，无法依靠自身能力持续有效地带出井筒积液，从而形成段塞流。

（2）在气井积液前期未及时介入有效措施，致使积液不断增多，从而导致后期排液时液量较大。

3. 故障处理

（1）根据油套压差以及产气量变化，及时安排泵注，借助天然气流搅动，产生大量低密度含水泡沫，降低临界携液流量，从而提高气体自身携液能力，排出井筒积液。

（2）调整泵注时间，延长泡排药剂与井筒积液的有效接触时间，采取连续泵注泡排措施，SH-081，泵注 12kg，比例为 1∶4，每天 8：00—20：00 小剂量连续泵注，保证气井连续平稳出液。

（3）在井筒积液排出后，再次调整固定泵注周期。目前，GS301-3 泵注泡排措施更改为 SH-081，泵注 2kg，比例为 1∶20，隔一天泵注一次。

4. 经验教训

（1）在气井自身携液能力降低出现井筒积液时，要及时采取有效排水采气措施。

（2）要及时调整气井维护措施，最终形成周期。

十、除砂器放空球阀刺漏故障

1. 故障描述

中江气田在体积压裂井中部分井安装了除砂器，在除砂器进行吹扫除砂过程中，须对除砂器进行放空，容易出现放空球阀刺漏，导致紧急关井。除砂器为高压设备，如果刺漏则存在严重安全隐患，无法及时被发现会影响正常生产。

2. 原因分析

经现场综合分析认为造成除砂器放空球阀刺漏的主要原因如下：

（1）体积压裂井出砂较多，压裂砂粒径小，在放空操作中，砂粒易卡在球阀球体与密封面中间，造成球阀内漏后刺蚀本体或管线。

（2）球阀密封方式为介质自密封，在关闭球阀过程中，砂粒会黏附在球体被带至密封面，造成无法密封。

图 4-1-2 处理出砂器故障

3. 故障处理

及时更换球阀或采用节流截止阀（图 4-1-2）。

4. 经验教训

在出砂器出砂放空作业后，在 2h 内要加大对出砂器的巡检力度，重点巡检各阀门工作是否正常，有无内漏等情况。

十一、除砂器滤芯刺漏故障

1. 故障描述

目前，在大体积压裂井中一部分井安装了除砂器，在现场使用中出现除砂器滤芯刺穿及刺漏现象（图 4-1-3）。导致下游管线、设备因砂冲蚀而刺漏，如无法及时发现及不会判断故障等则会影响正常生产。

2. 原因分析

经大量现场综合分析认为除砂器滤芯刺漏的主要原因如下：

（1）除砂器滤芯差压超出规定范围。

（2）除砂器滤芯规格无法满足现场生产需要。

图 4-1-3 除砂器滤芯

（3）目前采用的除砂器规格型号不适用于现场实际生产需求。

3. 故障处理

（1）严格按照操作规程操作，及时发现除砂器滤芯前后差压异常。

（2）严格按照操作规程操作，及时对除砂器进行吹扫除砂。

（3）选用适用于现场工况的除砂器。

4. 经验教训

要确保除砂器滤芯工作正常，要及时发现除砂器滤芯前后差压异常，要严格执行操作规程，定期对除砂器吹扫出砂，在产量调整后，要加大对除砂器巡检力度。

十二、水套炉撬块高压设备及管线刺漏故障

1. 故障描述

目前在体积压裂井中，因出砂严重造成管线、设备因冲蚀刺漏，而在高压区域最易造成刺漏区域是水套炉撬块。水套炉撬块出现刺漏后存在严重安全隐患，如无法及时发现、不会判断等均影响正常生产(图 4-1-4)。

图 4-1-4　阀门砂堵

2. 原因分析

经大量现场综合分析，认为水套炉撬块高压设备及高压管线刺漏的主要原因如下：

(1) 未进行控产控砂。

(2) 上游设备除砂器失效。

(3) 水套炉撬块为节流区域，节流效应造成天然气气体流速增大，冲蚀能力加大。

(4) 水套炉撬块弯头较多，节流后天然气对弯头造成正面冲蚀。

(5) 未及时对设备及管线进行壁厚检测及未对设备、管线进行多面、多点检测，未找到设备及管线最薄弱点。

(6) 对水套炉盘管无法直接进行壁厚检测，缺乏有效的监测手段。

3. 故障处理

(1) 对出砂气井进行控产控砂。

(2) 严格遵守操作规程，及时对除砂器进行吹扫除砂。

(3) 加大定期对油嘴套、油嘴检查力度。

(4) 更换水套炉撬块弯头为加厚弯头。

(5) 加强对管线、弯头多面、多点的壁厚检测，找到最薄弱点，进行标记，每天进行壁厚数据汇总，对管线、弯头壁厚进行门限预警，到达阀限及时进行更换。

(6) 对水套炉高压撬块周围安装固定式气体检测仪，对水套炉加水口安装固定式气体检测仪，监测水套炉盘管刺漏。

4. 经验教训

要确保水套炉撬块设备工作正常，要加强壁厚检测，及时发现设备、管线门限预警，及时对设备、管线进行更换，对节流部件要加密检查，加装固定式气体检测仪，现场与内操班重点关注并进行有效联动。

十三、自动疏水阀及排污管线刺漏故障

1. 故障描述

在体积压裂井中，气井出砂通过分离器分离，经过自动疏水阀排至储液罐中，当出砂情况较为严重时，直接对自动疏水阀阀芯造成不可逆损坏，导致疏水阀阀芯刺漏失效、排污管线或阀门刺漏情况(图 4-1-5)。

图 4-1-5 管线刺穿部位

2. 原因分析

经大量现场综合分析，认为自动疏水阀及排污管线刺漏的主要原因为：

(1) 压裂砂在自动疏水阀处出现大量沉积，在阀芯节流处对阀芯、阀座等部件造成物理损伤，导致自动疏水阀阀芯刺漏失效。

(2) 自动疏水阀阀芯处于节流区域，节流效应造成天然气气体流速增大，冲蚀能力增强。

(3) 排污管线弯头较多，天然气对弯头形成正面冲蚀。

3. 故障处理

(1) 严格遵守操作规程，及时对疏水阀进行清洗。

(2) 更换排污管线及弯头为加厚管线和弯头。

(3) 对于出液量大、出砂严重井站，可停用自动疏水阀，采用手动排污方式进行排污。手动排污时在排污阀门后端安装与出液量匹配油嘴控制排量，排污阀门全部打开，可有效保护自动疏水阀和排污管线。

(4) 加密对管线、弯头多面、多点的壁厚检测，找到最薄弱点，进行标记，每天进行壁厚数据汇总，对管线、弯头壁厚进行门限预警，达到阀限及时进行更换。

4. 经验教训

要确保自动疏水阀及排污管线正常工作，要及时发现自动疏水阀排液异常，要严格执行操作规程，定期对自动疏水阀进行清洗除砂，加厚排污管线及弯头，加密测量管线及弯头壁厚，达到阀限及时进行更换。

十四、增压机电机超负荷运行故障

1. 故障描述

增压机员工在巡查时发现增压机出站压力偏高，检查电机的 A、B、C 定子温度较正常温度偏高。

2. 原因分析

（1）进口，以及一排、二排分离器自动排污阀不能自动排液，积液进入输气管线，使输气压力升高。

（2）措施井同时开井较多，瞬产高，瞬间带液较多，增压机前端分离器排液不及时，乳化液进入增压管网，造成管线积液。

（3）交接点环网输气压力高，导致增压机出站压力高。

3. 故障处理

（1）核对进口，以及一排、二排分离器自动排液阀设置参数，并重新检修自动排污阀各数据线液位传感器线头有无松动断脱，液位磁翻板感应是否真实灵敏。

（2）及时对增压机前端各级分离器进行手动排液（自动排液不及时）。

（3）观察出站压力是否持续升高，是否是上游井站增加了来气量或是环网管线积液造成，及时组织对环网进行清管作业。

4. 经验教训

按时保质保量对增压机设备及附件进行维护保养，同时在巡回检查过程中做到及时认真细致，摸索低压井采取措施后的出液规律和特点，为以后调参提供可靠依据。

十五、增压机温度异常升高故障

1. 故障描述

增压站员工在正常巡检时，发现增压机温度过高。

2. 原因分析

（1）压缩机机油路各接头松脱，油路堵塞，压缩机油缸油位过低，供油不畅。

（2）压缩机压缩比调参不恰当，造成“大马拉小车”现象。

3. 故障处理

（1）检查压缩机油位，检查各润滑油路，并对各接头进行紧固，更换机油或机油滤芯。

（2）气源井产能低下时，适当调整压缩机余隙阀间隙，减少压缩机做无用功。

（3）检查空冷机是否全部都在正常运行，可通过逐一启停来观察其运行情况。

4. 经验教训

压缩机结构复杂，且长期带较大负荷长时间运行，噪声大，各油路等部件振动较大，在巡检过程中，一定要做好个人防护，对每个部位做到仔细认真检查，发现异常情况要及时处理。

十六、减少合输井井间干扰

1. 故障描述

JS33-9HF 井、JS105HF 井、JS105-1HF 井、ZJ18H 井、JS33-1HF5 井口气井在川江566 站内合输导入 JS21-6HF 增压站增压生产，其中 ZJ18H 井为气举气源井（长停），JS33-9HF 井、JS105HF 井、JS105-1HF 井、ZJ18H 井、JS33-1HF 井为低压井。

2021 年 1 月 16 日，ZJ18H 井进行开井泄压排液维护，泄压后，JS33-1HF 井、JS33-9HF 井油套压差均明显增大，合输瞬产由 $2\times10^4m^3/d$ 降至 $0.85\times10^4m^3/d$，1 月 18 日，

JS33-9HF 井进行井间气举，气举后，JS33-1HF 井油套压差增大，气举后合输瞬产不增反降，由 $0.42\times10^4m^3/d$ 降至 $0.3\times10^4m^3/d$，1 月 19 日，JS33-9HF 井再次气举，气举后 JS33-1HF 井油套压差进一步扩大(表 4-1-1)。

表 4-1-1　JS33-1HF 井、JS33-9HF 井生产情况统计

日期	井号	措施前				措施后				备注
		油压/MPa	套压/MPa	油套压差/MPa	合输瞬产/($10^4m^3/d$)	油压/MPa	套压/MPa	油套压差/MPa	合输瞬产/($10^4m^3/d$)	
1-16	JS33-1HF	0.91	1.11	0.2	2	0.87	1.4	0.53	0.79	ZJ18H 井泄压
	JS33-9HF	1	2.03	1.03		0.95	2.91	1.96		
1-18	JS33-1HF	0.71	0.74	0.03	0.34	0.84	1.69	0.85	0.51	JS33-9HF 井进行井间气举
	JS33-9HF	1.39	3.28	1.89		0.92	2.12	1.2		
1-19	JS33-1HF	0.68	1.27	0.59	0.5	0.7	2.38	1.68	0.97	JS33-9HF 井进行井间气举
	JS33-9HF	0.84	2.87	2.03		0.79	1.48	0.69		

2. 原因分析

增压气井生产时井口压力往往与出站压力相当，造成井口区和出站阀组处势能相当，同时桥管具有三通结构，不同气井产出物在桥管处汇合输往同一分离器，ZJ18H 井开井泄压或 JS33-9HF 井井间气举时，瞬产量较大，部分气液产物往出站方向流动(到分离器)，部分流向了合输的增压气井，造成合输气井之间的相互干扰(图 4-1-6、图 4-1-7)。

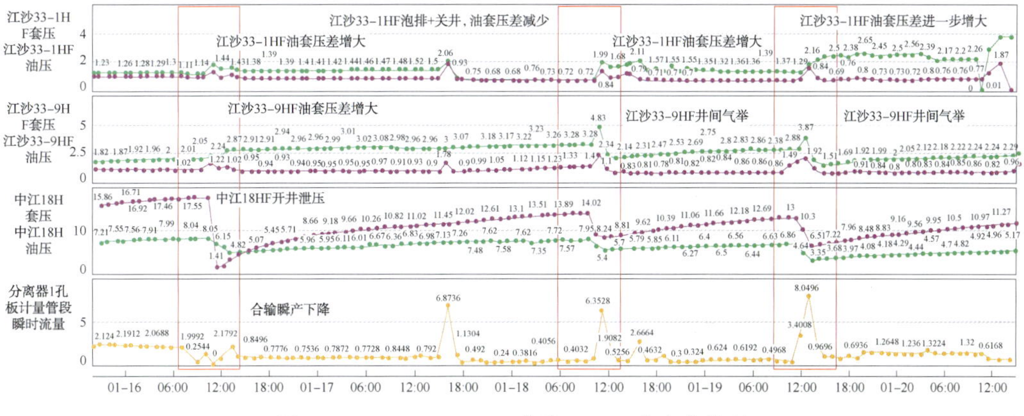

图 4-1-6　JS105-1HF 井及 ZJ18H 井生产情况

3. 故障处理

在某口合输井采取措施时，其他合输井配合关井，同时调整合输井措施周期，制定合理开关井的对策，最大化增大气井生产时率。如优化调整 JS33-1HF 井、JS105HF 井、JS105-1HF 井和 JS33-9HF 井维护计划：在 JS33-9HF 井气举的同时，对 JS105HF 井、JS105-1HF 井进行关井复压、对 JS33-1HF 井进行泡排关井；在 ZJ18H 井泄压排液时，对 JS33-9HF 井、JS105HF 井、

图 4-1-7　CJ566 井站桥管

JS105-1HF 井进行关井复压，对 JS33-1HF 井进行泡排关井。

4. 经验教训

对于合输进入同一分离器进行气液分离的气井，尤其是增压气井或者低压气井，一定要考虑气井之间的相互干扰。气井维护需要做到相互配合，合理开井和关井，避免气液产出物倒灌。

第二节　凝析油处理系统常见故障

中江气田沙溪庙气藏生产井一定程度地产出地层水和凝析油，气井在开发后期，需要辅助泡排等工艺措施，进行排液采气，产出液中含有大量泡排剂，气田产出的凝析油需要经过沉降、消泡等处理后，才能进行外输。在凝析油处理环节中，常见故障主要为凝析油脱水不充分、屏蔽泵运转不正常、制氮设备故障，以及单流阀实效等问题。本章收集了凝析油处理系统常见故障判断及处理方法。

一、外输原油含水率过高

1. 故障描述

从 JS21-1H、GS301-3HF 中转站外输的油品出现含水率超过 2%的现象(图 4-2-1)。

图 4-2-1　原油现场取样

2. 原因分析

新型消泡剂消泡效果不佳，乳化液处理不彻底，破乳效果不好，原油物性复杂多变，原油脱水困难。同时，为降低库存，加大外输油量，缩短了沉降时间，改变了破乳剂的加注时间，影响沉淀出的油品质量，导致油的品质纯度不高，含水率超过 2%。

3. 故障处理

(1) 观察双浮液位计水位参数，控制沉降罐的油水界面，及时从底部排水，确保沉降罐含油率稳定。

(2) 及时加破乳剂，避免长时间存放增加乳化程度，导致难处理。对已经形成的难处理重质原油，要采取隔离闭环处理措施，避免污染轻质原油。

(3) 优化破乳剂配方，调整加药量与投放点，实现最佳破乳效果。与破乳剂厂家密切合作，定期取样化验来液性质，及时调整药剂配方，同时根据来液的物理性质及其各环节的处理效果的变化，制定合理的破乳剂加入量。

(4) 加强现场管理，强化节点控制。制定和完善《生产运行管理办法及考核措施》《外输含水指标考核细则》等一系列管理制度，明确相应的责任人，落实到位，确保含水指标达标。同时，加大职工培训力度，提高职工的技术水平，控制好原油脱水各节点的生产参数，减少人为因素的影响。

4. 经验教训

通过实施一系列措施，有效控制了高含水次数的发生，即使在某个环节中出现异常波动，也能够及时调整，超前防范，使得外输水含量（质量分数）低于2%，机械杂质（质量分数）低于0.05%，外输合格率达到99.99%。

虽然效果比较明显，但在运行中仍然暴露出一些问题，有待于进一步改进。主要表现在以下几方面：

（1）自动化程度低，岗位职工工作量大。沉降罐放水、沉降罐油位的控制，都由人工手动操作，存在着监控不到位、调节滞后的弊端。

（2）在处理问题原油时，无自动加药功能，需要职工提药倒入罐中，影响药剂效果，增加职工工作量。

（3）双浮液位计液位显示与罐内实际油位、水位存在一定偏差。

二、屏蔽泵运转故障

1. 故障描述

JS21-6HF联合站装液区的屏蔽泵在装液过程中突然发出声响，然后停止运行。

2. 原因分析

经排查后发现是屏蔽泵电机绝缘层被混合液中的压裂砂磨损穿透，导致电机内部被烧毁。

3. 故障处理

（1）检修屏蔽泵和更换过滤器过滤网。

（2）更换屏蔽泵内部易损件。

（3）更换屏蔽泵。

（4）定期清理过滤器中的脏污。

4. 经验教训

要确保屏蔽泵正常工作，在采取以上处理方法后，还必须提高对来液的过滤能力，避免杂质堆积产生隐患。

三、屏蔽泵出现空转

1. 故障描述

JS21-6HF联合站卸液区的屏蔽泵在卸液时出现空转现象。

2. 原因分析

经排查后发现是屏蔽泵排量较大，而乳化液流速慢导致供液不足。

3. 故障处理

（1）关小出口阀门，控制出口流量。

（2）打开旁通回流，使泵进口液量保持稳定流速。

（3）关小泵进口阀门开度，控制进泵流速。

4. 经验教训

要确保屏蔽泵正常工作，在采取以上处理方法后，还必须根据液体介质调整各阀门开度，同时注意屏蔽泵的工作情况。

四、制氮撬压缩机异常停机

1. 故障描述

JS21-6HF 联合站制氮撬的压缩机在制氮时，氮气浓度未达 99% 便自动停机。

2. 原因分析

经排查后发现是制氮撬出口压力变送器示值达到停机值（远传表与机械表压力不同），触发自动停机联锁。

3. 故障处理

（1）更换出口处压力变送器。

（2）更换 200m^3 储罐上方的阻火器。

（3）更换 200m^3 储罐人孔处密封圈。

4. 经验教训

要确保制氮撬正常工作，在采取以上处理方法后，还必须时刻关注氮气管线上各处的压力是否处于正常范围。

五、卸液区卸液管线单向阀故障

1. 故障描述

JS21-6HF 联合站卸液区的卸液管线在卸液时发出异响。

2. 原因分析

经排查后发现是卸液管线上的单向阀出现故障，导致卸液过程受阻变缓。

3. 故障处理

（1）及时清理管线上的单向阀内部杂质。

（2）更换卸液主管线上的单向阀。

（3）在旁通管线上加装单向阀。

4. 经验教训

要确保卸液操作顺利进行，需要保证卸液管线上的各个阀门处于正常工作状态，并加强管线巡检。

第五章　信息系统常见故障判断与处理

中江气田生产信息化管理系统主要包括油气生产指挥系统(PCS)、视频周界报警系统、地层水拉运系统以及相应的数据采集设备等，初步实现了调度应急、产销运行、措施跟踪、作业安全、视频监控、混合液监管等功能，在“厂管站”模式运行过程中起到了极大的推动作用。本章主要对生产信息化系统中涉及的数据采集、通信网络、运行系统、计量器具仪表等方面硬件和软件常见异常或故障的判断和处理措施进行了详细描述和分析，为油气田生产信息化系统相似故障的判断和处理提供借鉴。

第一节　数据采集系统故障

一、双浮球液位计故障

1. 故障描述

现场巡检过程中发现储液罐双浮球液位计(用两个不同密度的浮球分别记录储液罐内油、水液位高度的液位计)油液位表头数据长时间无变化、显示不完全或显示“0102”(或其他以0开头的数据代码)，观察分离器多次排液后依旧无变化(图5-1-1)。

2. 原因分析

(1) 受高温、低温、潮湿、老化等影响，油液位表头长时间宕机(死机)。

(2) 油液位测量浮球受阻、卡塞无法移动。

(3) 油液位传感器故障。

3. 故障处理

(1) 找到故障表头对应的测量金属杆，打开金属杆顶部接线盒，用螺丝刀断开与金属杆链接信号线，观察表头数据是否变化。

(2) 若变化，则尝试小力量垂直提升金属杆，观察表头数据是否与处置前数据一致，若无变化则将另一个表头测量金属杆与另一块仪表的信号线断开(做好信号线标记，防止恢复时接错)。

(3) 拆开金属杆与储液罐之间的法兰，将两金属杆提出，检查金属杆上是否存在积污，清理污垢后放回，将问题表信号线临时恢复，观察数据是否与处置前数据一致。

图5-1-1　浮球液位计表头显示不完全

(4) 将双浮球表头底部相连金属杆下堵头旋开(取下时，注意防止电池滑落)，将电池电源线与仪表端断电，待表头无显示后再次对仪表送电，若还是显示不正常则可能仪表损坏。

(5) 检查仪表背面信号线连接，若连接完好则利用替换法，将罐顶两测量金属杆数据线进行对调，观察油位、水位表头数据变化情况，若更换后另外一块表也显示不完全则判断为测量金属杆内电路板损坏，需上报更换设备。

4. 经验教训

双浮球液位计作为储液罐油水液位的重要测量工具，运行过程中应及时关注表头数据显示，并与现场磁翻板液位计进行数据核对，发现问题及时上报处理。在安装投运前，应检查双浮球内部元件是否有氧化等情况，同时加强仪表密封及防水等保护措施。

二、压力变送器数据跳变故障

1. 故障描述

内操班人员在电子巡检过程中发现某井井口套压数据不稳，查看油气生产指挥系统曲线图历史数据发现波动剧烈，询问井站操作人员得到现场该井生产运行正常反馈，压力无异常情况。

2. 原因分析

(1) 压力变送器仪表电量不足，信号传输不稳定，时强时弱。

(2) 压力变送器仪表本体故障，测量数据不准确。

(3) 站内存在其他压力变送器与当前压力变送器数据传输占用同一点位。

3. 故障处理

(1) 检查井口压力变送器仪表信号强度以及电池电量，若信号正常则尝试更换电池后进行测试。

(2) 若问题依然存在则将压力变送器断电后观察，若数据归零且无变化则判断为仪表问题，更换仪表。若数据依然存在且变化，则推测现场存在另一块压力变送器占用同一点位。

(3) 对相应位置压力变送器进行通信参数比对，排查存在相同通信参数的压力变送器。

4. 经验教训

现场仪表数据在接入油气生产指挥系统前，应仔细核对点表，确保各点位参数配置准确无误，数据上线后现场仪表与 RTU 及油气生产指挥系统进行点对点数据核对。更换下的旧表应及时断电停运，避免在同一地址出现多个仪表信号相互干扰，影响 RTU 对数据的采集。

三、流量监测仪表故障

1. 故障描述

某日，内操班在日常电子巡检过程中发现某井站 2 号分离器天然气计量流量计 PCS 无数据。

2. 原因分析

(1) 现场流量计无工作电压。

(2) 现场流量计未配置。

(3) 现场流量计参数配置错误。

（4）RTU 运行程序参数配置错误。

（5）现场流量计通信模式与 RTU 不符。

（6）流量计本体出现故障。

3. 故障处理

（1）检查流量计为太阳能供电，电池电量充足。

（2）连接 RTU，检查网络、信道及地址配置，并与点表核对无误。

（3）连接流量计，检查通信模式与 RTU 一致。

（4）检查流量计参数配置，并与 RTU 及点表核对发现流量计地址参数与 RTU 不符。

（5）更改流量计地址后数据正常上线。

4. 经验教训

现场流量计等信息化仪表设备多采用 ZigBee 通信，在安装调试时必须依照点表进行参数配置，并选择相对应的通信模式，数据上线后现场仪表、RTU 及油气生产指挥系统数据要一一核对，保证油气生产指挥系统数据与现场仪表一致。

四、RTU 传输故障

1. 故障描述

某日检查站库设备上线情况时，发现 PCS 系统内组态图数据显示均为“#”或数据长时间维持不变，而现场网络正常(图 5-1-2)。

2. 原因分析

（1）网络硬件损坏。

（2）RTU 浪涌保护模块损坏。

（3）RTU 电源模块损坏。

（4）RTU 异常宕机。

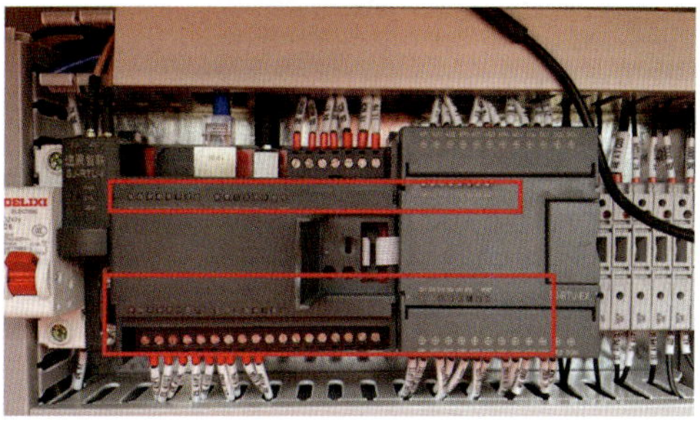

图 5-1-2　RTU 模块故障

3. 故障处理

（1）通过远程服务器尝试 PING 专线地址，若专线地址可以 PING 通则考虑现场网络设备与 RTU 间连接出现故障(网线老化)或 RTU 宕机。

（2）现场观察 RTU 运行指示灯、网口指示灯闪烁情况，若 RTU 运行指示灯闪烁，网口灯不亮则更换网线后继续测试。

（3）若依旧无法解决则考虑 RTU 网络部分模块损坏或网络设备损坏，需更换设备后测试。

（4）现场观察 RTU 运行指示灯异常亮起或全熄则考虑是否 RTU 宕机或损坏，先断电 30s 后恢复，观察 RTU 运行情况，若故障依然存在则需更换 RTU。

4. 经验教训

由于井站所处的乡镇农村电网供电不稳定，山区偶发雷击事件，可能直接导致 RTU 浪涌保护模块、电源模块烧毁或 RTU 异常宕机。为避免此类事故发生，需保证井站电源防雷系统功能正常，接地电阻处于标准范围内。

第二节 通信网络故障

一、同沟光缆传输异常

1. 故障描述

某日，内操班在日常电子巡检过程中发现 GS309HF 井站视频监控图像无信息(图 5-2-1)。

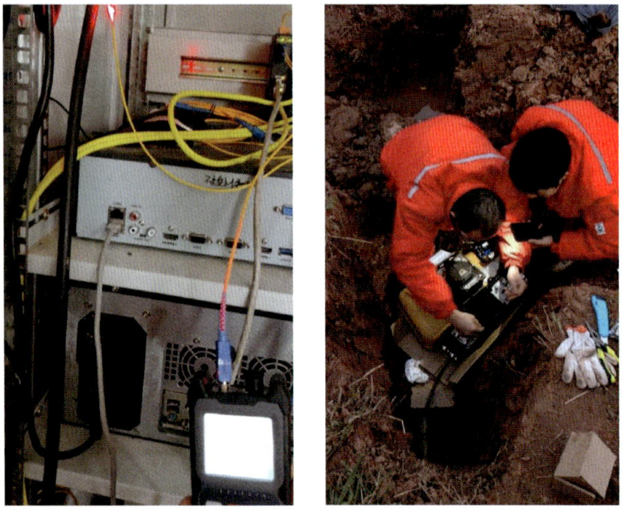

图 5-2-1 排查同沟光缆故障

2. 原因分析

采气班组现场巡检无异常，但该井站刚完成土地复垦施工，考虑是由于施工时没有做好隐蔽工程的识别分析，挖掘机压断埋在地下的电线及光纤，导致通信中断，造成现场视频信息无法回传。

3. 故障处理

(1) 安排信息化运维人员准备专业工具(OTDR、光功率计、熔纤机、米勒钳、切割刀、光缆终端盒、热缩套管、光缆)赶赴现场，勘查站场光缆路由。

(2) 使用 OTDR 测试光缆断点距离，确定光缆断点范围并找到断点。

(3) 上报生产运行中心，协调施工单位土建人员办理各项相关施工手续进行土方开挖，起出两端断裂光缆。

(4) 穿设光缆保护套管，使用熔纤机接续熔纤，完成后盘整收纳至光缆终端盒。

(5) 检查通信箱内光纤收发器收发光及各指示灯闪烁正常。

(6) 使用光功率计测试光缆光衰正常，确定光缆断点接续成功。

(7) 连接笔记本至交换机进行网络 PING 包测试，现场摄像机及网关测试均畅通正常。

(8) 现场通信业务恢复，向监控中心打电话确认视频监控回传正常。

(9) 上报生产运行中心现场光缆修复工作完成，通信业务已恢复，联系施工方回填光缆沟。

4. 经验教训

动土施工作业过程中由于拖拽、拉扯等暴力施工会造成通信线缆的破损，造成跳闸、信号传输中断等故障。为了避免此类事故发生，需要在施工前做好掩蔽工程的识别分析，同时加强对施工过程的监管，杜绝野蛮施工，保护好地下光缆等掩蔽工程，延长光线缆使用寿命。

二、租赁专线传输异常

1. 故障描述

在 FG5 井站信息化投运时，发现租赁专线无法正常传输现场生产数据(图 5-2-2)。

图 5-2-2　专线检维修

2. 原因分析

(1) 该井站因新建井站专线网段已划分，但线路暂未接入现场，信息化前期部署调试时已调整站内设备 IP 地址，可能存在设备网络配置错误。

(2) 运营商基站故障，导致网络异常。

(3) 对于跨市跨地域(气田井站分布在不同的地市级)的网络运营商交换机存在多余 VLAN 设置。

3. 故障处理

(1) 确认网络基站的信号传输是否存在故障。

(2) 检查站场光纤收发器的网络配置是否正确，VLAN 是否正确划分，网段是否正确分配。

(3) 用电脑连接站场的交换机，测试站场到服务器的网络传输情况。

(4) 联系运营商检查跨市跨地域专线网络配置情况。

4. 经验教训

传输网络的正常是信息化管理的前提之一，需要与运营商建立良好的沟通机制，及时处理专线故障或异常。同时，要提升网络配置的系统性，做好配置记录，以待查询。

三、APN 物联网卡传输异常

1. 故障描述

某日，内操班人员发现处于偏远山区的边缘井 ZX105 井站流量计实时数据传输中断，该仪表采用 APN 物联网卡进行传输。

2. 原因分析

（1）APN 物联网卡卡品金属片老化，设备不能读卡。

（2）APN 物联网卡只能一对一匹配设备，更换设备后不能读卡。

（3）附近移动基站故障，导致物联网卡无信号。

3. 故障处理

（1）在发现物联网卡不能读取数据后，第一时间联系运营商查询原因并换卡。

（2）做到一机一卡匹配，更换 4G 传输设备后及时更换 APN 物联网卡。

（3）使用终端测试井站附近移动信号强弱，及时联系运营商到现场增加信号源强度。

4. 经验教训

由于边缘井处于偏远地区，生产专线无法予以覆盖，故 4G 移动传输模式是保证边远井数据正常传输的基石，需要信息化运维人员加强相关 4G 传输设备的维护维保工作。

第三节　运行系统故障

一、油气生产指挥系统（PCS）显示异常

1. 故障描述

某日，内操班人员在油气生产指挥系统（PCS）上进行电子巡检时，发现该井站生产数据全部显示为“#”号或全部为“0”（图 5-3-1）。

2. 原因分析

（1）部分数据更新频率较慢导致显示“#”号，更新频率长达 30min，最新一条数据时间与系统当前时间相差 15min 以上时组态图会显示“#”号。

（2）现场断电断网等造成现场网络中断后导致数据回传失败。

（3）RTU2404 端口故障，RTU 运行出错导致端口对外开放失败。

（4）更新版本代码导致数据回传失败。

3. 故障处理

（1）若点位为井口，点击穿透相关点位查看点位数据。若该点位数据传输间隔为 15min 以上，则考虑为仪表传输频率过长，需要到现场使用速聚智联专用仪表调试线进入调试软件内进行传输频率修改。

（2）若点位为井站，则先查看该站视频是否正常，若视频不正常则询问现场是否停电。

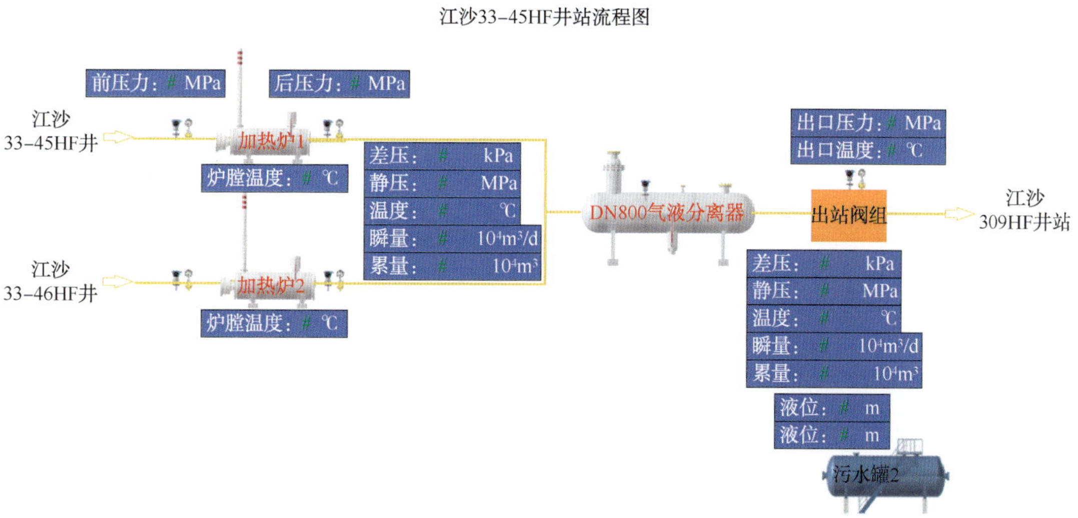

图 5-3-1 PCS 数据显示异常

若不是因停电断网，则排查通信网络故障，尝试访问 RTU2404 端口，若端口访问成功则可能为 RTU 故障导致。

4. 经验教训

内操人员通过油气生产指挥系统对生产现场进行实时监控，现场数据正常实时回传是远程监控的前提之一，因此，必须加强对现场信息化设备的维护，定期开展巡检，及时处理数据采集设备的故障，保证现场数据传输的完整性与时效性。

二、油气生产指挥系统数据异常

1. 故障描述

某日，内操班人员在油气生产指挥系统上进行电子巡检时，发现某井站系统内数据与现场显示仪表表头数据不匹配。

2. 原因分析

（1）现场 RTU 在读取现场仪表数时发生异常。

（2）RTU 系统内生产数据点位配置出错。

（3）现场提供的 RTU 系统数据点表与生产现场实际仪表所在点位不符。

（4）网络通信故障，现场数据传输延迟较大。

（5）数据点位存在换算逻辑问题，系统在进行数据换算时产生错误。

3. 故障处理

（1）排查现场 RTU 设备内取到的当前数据，与现场仪表表头数据进行核对。

（2）连接 RTU 模块，查看系统内数据点位配置是否正确。

（3）使用移动终端直 PING 机房服务器，查看 IP 通信情况，检测是否网络延迟较大。

（4）查看现场仪表是否点位数据需要进行换算，查询系统内数据换算逻辑是否正确。

4. 经验教训

生产数据真实性是保证系统正常运行的前提。在实际生产运行过程中，需要信息系统运维人员与信息系统使用人员互相配合，加强现场信息化设备维护，保证油气生产指挥系统正常运行。

三、井安阀远程干预系统异常

1. 故障描述

某日，信息化运维人员在 CJ566 井站进行井安阀远程干预控制测试过程中发现现场井安阀无法远程关断(图 5-3-2)。

井站状态列表

序号	井站	通信状态	序号	井站	通信状态
1	新盛1井站		22	江沙33-19HF井站	
2	高庙4井站		23	高沙301-3井站	
3	川江566井站		24	江沙203-5HF井站	
4	中江109D井站		25	江沙309HF井站	
5	高庙32井站		26	江沙319HF井站	
6	高沙301井站		27	江沙206-4HF井站	
7	中江19HF井站		28	江沙209HF井站	
8	江沙206-2HF井站		29	江沙312HF井站	
9	江沙206HF井站		30	隆兴1井站	
10	江沙109-2HF井站		31	高庙33-11HF井站	
11	高庙33-13HF井站		32	高庙33-8HF井站	
12	江沙301井站		33	江沙318HF井站	
13	中沙119HF井站		34	江沙321-4HF井站	
14	江沙323-3HF井站		35	江沙320HF井站	
15	江沙33-43HF井站		36	江沙213HF井站	
16	中沙117-1HF井站		37	江沙323HF井站	
17	江沙327-2HF井站		38	江沙33-43HF井站	
18	中江120井站		39	江沙240HF井站	
19	高庙111井站		40	江沙220HF井站	
20	江沙203-3HF井站		41	知新33井站-压缩机	
21	高庙33-17HF井站		42	江沙33-19井站-开关阀	

图 5-3-2　井安阀远程干预系统通信状态

2. 原因分析

(1) 油气生产指挥系统未与现场建立可靠通信。

(2) 油气生产指挥系统组态及 RTU 配置不当。

(3) 现场井安阀电磁阀故障。

3. 故障处理

(1) 重新核对该井站各 IP 地址并进行 PING 包测试，确认现场与油气生产指挥系统连接准确可靠。

(2) 联系系统管理员检查并确认油气生产指挥系统组态准确，在检查 RTU 控制配置无误后，远程下发井安阀关断指令，测试远程指令下发正常，且 RTU 控制输出正确。

(3) 连接 RTU 现场下发井安阀关断指令，若电磁阀未动作。查看 RTU 输出信号指示是否正确，测量各输出端子信号是否正确。

(4) 打开电磁阀接线盒，测量电磁阀控制信号正负是否正确，判断控制信号线缆接反，调整接线重新远程下发指令后井安阀顺利关断，接近开关触发反馈信号，现场与油气生产指挥系统状态显示一致。

4. 经验教训

井安阀作为天然气生产过程中重要的紧急关断工具，对安全生产起着至关重要的作用。因此，在安装调试远程干预系统时要严格按照设计施工，准确接线。远程关断测试前，应仔细核对点表、RTU 地址及其配置，确认控制信号回路接线无误。关断测试完成后核对现场与油气生产指挥系统的开关状态反馈并做好测试记录。

四、视频监控系统异常

1. 故障描述

某日，内操班无法通过周界报警系统客户端调取 GS301-3 井站实时监控画面(图 5-3-3)。

2. 原因分析

(1) 现场前端视频信号未传回监控平台。

(2) 通信链路传输质量不高。

(3) 前端摄像头地址冲突。

(4) 视频监控系统宕机。

(5) 交换机性能不足。

(6) NVR 解码能力不足。

图 5-3-3 周界报警系统异常画面

3. 故障处理

(1) 通过调取视频监控平台的录像确认设备正确关联到监控平台上。

(2) 通过视频服务器反 PING 前端设备地址，测试平台至前端摄像头传输链路无丢包延时，传输质量稳定可靠。

(3) 检查前端摄像机的 IP 地址是否在监控系统平台中正确配置，确认已完成设备关联。

(4) 重新核查对应监控点的实时监控画面是否正常。

4. 经验教训

视频监控系统实时画面监控应确保前端摄像头视频信号回传监控平台，需确保交换机各设备承载性能良好，网络传输质量稳定。

第四节 计量器具仪表故障

一、井口压力表示值故障

1. 故障描述

某日，采气班组人员在某气井泄压过程中发现井口压力表示值无明显变化。

2. 原因分析

（1）压力表和存水弯管之间装有阀门，阀门关闭。

（2）三通阀门位置不正确。

（3）三通阀门或存水弯管堵塞。

（4）弹簧管与支架的焊口有裂纹渗漏。

（5）压力表指针与中心轴松动、指针卡住、扇形齿轮与小齿轮脱开等机械故障。

3. 故障处理

（1）将阀门拆除，更换三通阀门。

（2）将三通阀门打开至正确位置。

（3）用蒸汽或者天然气吹洗通道，如不行则拆下清洗。

（4）取下压力表修理，更换新表。

4. 经验教训

采气井口压力表作为气井油压、套压、环空压力的唯一测量工具，是决定气井生产制度、措施维护工作的重要依据。在运行过程中，应及时关注指针示值并与同流程下游压力表进行核对，发现问题及时上报处理。针对井口压力变化较大的现状，在安装投用前应尽量选用抗震压力表以有效保护内部元件，同时必须用标准器开展首次检定，确认合格后附上合格证标签，后续必须开展周期检定，此外还应加强仪表密封性检查及开展必要的防水保护。

二、流程压力表零位漂移

1. 故障描述

某日，运维班人员在某集气流程上开展压力表检定，发现某压力表泄压后指针不回零（图 5-4-1）。

图 5-4-1　流量计压力表零位漂移

2. 原因分析

（1）三通阀门位置不准确。

（2）存水弯管、三通阀门被堵塞。

（3）弹簧弯管失去弹性。

（4）压力表的游丝失去弹性或脱落。

（5）指针弯曲或卡住。

（6）压力表的调整螺丝松动。

3. 故障处理

（1）将三通阀门调整至准确位置。

（2）用蒸汽或者天然气吹洗通道。

（3）取下压力表修理，更换新表。

4. 经验教训

集气流程压力表作为压力容器、压力管道和重要测量工具，是保障设备安全、管道安全的唯一判别依据。在运行过程中，应及时关注指针示值并与同流程上、下游压力表进行比对，发现问题及时上报处理。在安装投用前，必须用标准器开展首次检定，确认合格后附上合格证标签，后续必须开展周期检定。针对位于压力容器上的压力表，应加密检定、升级管理，此外还应加强仪表密封性检查及开展必要的防水保护。

三、差压变送器故障

1. 故障描述

某日，采气班组在现场巡检过程中发现分离器差压液位变送器数据长时间无变化，且与磁翻板液位计显示不符(图 5-4-2)。

2. 原因分析

(1) 仪表电量不足，导致无法正常运行。

(2) 差压液位变送器测压元件受损，差压变送器所在的过滤网堵塞，测量数据不准确。

(3) 仪表线路错乱，导致数据失真。

(4) 测压管路密封不严，出现泄漏。

(5) 仪表上下限、流体参数、计算方法等不符合实际情况，使得在数据转化过程中出现问题。

图 5-4-2 差压液位计无显示

3. 故障处理

(1) 检查仪表电池电量，并更换电池测试。

(2) 核实测压元件与积算仪接口之间的接线错误，出现错误时及时泄压、放空、调换接口。

(3) 验漏、检查各接线口与仪表本体的密封性，出现刺漏及时紧固或更换配件。

(4) 用手操器或者仪表按键检查上下量程设置、表头显示流体单位、设定流体密度，必要时开展流体取样进行密度检测，并更新、校正参数。

(5) 差压液位变送器处理完成后与磁翻板液位计进行在线比对并记录，以此判断测压元件是否受损，若受损则拆卸更换；过滤器差压变送器处理完成后应清洗过滤网，确认无问题。

4. 经验教训

差压变送器是实现气液分离设备、储液罐、过滤器的液位、差压远传的重要计量器具，确保各点位液位深度数据、差压数据实时远传。安装前，确认高低压测压元件位置与接线，确认密封性完好，并对所在位置进行流体取样分析，定期更新液体密度参数，确保差压-液位转化计算过程中各参数保持及时、准确，避免数据采集和转化过程中出现误差。

四、铂电阻温度传感器测温故障

1. 故障描述

某日，采气班组人员在巡检过程中发现 JS231HF 集气站 1 号分离器计量管段差压式流量积算仪的显示温度出现异常，与实际生产情况明显不符(图 5-4-3)。

2. 原因分析

(1) 感测探头插入深度不够，导致温度易受外部环境影响。

(2) 感测探头温套管积液，导致实测温度因液体比热容较大而变化较小。

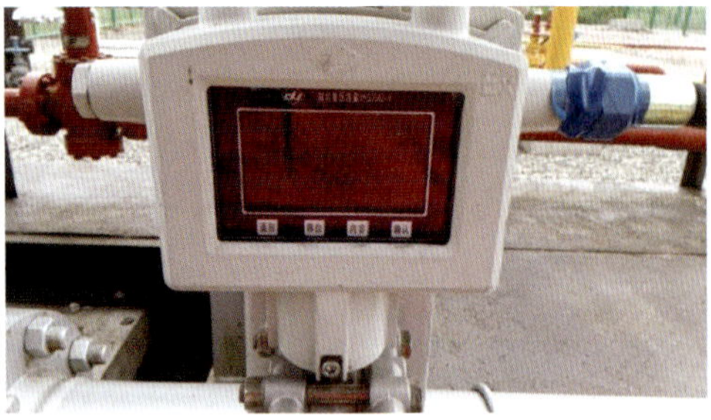

图 5-4-3 温度异常

(3) 表头线路接触不良，导致因温度变化产生的电流无法及时传导。

(4) 表头线路短路，导致感应电流无法传导至积算仪。

(5) 温套管安装位置不符合 GB/T 21446 的要求，导致测量结果无法真实反映流量积算仪所在位置的温度情况。

(6) 流量积算仪与铂电阻温度传感器的接线外壳破损、线路老化，导致铂电阻温度传感器无法供电。

3. 故障处理

(1) 检查感测探头插入深度，调整至 1/3~1/2 管径。

(2) 检查温套管是否干净、清洁，用吸水棉排除积液，用棉纱清洗表面。

(3) 旋开铂电阻表头盖，用万用表检查线路电压，及时调整、紧固限位螺钉。

(4) 检查铂电阻接线，理清线路走向，对于出现的线路交叉、绝缘破损情况进行更换和调整。

(5) 用卷尺测量孔板阀中心至铂电阻温套管最低测温点的距离要在 5~10D，若不符合则进行流程整改；同时，温套管所在管径必须不小于 80mm，若不符合则整改为扩径段。

(6) 用万用表测量积算仪接口电压和铂电阻接收点电压，若出现异常则表示线路受损，要对线路进行更换，并对外壳进行密封性检查(图 5-4-4)。

图 5-4-4 检查铂电阻接线并调整

4. 经验教训

铂电阻温度传感器是差压式流量计量系统中温度测量的重要配件，是影响天然气计量产量的重要因素。在安装前，应仔细按照 GB/T 21446 的要求确保温套管安装位置、管径符合要求，安装过后排查插入深度、套管环境、线路走向等，确保温变电流能够真实、准确地反映到流量积算仪上。

五、差压式流量积算仪工作异常

1. 故障描述

某日，采气班组人员在巡检过程中发现 GM33-8HF 集气站 1 号分离器差压式流量积算仪瞬时流量测量异常、显示界面有白色空白区域，与生产实际情况明显不符(图 5-4-5)。

2. 原因分析

(1) 仪表电量不足，导致无法正常运行。

(2) 压力传感器本体故障，导致静压、差压测量不准确。

(3) 高低压导压球阀、放空球阀、连接三通及管路出现刺漏，导致静压、差压数据失真。

(4) 导压管积液、传感器进液，导致积算仪差压零位漂移。

(5) 主板进液或者短路烧坏，导致显示界面异常。

(6) 装置参数、气质参数等设置错误。

3. 故障处理

(1) 检查仪表电池电量，并更换电池测试。

(2) 同时关闭高低压导压球阀，然后再同时开启高低压放空球阀，待气液排尽后用白色棉纸点沾观察是否有固体颗粒，若出现固体颗粒，则需要立即停表，并将计量管段气流导至旁通，计量管段气流泄压结束后，拆卸导压管并开展壁厚检测，必要时更换导压管。

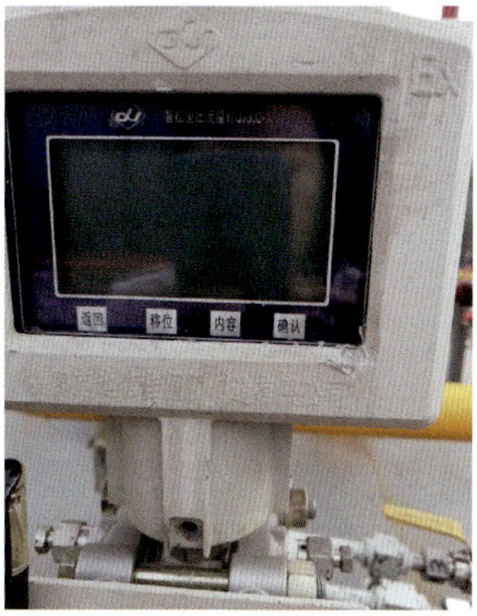

图 5-4-5　流量计工作异常

(3) 将导压管问题排查完后，用压力计量标准器校验积算仪，开展差压式流量积算仪检定工作，在 0%、25%、50%、75%、100% 五个量程点开展往复校准后，若静压或者差压示值仍然超出所在量程的最大允许误差，则拆卸压力传感器侧面或者背面的排液螺钉，通过导压管球阀微开引压吹扫，排除压力传感器中的积液。

(4) 在巡检过程中，如未携带上述操作所需的专业设备，可同时关闭高低压导压球阀，观察积算仪显示界面的差压变化情况，若差压迅速下降则表明导压管高压端管路出现泄漏，若差压反向升高则表明导压管低压端管路出现泄漏，可通过验漏液寻找漏点，并用合适的扳手进行紧固。

(5) 拆卸积算仪后盖，观察是否有进液、受潮情况，并检查电池接口，以及主板上各部件接触情况，及时清洁、更换主板及部件。

(6) 在积算仪用户界面查询孔板直径、孔板尖锐度、孔板材质、孔板可膨胀系数、计量管直径、管段粗糙度、管段材质等装置参数和高位热值、二氧化碳含量、氢气含量、相对密度等参数并与最新、实际的情况进行核对。

4. 经验教训

差压式流量积算仪是差压式流量计量系统的核心部件，目前厂所有内部的单井、合输流量计量数据均来自差压式流量积算仪，确保静压、差压测量准确和装置参数、气质参数等实际有效是实现精确计量的关键。因此，加强导压管、积算仪的巡检和检定工作，避免出现现场流量计量故障，影响生产分析、措施计划和产能评价。

六、流量积算仪数据异常

1. 故障描述

某日，采气班组人员发现流量计日产数据明显与实际不符，但在巡检期间排查流量计和数据均正常，随后上报计量检定人员请求提取数据分析原因。

2. 原因分析

(1) 流量积算仪传感器运行不稳定。

(2) 导压管积液甚至堵塞。

(3) 产量波动较大，部分时段超出流量量程上、下限。

（4）清洗孔板或者其他缘由导致的停表事件超出积算仪上限，一般为30min。

3. 故障处理

用电脑软件和串口装置对流量计的事件记录、分钟数据记录、小时数据记录、日数据记录进行提取分析(图5-4-6)。

图5-4-6 积算仪压力膜盒进砂，更换后恢复正常

（1）在事件记录中，查询流量计在这个周期内是否按周期、按要求清洗孔板，以及其他事件等。

（2）在小时、分钟数据记录中，通过绘制时间-差压、时间-瞬产、时间-静压、时间-温度曲线，通常可根据以下情况作出判断和处置：

① 温度较低、差压较高、静压正常、瞬产偏高：流量计导压管在低温时间段容易出现凝析液、冻堵现象，需加强低温阶段的排液维护和吹扫积液工作。

② 温度较高、差压正常、静压正常、瞬产偏低：因温度过高导致气流中含水率增加，液滴进入导压管乃至压力传感器，造成感应模块灵敏度下降，需立即对压力传感器进行排液，并做好节流、控温等工作。

③ 温度正常、差压异常、静压异常、瞬产异常：压力传感器损坏，需及时更换。

4. 经验教训

通过提取积算仪历史数据，能够有效开展流量计维保工作的监督，同时针对流量计运行期间出现的问题进行反查整改，有效保障计量系统运行的稳定性。

七、流量远传装置异常

1. 故障描述

某日，内操班人员在电子巡检过程中发现GS307站流量计(采用4G远传装置)远传数据未及时更新，上报异常到计量检定人员(图5-4-7)。

2. 原因分析

（1）装置电量不足，太阳能供电板线路故障。

（2）装置主板受潮、进液或短路导致损坏，无法正常工作。

（3）远传通信电量耗尽后通过数据线挪用流量计电池电量，导致流量计电量不足或者耗

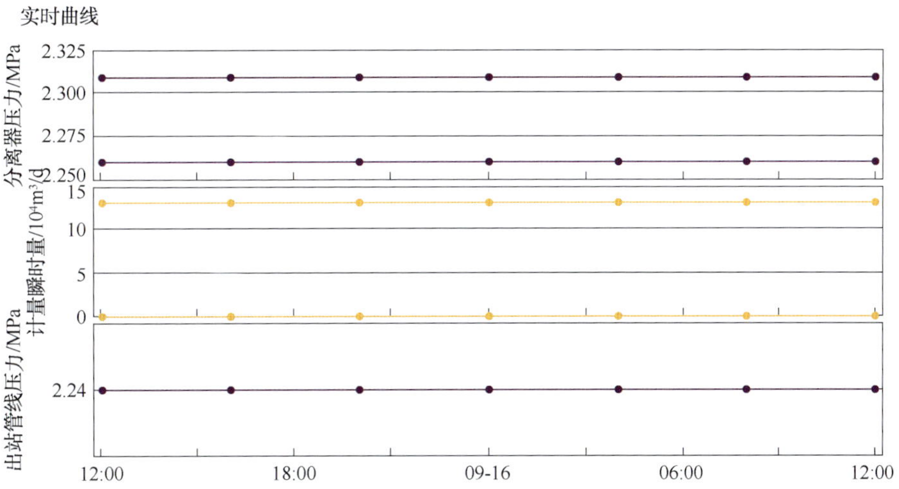

图 5-4-7　远传数据未更新

尽，导致无法计量。

（4）4G 通信卡出现欠费、过载等异常。

（5）雷雨天气，部分地区受电磁干扰较严重，导致远传装置宕机。

3. 故障处理

（1）通过连接调试线，检查装置电池电量，并更换电池进行测试，检查太阳能供电板是否清洁，并用万用表测试供电线路是否通电。

（2）拆卸后盖检查装置主板，清洁并确认线路无误、接触良好。

（3）检查流量计电量情况，若出现低电、无电情况则及时更换电池。

（4）查询 4G 通信卡缴费情况，结合设定好的传输频率和当地基站信号，适时进行优化整改。

（5）若远传装置处于宕机状态，需先对远传装置电池进行拔出，然后再拔出流量计电池，30s 后，先插入流量计电池、再插入远传装置电池，实现装置的重启，现场测试验证合格后方可结束。

4. 经验教训

流量远传装置是未进行信息化改造场站及新建场站中实现流量数据远传的唯一器具，通过加强电子巡检、跟踪电量变化情况等，及时开展检修和故障处置，保障装置运行正常，数据能够及时回传。

第六章　设备故障判断与处理

中江气田采气设备主要包括采气树、水套炉、分离器、储液罐、离心泵、压缩机等。其中，以操作较为频繁的疏水阀、离心泵、水套炉、压缩机等故障问题较为常见。本章中收集了现场常见设备故障现象，分析故障原因，提供处理方法，为其他气田处理类似问题提供了借鉴。

第一节　自动疏水阀故障

一、自动疏水阀不自动排液故障

1. 故障描述

目前，分离器排液口均安装了具备自动排水阻气功能的浮球式疏水阀，但在疏水阀工作过程中，常出现因不自动排液，导致采出液进入下游管线，降低输送效率。浮球式疏水阀为半自动机械式设备，日常巡检不到位、不会判断故障等会影响正常生产。

2. 原因分析

经大量现场综合分析，认为造成疏水阀不自动排液的主要原因如下：

(1) 返出液中的泥浆、压裂砂、乳化液等固体杂质过多堵塞或填埋阀芯、阀座和导压管，以及底部排污阀。

(2) 自动疏水阀浮球破损、卡死或密度过大。

(3) 连杆机构脱落或卡死、损坏。

(4) 操作不当和流程倒错(如未建立压差、球阀或排污阀未开等)。

3. 故障处理

(1) 检修和增设过滤网。

(2) 检修或维护疏水阀，对浮球进行更换、检验密封性和密度。

(3) 检修或维护疏水阀，更换、检查并紧固各连杆。

(4) 定期开启底部排污阀排污。启用时，一定要先缓慢开启平衡阀，平衡后再开启疏水阀进液阀。

(5) 严格遵守操作规程操作。

4. 经验教训

要确保疏水阀正常工作，在采取以上处理方法后还必须加大对疏水阀的日常巡检、维护力度，会操作、会判断故障，保持腔室相对清洁、畅通。

二、自动疏水阀浮球损坏故障

1. 故障描述

目前，分离器排液口均安装了具备自动排水阻气功能的浮球式疏水阀，在疏水阀工作或操作过程中出现浮球损坏。每次需要 3 人进行维修，单次维修费 3000~5000 元左右，给生产和成本造成一定影响。

2. 原因分析

经大量现场综合分析，认为造成疏水阀浮球损坏的主要原因如下：

（1）操作过猛或流程倒错。

（2）浮球自身质量、材质、焊接等导致的损坏。

（3）因长期受杂质、压裂砂等冲刷导致的损坏。

3. 故障处理

（1）严格遵守操作规程，平稳操作，启用时一定要先缓慢开启平衡阀，平衡后再开启疏水阀进液控制阀。

（2）检修或维护疏水阀，对浮球进行更换，检验密封性和密度。

4. 经验教训

要确保疏水阀正常工作，在采取以上处理方法后还必须加大对疏水阀的日常巡检、维护力度，会操作、会判断故障，保持腔室相对清洁、畅通。

三、自动疏水阀内漏故障

1. 故障描述

目前，重力分离器排液口均安装了具备自动排水阻气功能的浮球式疏水阀，但在疏水阀工作过程中，常出现因阀芯和阀座密封不严，导致天然气通过排污管线泄漏到污水罐，不但造成能源浪费，而且存在安全隐患。因浮球式疏水阀为机械式设备，维修、维护工作量大，每次维修、维护至少需要 3 名作业人员，单次维修费 3000~5000 元左右。

2. 原因分析

经大量现场拆卸、检查、维修，综合分析认为造成疏水阀失效的主要原因如下：

（1）返出液中夹带泥浆、压裂砂等固体杂质的冲刺，阀芯和阀座密封面被刺坏。

（2）返出液中有固体杂质，在疏水阀阀芯坐回阀座时，固体杂质刚好黏附在阀座端面或沉淀在阀腔内，导致阀芯、阀座端面回坐不严或堵塞使其不能密封。

（3）因液量大导致疏水阀频繁工作，出现阀芯和阀座断面磨损严重，造成密封不严（图 6-1-1）。

3. 故障处理

（1）阀芯或阀座密封面刺坏处理方法。通过采取耐磨、减冲的措施加强对阀芯和阀座的保护，具体做法为：在阀芯杆外部增加一个护套，并在护套上钻孔（图 6-1-2）。采取耐磨、减冲的措施，不但加强了阀芯、阀座的耐磨性，同时也起到缓冲作用，大幅延长了阀芯、阀座的使用寿命。

（2）阀芯、阀座端面坐封不严或堵塞处理方法。通过采取隔离阻拦措施，防止机械杂质进入疏水阀阀芯、阀座来保护阀芯、阀座密封面(图 6-1-3)。

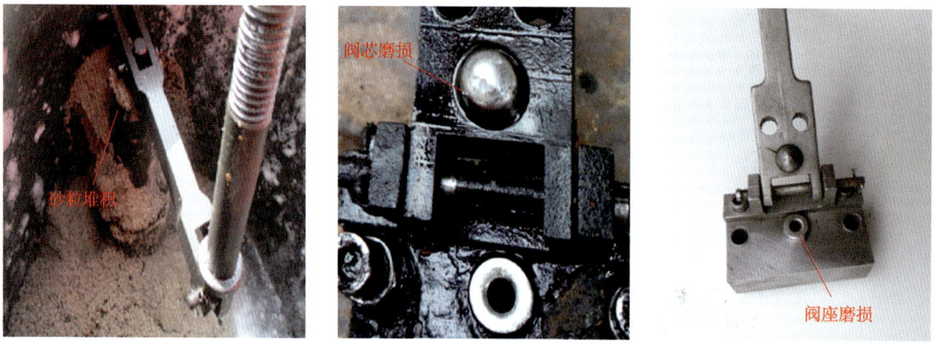

图 6-1-1　疏水阀密封面受损情况

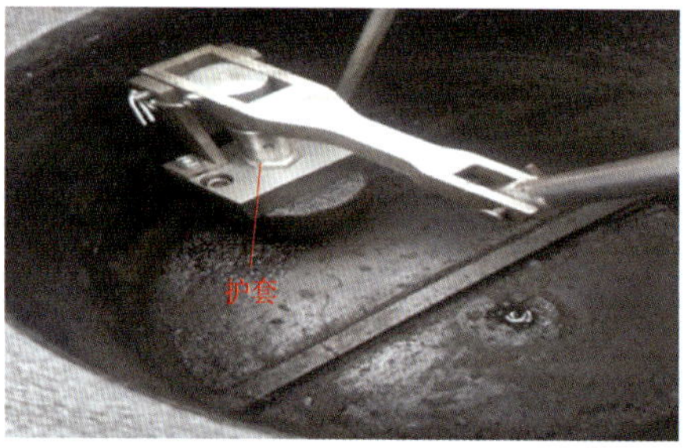

图 6-1-2　疏水阀阀芯阀座耐磨、减冲保护套

图 6-1-3　疏水阀阀芯、阀座耐隔离装置

图 6-1-4　疏水阀阀芯改造结构图

（3）阀芯和阀座端面磨损处理方法。通过现场模拟分析，疏水阀主要易损件为阀芯和阀座端面。经试验将阀芯材质优选为耐磨陶瓷材料，并安装阀杆行程导向套，可提高阀芯的耐磨性和控制阀杆自由度，提高疏水阀的使用寿命(图 6-1-4)。

4. 经验教训

要延长其维修周期和使用寿命，在采取以上处理方法后还必须加强对疏水阀的日常检查、维护，及时排除阀体内沉降污物，保持腔室相对清洁、畅通。

四、自动输水阀冻堵

1. 故障描述

目前，采气井站重力分离器均安装了具备自动排水阻气功能的浮球式疏水阀。在冬季生产过程中，有时会发生自动疏水阀冻堵情况，存在安全隐患，影响设备安全、平稳运行(图 6-1-5)。

自动疏水阀冻堵表现为：

（1）分离器液位计上涨。

（2）自动疏水阀处听不到排液的声音。

（3）出站压力快速上涨。

自动输水阀冻堵后造成后果：

（1）分离器内混合液无法进污水罐，造成分离器冻堵翻塔。

（2）混合液进入管道，在管道形成积液，增加输压，并且极易造成外管冻堵。

(a)GS301–3井站自动疏水阀冻堵　　(b)JS302井站自动输水阀冻堵

图 6–1–5　自动疏水阀冻堵

2. 原因分析

经现场拆卸、检查、维修，综合分析认为造成自动疏水阀冻堵的主要原因如下：

（1）疏水阀内漏形成节流效应。

（2）手动排污内漏形成节流效应。

（3）自动疏水阀未及时排液导致疏水阀内冻堵。

3. 故障处理

（1）关闭自动疏水阀出液阀门和平衡阀，进行放空泄压。

（2）拆除自动疏水阀进行清洗。

4. 经验教训

在冬季生产过程中，内漏疏水阀需作为重点关注设备，定期检查维保，发生疏水阀冻堵问题及时处置。同时，在解堵操作过程中，须注意人身安全，避免管道堵塞造成管道、压力容器超压，引发爆炸事故。作业过程中，要做好防烫伤、防滑跌和坠落措施。

第二节　离心泵故障

一、离心泵不排液

1. 故障描述

离心泵在启泵后没有液体排出。

2. 原因分析

（1）离心泵启动后流程没有倒通，管线有堵塞现象，造成离心泵空载。现象：启泵后压力为低压运行，打开泵出口的放空阀，只有少量液体流出，然后就没有液体流出来。

(2) 离心泵泵体内有气体，造成气锁。现象：启泵后泵压为低压运行，泵体温度上升较快，打开泵出口放空阀只有气体排出。

(3) 离心泵叶轮脱落，损坏。现象：启泵后泵有异响，并且泵震动大，泵体内伴有敲击声，泵出口排液很少或者没有。

(4) 离心泵空载。现象：泵的出口压力波动较大，出液不连续，时有时无。

3. 故障处理

(1) 检查流程，倒通管线流程。

(2) 打开泵出口放空阀，进行排气，直到有液体流出，将空气排尽为止。

(3) 停泵，切换流程，将离心泵的泵体拆开，紧固或者更换叶轮。

(4) 进液口没有液体进入，应及时停泵，时间过长容易造成离心泵烧泵。

4. 经验教训

离心泵是储液点的重要设备，一旦出现问题，将对工作造成极大的影响。因此，及时发现问题及时上报处理，避免因为人为因素造成离心泵故障。针对离心泵的操作及容易出现的问题，在使用中加强巡回检查。

二、离心泵泵体刺漏

1. 故障描述

离心泵泵体刺漏。

2. 原因分析

(1) 离心泵启动后泵体刺漏，紧固螺栓及紧固件没有紧固到位。现象：启泵后泵体连接部位有液体流出来。

(2) 离心泵启动后泵体刺漏，泵体有刺穿穿孔现象。现象：启泵后泵压为低压运行，泵体有液体排出，检查在出液部位有穿孔现象。

3. 故障处理

(1) 停泵，切换流程，紧固各紧固连接部位，试压检查各紧固连接部位无漏。

(2) 停泵，切换流程，更换或维修泵体刺漏部件，安装，试压检查各紧固连接部位无漏。

4. 经验教训

离心泵是储液点的重要设备，一旦出现问题，将对工作造成极大的影响。因此，及时发现问题，及时上报处理，避免因为人为因素造成离心泵故障。针对离心泵刺漏出现的问题，主要因素有：①泵体的质量问题；②在使用中压力波动大造成的冲刷；③液体中固体杂质过多形成的冲刷作用。因此，在泵使用中应平稳操作，将液体中的固体杂质进行过滤。

三、离心泵叶轮磨损、损坏

1. 故障描述

离心泵叶轮磨损、损坏。

2. 原因分析

(1) 离心泵叶轮长时间使用，发生磨损。现象：泵在正常使用中，泵出口的压力随着使用时间的延长泵压缓慢下降，排液量也缓慢下降。

（2）离心泵在使用中压力波动大，造成叶轮磨损、损坏。现象：启泵后泵压变化大，进液不平稳。

（3）离心泵在使用中，液体含固体杂质多，对叶轮造成磨损、损坏。现象：启泵后泵有异响，并且泵震动比正常工作时增大，泵体内伴有杂质轻微敲击声，当叶轮损坏后泵将打不走液体。

3. 故障处理

（1）更换叶轮。

（2）在使用中平稳操作，保持进液量平稳。

（3）加大对液体内的固体杂质的过滤，减少固体杂质对叶轮的磨损冲击。

4. 经验教训

离心泵是储液点的重要设备，一旦出现问题，将对工作造成极大的影响。因此，及时发现问题，及时上报处理，避免因为人为因素造成离心泵故障。针对离心泵叶轮磨损、损坏的原因，加强对离心泵的平稳操作，对液体内的固体杂质进行过滤处理。

四、离心泵震动大或异响

1. 故障描述

离心泵震动大或异响。

2. 原因分析

（1）离心泵平衡盘损坏。现象：泵在使用中，泵体震动大，泵体内有异响和有固体打击泵壳的声音，泵出口压力波动较大。

（2）离心泵叶轮脱落、损坏。现象：泵在使用中，泵体震动大，泵体内有异响和有固体摩擦的声音，泵出口压力波动较大或压力较低，出液不正常或没有。

（3）离心泵在使用中，泵体内进入空气或进液不平稳。现象：泵在运行中，泵体有轻微震动，声音忽高忽低，压力波动大。

3. 故障处理

（1）更换泵的平衡盘。

（2）更换叶轮或紧固叶轮。

（3）对泵进行排气操作，检查进液情况，保证进液量平稳(图6-2-1)。

图6-2-1　离心泵检修

4. 经验教训

离心泵是储液点的重要设备，一旦出现问题，将对工作造成极大的影响。因此，及时发现问题，及时上报处理，避免因为人为因素造成离心泵故障。针对离心泵震动和有异响，应及时停泵检查原因，及时处理故障，避免设备发生进一步的损坏。

五、离心泵轴承发热

1. 故障描述

离心泵轴承发热。

2. 原因分析

（1）离心泵轴承缺少润滑油。现象：泵在使用中，泵轴承声音和正常工作时有明显区别，轴承有干磨的声音，在轴承部位可以感觉温度随着运行时间的增加而升高。

（2）离心泵空载。现象：泵在使用中，没有液体进入泵体，泵出口压力低，没有液体排出，泵在空载状态下运行，泵体及轴承温度会在极短时间内上升，如果时间过长，会造成轴承烧坏。

（3）离心泵轴承使用时间过长，轴承有磨损。现象：泵在运行中，泵轴承有轻微震动，声音忽高忽低，有摩擦声音，因为轴承的磨损，摩擦增大，造成温度上升。

3. 故障处理

（1）给轴承加注润滑油。

（2）及时巡查，严禁空载运行。

（3）更换轴承。

4. 经验教训

离心泵是储液点的重要设备，一旦出现问题，将对工作造成极大的影响。因此，及时发现问题，及时上报处理，避免因为人为因素造成离心泵故障。针对离心泵轴承发热现象，及时发现问题，及时处理，避免设备重大事故的发生。严禁空载运行。

六、泵流量或扬程不足

1. 故障描述

离心泵流量或扬程不足。

2. 原因分析

（1）离心泵叶轮磨损。现象：泵在正常使用中，泵出口的压力随着使用时间的延长泵压缓慢下降，排液量也缓慢下降。

（2）离心泵进液不足。现象：泵在使用中，液体进入泵体液量少，泵出口压力波动大，泵的声音会忽大忽小。

（3）离心泵的转向反转。现象：泵在运行中，泵的运转方向为反转。

3. 故障处理

（1）更换叶轮。

（2）及时巡查，排除进液问题。

（3）调换泵的电源线接头，使离心泵运转方向为正转。

4. 经验教训

离心泵是储液点的重要设备，一旦出现问题，将对工作造成极大的影响。因此，及时发现问题，及时上报处理，避免因为人为因素造成离心泵故障。针对离心泵排量和扬程不足问题，应及时巡查，及时发现问题，提高泵的运行效率。

七、泵密封泄漏严重

1. 故障描述

离心泵密封泄漏严重。

2. 原因分析

(1) 离心泵紧固不到位。现象：泵在正常使用中，离心泵的连接部位有泄漏现象。

(2) 离心泵密封垫圈损坏。现象：泵在使用中，液体从密封部位泄漏。

(3) 离心泵运行压力超压，憋坏密封垫圈。现象：泵在运行中，离心泵的压力异常，超高，将密封垫圈憋坏。

3. 故障处理

(1) 紧固各个紧固部位，并进行试压，达到不渗不漏。

(2) 更换密封垫圈。

(3) 检查超压原因并排除超压现象，更换密封垫圈。

4. 经验教训

离心泵是储液点的重要设备，一旦出现问题，将对工作造成极大的影响。因此，及时发现问题，及时上报处理，避免因为人为因素造成离心泵故障。针对离心泵密封泄漏问题，应及时巡查，及时发现问题，提高泵的运行效率。

第三节　水套炉故障

一、水套炉燃气管线串液的故障

1. 故障描述

在水套炉工作过程中，有时燃气管线会出现串液现象，使水套炉燃烧不好，有时导致水套炉熄火，被迫关井，影响产量，如果在冬天，会出现冻堵现象，存在安全隐患。处理起来很麻烦。如 ZJ120、JS33-41HF 等井(图 6-3-1)。

2. 原因分析

经现场拆卸、检查，综合分析认为造成水套炉管线串液的主要原因如下：

(1) 疏水阀不能正常工作，员工责任心不强，没有及时手动排液，导致串液。

(2) 加泡排的井，没有加消泡剂，排液不及时，导致串液。

图 6-3-1 水套炉检修

(3) 分离器分离效果不好，导致串液。

(4) 燃气管线过滤器没有及时排液。

(5) 燃气管线进口接得过低，也容易串液。

3. 故障处理

(1) 检修疏水阀，加强员工的培训，及时排液。

(2) 安装处理效果好的分离器或及时维修分离器。

(3) 水套炉燃气管线过滤器及时排液。

(4) 燃气管线进口接点应该高于分离器出气管线。

(5) 有泡排施工的井，及时加入消泡剂，以免发生串液。

4. 经验教训

要想水套炉燃气管线串液少，必须加强疏水阀的日常检查、维护，及时手动排液。

二、水套炉回火故障

1. 故障描述

在采气过程，有一些高压井需要安装水套炉，但在水套炉工作过程中，有时会出现水套炉回火现象，导致水套炉燃烧不好，达不到天然气加热的目的，影响产量，如果在冬天，会出现冻堵现象，存在安全隐患。处理起来需要花费很大的人力。

2. 原因分析

经现场拆卸、检查，综合分析认为造成水套炉回火的主要原因如下：

(1) 返出液中有些液体串到水套炉，导致回火。

(2) 烟冲堵塞，排气不通，导致回火。

(3) 火焰喷射不远，是因为天然气中带有一定的杂质，当天然气出喷口燃烧后，杂质和液体喷出很快结成硬块，阻挡火焰前冲，导致回火。

3. 故障处理

(1) 疏水阀工作正常，不能让液体串到水套炉。

(2) 安装处理效果好的分离器。

(3) 水套炉燃气管线过滤器及时排液。

(4) 清理烟冲。

4. 经验教训

要延长使用周期和使用寿命，在采取以上处理方法后还必须加强水套路的日常检查、维护，及时保持烟冲清洁，保持气质的干净。

三、水套炉调压阀无法调压故障

1. 故障描述

目前，水套加热炉燃气管线上均安装了具备调节燃气压力的薄膜式调压阀，但在调压阀工作过程中，常出现因杂质堵塞导致调压阀无法正常调压的现象。

2. 原因分析

经大量现场拆卸、检查、维修，综合分析认为造成调压阀无法调压的主要原因如下：

一是对于薄膜式调压阀，无法调压的原因主要是调压机构被卡住，其具体原因可分为：

（1）分离器过来的燃料气，携带有大量泡沫，无法消散形成堵塞。

（2）气井产出的泡排液中裹有泥沙等杂质，随着泡沫进入调压阀，泡沫消散后杂质堆积在调压阀中形成堵塞。

二是对于弹簧式调压阀，无法调压的原因除了和薄膜式类似的卡住问题，还可能是因为弹簧无法调压，其具体原因有：

（1）所调压力超出弹簧的压缩最大值或者低于弹簧的压缩最小值。

（2）弹簧受到物理性损伤，达不到设计要求。

3. 故障处理

（1）日常巡检中，定期打开排污口排污。

（2）堵塞严重时，需要将调压阀拆开进行冲洗。

（3）对弹簧式调压阀，更换合适型号的弹簧。

4. 经验教训

要延长其维修周期和使用寿命，在采取以上处理方法后还必须加强对调压阀的日常检查、维护，及时排除阀体内沉降污物，保持腔室相对清洁、畅通；发现弹簧式调压阀弹簧有损坏时，及时上报处理。

四、水套炉燃料气管线窜液导致管线冻堵

1. 故障描述

2019 年初，JS308HF 井站水套炉燃料气管线多次出现窜液，导致水套炉熄火，炉膛温度降低，造成管线冻堵。

2. 原因分析

（1）由于气井车注泡排，将泡沫液带进分离器中影响分离效率，导致一级分离器存在气液分离不充分现象，而水套炉燃料气管线从一级分离器接至水套炉，导致燃料气管线窜液。

（2）一级分离器疏水阀排液管线高度高于分离器积液包顶部高度，造成分离器排液不及时，导致燃料气管线窜液。

（3）水套炉燃料气管线高度远低于一级分离器出口管线顶部高度，天然气中未充分分离的液体窜进燃料气管线。

3. 故障处理

考虑到二级分离器处理量更大，且疏水阀排液管线高度符合设计要求，通过流程整改，将 JS308HF 井站水套炉燃料气管线从二级分离器出口接至水套炉，有效解决了燃料气管线窜液问题。

4. 经验教训

（1）在设计阶段，要求两级分离井站水套炉燃料气管线从二级分离器出口接至水套炉；要求一级分离井站水套炉燃料气管线高度升高，不得低于分离器出口管线顶部高度。

（2）在施工过程中，要求施工单位严格按照设计要求安装疏水阀排液管线高度。

五、薄膜式调压阀薄膜损坏故障

1. 故障描述

目前，水套加热炉燃气管线上均安装了具备调节燃气压力的薄膜式调压阀，但在调压阀工作过程中，会出现调压阀薄膜损坏的现象。

2. 原因分析

经大量现场拆卸、检查、维修，综合分析认为造成调压阀薄膜损坏的主要原因如下：

（1）气体中携带的杂质击穿薄膜。

（2）对于带指挥器的调压阀，当指挥器导压管被泡沫、泥沙等杂质堵塞时，会使指挥器失灵，使得阀体上、下腔室压力不等，形成压差，击穿薄膜。

3. 故障处理

（1）拆开调压阀，更换薄膜。

（2）拆下指挥器导压管，进行吹洗。

4. 经验教训

要延长其维修周期和使用寿命，在采取以上处理方法后还必须从源头上解决气体中杂质过多的情况，可以考虑在调压阀前方加装过滤器，对气体进行过滤。

六、调压阀管线冻堵故障

1. 故障描述

目前，水套加热炉燃气管线上均安装了具备调节燃气压力的薄膜式调压阀，由于节流效应，到了冬季容易发生冻堵(图 6-3-2)。

图 6-3-2　检修调压阀

2. 原因分析

经现场拆卸、检查、维修，综合分析认为造成调压阀管线冻堵的主要原因如下：

（1）调压阀管线堵塞后，通道变窄，节流效应更加明显，形成冻堵。

（2）调压前后压差较大，降温效果明显，在冬季容易形成冻堵。

3. 故障处理

（1）用热水浇淋，融化冻堵。

（2）对于反复冻堵的调压阀，应当拆开后检查管线是否被杂质堵塞，及时清洗管线。

（3）检查调压阀设定压力是否过低，调整到合适的压力。

4. 经验教训

部分井站由于生产条件限制，调压压差无法降低，对于这种可能反复发生冻堵的井站，可以考虑安装伴热带，防止发生冻堵。

第四节　压缩机故障

一、压缩机无法正常启动故障

1. 故障描述

增压机启动异常，启动后自动停机，启动马达运转无力。

2. 原因分析

经现场综合分析，认为造成压缩机无法正常启动的主要原因如下：

（1）启动马达由天然气带动，天然气不足致启动马达无力。

（2）天然气从井口到机组经过分离不彻底，杂质造成启动气“Y”滤芯器堵塞。

3. 故障处理

（1）由厂家拆开启动气“Y”滤网，对网内淤积的5mm污垢进行清洗。

（2）清洗后对比启动马达前后的运行情况。

4. 经验教训

（1）定期监测启动马达运行情况。

（2）定期对“Y”滤网进行清洗维护。

二、压缩机缸体内进水故障

1. 故障描述

机组停机保养时检查到压缩机缸体内进水。

2. 原因分析

经现场综合分析，认为造成压缩机缸内进水的主要原因如下：

火花塞导管O形圈老化损坏导致密封不严，造成水窜进缸体内。

3. 故障处理

（1）由厂家更换导管上的O形圈。

（2）手动点启气启动马达，点启3~5下，把水完全带出缸体，安装火花塞和导管。

4. 经验教训

(1) 加强对机组的巡查，发现机组异常时及时停机并上报。

(2) 及时对火花塞导管 O 形圈进行检查更换。

三、压缩机异常停机故障

1. 故障描述

增压机组无征兆地自动停机，其他机泵正常运行，主电机停止运行。

2. 原因分析

经现场综合分析，认为造成压缩机异常停机的主要原因如下：

(1) 检查机组配电柜，发现高压配电柜控制上的二次直流电模块无法供电到主电机的供电开关上来。

(2) 检查发现给主电机合闸开关提供电源动力的蓄电池，蓄电池显示电压为 0V。

3. 故障处理

给合闸提供动力的蓄电池缺电是造成主电机停止运行的主要原因，给蓄电池充电(或更换模块)。

4. 经验教训

定期有效地加强对高低压配电柜内的储电池和其他电器进行检测和维护，并做好记录。

四、压缩机做无用功故障

1. 故障描述

维保停机后，增压管网内的低压井压力得到充分恢复，开井时瞬产达到$(16\sim22)\times10^4m^3/d$。生产两天后，由于低压压力下降，瞬产降至 $8\sim9m^3/d$。增压机组结构采用了双进双出二级压缩提压生产原理，也就是说压缩机 4 个压缩缸同时工作[在气源充足前提下，最高生产能力达到$(20\sim30)\times10^4m^3/d$]。

2. 原因分析

经现场综合分析，认为造成压缩机做无用功的主要原因如下：

(1) 增压机采用不间断生产工作制度，低压井压力复压能力逐渐变弱，无法满足增压机所需天然气量。

(2) 增压管网得不到补充，无法满足压缩机应有的生产需求，以致出现“大马拉小车”的现象。

3. 故障处理

(1) 采用间断生产工作制，让低压井关井复压。

(2) 让其他低压井导入增压低压管网。

(3) 调整压缩机工作参数，控制增压机工作功率，将增压后瞬产控制在 $9\times10^4m^3/d$ 左右，避免空跑现象。

4. 经验教训

(1) 及时调整增压机生产工作制度。

(2) 及时调整增压机参数，控制生产能力。

五、压缩机空冷风机震动报警致停机故障

1. 故障描述

增压机因空冷风机震动报警引起机组连锁反应停机，多次重新启动后自动停机。

2. 原因分析

经现场综合分析，认为造成压缩机空冷风机震动报警致停机的主要原因如下：

（1）对比主电机稳定运行情况，结合相关报警设定参数分析，该报警信息并未超出其报警设定值，所以可以判定空冷风机和主电机的正常运行震动不致引起装置的报警，纯属误报。

（2）通过检测，发现空风机震动报警装置内的触点开关失效，吸合不能持续。

3. 故障处理

利用绝缘体进行阻隔后，启机机组能正常运行，不再出现震动报警停机的现象。

4. 经验教训

定期检测震动报警启动开关是否灵活可靠，做好相关维保记录。

六、压缩机供电线路缺相致主电机异常故障

1. 故障描述

机组运行声音异常，主电机震动较大，带有异响，主电机转速变慢（正常转速 743r），1号、2 号、4 号空冷风机停止运行，3 号风机转速较慢，带有异响，温度升到 100℃以上。

2. 原因分析

经现场综合分析，认为造成压缩机供电线路缺相致主电机异常的主要原因如下：

（1）该机组使用供电电源为 10kV 高压电源，一条为永杰线路（旧线路，在用），另一条为百七线路（新电路，备用）。永杰线路自正式启用以来，经常出现线路故障问题，地方电力公司曾多次对此线路进行检维修。

（2）从主电机的运行转速和声响情况判断和经与地方供电公司调度沟通判断为线路缺相引起的异常。

3. 故障处理

发现该异常后及时停机，联系电力公司解决缺相问题后启机。

4. 经验教训

（1）做好高低压配电柜线路日常维护和检查。

（2）加强与地方电力公司调度的沟通和联系，及时跟进了解线路供电情况及故障维修进度。

第五节　其他设备故障

一、磁翻板液位计误差大处置

1. 故障描述

目前，气井井站的分离器一般采用固定设置的磁翻板液位计进行液位显示，但显示的液

位与分离器内实际液位存在较大误差，影响气井安全生产。

2. 问题分析

误差的产生主要由内部磁性浮子相关因素造成：①由于气井井站分离器中的液体含有较多固体杂质，液位计内部圆柱形磁浮子容易在检测桶内卡滞，导致无法显示分离器内液位；②现有的浮子一般为圆柱形，圆柱形与检测筒接触相对接触面积较大，浮子容易受固体杂质影响出现卡滞，影响液位的正常显示；③因气井产液密度随生产阶段而变化，但内部浮子为固定密度，不同密度时圆柱形浮子在液体的浸入深度是不同的，进而导致外部液位计显示不准确。

3. 故障处理

研制了一种可变密度的浮球液位计装置，包括检测筒，所述检测筒上转动设置若干磁翻板；检测筒内设置球形浮子；检测筒上设置投球口和取球口；球形浮子能够从所述投球口移入，从取球口移出；球形浮子连接有配重件；球形浮子设置有磁性件；磁性件能够磁性吸附所述磁翻板转动。球形浮子不容易在检测筒内发生卡滞现象，同时，能够根据液体的实际密度取出球形浮子进行重量调整再重新投入使用，使球形浮子能够始终位于被测液体的表面，使液位计的液位显示更准确，达到满足油气行业分离器内液体含杂质且液体随生产时间推移密度在变化的液位显示的目的，保障气井正常安全生产(图 6-5-1、图 6-5-2)。

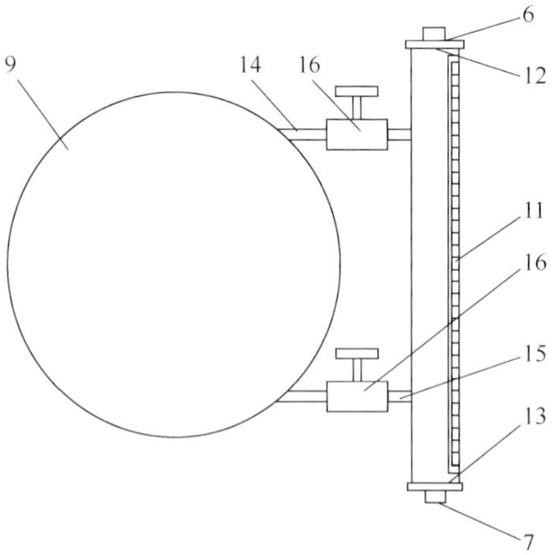

图 6-5-1　可变密度的浮球液位计的使用状态图

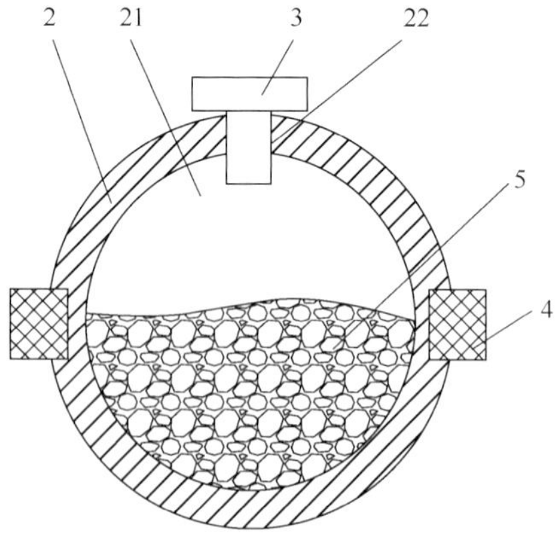

图 6-5-2　球形浮子的剖面结构示意图

案例使用方法：该可变密度的浮球液位计，能够从取球口 13 提取检测筒 1 中的液体，用于进行球形浮子 2 的漂浮状态的检测，根据球形浮子 2 再提取出液体中的漂浮状态，调整球形浮子 2 的重量，使球形浮子 2 的重量与检测筒 1 内液体密度相适宜，保证该液位计的液位显示的准确性。

4. 经验教训

该装置能够根据液体的实际密度取出球形浮子进行重量调整再重新投入使用，使球形浮子能够始终位于被测液体的表面，使液位计的液位显示更准确，达到满足油气行业分离器内液体含杂质且液体随生产时间推移密度在变化的液位显示的目的，保障气井正常安全生产。

第七章　其他故障判断与处理

气田生产涉及点多面广，特别是一些辅助性工程、工艺对整个气田安全生产作用突出，本章结合中江气田安全生产辅助工作中经常遇到的问题及相关解决方式，为类似故障处理提供借鉴。

一、防偷盗式储液罐破乳剂加注装置

1. 故障描述

在凝析气田开发过程中，目前凝析气井生产普遍采取泡沫排水采气维护措施，维护后凝析气井会产出大量油水混合乳化液，需要进行加注破乳药剂破乳后，方能将乳化液进行油、水分离，以便对分离出来的油、水分别进行下一步处理。目前，针对乳化液破乳主要有三种方式：中转点集中破乳、车载罐破乳、站内罐破乳。

站内罐破乳因其具有罐内进液扰动较大、破乳时间充足、药剂用量少、破乳效果好等优点，逐渐应用在产凝析油井站。但在站内储液罐加注破乳药剂方式上，目前大都采用打开多螺栓与罐体连接的灌顶人孔盖，倒入破乳药剂的方式(以下简称人孔盖倒入方式)，该方式不仅存在拆卸、安装螺栓作业时间长、螺栓易掉入罐内、人员灌顶长时间作业风险大等诸多不利特点，而且还存在人孔盖螺栓安装不紧固的弊端，给原油偷盗遗留较大风险。

2. 原因分析

人孔盖倒入方式为简单、粗暴式加注方式，应根据加注便捷、高效、安全、防偷盗等要求，研制专用工具，提升储液罐破乳剂加注作业水平。

3. 故障处理

研制了一种防偷盗式储液罐破乳剂加注装置，该装置充分考虑罐内药剂加注作业安全、高效、防偷盗问题，破乳药剂通过焊接在灌顶人孔盖上的漏斗、漏斗接管、球阀、加注管后，进入油水储液罐。其中，防雨罩与漏斗通过铰链连接，漏斗与漏斗接管通过焊接连接，漏斗接管与球阀通过丝扣连接，球阀与加注管通过丝扣连接，加注管与十字叉通过焊接连接；该装置通过在人孔盖上打孔，栽入储液罐内。栽入是指加注管与人孔盖焊接连接且加注管需插入罐内一小段距离；球阀为铜制球阀；加注管需控制管径，适中不易过粗(图 7-1-1、图 7-1-2)。

案例使用方法：

1）操作步骤

（1）准备工具和材料。

（2）用桶装药品。

（3）绳子绑加药桶，人工拉绳子，把药桶拉上储液罐平台。

（4）检查储液罐注入装置。

（5）打开储液阀药品注入装置进液阀。

（6）加入药品。

（7）关储液阀药品注入装置进液阀。

（8）用绳子把加药桶吊下地面。

（9）收拾工具并填写相关记录。

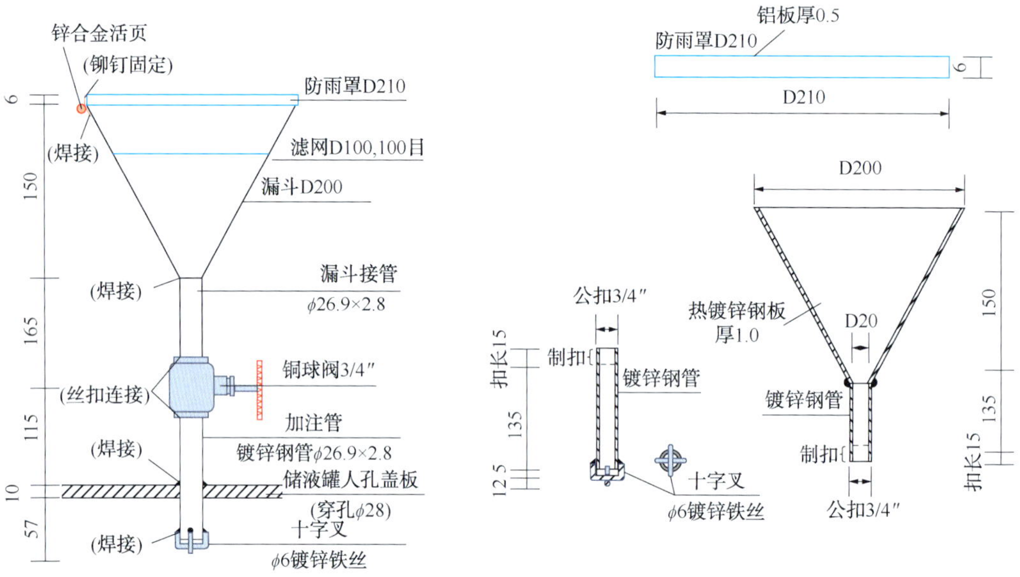

图 7-1-1　储液罐药剂加注装置设计图

图 7-1-2　储液罐药剂加注装置实物图

2）技术要求

（1）每次加药须结合油水比，配制药剂用量。

（2）绳子长度必须不短于 4m。

（3）绳子绑加药桶必须牢固。

（4）上提过程中应缓慢，防止桶中药品污染环境。

（5）加药时应缓慢加注，防止药品溢出和飞溅。

4. 经验教训

通过在中江气田 JS231HF 等 5 个井站的现场试验，得到在相同的气井配产条件下，5 个井站的日均产纯油量明显增多，乳化液外输量明显降低，破乳率平均约 80%，加注作业时间平均有效缩短 74.76%，应用效果良好。

二、无储液罐气井强排过程带泡沫液收集处置

1. 故障描述

由于气井的产出液会污染采气井站周边水源环境，根据环保要求，气井的产出液禁止随便排放，必须将气井所产液集中收集处理。撤并站后，大部分低压产水气井没有配置固定式储液收集装置，如何收集该类气井强排过程中产生的带泡排产液，使泡沫不飞溅到周围土壤，直接影响到强排措施是否可实施。

2. 原因分析

强排过程中，气井所产液由于加注泡排影响，普遍带泡沫，而泡沫在强排过程中受气流影响，极易飞溅到周围土壤。

3. 故障处理

研制了一种防止泡沫溢出移动式储液装置，包括罐体、导斜板、中间隔板、过滤容器、呼吸阀、浮子液位计等。罐体为长方体结构，其上部设有两处呼吸阀开口、一处进液口；呼吸阀下方设有过滤容器；进液口下方设有导斜板；罐体下部与固定座连接，方便整体移动；罐体左侧设有两处开口，开口安装浮子液位计；罐体右侧下方设有出液口，所述出液口由球阀控制；罐体中部设有两块中间隔板，隔板上设有多处隔板通孔。通过相连采气流程，将含有泡沫的井筒采出液收集于该移动式储液装置内，该装置内有五级降解泡沫部件，达到防止泡沫溢出和最大程度利用储液装置容积的目的。本装置能满足出水气井泡沫降压排水采气的储液需要，且环保经济、方便高效(图 7-1-3)。

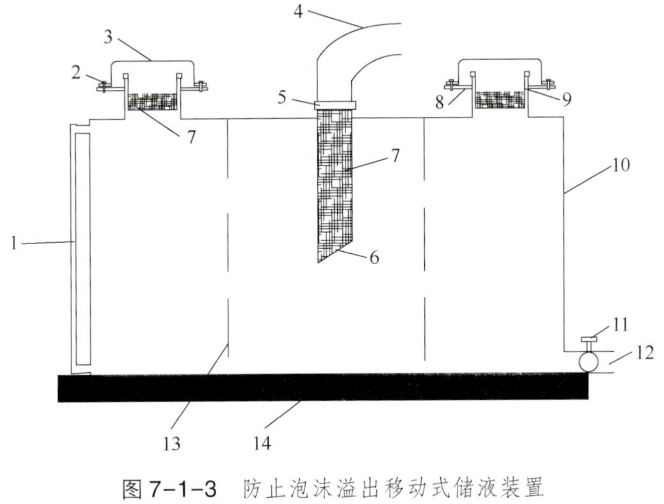

图 7-1-3 防止泡沫溢出移动式储液装置

案例使用方法：将本实用新型装置托运至需要采取泡沫降压排水采气维护措施的井站内，并将其进液口 4 与采气树出液油管或套管连接，泡沫降压排水采气维护措施开始前，先

通过浮子液位计 1 观察并记录液位，为后期分析产液量提供更精确数据；同时，关闭出液口 12 的控制球阀 11。泡沫降压排水采气维护措施过程中，需要及时观察浮子液位计 1 的液位高度和呼吸阀 3 处是否漏液，如果液位较高或漏液，及时使用拉运车从储液装置出液口 12 处清理储液装置内积液。泡沫降压排水采气维护措施结束后，统计此次泡沫降压排水采气维护措施过程中气井所排液液量。

4. 经验教训

本装置结构简单，原理易懂，能够满足出水气井泡沫降压排水采气的储液需要，且环保、经济、移动方便、效率高。

三、降低外输原油含水率

1. 故障描述

新型消泡剂消泡效果不佳，乳化液处理不彻底，分离效果不好，原油物性复杂多变，原油脱水困难。一方面，生产运行效率低，不仅增加了职工的操作劳动强度；另一方面，脱水效果不理想，使外输原油含水超标，油的品质纯度不高，有时彭州石化不愿意接收外输原油，对我厂形象造成不良影响(图 7-1-4)。

图 7-1-4　原油现场取样

2. 原因分析

新型消泡剂消泡效果不佳，乳化液处理不彻底，破乳效果不好，原油物性复杂多变，原油脱水困难。同时，为降低库存，加大外输油量，缩短了沉降时间，改变了破乳剂的加注时间，影响沉淀出的油品质量，导致油的品质纯度不高，含水率超过 2%。

3. 故障处理

(1) 观察双浮液位计水位参数，控制沉降罐的油水界面，及时从底部排水，确保沉降罐含油率稳定。

(2) 及时加破乳剂，避免长时间存放增加乳化程度，难处理。对已经形成的难处理重质原油，要采取隔离闭环处理措施，避免污染轻质原油。

(3) 优化破乳剂配方，调整加药量与投放点，实现最佳破乳效果。与破乳剂厂家密切合作，定期取样化验来液性质，及时调整药剂配方，同时根据来液的物理性质及其各环节的处理效果的变化，制定合理的破乳剂加入量。

(4) 加强现场管理，强化节点控制。制定和完善《生产运行管理办法及考核措施》《外输含水指标考核细则》等一系列管理制度，明确相应的责任人，落实到位，确保含水指标达标。同时，加大职工培训力度，提高职工的技术水平，控制好原油脱水各节点的生产参数，减少人为因素的影响。

4. 经验教训

通过实施一系列措施，有效控制了高含水次数的发生，即使在某个环节中出现异常波动，也能够及时调整，超前防范，使得外输水含量(质量分数)低于 2%，机械杂质(质量分数)低于 0.05%，外输合格率达到 99.99%。

虽然效果比较明显，但在运行中仍然暴露出一些问题，有待进一步改进。主要表现在以下几方面：

（1）自动化程度低，岗位职工工作量大。沉降罐放水、沉降罐油位的控制，都是由人工手动操作，存在着监控不到位、调节滞后的弊端。

（2）在处理问题原油中时，无自动加药功能，需要职工提药倒入罐中，影响药剂效果，增加职工工作量。

（3）双浮液位计液位显示与罐内实际油位、水位存在一定偏差。

四、气井输压过高导致井筒积液难排出

1. 故障描述

JS_3^{3-1}层 GM33-10HF 井因 2020 年 4 月 GM4 井站流程改造，后直输德绵低压管线，输压 1.8~9MPa，生产稳定，气井靠自身能力携液，油压 2.0MPa、套压 2.4MPa，日均产量在 $2.7\times10^4m^3$ 左右。2021 年 4 月，因德绵线用户用气量减少，该井导入中罗线管网，输压 2.8MPa，生产不稳定出现较大波动，气井自身携液能力下降，井筒积液，油套压差持续增大，最高至 1.3MPa，每日采取气举维护措施，日产气量最低下降至 $1.2\times10^4m^3$。

2. 原因分析

主要有以下原因：

（1）因该井导输中罗管网后，输压增大，气井临界携液流量增大，自身携液能力降低，井筒积液未及时排除。

（2）维护措施较单一，且效果不是很好。

3. 故障处理

（1）当德绵线输压较低且低于 1.8MPa 时，将该井导输低压管线带液。

（2）当日均产气量低于 $2.5\times10^4m^3$、油套压差增大至 1MPa 时，进行井间气举，待气井出液套压下降至最低开始上涨后，再辅助泵注泡排，SH-081，注入 3kg1∶20 泡排液。

4. 经验教训

（1）气井产能降低的气井可降低外输管网压力释放气井产能，降低气井临界携液流量，减少井筒积液。

（2）气井维护措施不能太单一，对效果不好的措施要及时进行调整，可同时多个维护措施并用。

五、低含凝析油致密砂岩气藏储层伤害

1. 故障描述

中江气田主力气藏为低含凝析油致密砂岩气藏，气井普遍产凝析油，凝析油液相在基质储层，特别是近井带的出现，使储层渗流由“两相渗流”变为“三相渗流”，渗流阻力增大，气井产能减弱，但储层伤害的程度尚无定量化的评价，直接影响合理化配产及稳产措施选取。

2. 原因分析

为更相对准确地认清凝析油对储层伤害程度，需通过室内实验，定量分析伤害程度，为

其他配产、稳产提供基础参数和认识。

3. 故障处理

1）中江气田开发生产特征及流体组分特征研究

针对中江气田沙溪庙组气藏气井储层特征，开展气井流体组分分析，明确该气藏各气层天然气组分、凝析油分布情况，各气井油气比变化特征，为下步开展凝析油储层伤害试验研究提供支撑。

2）凝析油对储层伤害评价研究

选取沙溪庙组中江气藏典型井及主力层位，通过现场流体取样和岩心取样，开展室内实验评价和研究。主要包括以下的内容：

（1）岩心基础孔渗物性实验：测定孔渗基础数据，为下一步评价凝析油对孔渗伤害程度提供基础参数。

（2）近井地层岩心液锁效应实验：通过测试岩心在不同含油饱和度条件下的气相渗透率，模拟井筒积液反渗吸液锁，获取反渗吸液锁对岩心渗透率的损伤程度。

（3）中江沙溪庙组气藏低含凝析油凝析气藏 PVT 相态实验；通过高压物性分析，测定流体组成、压缩系数、PV 关系、单次闪蒸、露点压力、等组分膨胀（CCE）、定容衰竭（CVD）等参数和特征，综合评价轻组分与重组分在同一体系中的变化关系，为深入研究凝析油储层伤害机理提供基础参数。

（4）衰竭开发长岩心采收率实验：通过高温高压长岩心的流体一组为甲烷，另一组为现场取天然气样，两组长岩心通过实验对比不同反凝析阶段气相渗透率和最终天然气采收率，定量分析反凝析所造成的储层伤害和模拟凝析油对采收率影响。

具体过程：

（1）取典型气井油气水分离器样。

（2）送至具有上述实验测试能力的研究院或高校。

（3）由采气厂与相关测试单位联合开展相关评价实验。

4. 经验教训

（1）取样：为取得更准确的实验参数，最好是取井底样，条件不足时，可取分离器样，但均应按照《天然气取样导则》（GB/T 13609—2017）或更新标准进行取样。

（2）衰竭开发长岩心采收率实验：在岩心数量充足的情况下，可设置裂缝性长岩心和非裂缝性长岩心，进而模拟并评价实际压裂对凝析油伤害的缓解作用。

（3）从微观角度正确评价凝析油对致密砂岩储层的伤害，建立基本的凝析油对储层伤害程度认识，对配产及稳产措施选取具有重要意义，进而提高气田开发生产效益。

六、开发调整井压窜故障

1. 故障描述

某日，GS312-1HF 井压裂施工结束，邻井 GS312 井油套压开始快速上涨，油压由 2.81MPa 上涨至 12.73MPa，套压由 3.93MPa 上涨至 15.9MPa，随后安全阀起跳。

2. 原因分析

（1）GS312-1HF 压裂层段和邻井 GS312 井生产层段间距小，第 8 段压裂砂体距邻井 GS312 井底仅 248m。

（2）该井生产层虽为非均质性强、渗透性差的致密砂岩储层，但该井压裂采用大规模体积压裂工艺，地层被有效压开，形成了压力传导。

（3）大规模压裂工艺的压裂规模未得到正确评估，未及时预见邻井压窜，未制定相应的防范措施。

3. 故障处理

（1）井站值班员工紧急切断 GS312 井及同井场其他气井井安阀。

（2）关断出站管线，对流程进行泄压，并对分离器进行排液。

（3）对压裂井进行开井排液，对安全设备进行重新调校。

4. 经验教训

加密调整井在大规模压裂工艺下需重新评估合理井距，谨慎设计压裂规模；加强压裂施工前的各项准备工作，评估邻井压窜风险，必要时提前关井，并连接泄压管线，完善应急处置措施；密切关注压裂施工参数及邻井生产情况，及时发现问题，及时处置。压窜期间，GS312 井压力、产量快速增加，但信息化管理监控系统未进行报警，是由于现有报警模型仅针对流程失压、产量降低的工况设置，下步将针对压力及产量快速增加、可能造成流程憋压的工况设置报警模型。

参 考 文 献

[1] 戴金星，吴伟，房忱琛，等.2000年以来中国大气田勘探开发特征[J]. 天然气工业，2015，35(1)：1-9.

[2] 谢庆邦，贺静. 陕甘宁盆地南部上三叠统延长组低渗透砂岩储层评价[J]. 中国油气储层研究论文集，1993，313-332.

[3] 戴金星，倪云燕，吴小奇. 中国致密砂岩气及在勘探开发上的重要意义[J]. 石油勘探与开发，2012，39(3)：257-264.

[4] 王西文，杨午阳，吕彬，等. 把握世界物探技术发展现状，促进地震资料处理、解释技术进步[J]. 地球物理学进展，2013，28(1)：224-239.

[5] 赵万金，杨午阳，赵伟. 地震储层及含油气预测技术应用进展综述[J]. 地球物理学进展，2014，29(5)：2337-2346.

[6] 王锡文，秦广胜，赵卫锋，等. 正演模拟技术在地震采集设计中的应用[J]. 地球物理学进展，2012，27(2)：642-650.

[7] 李翠琳，鞠述晔，吴时国，等. 界面波数值模拟及其在海底浅层结构中的应用[J]. 地球物理学进展，2013，28(6)：3287-3292.

[8] 赵虎，尹成，彭达，等. 砂泥岩储层间距变化对地震属性影响分析[J]. 地球物理学进展，2013，28(2)：899-907.

[9] 修金磊，郭召杰，程长领，等. 新疆车排子地区沙湾组二段储层描述及含油气性预测[J]. 地球物理学进展，2013，28(6)：3190-3196.

[10] 王开燕，徐清彦，张桂芳，等. 地震属性分析技术综述[J]. 地球物理学进展，2013，28(2)：815-823.

[11] 刘淑华，张宗和，刘建武，等. 声波曲线重构反演技术在储层预测中的应用[J]. 天然气工业，2007，27(增刊A)：394.

[12] 田玉昆，周辉，袁三一. 基于马尔科夫随机场的岩性识别方法[J]. 地球物理学报，2013，56(4)：1360-1368.

[13] 王朋岩，李耀华，赵荣. 叠后MCMC法岩性反演算法研究[J]. 地球物理学进展，2015，30(4)：1918-1925.

[14] 苑书金. 叠前地震反演技术的进展及其在岩性油气藏勘探中的应用[J]. 地球物理学进展，2007，22(3)：879-886.

[15] 吴媚，符力耕，李维新. 高分辨率非线性储层物性参数反演方法和应用[J]. 地球物理学报，2008，51(2)：546-557

[16] 杨锴，艾迪飞，耿建华. 测井、井间地震与地面地震数据联合约束下的地质统计学随机建模方法研究[J]. 地球物理学报，2012，55(8)：2695-2704.

[17] 陈建江，印兴耀. 基于贝叶斯理论的AVO三参数波形反演[J]. 地球物理学报，2007，50(4)：1251-1260.

[18] 杨培杰. 地质统计学反演-从两点到多点[J]. 地球物理学进展，2014，29(5)：2293-2300.

[19] 杨立强. 测井约束地震反演综述[J]. 地球物理学进展，2003，18(3)：530-534.

[20] 张世鑫，印兴耀，梁锴，等. 利用基于T-K算子的非线性能量衰减分析技术进行储层含油气检测[J]. 地球物理学进展，2011，26(6)：2107-2113.

[21] 周水生，宜伟，郝召兵，等. 基于叠前反演的流体敏感属性实验研究及应用[J]. 地球物理学报，2012，55(6)：1985-1992.

[22] 田仁飞，曹俊兴. 倒谱法检测信号异常的灵敏度分析[J]. 地球物理学进展，2011，26(4)：1298-1303.

[23] 李红梅. 泊松比参数直接反演方法在储层油气检测中的应用[J]. 地球物理学进展，2013，28(6)：3049-3055.
[24] 巴晶，晏信飞，陈志勇，等. 非均质天然气藏的岩石物理模型及含气饱和度反演[J]. 地球物理学报，2013，56(5)：1696-1706.
[25] 张帅，祝有海，刘豪，等. 地震波形分类技术在浅水湖盆砂体预测中的应用[J]. 地球物理学进展，2013，28(5)：2618-2625.
[26]赵卫平，井震联合属性分析技术在深水浊积岩储层预测中的应用[J]. 工程地球物理学报，2016，13(2)：631-635.
[27] 贾凌霄，贾家磊，张毅，等. 改进 BP 神经网络在裂缝预测中的应用[J]. 工程地球物理学报，2012，9(3)：301-305.
[28] 王昊，张波，田蔚风. 一种基于概率神经网络多信息融合的移动目标跟踪算法[J]. 上海交通大学学报，2007，41(5)：792-796.
[29] 王辉，杨林，丁金华，等. 基于概率神经网络板材纹理分类识别的研究[J]. 大连工业大学学报，2009，28(5)：387-390.
[30] 苏君毅，过仲阳，邱洁，等 . PNN 网络在预测 MCS 移动中的应用[J]. 上海地质，2004，3(1)：27-30.
[31] 李曙光，徐天吉，唐建明，等. 概率神经网络储层流体密度反演及应用[J]. 地质科技情报，2011，30(1)：73-78.
[32] 黄飞，彭真明，张晓燕 . PNN 及其在储层物性参数预测中的应用[J]. 物探化探计算技术，2003，25(1)：78-82.
[33] 尹成，王治国，雷小兰，等. 地震相约束的多属性储层预测方法研究[J]. 西南石油大学学报(自然科学版)，2010，32(5)：173-179.
[34] 杜丽筠，吴志强. 多地震属性优化的神经网络技术在鄂尔多斯盆地高阻抗砂岩储层预测中的应用[J]. 海洋地质动态，2010，26(10)：45-49.
[35] 徐丽萍，多属性融合技术在塔中碳酸盐岩缝洞储层预测中的应用[J]. 工程地球物理学报，2010，7(1)：19-22.
[36] 张绍红. 概率神经网络技术在非均质地层岩性反演中的应用[J]. 石油学报，2008，29(4)：549-552.
[37] 郭振华，周兆华，张满郎，等. 基于 PNN 的多地震属性砂体含气性预测方法及应用[J]. 工程地球物理学报，2011，8(5)：631-635.
[38] 唐建明. 致密砂岩气藏描述中的地震勘探技术[J]. 庆贺刘光鼎院士工作 50 周年，1998.
[39] 谢用良，唐建明，杨振武，地震地层反演在川西致密砂岩气藏描述中的应用[J]. 石油地球物理勘探，2000，22(2)：228-235
[40] 赵爽，李仲东，许红梅，分频解释技术及其在陆相砂岩地层地震勘探中的应用分析[J]. 矿物岩石，2006，26(2)：106-110
[41] 马世忠，何伟，王昭. 基于地震分频技术的河道砂体精细刻画[J]. 黑龙江科技大学学报，2015，25(4)：411-416
[42] 闫百泉，韩文伯，孙雨，等. 应用随机反演技术精细刻画河道砂体——以大庆油田萨北开发区萨二组为例[J]. 地质论评，2015，61(6)：1458-1467.
[43] 武恒志，叶泰然，赵迪，等. 川西坳陷陆相致密气藏河道砂岩储层精细刻画技术及其应用[J]. 石油与天然气地质，2015，4.
[44] 平宏伟，陈红汉. 次生油气藏成藏研究进展[J]. 地球科学进展，2009，24(9)：990-1000.
[45] Silverman S R. Migration and segregation of oil and gas[J]. AAPG Memoir，1965，4：53-65.
[46] 李明诚. 石油与天然气运移[M]. 北京：石油工业出版社，1994.

[47] 陈贲．勘探侏罗系寻找新油藏[C]//陈忠勇主编．清气长留．北京：中国三峡出版社，1995：192-193.
[48] 潘钟祥．石油地质学[M]. 北京：地质出版社，1986.
[49] 包茨．天然气地质学[M]. 北京：科学出版社，1988.
[50] 安作相．油气藏形成过程中的再次运移[J]. 新疆石油地质，1996，17(2)：188-193.
[51] 陈红汉．油气成藏年代学进展[J]. 石油与天然气地质，2007，28(2)：143-150.
[52] 周文．川西孝泉构造中侏罗统“次生气藏”特征及成藏机理探讨[J]. 石油实验地质，1992，14(4)：399-409.
[53] 耿玉臣．孝泉构造侏罗系“次生气藏”的形成条件和富集规律[J]. 石油实验地质，1993，15(3)：262-271.
[54] 王威，徐国盛，倪更生，等．川西苏码头构造侏罗系次生气藏成藏条件研究[J]. 石油实验地质，2009，31(1)：74-78.
[55] 佟恺林，李瑞，赵爽．负向构造带内部远源次生气藏富集规律探讨——以川西坳陷德阳向斜侏罗系蓬莱镇组为例[J]. 物探化探计算技术，2013，35(3)：338-343.